KB261995

건축 열환경 이론 및 분석 기초

TRNSYS 16 사용자 가이드북

서승직 · 최원기 공저

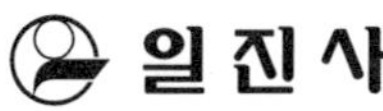

일진사

머 리 말

환경과 에너지 문제는 우리나라 사회 경제 전반에 걸친 구조적 변화를 요구하고 있으며, 최근 정부에서도 '저탄소, 녹색성장'을 표방하고 이에 맞춘 정책을 펴고 있다. 또한 건축 분야에 있어서도 친환경 건축물, 건물 에너지 효율 등급 인증 제도에 대한 정부 및 지자체를 중심으로 다양한 인센티브를 부여해 보급을 장려하고 있으며, 국가 전체 에너지 소비의 약 24%를 차지하는 건물 부분의 에너지 소비를 줄이기 위해 기존의 단열 규제가 아닌 총량 베이스에 기초한 정책을 시범 운영할 계획이다.

여기에 발맞춰 건축 디자인을 전공하는 학생들을 위해 보다 쉽게 자신이 설계한 건물의 에너지 성능을 종합적으로 평가할 수 있는 방법을 제공하고, 또한 건축 환경과 설비 분야를 전공하거나 기타 관련 분야의 학생들에게 건물 에너지 해석 프로그램의 하나인 TRNSYS 16에 대한 전반적인 이해의 폭을 넓히고자 본 교재를 집필하였다.

본 교재는 총 4권으로 구성되어 있다. 제1권은 건축물 에너지 해석에 기초가 되는 제반 이론과 유한 차분법 그리고 표준 기상 데이터에 대하여 소개하고 있으며, 이를 통해 정량적 해석을 위해 제반 지식을 습득할 수 있도록 하였다. 제2권은 이전 버전과 비교해 달라진 TRNSYS 16 Simulation Studio 전반에 걸친 상세한 내용과 TRNBuild 사용법을 자세히 소개하고 있어, 디자인을 전공하는 학생들에게 초점을 맞춰 기술되었다. 제3권은 TRNSYS 응용 프로그램인 TRNEdit, TRNFlow, TRNOpt, PREP 그리고 프로그래머 가이드에 대하여 소개하고 있으며, 이를 통해 프로그램 개발자로까지 발전할 수 있도록 구성하였다. 끝으로 제4권은 건축 분야에 많이 사용되는 TRNSYS 컴포넌트에 대하여 소개하고 있다.

아직 완전한 프로그램 안내서로서의 부족한 점은 많이 있지만 단계적으로 수정·보완해 나갈 것이며, 특히 실무 중심의 안내서가 될 수 있도록 노력해 나갈 것이다.

끝으로 본 교재 편집에 도움을 준 인하대학교 환경설비 연구실 대학원생들과 출판을 위해 수고를 아끼지 않으신 일진사 사장님과 편집부 여러분께 진심으로 감사를 드린다.

저자 씀

차　례

part 1 건물 에너지 기초 지식

part
2

유한 차분법

part
3

기상 데이터

건물 에너지 기초 지식

제1부는 건물 에너지뿐만 아니라 건축 환경 및 설비를 전공하는 이들에게 가장 기본이 되는 내용을 중심으로 구성되어 있다.

건축 환경 및 설비에 관한 제반 기초 지식을 습득할 수 있도록 내용이 구성되었으므로, 다양한 배경 지식을 접하고 이를 토대로 건물 에너지에 관한 전반적인 이해를 돕고자 하였다.

이를 위해 국내·외에 출판된 건축 설비, 환경 및 역학 관련 서적과 ASHRAE Handbooks와 설비공학 편람, Solar Engineering of Thermal Processes 그리고 TRNSYS 사용자 매뉴얼 등에서 유용한 내용들을 종합하여 정리하였다.

특히, 제5장의 건축 열환경 특론은 대학원 과정에서 건축 열환경을 전공하는 학생들에게 유용한 자료를 정리한 것이다.

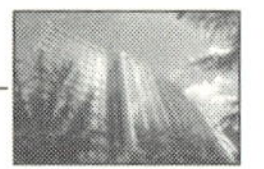

1. 기초 지식

1-1 인체의 에너지 대사

1. 인체의 열수지

인간은 매일 음식물을 섭취하고 호흡작용에 의해서 흡입한 산소를 연소시켜 에너지로 변환하여 생명을 유지하며 노동이나 운동 등의 활동을 지속한다. 이 에너지의 일부는 일로 사용되고 나머지는 열 에너지로 체외로 방출되게 된다.

인간은 체온을 항상 36~37℃ 정도로 거의 일정하게 유지해야 하는 항온 동물로 체내의 열 생산과 열 방출이 평형을 이루지 않으면 체온의 상승이나 저하를 초래하여 불쾌감을 느끼게 되고, 그 외에 질병의 원인을 제공하기도 한다.

인체에 출입하는 에너지 변화를 에너지 대사라고 하며 생명의 유지에만 필요한 대사량을 기초 대사[1], 작업을 하지 않을 때의 대사량을 안정 대사라고 한다. 대사량은 대개 인체 표면적에 비례하고 안정 대사는 평균하면 기초 대사보다 약 20% 큰 것으로 보고 있다.

성인의 기초 대사는 35 kcal/m^3·h 전후(남자 : 36.7 kcal/m^3·h, 여자 : 33.1 kcal/m^3·h)이다. 연령과 성이 같으면 기초 대사는 거의 인체 표면적에 비례하고 동일인의 하루 동안의 변동은 약 ±5% 이내라고 한다. 인체 표면적 A [m^2], 신장을 H [m], 체중을 W [kg]라고 하면 식 (1-1)로 계산할 수 있다.

$$A = 88.83 \times 10^{-4} H^{0.663} \cdot W^{0.444} \tag{1-1}$$

에너지 대사율(RMR : relative metabolic rate)은 작업으로 인하여 증가하는 열량, 즉 노동 대사의 기초 대사에 대한 비율로 정의된다. 작업 시의 단위 인체 표면적, 단위 시간당의 생산 열량을 M [kcal/m^2·h], 기초 대사를 B [kcal/m^2·h]라고 하면 RMR은

---

[1] 기초 대사 : 공복 시 대체로 쾌적한 환경에서 편안히 누운 자세로 있을 때의 인체의 단위 시간당의 생산 열량

식 (1-2)와 같이 표시된다.

$$\text{RMR} = \frac{M - 1.2\,B}{B} \tag{1-2}$$

작업에 따른 RMR의 값은 많은 연구기관의 조사에 의해 여러 가지 조건에 대해 정해져 있으며, 식사나 독서 0.4, 타이핑 1.4, 도보(80~90 m/min) 3.0, 계단 오르내리기 6.1 정도이다.

그리고 대사량을 나타내는 단위는 일반적으로 met가 사용되며, 이것은 열적으로 쾌적한 상태에서의 안정 시 대사를 기준으로 한 것으로 $1\,\text{met} = 50\,\text{kcal/m}^2\cdot\text{h}$이다. 이 $50\,\text{kcal/m}^2\cdot\text{h}$는 증발, 복사, 대류에 의해서 각각 20~25%, 40~50%, 20~30% 정도의 비율로 체외로 방출된다.

정상적으로 활동하고 있는 인체의 열평형은 [그림 1-1]과 같이 나타낼 수 있으며, 식 (1-3a)로 표시할 수 있다.

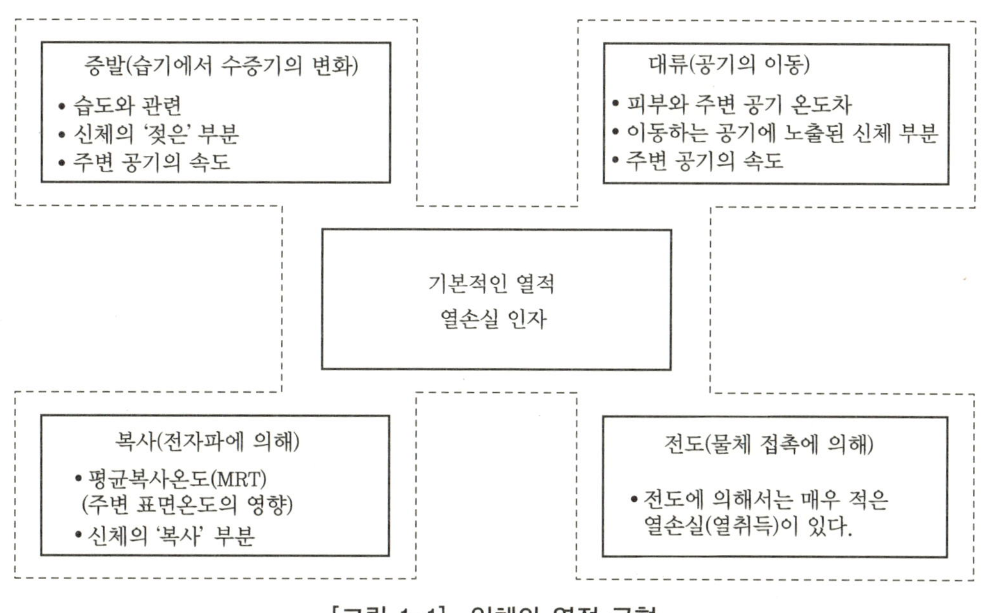

[그림 1-1] 인체의 열적 균형

$$M = \pm E \pm R \pm C \pm S \tag{1-3a}$$

여기서,

M : 신진대사량(kcal/h · 인)

E : 증발에 의한 인체와 주위환경과의 교환 열량(kcal/h · 인)

R : 복사에 의한 인체와 주위환경과의 교환 열량(kcal/h·인)

C : 전도 및 대류에 의한 인체와 주위환경과의 교환 열량(kcal/h·인)

S : 인체에 축적되는 열량(kcal/h·인)

위의 식 (1-3a) 우변의 (+)는 인체에서 주위로의 방열이고, (−)는 인체로의 입력을 나타낸다. 또한, S는 단위 인체 표면적당, 단위 시간에 대하여 나타내면 식 (1-3b)와 같다.

$$S = (1-\eta)M - (C+R+E+L) \tag{1-3b}$$

여기서, η : 작업 효율

  L : 호흡과 기침에 의한 교환 열량(kcal/h·인)

여기서, $S = 0$일 때 체온일정, $S > 0$일 때 체온상승(덥다고 느낀다), $S < 0$일 때 체온강하(춥다고 느낀다)를 하게 된다. 그리고 전 방열량에 대한 C, R, E, L의 각각의 비율은 26%, 42%, 30%, 2% 정도이다.

신진대사에 의해서 발생하는 열량은 작업상태에 따라 〈표 1-1〉의 값을 가지며, 작업량에 따른 대사량은 〈표 1-2〉와 같다.

〈표 1-1〉 신진대사에 의해서 발생하는 열량

정 도	작 업 별	신진대사량 (kcal/h)
아주 가볍다.	수면 정좌 사무작업, 타자	6.25 100 113~138
가볍다.	정좌, 중간 정도의 팔다리운동, 선자세 작업대에서의 가벼운 작업 정좌, 심한 팔다리 운동	138~163 138~163 163~200
중간 정도	작업대에서 작업, 돌아다닌다. 중간 정도의 당기는 작업 또는 미는 작업	188~250 250~350
무겁다.	단속적인 중작업, 밀거나 또는 인장작업(터파기 및 삽 작업) 심한 지속적인 작업	375~500 500~600

(주) 체중 70 kg의 사람이 쉬지 않고 작업할 때

〈표 1-2〉 작업별에 의한 대사량 [met]

작업종별	대사율 (met)	작업종별	대사율 (met)
[휴 식] 수 면 조용히 앉아 있다. 서서히 선다.	 0.7 1.0 1.2	[사무실 작업] 타 자 일반사무, 제도	 1.2~1.4 1.1~1.3

[보행속도]		교 사	1.6
0.89 m/s	2.0	상점판매원	2.0
1.34 m/s	2.6	사교춤	2.4~4.4
1.79 m/s	3.8	테니스	3.6~4.6
		농 구	5.0~7.6
가사, 청소	2.0~3.4	연구실 작업	1.4~1.8
		[공 장]	
취 사	1.6~2.0	가벼운 작업(전기공업)	2.0~2.4
		중작업(철강업)	3.5~4.5
손세탁	2.0~3.6	[목수작업]	
		기계톱	1.8~2.2
장보기	1.4~1.8	손 톱	4.0~4.8
		[단조공장]	
		공기 해머	3.0~3.4
		노작업	5.0~7.0

인체의 방열을 작게 하기 위한 의복의 효과는 크다. 의복의 보온력의 단위로는 clo가 사용된다. 1 clo는 기온 21.2℃, 습도 50% 이하, 기류 0.1 m/s의 실내에서 앉은 자세로 안정 상태에 있는 사람이 쾌적하고 또한 평균 피부 온도가 33℃를 유지하기 위해 필요한 의복의 열전도 저항으로 정의되고 있다. 앉은 자세의 안정 시 생산 열량의 표준값은 1 met [50 kcal/m²·h]이므로, 그 중 불감증설의 잠열방산량을 단위 인체 표면적, 단위 시간당 12 kcal/m²·h이라고 하면 나머지 38 kcal/m²·h가 현열방산되므로, 열전달 저항을 0.13 m²·h·℃/kcal라고 하면, 1 clo = 0.18 m²·h·℃/kcal가 유도된다. 실온 θ_i [℃]에 있어서 앉은 자세로 안정을 유지하고 있는 재실자가 쾌적하기 위한 의복 저항 I [clo]는 다음 식으로 표시된다.

$$I = \frac{33 - \theta_i}{6.84} - 0.72 \text{ [clo]} \tag{1-4}$$

2. 인체 발생 열량(qM)

인체의 발생 열량을 산정하는 식은 (1-5)와 같다.

$$qM = qR + qE + qS \tag{1-5}$$

여기서, qR : 복사 열량
qE : 증발 열량
qS : 체내 축열량

1-2 열쾌적 및 온열 환경의 요소

1. 물리적 요소

증발에 의한 방출 열량은 기온, 습도, 기류에 의해 변화하고, 대류에 의한 열교환은 기온, 기류와 연관이 있다. 또한, 복사에 의한 열교환은 주위벽면온도에 의해 변화한다. 따라서 재실자의 열쾌적은 기온, 습도, 기류 그리고 주위벽면온도에 의해 결정된다고 할 수 있다.

그러나 일반적인 실내에서 기류는 그다지 크지 않으므로 만약 습도가 낮고 기온과 주위벽면온도에 큰 차이가 없다면 기온이 체감을 결정하게 된다. 기온이 높은 여름철에는 땀의 증발에 의한 방열이 중요하며, 이 경우 습도와 기류가 쾌적성 측면에서 중요하다. 반 컵 분량(100 g)의 땀이 증발하면 체온이 1℃ 낮아진다고 한다. 또한, 기온이 40℃의 실내에서 벽면을 매우 차갑게 해둔 결과, 재실자는 서늘하여 기분이 상쾌했다는 실험 보고가 있다. 이것은 저온의 주위벽면은 실내온도의 쾌적성을 상승시키는 측면에서 중요하다는 것을 시사하고 있다.

기온, 습도, 기류 그리고 주위벽면의 복사열(MRT) [2])은 열쾌적성 면에서 실내기후를 좌우하는 중요한 요소이며 이들을 온열(쾌적)의 4요소라고 한다. 온열 요소가 적절히 조합되었을 때 실내기후는 쾌적하게 되는 것이다.

2. 주관적 요소

한편, '쾌적'은 사람에 따라 서로 다른 주관적 감각이다. 그러므로 쾌적 온열 환경은 앞서 물리적 요소들뿐만 아니라 개인의 의복 착용상태, 활동의 정도, 연령과 성별, 건강 상태 등과 같은 주관적 변수들도 영향을 미치게 되므로, 이를 일률적으로 규정하는 것은 바람직하지 않을 것이다.

따라서, 재실자 대부분(ASHRAE의 경우 80%)이 만족하는 환경조건의 범위를 쾌적존(comfort zone)이라는 개념으로 사용하고 있다.

---

2) MRT : 평균복사온도라고 한다. MRT는 실내 공간에서의 여러 복사의 영향을 가중평균한 것이다. 이것은 다음 식에 의해 평가된다.
$$\mathrm{MRT} = \frac{\sum t \cdot \theta}{360} = \frac{t_1 \cdot \theta_1 + t_2 \cdot \theta_2 + \cdots + t_n \cdot \theta_n}{360}, \quad t : \text{벽체표면온도}, \ \theta : \text{표면노출각도}$$

1-3 실내 열환경과 평가

1. 열쾌적 지표

사람은 신체의 열수지 차이에 의해 더위와 추위의 정도를 느낀다. 열수지에 관계가 있는 인체주위의 온열 환경 요소들로는 물리적 변수인 공기 온도, 습도, 기류 및 평균복사 온도(MRT)와 개인적 변수인 활동량, 착의량, 나이, 성별 등을 들 수 있다. 그리고 일반적으로 물리적 변수를 온열 환경의 4요소라고 부른다.

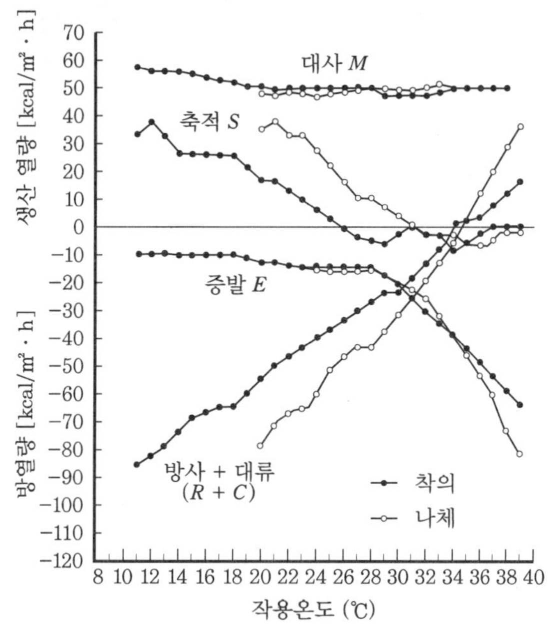

[그림 1-2] 인체의 열수지

열환경을 평가하기 위해서는 온열 환경에 영향을 미칠 것으로 예상되는 물리적 변수와 개인적 변수 모두를 고려하는 것이 이상적이지만, 특히 개인적 변수들 대부분은 정량화하는 데 많은 어려움이 있어 활동량과 착의량만을 고려하여 하나의 지표로 표시한 것을 **열쾌적 지표**라고 한다. 이 지표는 각 요소를 조합한 열환경에 있어서의 재실자의 주관적 온감 상태를 통계적으로 처리한 것이다. 이와 같은 열쾌적 지표에 관한 연구는 1910년경부터 시작되어 많은 지표가 연구 결과로 제시되었으나 여기에서는 실내의 온열 환경과 공조 설계와 관계가 깊은 몇 가지 지표에 대하여 설명한다.

〈표 1-3〉은 각종 온열 환경 지표를 나타낸 것으로 대부분 개인적 변수인 활동량과 착의량을 일정 조건하에서 물리적 변수를 고려한 지표들이다.

〈표 1-3〉 온열 환경 지표

온열 환경 지표	DB T_{air}	RH	V	MRT T_{mr}	met	clo
유효온도	○	○	○		좌 업 경작업	약 1 clo
흑구온도	○		○	○		
합성온도	○	○	○	○	경작업	평상복
등가온도	○	○	○	○	안정 시	평상복
수정유효온도	○	○	○	○	좌 업 경작업	평상복
작용온도	○		○	○		
습작용온도	○	○	○	○	○	○
신유효온도	○	○	○	○	1 met	0.6 clo
불쾌지수	○	○				
생체기후도	○	○	○	○	좌 업	1 clo
P.M.V.	○	○	○	○	○	○
R.M.V.	○	○	○	○	○	○

(주) DB : 외기온, RH : 상대습도, V : 기류, MRT : 평균복사온도, met : 대사량, clo : 착의량
　　R.M.V. : Fanger가 채택했던 P.M.V.를 피험자의 쾌적도에 대한 응답을 토대로 하여 한국동력자원
　　　　연구소에서 연구한 온열 환경 지표임.

(1) 작용온도 (OT : Operative Temperature ; T_{op})

작용온도는 효과온도라고도 하며 건구온도, 기류 및 주위의 벽(천장, 벽, 기타 난방 panels)과의 열복사의 종합효과를 나타내는 지표로서 1937년 Winslow 등에 의해 제안되었다.

이것은 흑구온도와 건구온도의 산술평균값으로서 표시되며, 다음과 같다.

$$\text{OT} = \frac{\text{MRT} + T_a}{2} : \rightarrow hr = hc \text{일 때}$$

$$= \frac{hr \times \text{MRT} + hc \times T_a}{hc + hr} \tag{1-6}$$

여기서, hr : 복사열에 대한 열전달 계수 $[\text{kcal/m}^2 \cdot \text{h} \cdot \text{℃}]$
　　　　hc : 대류 열전달 계수 $[\text{kcal/m}^2 \cdot \text{h} \cdot \text{℃}]$

습작용온도(Humid Operative Temperature)는 OT에 습도의 영향을 가미한 체감 지표로서, 기온, MRT, 습도가 있는 실에 있어서 인체가 받는 열량과 동일한 수열을 하는 습도 100%에 있어서의 기온과 평균복사온도를 같게 한 실의 기온이다.

(2) 유효온도(ET : Effective Temperature)

1923년 F. C. Houghton과 C. P. Yaglou 등에 의해 제안되었으며, 온도, 습도, 기류에 의해 인체의 온열감각에 영향을 미치는 총합 효과를 나타내는 단일지표이다. 무풍상태, 상대습도 100%일 때를 기준으로 하여 나타내는 것이며, 유효온도(체감온도) 변화상태는 〈표 1-4〉와 같다.

<표 1-4〉 유효온도(체감온도) 변화상태

구 분	건구온도	상대습도	기 류
유효온도 상승	↑	↑	↓
유효온도 하락	↓	↓	↑

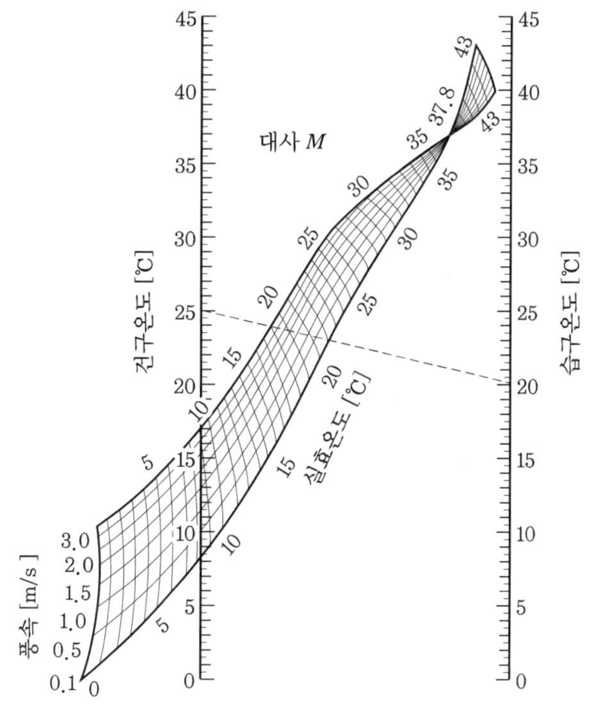

[그림 1-3] ET도(통상 착의, 경작업 시)

(사용례) 실공기의 건구온도 25℃, 습구온도 20℃, 기류속도 0.1 m/s일 때 ET는 22.7℃이다

풍속, 착의상태 등의 조건에 대한 갖가지 유효온도를 구하는 도표가 발표되었으나 그 중 풍속이 서로 다른 조건하에서 상의를 입은 통상 착의의 경작업자에 적용할 수 있는 유효온도를 도시하면 [그림 1-3]과 같다.

[그림 1-3]의 특징은 ① 건구온도와 습구온도가 같고, 무풍일 때 ET는 건구온도와 같다. ② 일반적으로 풍속이 커지면 ET는 낮아지나, 37.8℃ 이상에서는 역으로 높아진다. ③ 일반적으로 습도가 높으면 ET가 높아지나, 저온에 있어서는 역으로 낮아진다.

(3) 불쾌지수 (DI : Discomfort Index)

불쾌지수는 기후의 불쾌도를 표시하는 지수로서 기온과 습도만의 영향을 고려한 것으로 다음 식과 같으며, 그에 따른 영향은 〈표 1-5〉와 같다.

$$DI = 0.72(T_a + T_w) + 40.6 \tag{1-7}$$

여기서, T_a는 건구온도이며, T_w는 습구온도이다. 일반적으로 습공기선도($i-x$선도)를 이용하면 습공기의 2개의 상태값만 알면 나머지 상태값들도 쉽게 찾을 수 있다. 그리고 〈표 1-5〉는 불쾌지수에 따른 쾌감상태를 나타낸 것이다.

〈표 1-5〉 불쾌지수에 따른 쾌감상태

불쾌지수 (DI)	쾌감상태
86 이상	매우 견디기 어려운 무더위
80 이상	대부분 불쾌감을 느낌
75 이상	반 이상 불쾌감을 느낌
70 이상	일부 불쾌감을 느낌(불쾌감을 느끼기 시작)
70 미만	쾌적함을 느낌

(4) 신유효온도 (ET* : New Effective Temperature)

유효온도는 오랜 세월에 걸쳐 사용되어 왔으나, 이에 대한 비판이나 그 이후의 많은 연구 결과 1971년 Gagge 등에 의해 신유효온도(ET*)가 제안되었다.

이것은 가벼운 옷차림의 앉은 자세로 있는 인체에 적응시키는 것으로서, 다음 해 ASHRAE (American Society of Heating, Refrigerating and Air-Conditioning Engineers)에 채용되었다.

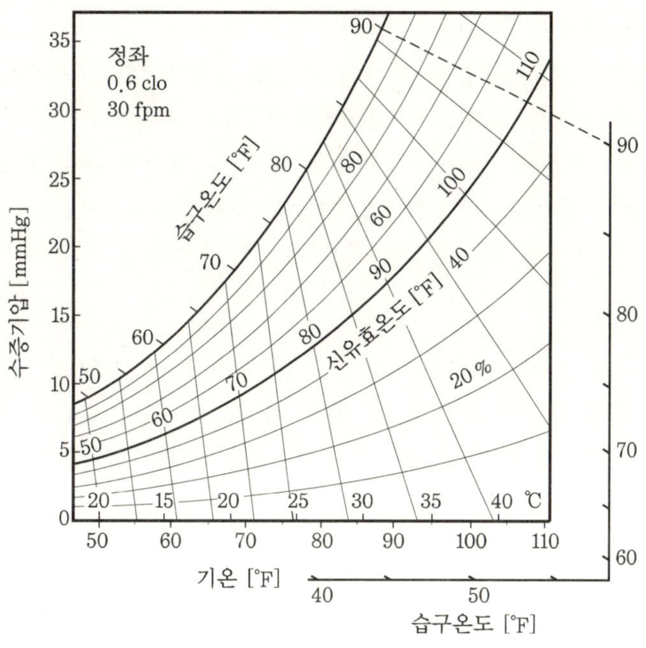

[그림 1-4] 신유효온도표

  [그림 1-4]는 신유효온도표를 나타낸 것으로 거의 무풍 상태인 실의 평균복사온도가 기온과 같으면 기온과 습도에 의해 ET^*가 구해진다. ET가 습도 100%의 기온으로 정의된 것에 비하여 ET^*는 보다 일상적인 습도 50%의 기온으로 정해져 있다.

  등 ET^*선은 기온 25℃ 이하에서는 발한에 의한 피부 습윤율 $w_s = 0$인 등습윤선에 평행한 직선이 50%의 등습도선과 교접하는 직선으로 표시되고, 기온 41℃ 이상에서는 습윤율(skin wettedness) $w_s = 1$의 등습윤선(constant wettedness line)에 평행한 직선이 50% 등습도선과 만나는 직선으로 표시된다.

  그 사이 25~41℃ 간의 등 ET^*선은 각 기온에 따른 등습윤선과 일치한 직선으로 표시된다.

  ET^*는 인체의 열수지의 해석에 의해 유도된 합리적인 체감 지표로서, 피험자의 체감 경험에 의해 결정된 ET와는 기본적으로 다른 것이다.

(5) 수정유효온도 (CET : Corrected ET)

  수정유효온도는 온도, 습도, 기류속도의 유효온도에 복사열에 대한 영향을 고려한 온열감각 지표로서, 건구온도 대신에 글로브온도, 습구온도 대신에 상당습구온도(절대습도를 그대로 두고 기온이 건구온도에서 글로브온도까지 변화된 경우에 얻어진 습구온도)를 사용하여 평가하였다.

(6) 표준유효온도(SET : Standard ET)

표준유효온도는 Gagge 등이 제안한 것으로, ET^*를 보다 발전시킨 최신 쾌적 지표로서, ASHRAE에서 채택하여 세계적으로 널리 사용되고 있다. 상대습도 50%, 풍속 0.12 m/s, 활동량 1 met, 착의량 0.6 clo의 동일한 표준 환경 조건에서 환경변수들을 조합한 것으로, 활동량, 착의량 및 환경조건에 따라 달라지는 온열감, 불쾌감 및 생리적 영향을 비교할 때 매우 유용하게 이용된다.

(7) PMV & PPD

P.O.Fanger에 의해 제안된 것으로 1984년 ISO 7730에 의해 채택되었다. Fanger의 열쾌적 방정식은 가장 큰 쾌적감을 줄 수 있는 열환경 요소의 조합을 계산할 수 있고, 또 주어진 열환경 조건에 대한 인체의 예상 평균 온열감(PMV : Predicted Mean Vote)을 구할 수 있다.

$$f(\text{met},\ \text{clo},\ T_a,\ \text{MRT},\ P_v,\ V) = 0 \tag{1-8}$$

PMV값에 대해 사람들이 느끼는 불만족 정도를 %로 나타내는 것이 PPD(Predicted - Percentage of Dissatisfied)이다. ISO 7730에서는 쾌적한 PMV, PPD의 수치로서 $-0.5 < \text{PMV} < +0.5$, PPD < 10%로 권장하고 있다.

PMV는 다른 온열 지표와 달리 직접 감각량을 표시하기 쉽고 PPD에 의해 불만족률도 쉽게 예측할 수 있기 때문에 광범위하게 사용되고 있다.

① PMV를 이용한 인간의 감각을 기본으로 한 온열 환경 제어로 이제까지 제어할 수 없었던 복사열 등을 포함한 종합적인 온열 환경의 제어가 가능하도록 하고 있다.

② PMV의 설정을 건물 용도에 맞추어 변경함으로써 최소한의 필요 에너지를 사용하면서도 쾌적한 온열 환경을 유지할 수 있다.

Fanger가 제시한 쾌적 방정식에서 인체의 쾌적 상태와 평균피복온도 t_a와 피복면의 증발 열손실량은 다음의 관계가 있다.

$$t_a = 35.7 - 0.028 \times (M - W)$$

$$E_s = 0.42 \times (M - W - 58.15)$$

$$(M - W) - E_d - E_s - E_{re} - C_{re} = K = R + C \tag{1-9}$$

여기서, t_a는 평균피복온도 [℃], M은 대사량 $[\text{W/m}^2]$, W는 기계적 사무량 $[\text{W/m}^2]$, E_d는 불감증설량(不感蒸泄量) $[\text{W/m}^2]$, E_s는 피복면의 증발열손실량

$[\mathrm{W/m^2}]$, E_{re}는 호흡에 의한 잠열손실량 $[\mathrm{W/m^2}]$, C_{re}는 호흡에 의한 잠열손실량 $[\mathrm{W/m^2}]$, K는 피복을 통한 열손실량 $[\mathrm{W/m^2}]$, R은 복사열손실량 $[\mathrm{W/m^2}]$ 그리고 C는 대류열손실량 $[\mathrm{W/m^2}]$을 나타낸다.

$$E_d = 3.05 \times 10^{-3}(5733 - 6.99(M - W) - P_a)$$

$$E_{re} = 1.7 \times 10^{-5} \cdot M(5867 - P_a)$$

$$C_{re} = 0.0014 \cdot M \cdot (34 - t_a)$$

$$K = \frac{t_s - t_{cl}}{0.155 \times I_{cl}} = \frac{35.7 - 0.028(M - W) - t_{cl}}{0.155 \times I_{cl}}$$

$$R = 3.96 \times 10^{-8} \times f_{cl}((t_{cl} + 273)^4 - (t_r + 273)^4)$$

$$C = f_{cl} \times h_c(t_{cl} - t_a)$$

여기서, t_{cl}은 착의 외표면 온도 $[\mathrm{℃}]$, P_a는 수증기압 $[\mathrm{Pa}]$이다. 그리고 대류열전달계수 h_c는

$$h_c = \max\left[(2.38 \cdot (t_{cl} - t_{ai}))^{0.25}, \ 12.1 \cdot \sqrt{V}\right]$$

$$f_{cl} = 1.0 + 0.2 \cdot I_{cl} \ (I_{cl} < 0.5 \ \mathrm{clo})$$

$$f_{c2} = 1.05 + 0.1 \cdot I_{cl} \ (I_{cl} > 0.5 \ \mathrm{clo})$$

V는 평균풍속 $[\mathrm{m/s}]$이다.

$$L = (M - W) - E_d - E_s - E_{re} - C_{re} - R - C$$

$$\begin{aligned}
t_{cl} &= t_s - 0.155 \cdot I_{cl} \cdot (R + C) \\
&= M - W - [3.96 \cdot 10^{-8} \cdot f_{cl} \cdot \left\{(t_{cl} + 273)^4 - (t_r + 273)^4\right\} \\
&\quad + f_{cl} \cdot h_c \cdot (t_{cl} - t_a) + C_1 + C_2] \\
&= 35.7 - 0.028(M - W) - 0.155 I_{cl}[3.96 \cdot 10^{-8} \cdot f_{cl} \cdot \\
&\quad \left\{(t_{cl} + 273)^4 - (t_r + 273)^4\right\} + f_{cl} \cdot h_c \cdot (t_{cl} - t_a)
\end{aligned}$$

(1-10)

$$C_1 = \left[3.05 \times \{5.73 - 0.007 \cdot (M - W) - P_a\}\right]$$

$$C_2 = \left[0.42 \cdot (M - W) - 58.15 + 0.0173 \cdot M \cdot (5.78 - P_a)\right] +$$

$$\left[0.0014 \cdot M \cdot (34 - t_a)\right]$$

온냉감은 ASHRAE에서 사용되어 온 '7단계 온열감척도법' [그림 1-5]의 -3에서 $+3$의 수치를 Y로 나타낸다.

실험 자료를 이용하여 인체의 온냉감 Y의 열부하 L에 대한 변화율 $\delta Y/\delta L$과 대사량 M을 다음과 같이 연계시켰다.

$$\frac{\delta Y \,(= \mathrm{PMV})}{\delta L} = 0.303 \cdot e^{-0.036\,M} + 0.028$$

$$\mathrm{PMV} = \left[0.303 \cdot \exp(-0.036 \cdot M) + 0.028\right] \cdot L$$

$$= \left[0.303 \cdot \exp(-0.036 \cdot M) + 0.028\right] \cdot$$

$$\{(M - W) - E_d - E_s - E_{re} - C_{re} - R - C\}$$

앞의 모든 식들을 대입하여 정리하면 식 (1-11)을 얻을 수 있다.

$$\mathrm{PMV} = \left[0.303 \cdot \exp(-0.036 \cdot M) + 0.028\right] \times (M - W)$$

$$[E_d] \quad ① \quad - 3.05 \times 10^{-3} \left[5733 - 6.99\,(M - W) - P_a\right]$$

$$[E_s] \quad ② \quad - 0.42 \times (M - W - 58.15)$$

$$[E_{re}] \quad ③ \quad - 1.7 \times 10^{-5} \cdot M\,(5867 - P_a)$$

$$[C_{re}] \quad ④ \quad - 0.0014 \cdot M \cdot (34 - t_a)$$

$$[R] \quad ⑤ \quad - 3.96 \times 10^{-8} \times f_{cl} \left[(t_{cl} + 273)^4 - (t_r + 273)^4\right]$$

$$[C] \quad ⑥ \quad - f_{cl} \times h_c\,(t_{cl} - t_a) \tag{1-11}$$

끝으로 Fanger는 실험에 있어서 온냉감 -1, 0, $+1$ 이외의 신고를 한 사람의 비율을 불만족률로서 PMV와 연관시켜 다음의 PPD 식 (1-12)를 도출하였다.

$$\mathrm{PPD} = 100 - 95 \cdot \exp\left[-(0.03353 \cdot \mathrm{PMV}^4 + 0.2179 \cdot \mathrm{PMV}^2)\right] \tag{1-12}$$

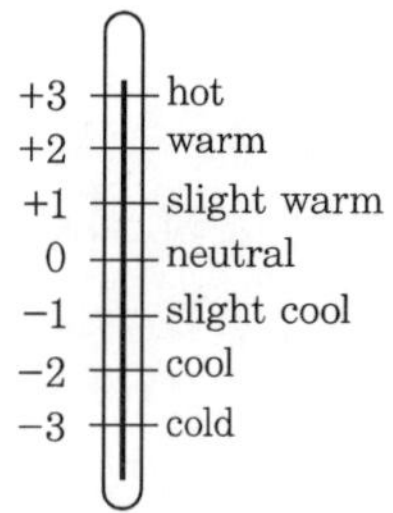

[그림 1-5] 7단계 온열감 척도

<표 1-6> 온열 환경에 대한 냉온감과 PMV값 사이의 관계

PMV	냉온감	PMV	냉온감
+3	덥다.	−1	조금 시원하다.
+2	따뜻하다.	−2	시원하다.
+1	조금 따뜻하다.	−3	춥다.
0	덥지도 춥지도 않다.		

(8) 카타 냉각력 (Kata Cooling Power)

1914년 L. Hill 등에 의하여 인체의 방열모형으로써 개발되었다. 알코올이 봉입된 온도계의 형을 하고 있으며, 감온부를 데우면 알코올이 관 내를 상승시킨 후, 100°F에서 95°F의 눈금 사이를 하강하는 시간을 측정하여 환경의 냉각력을 알아내는 원리를 카타 온도계라고 하며, [그림 1-6]과 같다. 원래 이 냉각력을 체감지표로 할 목적이었지만, 감온부의 형상이 작고 풍속에 대한 감도가 높아 본래의 목적과는 달리 현재에는 미풍속계로서 사용되고 있다. 카타 온도계를 이용하여 냉각력과 풍속은 다음 식으로 구해진다.

$$H = \frac{F}{T} \tag{1-13}$$

여기서, H : 카타 냉각력($\mathrm{kcal/cm^2 \cdot s}$)

F : 카타율($\mathrm{kcal/cm^2}$)

T : 냉각시간(s)

$$v \geqq 1 : H = (0.13 + 0.47 \sqrt{v})(36.5 - \theta) \tag{1-14}$$

$$v \leqq 1 : H = (0.20 + 0.40 \sqrt{v})(36.5 - \theta)$$

여기서, θ : 기온(℃) $\qquad v$: 풍속(m/s)

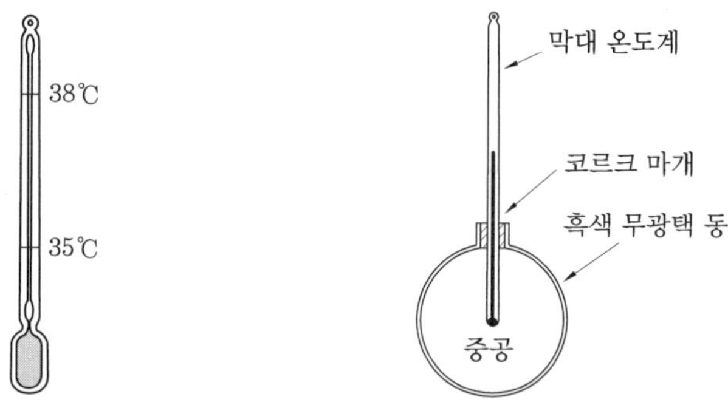

[그림 1-6] 카타 온도계   [그림 1-7] 글로브 온도계

(9) 글로브 온도계 (Globe Thermometer)

글로브 온도계는 기온과 복사의 총합 효과를 측정하는 것을 목적으로 한 것으로, 1930년 H. M. Vernon에 의해 고안되었다. 이것은 [그림 1-7]과 같이 외표면을 흑색 무광택으로 처리된 지름 15 cm의 속이 빈 밀폐 구리공 중심에 온도계의 구부(球部)가 위치하도록 만들어진 기구이다. 이것을 측정점에 매달아 두고 그 주위의 기온 및 주벽 표면 온도에 변화가 없다고 하면 약 15분이면 평형 온도에 가까워진다. 이때의 눈금을 글로브 온도 GT [℃]라고 한다. GT와 기온 DBT [℃]와의 차를 유효 복사온도라고 한다.

평균복사온도 MRT(Mean Radiant Temperature)의 벽면의 실내에 매달아 놓은 글로브 온도계의 열수지는 MRT와 GT의 평균온도 T_m에 대한 k값을 k_m이라고 하면 근사값으로 식 (1-15)로 표시된다.

$$\varepsilon_g \, k_m \, (\mathrm{MRT} - \mathrm{GT}) = \alpha_c \, (\mathrm{GT} - \mathrm{DBT}) \tag{1-15}$$

여기서, ε_g는 글로브의 방사 계수, α_c는 구의 대류 열전달률 $[\mathrm{kcal/m^2 \cdot h \cdot ℃}]$이며, 구의 지름을 d [m], 풍속을 v [m/s]라고 하면 α_c는 식 (1-16)으로 표시된다.

$$\alpha_c = 5.4 \, v^{0.6} \, d^{-0.4} \tag{1-16}$$

그리고 $T_m = 20℃$, $\varepsilon_g = 0.95$, $d = 0.15$라고 하면, $v = 1$ 정도의 미풍속이면 근사적으로 식 (1-17)로 표시된다.

$$\mathrm{MRT} = \mathrm{GT} + 2.48 \, \sqrt{v} \, (\mathrm{GT} - \mathrm{DBT}) \tag{1-17}$$

따라서, 글로브 온도계는 주위벽면의 평균복사온도를 알기 위한 수단으로서 현재에도 흔히 사용된다. 식 (1-17)은 다음과 같이 바꿔 쓸 수 있다.

$$\mathrm{GT} = \frac{\mathrm{MRT} - \mathrm{DBT}}{1 + 2.48\sqrt{v}} + \mathrm{DBT} \tag{1-18}$$

2. 쾌적 열환경

(1) 개정 쾌적도

쾌적대 및 지적온도[3]는 인체의 생리적, 심리적 상태나 착의의 정도 등 여러 가지 조건에 따라 달라진다. Yaglou 등은 1923년에서 1929년에 걸쳐 ET를 지표로 하여 통상 착의를 한 상태에서 한서감을 조사하고, 그 결과를 근거로 하여 거의 무풍상

---

3) 최소의 생리적 노력에 의해 인체의 생산 열량과 방열량이 평형을 이루는 덥지도 춥지도 않은 쾌적한 열환경 상태일 때의 온도를 지적온도라고 한다.

태인 경우에 적용되는 쾌적도를 만들었다. 이것은 그 후 ASHRAE에 의해 채용이
되고, 나중에 일부 개정이 되었으며, 다시 1960년의 Koch 등의 연구에 근거하여 4
개의 등체감선이 개선되어 [그림 1-8]과 같이 되었다.

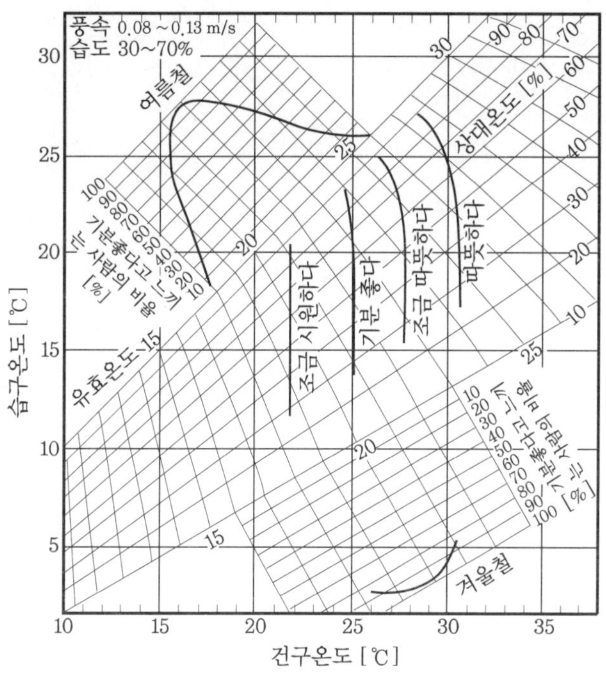

[그림 1-8] ASHRAE의 개정 쾌적도

여름철의 지적온도는 ET = 21.7℃, 겨울철은 ET = 20.0℃이다. 4개의 등체감선
은 여름과 겨울의 평균값을 나타낸 것이다.

(2) 신쾌적도

ET 및 [그림 1-8]의 쾌적도는 1970년경까지 채용되어 왔으나, 1971년 Gagge 등
의 ET*의 제안과 그때까지의 연구 결과를 바탕으로 하여 보다 합리적인 쾌적성이
ASHRAE에 의해 추구됨으로써 1972년에 [그림 1-9]와 같은 현재의 쾌적도로 개정
되었다. 이 그림은 평균복사온도가 기온과 같고, 거의 무풍인 실에 적용된다. 사선
부분은 쾌적 기준 55~74로 정해진 쾌적대를 나타내며, 0.8~1.0 clo의 착의, 사무
작업에 종사하는 경우의 결과이고, 마름모꼴 부분은 KSU의 연구에 의한 쾌적대를
나타내며, 0.4~0.6 clo의 착의, 앉은 자세에 대해 얻어진 결과이다.

일반적으로 추천되는 쾌적 조건은 양자가 겹치는 상태이며, 그것은 기온과 평균
복사온도 및 ET*가 24.5℃, 습도 40%, 무풍상태라고 한다. 또 등신유효온도 또는

쾌적대를 만족하는 실온과 착의량을 구하는 그림이 여러 가지 습도 조건에 따라 만들어졌다.

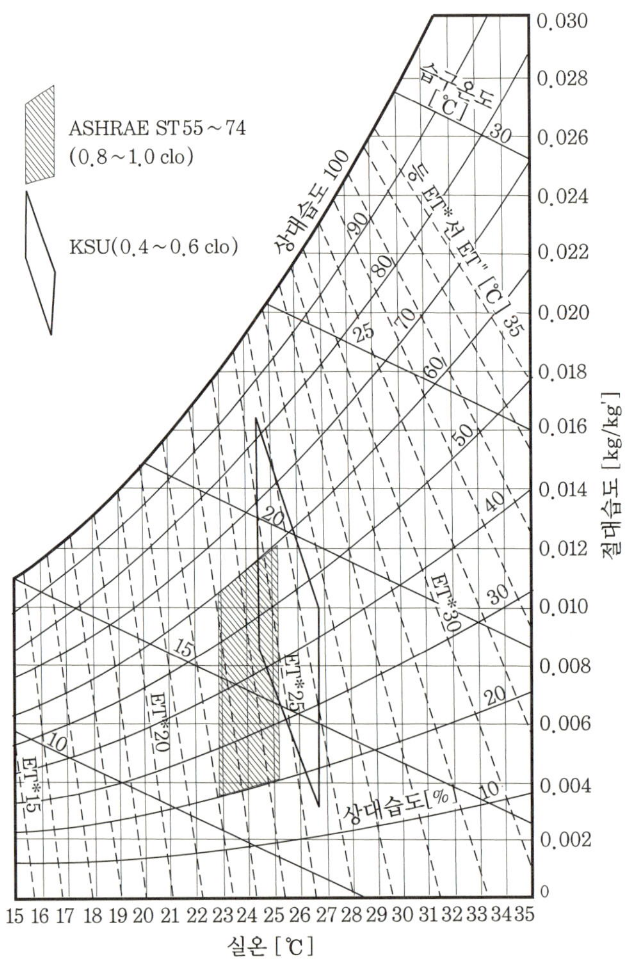

[그림 1-9] ASHRAE의 신쾌적도

(3) Fanger의 쾌적도

개정 쾌적도와 신쾌적도는 피험자의 체감 경험을 자료로 한 실험의 통계적 해석결과에 의해 작성되었다. Fanger는 1967년 쾌적상태에 있어서 인체의 생산열과 방열은 평형을 유지하며, 평균피부온도 θ_s [℃] 및 발한에 의한 방열량 E_s [kcal/m²·h]는 생산 열량과 어떤 일정한 관계를 유지하고 있다는 생각에 근거를 두고 쾌적식을 만들었다.

인체의 열수지는 단위 인체 표면적당, 단위 시간에 대해

$$S = (1 - \eta) M - (C + R + E + L) \tag{1-19}$$

로 표시되며, C는 전도 및 대류에 의한 방열량, R는 복사에 의한 방열량, E는 수분 증발에 의한 방열량, L은 호기(呼氣)에 의한 방열량이고, S는 체내 비적량 $[\mathrm{kcal/m^2 \cdot h}]$이다. 이 식의 우변은 생산 열량 $M\,[\mathrm{kcal/m^2 \cdot h}]$, 의복 저항 $I\,[\mathrm{clo}]$ θ_s, E_s 및 주위의 열환경의 4요소인 기온 θ_a, 수증기 P_a, 풍속 v, 평균복사온도 θ_{mr}의 8개 변수의 함수로 표시되며, 쾌적상태에 있어서는 $S = 0$이므로, 식 (1-20)이 만족되지 않으면 안된다.

$$f\left(M,\,I,\,\theta_s,\,E_s,\,\theta_a,\,P_a,\,v,\,\theta_{mr}\right) = 0 \tag{1-20}$$

Fanger는 좌위(座位) 안정 시 $[M = 50\ \mathrm{kcal/m^2 \cdot h} = 1\,\mathrm{met}]$의 쾌적 상태에 있어서의 θ_s, E_s는 각각 34℃, 0 $\mathrm{kcal/m^2 \cdot h}$이므로, 여기서 실험 결과를 사용하여 식 (1-21)과 식 (1-22)를 유도하였다.

$$\theta_s = 37.5 - 0.032\,M\left(1 - \eta\right) \tag{1-21}$$

$$E_s = 0.42\left\{M\left(1 - \eta\right) - 50\right\} \tag{1-22}$$

식 (1-21)과 식 (1-22)를 식 (1-20)에 대입하면, 식 (1-20)은

$$f\left(M,\,I,\,\theta_a,\,P_a,\,v,\,\theta_{mr}\right) = 0 \tag{1-23}$$

이 되고, 이 식을 Fanger의 쾌적식이라고 한다. 이 식에 의해 임의의 M, I에 대해 쾌적상태에 있어서의 열환경의 4요소의 조합이 결정된다. 쾌적식을 만족시키는 계산 결과를 도표화한 갖가지 쾌적도가 Fanger에 의해 제시되고 있으며, [그림 1-10]은 그 중의 하나이다.

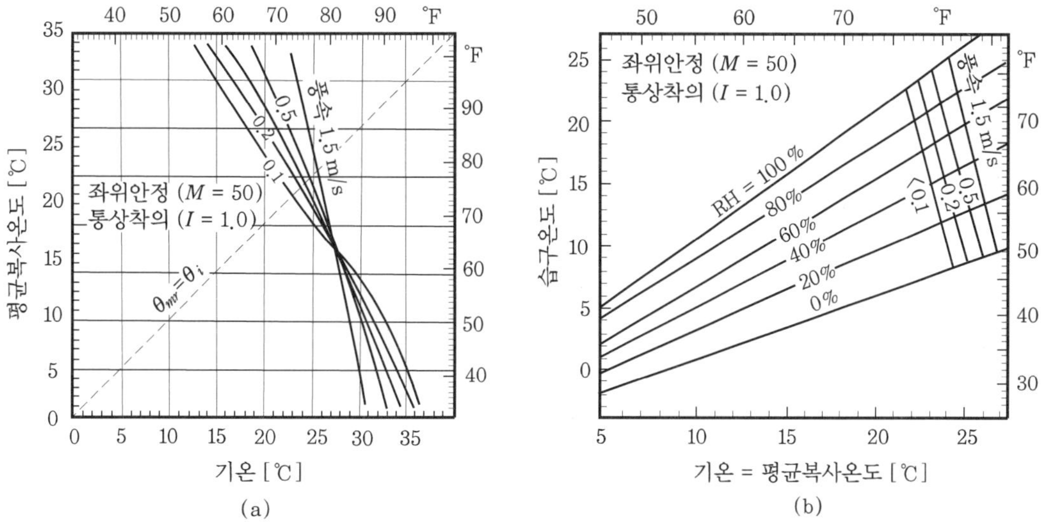

[그림 1-10] Fanger의 쾌적도

1-4 실내 환경 및 공기 환경

실내 공기 오염은 온도, 습도, 기류, 복사열 등 온열 환경 요소와 일산화탄소, 질소산화물 등 가스상 물질 및 부유분진, 각종 미생물 등과 같은 오염물질들이 복합적으로 작용하여 발생한다. 재실자들이 호흡에 의하여 산소를 마시고 이산화탄소를 배출하고 있으며, 흡연 및 여러 가지 활동을 하면서 많은 실내 공기 오염물질을 발생시키고 있다. 더욱이 최근에는 새로운 건축자재가 개발되고 이를 사용됨에 따라 포름알데히드, 석면, 라돈 등과 같은 의외의 오염물질이 실내에 방출되고 있으며, 사무실 내에서도 컴퓨터, 팩시밀리, 복사기 등의 사무기기 사용에 따라 다양한 오염물질이 발생되고 있다.

(1) 실내 환경 기준

쾌감용 공기조화의 실내 환경 기준의 목표는 보건위생과 쾌감이 주가 되지만, 에너지의 합리적 이용, 경제성, 법적규제 조건을 고려하여 결정하여야 한다.

〈표 1-7〉 중앙관리 방식의 공기조화 설비의 실내 환경 기준

① 부유 분진량	공기 $1\,m^3$당 $0.15\,ppm$
② CO 함유율	$10\,ppm$ 이하
③ CO_2 함유율	$1000\,ppm$ 이하
④ 온 도	$17\,℃$ 이상, $28\,℃$ 이하
⑤ 상대습도	40% 이상, 70% 이하
⑥ 기 류	$0.5\,m/s$ 이하

〈표 1-8〉 이산화탄소의 허용 농도와 유해도

농 도 (용적 %)	의 의	적 요
0.07	다수 계속 재실하는 경우의 허용 농도	CO_2 자체의 유해한도가 아니고 공기의 물리적 · 화학적 현상이 CO_2 증가에 비례하여 악화하는 것으로 가정했을 때의 오염 지표로서의 허용 농도를 뜻한다.
0.10	일반적인 허용 농도	
0.15	환기계산에 사용되는 허용 농도	
0.2~0.5	상당히 불량하다고 인정됨.	
0.5 이상	가장 불량하다고 인정됨.	

4~5	호흡 중추를 자극하여 호흡의 횟수가 증가한다. 호흡시간이 길면 위험하다. O_2의 결핍이 수반되면 장애가 빨리 오고 결정적이 된다.
~8~	10분간 호흡하면 호흡곤란, 안면홍조, 두통을 일으킨다. O_2의 결핍을 수반하면 장애가 더욱 현저하게 된다.
18 이상	치명적이다.

1-5 습공기 선도(Psychrometric Chart)

1. 습공기의 열적 물성값 및 선도표

습공기 선도는 습공기 물성값에 대한 측정 및 연구와 관련이 있다. 습공기는 건공기와 수증기의 혼합이다. 공기 중의 수증기의 양은 온도와 압력에 의존하고, 이 양은 습공기와 응축된 물의 상태(condensed water phase ; liquid or ice) 사이의 평형 상태인 포화(saturation)상태에서 최대이다.

대기압이 약 3기압 미만에서의 습공기는 이상 기체로 간주되며, 이는 공학적 계산에서 충분한 정확도를 갖는다. 그러므로 이상 기체의 혼합에 대한 Gibbs-Dalton의 법칙이 성립되며, 전체 대기압 p는 부분 공기압의 합과 같다.

$$p = p_a + p_v \tag{1-24}$$

여기서, p_a는 건공기의 부분 압력이고, p_v는 수증기의 부분 압력이다.

〈표 1-9〉 습공기의 표시 방법

용 어	기 호	단 위	정 의	ASHRAE 표시
절대습도	x, W	kg/kg(DA)	건조한 공기 1 kg 속에 포함되어 있는 습한 공기 중의 수증기량	humidity ratio absolute humidity
상대습도	ϕ, RH	%	수증기 분압 $h(P)$와 같은 온도의 포화수증기압 $h_s(P_s)$와의 비	relative humidity
비교습도 (포화도)	ψ	%	절대습도 x와 동일온도의 포화공기의 절대습도 x_0와의 비	degree of saturation

습구온도	t', T_{wb}	℃	습구온도계로 표시한 온도	wet bulb temperature
노점온도	t'', T_{dp}	℃	습한 공기를 냉각시켜 포화상태로 될 때의 온도	dew point temperature
수증기 분압	f P	mmHg kg/cm^2	습공기 중의 수증기의 분압	partial pressure of vapor in moist air

(주) DA : dry air

2. 기본 정의

(1) **수증기압 : Vapour Pressure ; f, p**

　　수증기의 분압을 수증기압 또는 수증기 장력이라고 한다. 일반적으로 수은주의 높이 f로 표시하며, mmHg 또는 kg/m^{2}의 단위를 사용한다. 기상학에서는 [mb]를 사용하는 경우가 많다.

　　포화 공기에 함유되는 수증기량은 그 온도에 따라 최대값이 정해져 있으며, 그때 가리키는 수증기압을 포화 수증기압이라고 하고, 수면 상에 있어서의 값은 빙면 상에 있어서의 그것과는 다르다.

(2) **절대습도 : Absolute(Specific) Humidity/Humidity Ratio ; x, W**

　　습공기 속에 포함된 건조 공기 1 kg당의 수분 중량 m_v[kg]를 그 공기의 절대습도라고 한다. 또, 이것을 혼합비라고 할 때도 있다.

$$x = \frac{m_v}{m_a} = \frac{수증기의\ 중량}{건공기의\ 중량} \quad or \quad x = \frac{v_a}{v_v} \tag{1-25}$$

여기서, v는 비용적이다.

(3) **상대습도 : Relative Humidity ; RH, ϕ**

　　습공기의 수증기압 f와 같은 온도의 포화 수증기압 f_s와의 비를 상대습도 또는 관계습도라고 하고, 식 (1-26)으로 표시된다.

$$\phi = \frac{f}{f_s} \times 100\ [\%] \tag{1-26}$$

(4) **수증기의 비중량 ; σ**

　　습공기 1 m^3 속에 함유된 수증기량을 g 단위로 나타낸 것으로, 이것을 용적 절대습도라고 할 때도 있다. σ의 정의에 의해 식 (1-27)로 표시된다.

$$\sigma = \frac{W_v}{V} \times 1000 = \frac{1000}{R_v} \cdot \frac{p_v}{T} = \frac{1000}{47.06} \cdot \frac{13.59 \cdot f}{T}$$

$$= 288.8 \cdot \frac{f}{T} = \frac{288.8 \cdot f}{273 + t} = \frac{1.058 \cdot f}{1 + 0.00367 \cdot t} \tag{1-27}$$

(5) 노점온도 : Dewpoint Temperature ; t'', T_{dp}

습공기의 수증기압과 같은 수증기압을 가진 포화 습공기의 온도를 습공기의 노점온도라고 한다. 노점온도는 수증기 분압의 함수로써 계산될 수 있다.

$$x_s(p, t'') = x(p, t) \tag{1-28}$$

노점온도가 0~93℃의 범위에서는

$$t'' = 6.54 + 14.526 \cdot \ln p_v + 0.7389 \cdot \ln p_v{}^2 + 0.09486 \cdot \ln p_v{}^3$$

$$+ 0.4569 \cdot \ln p_v{}^{0.1984} \tag{1-29}$$

노점온도가 0℃ 이하의 범위에서는

$$t'' = 6.09 + 12.608 \cdot \ln p_v + 0.4959 \cdot \ln p_v{}^2 \tag{1-30}$$

(6) 포화도 : Degree of Saturation ; ψ

습공기의 x와 같은 온도의 포화 공기의 x_s와의 비율을 포화도라고 하고 다음 식과 같이 표시된다.

$$\psi = \frac{x}{x_s} \times 100 = \frac{f}{f_s} \cdot \frac{F - f_s}{F - f} \times 100 = \phi \cdot \frac{F - f_s}{F - f} \tag{1-31}$$

(7) 엔탈피 : Enthalpy ; i

건조 공기 1 kg당의 습공기 속에 현열 및 잠열 형태로 포함되는 열량을 습공기의 엔탈피라고 하며, 그 기준은 0℃이다.

온도 t의 건조 공기의 엔탈피는 $c_a \cdot t$ 같은 온도의 수증기의 엔탈피는 0℃의 물을 기준으로 하여 $(c_v \cdot t + \gamma_0)$이므로, 온도 t, 절대습도 x의 습공기의 엔탈피는

$$i = c_a \cdot t + x(c_v \cdot t + \gamma_0) = i_a + x \cdot i_v \tag{1-32}$$

여기서, γ_0는 0℃의 수증기의 증발잠열로 597.3 kcal/kg [= 2501 kJ/kg]이며, c_a, c_v는 각각 건조 공기, 수증기의 정압비열이고, 0.24와 0.441 kcal/kg′·℃ [= 1과 1.805 kJ/kg·℃]이다.

(8) 상대습도와 비습도와의 관계

이상기체의 법칙으로부터

$$m_v = \frac{p_v \cdot V}{R_v \cdot t} = \frac{p_v \cdot V \cdot M_v}{R \cdot t} \quad , \quad m_a = \frac{p_a \cdot V \cdot M_a}{R \cdot t} \tag{1-33}$$

여기서, $R = 8.314 \, \text{J/mol} \cdot {}^\circ\text{K}$: 이상기체 상수

$\quad V$: 부피

$\quad t$: 온도

$\quad M_a = 0.02896 \, \text{kg/mol}$

$\quad M_v = 0.01802 \, \text{kg/mol}$

$\quad M_a / M_v = 0.62224$

$\quad R_a = R / M_a = 287.08564 \, \text{J/kg} \cdot {}^\circ\text{K}$

$\quad R_v = R / M_v$

그러므로

$$x = \frac{m_v}{m_a} = 0.622 \cdot \frac{p_v}{p_a} \tag{1-34}$$

$p_a = p - p_v$ 이므로 $x = 0.622 \cdot \dfrac{p_v}{p - p_v} = 0.622 \cdot \dfrac{p_v}{p_s} = 0.622 \cdot \phi$ $\tag{1-35}$

따라서, 식 (1-35)를 상대습도에 관한 식으로 정리하여 쓰면

$$\phi = \frac{x \cdot p_a}{0.622 \cdot p_s} \tag{1-36}$$

습공기의 밀도는 건공기와 수증기의 밀도의 합과 같다. 습공기의 비용적 v는 건조 공기의 단위 질량으로써 표현된다.

$$v = \frac{R_a \cdot t}{p_a} = \frac{R_a \cdot t}{p - p_v} \tag{1-37}$$

(9) 비용적과 비중량

건조한 공기 $1\,\text{kg}(\text{DA})$ 속에 포함되어 있는 습공기의 용적을 비용적이라 하고, 단위는 $\text{m}^3/\text{kg}(\text{DA})$로 나타낸다.

또, 습공기 $1\,\text{m}^3$ 속에 포함되어 있는 건조한 공기의 중량을 비중량이라 하고, 단위는 $\text{kg}(\text{DA})/\text{m}^3$로 비용적의 역수와 같다.

표준 공기의 비용적과 비중량은 각각 $0.83 \text{ m}^3/\text{kg}$, 1.2 kg/m^3이다. 그리고 표준공기 1 kg을 온도 $1℃$ 상승시키는 데 필요한 열량, 즉 중량비열(重量比熱 : C_{pa})은 0.24 kcal/kg℃이다. 또, 표준공기 1 m^3를 온도 $1℃$ 상승시키는 데 필요한 열량, 즉 용적비열(容積比熱 : C_{pw})은 $0.24 \text{ kcal/kg} \cdot ℃ \times 1.2 \text{ kg/m}^3 ≒ 0.29 \text{ kcal/m}^3 \cdot ℃$이다.

(10) 현열과 잠열

건조 공기 1 kg당의 습공기 속에는 현열(sensible heat) 및 잠열(latent heat) 형태로 포함되는 열량의 습공기가 존재한다. 이 중 현열(顯熱)은 습공기의 온도 변화에 따라 출입하는 열을 말하며, 잠열(潛熱)은 상태 변화에 따라 출입하는 열을 말한다. 그리고 현열과 잠열을 합하여 엔탈피라고 부르며 그 기준은 $0℃$이다.

㉮ 현열(顯熱 ; Sensible Heat)

어떤 물체의 상태 변화 없이 온도가 변화될 때 필요한 열량을 말한다. 즉, 습공기 중에서 절대습도를 일정하게 유지시키면서 건구온도만을 상승, 하강시키는 데 필요한 열량이다.

㉯ 잠열(潛熱 ; Latent Heat)

일정 압력하에서 물질에 열을 가하면 온도 변화 없이 상태만을 변화시키는 데 필요한 열량을 말한다. 즉, 습공기 중에서 수증기를 액화 제거하여 그 절대습도를 낮추는 데 필요한 열량이다. 실내의 습도를 유지하기 위하여 공기 중의 수증기(기체)를 물(액체)의 상태로 변하게 하여 제거시키도록 한다. 이때, 수증기로부터 제거하는 열량은 냉동기에서 요구하는 잠열부하가 된다.

㉰ 전열량(全熱量 ; Total Heat)

전열량은 공기조화에서 엔탈피(enthalpy)라고도 하며, 이는 물체의 상태에 따라 정해지는 상태량으로서 내부에 갖는 열에너지의 합계로서, 열역학적으로는 물체에 열을 가하면 일반적으로 그 물체 내에 축적되는 에너지가 증가하고 동시에 외부에 대하여서도 작용을 하며, 이러한 에너지의 합을 말한다. 단위는 kcal/kg, kJ/kg이다.

㉱ 관계식

t [℃]의 건조 공기의 엔탈피는 $C_{pa} \cdot t$이며, 같은 온도의 수증기의 엔탈피는 $0℃$ 물을 기준으로 하여 $C_{pw} \cdot t + \gamma_0$이므로, 온도 t, 절대습도 x의 습공기의 엔탈피 i [kcal/kg(DA)]는 다음과 같다.

$$i = C_{pa} \cdot t + x(C_{pw} \cdot t + \gamma_0) \tag{1-38}$$

여기서, 습공기의 물성값 $C_{pa} = 0.24$, $C_{pw} = 0.441$, $\gamma_0 = 597.3$을 대입하면 i는

$$i = 0.24 \cdot t + x(0.441 \cdot t + 597.3) \tag{1-39}$$

이다. 습공기의 엔탈피는 (건조공기의 엔탈피) + (수증기의 엔탈피) × (대기 중의 절대습도)로 계산할 수 있으며, 습공기가 갖는 현열량과 잠열량의 합계를 의미한다.

(11) 습구온도 : t', T_{wb}

수분은 일정한 온도와 압력하에서 열의 유출입이 없이 증발에 의해 공기를 포화 상태로 이끌 수 있는 데, 이때의 온도를 습구온도라고 한다. 이러한 과정 동안, 절대습도는 초기의 x값에서 습구온도에 대응하는 $x_s{}'$으로 증가하고, 엔탈피도 또한 i에서 i_s로 증가하게 된다.

단위 건공기에 추가된 물의 질량은 $(x_s{}' - x)$이고, 추가된 습공기의 에너지는 $(x_s{}' - x) \cdot i_w{}'$이다. 그러므로 에너지 평형은 다음과 같다.

$$i + (x_s{}' \cdot t' - x) \cdot i_w{}' \cdot t' = i_s \cdot t' \tag{1-40}$$

이 방정식은 열역학적 습구온도를 정의한다.

건습구 습도계(psychrometer)는 젖은 심지로 덮여 있는 온도계가 있는 2개의 온도계로 구성된다. 습구온도는 공기 중에 노출될 때, 수분이 증발하고 이때 소위 습구온도 t', T_{wb}라 불리는 평형 온도점에 도달한다.

위의 방정식을 정리하여 나타내면,

$$i_w{}' = 4.186 \cdot t \ [\text{kJ/kg}] \tag{1-41}$$

물의 비엔탈피와의 대략적인 관계이고, 절대습도에 관하여 정리하면,

$$x = \frac{(2501 - 2.381 \cdot t') \cdot x_s{}' - (t'' - t')}{2501 + 1.805 \cdot t'' - 4.186 \cdot t'} \tag{1-42}$$

이 방정식은 습구온도를 계산하기 위한 반복 계산법이 이용된다.

(12) 포화 수증기압 : f_s, p_s

습공기의 물성값을 계산하기 위해, 포화 수증기압은 필요하다. 이 값은 표를 이용해서 얻을 수도 있으나 다음의 수학적 관계식을 통해 쉽게 얻을 수 있다.

㉮ $T = (t + 273.15) \ [°\text{K}]$

0~200℃ 물의 포화 수증기압은

$$a = -5.8002206 \cdot 10^3 \qquad b = 1.3914993$$

$$c = -4.9640239 \cdot 10^{-2} \qquad d = 4.1764768 \cdot 10^{-5}$$

$$e = -1.4452093 \cdot 10^{-8} \qquad f = 6.5459673$$

$$p_s = \exp\left(\frac{a}{T} + b + c \cdot T + d \cdot T^2 + e \cdot T^3 + f \cdot \ln T \right)[\text{Pa}] \qquad (1\text{-}43a)$$

20℃의 물의 경우,

$p_s = 2338.8037$ Pa이 된다.

㉯ $T = (273.15 - t)\,[°\text{K}]$

-100~0℃ 얼음의 포화 수증기압은

$g = -5.6745359 \cdot 10^3$ $\qquad\qquad$ $h = 6.3925247$

$k = -9.677843 \cdot 10^{-3}$ $\qquad\qquad$ $l = 6.22115701 \cdot 10^{-7}$

$ll = -2.0747825 \cdot 10^{-9}$ $\qquad\qquad$ $n = -9.484024 \cdot 10^{-13}$

$pp = 4.1635016$

$$p_{s,\,ice} = \exp\left(\frac{g}{T} + h + k \cdot T + l \cdot T^2 + ll \cdot T^3 + n \cdot T^4 + pp \cdot \ln T \right)[\text{Pa}] \quad (1\text{-}43b)$$

-10℃의 물의 경우,

$p_{s,\,ice} = 259.90212$ Pa이 된다.

3. 습공기의 물성값 계산

(1) 습공기 선도의 구성

㉮ $i - x$ 선도 : 엔탈피와 절대습도를 사교축으로 하는 선도

이 선도는 절대습도 x를 종축으로 하고 비엔탈피 i를 여기에 사교하는 좌표축으로 선택해서 $i-x$의 사교좌표로 되어 있다. 실제로 작성된 선도에서는 [그림 1-11]의 하부에 건구온도(t)를 나타내고 있는 것이 많으며, 건구온도선이 그 축에 대해서 수직으로 되어 있지 않고 상부로 감에 따라 차츰 열려 있는 것을 보면 건구온도 t가 좌표축이 아닌 것을 알 수 있다.

[그림 1-11]은 대기압 상태에 대한 $i - x$ 선도이다.

㉯ $t - x$ 선도(캐리어 선도) : 건구온도와 절대습도를 좌표로 하는 선도

이 선도는 절대습도 x를 종축에 건구온도 t를 횡축에 취한 직교좌표로 습구온도 t'가 같은 습공기의 비엔탈피 i는 건구온도가 달라져도 근사적으로 같은 값을 나타낸다. 단열포화온도 항에서도 동일한 습구온도의 공기라도 포화공기의 비엔탈피와 불포화공기의 비엔탈피 사이에는 절대습도의 차에 의한 온도 t인 물의 비엔탈피 만큼 불포화공기의 비엔탈피는 작은 값을 지닌다.

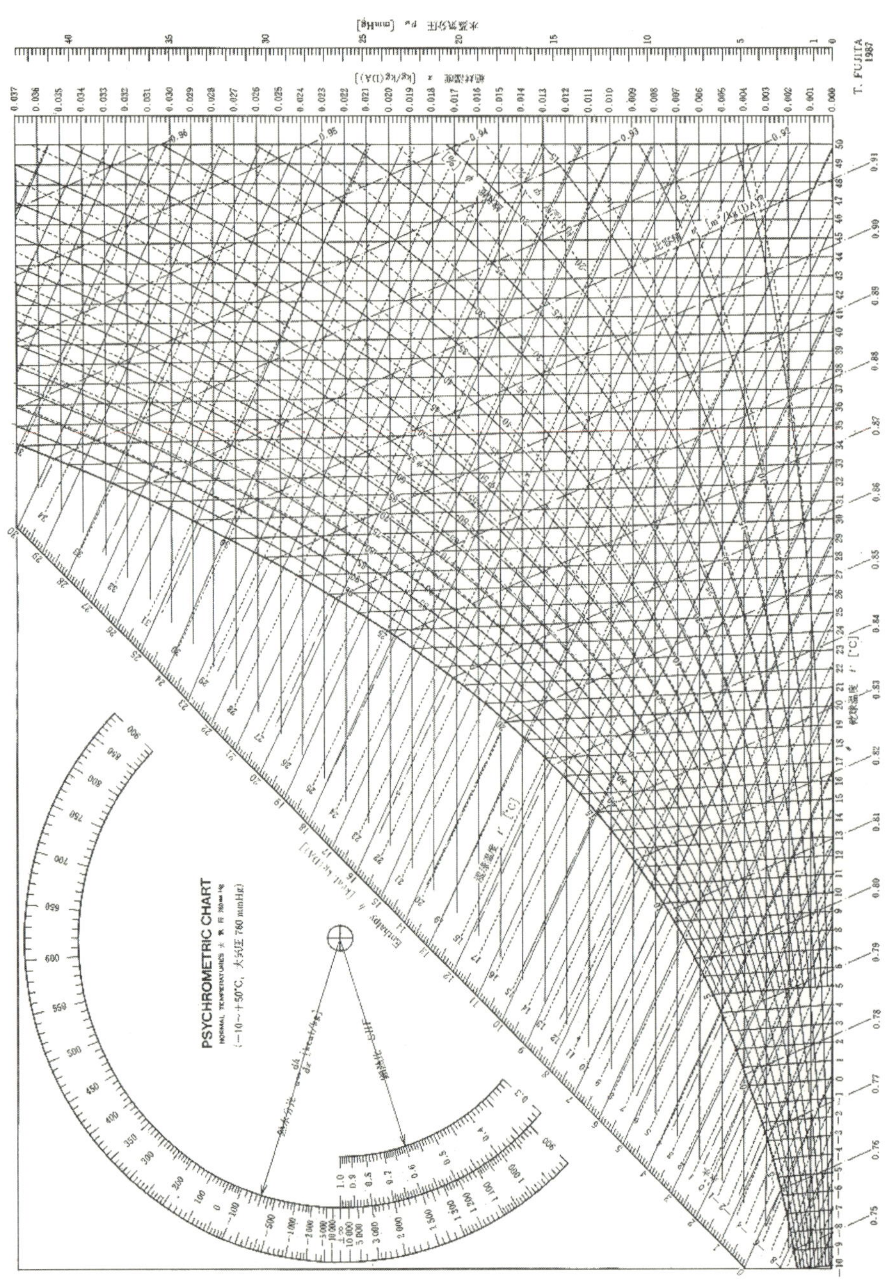

[그림 1-11] 습공기 선도($i - x$ 선도)

㉓ $t - i$ 선도 : 건구온도와 엔탈피를 사용하는 선도

㉔ $t - h$ 선도

　　습구온도 0℃ 이상의 습공기에서 습구온도 t'가 일정한 경우에는 건구온도가 달라

져도 비엔탈피의 차는 별로 크지 않다. 따라서, $i-x$ 선도 상에서는 등비엔탈피선과 등습구온도선은 거의 평행이며 실용상 그 차이를 무시해도 지장이 없다.

건구온도 t [℃]를 횡축에 포화공기의 비엔탈피를 종축에 취한 것을 습공기의 $t-h$ 선도라고 한다.

(2) 습공기의 성질

〈표 1-10〉 가열과 냉각에 따른 습공기의 변화

구 분	건구온도, 습구온도, 엔탈피, 비용적	상대습도	절대습도, 수증기 분압, 노점온도
가열	↑ 증가	↓ 감소	변화 없음
냉각	↓ 감소	↑ 증가	변화 없음

(3) 공기선도 판독

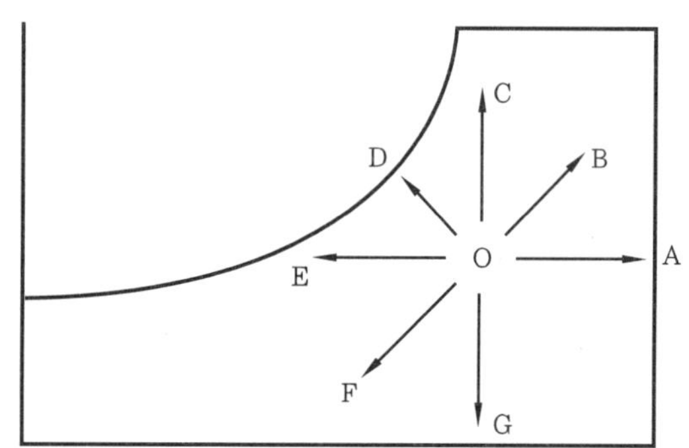

[그림 1-12] 습공기 선도의 상태 변화 형태

O→A : 가열
O→B : 가열가습
O→C : 등온가습
O→D : 증발냉각(단열가습)
O→E : 냉각
O→F : 냉각감습
O→G : 제습

4. 습공기 계산

(1) CASE # 1. : 온도, 압력 및 상대습도가 주어질 경우

예 제

1기압, 온도 20℃, 상대습도 45%일 때의 기타 습공기의 물성값을 계산하시오.

┃풀 이┃ 주어진 자료를 이용하여 다양한 습공기의 물성값을 계산하기 위해, 먼저 포화 수증기압을 계산하여야 한다.

$$T = 20 + 273.15$$

$$a = -5.8002206 \cdot 10^3 \qquad b = 1.3914993$$

$$c = -4.9640239 \cdot 10^{-2} \qquad d = 4.1764768 \cdot 10^{-5}$$

$$e = -1.4452093 \cdot 10^{-8} \qquad f = 6.5459673$$

$$p_s = \exp\left(\frac{a}{T} + b + c \cdot T + d \cdot T^2 + e \cdot T^3 + f \cdot \ln T\right) [\text{Pa}]$$

주어진 조건이 20℃의 물의 경우이므로, $p_s = 2338.8037\,\text{Pa}$이 된다.

물의 증기압력 ;

$$p_v = \phi \cdot p_s\,(\text{or } PH \cdot p_s) = 1052.4617\,\text{Pa}$$

$$p_a = p - p_v = 101320\,\text{Pa}$$

절대습도 ;

$$x = 0.622 \cdot \frac{p_v}{p_a} = 0.0065$$

$$R_a = 287.08\,\text{J/kg}\cdot\text{°K} \qquad R_v = 461.38\,\text{J/kg}\cdot\text{°K}$$

공기의 밀도 ;

$$\rho_a = \frac{p_a}{R_a \cdot T} = 1.1915\,\text{kg/m}^3$$

증기의 밀도 ;

$$\rho_v = \frac{p_v}{R_v \cdot T} = 0.0078\,\text{kg/m}^3$$

혼합 공기[습공기]의 밀도 ;

$$\rho = \rho_a + \rho_v = 1.1993\,\text{kg/m}^3$$

비용적 ;

$$v = \frac{1}{p_a} = 0.8393\,\text{m}^3/\text{kg}[\text{DA}]$$

엔탈피 ;

$$i = [\, T + x \cdot (2501 + 1.805 \cdot T)\,] = 36.5635 \text{ kJ/kg}$$

습구온도 ;

$$p = 101325 \text{ Pa}$$

$$T_{wb} = 14\,℃(추정값)$$

$$T_2 = (273.15 + T)$$

$$p_{s2} = 2000 \text{ Pa}$$

주어진 자료를 토대로

$$T_2 = (273.15 + T_{wb})$$

$$p_{s2} = \exp\left(\frac{a}{T_2} + b + c \cdot T_2 + d \cdot T_2{}^2 + e \cdot T_2{}^3 + f \cdot \ln T_2 \right)$$

$$x = \frac{(2501 - 2.381 \cdot T_{wb}) \cdot \dfrac{0.622 \cdot P_{s2}}{p - P_{s2}} - (T - T_{wb})}{2501 + 1.805 \cdot T - 4.186 \cdot T_{wb}}$$

따라서,

$$T_{wb} = 13.0616$$

$$T_2 = 286.2116$$

$$p_{s2} = 1503.8625$$

그러므로,

습구온도 $T_{wb} = 13.06\,℃$

$$p' = \frac{p_v}{1000 \cdot Pa} \;:\; 아래 \ 계산을 \ 위해 \ 압력의 \ 단위를 \ kPa로 \ 환산한 \ 것임.$$

$$T_{dp} = 6.54 + 14.526 \cdot \ln p' + 0.7389 \cdot \ln p'^2 + 0.09486 \cdot \ln p'^3 + 0.4569 \cdot \ln p'^{0.1984}$$

$$T_{dp} = 7.7462$$

(2) CASE # 2. : 온도, 압력 및 노점온도가 주어질 경우

예 제

1기압, 온도 20℃, 노점온도 7.746℃일 때의 기타 습공기의 물성값을 계산하시오.

┃풀 이┃ 주어진 자료를 이용하여 다양한 습공기의 물성값을 계산하기 위해, 먼저 포화 수증기압을 계산하여야 한다.

$$T_1 = 20 + 273.15 \qquad\qquad T_2 = T_{dp} + 273.15$$

$$a = -5.8002206 \cdot 10^3 \qquad\qquad b = 1.3914993$$

$$c = -4.9640239 \cdot 10^{-2} \qquad\qquad d = 4.1764768 \cdot 10^{-5}$$

$$e = -1.4452093 \cdot 10^{-8} \qquad\qquad f = 6.5459673$$

$$p_{s1} = \exp\left(\frac{a}{T_1} + b + c \cdot T_1 + d \cdot T_1^{\,2} + e \cdot T_1^{\,3} + f \cdot \ln T_1\right) = 2338.8037\,\mathrm{Pa}$$

$$p_{s2} = \exp\left(\frac{a}{T_2} + b + c \cdot T_2 + d \cdot T_2^{\,2} + e \cdot T_2^{\,3} + f \cdot \ln T_2\right) = 1054.43\,\mathrm{Pa}$$

$$p_v = P_{s2} \; : \; \text{노점온도에서 포화 수증기압은 증기압과 같다.}$$

$$x = 0.622 \cdot \frac{p_v}{p - p_v} = 0.0065 \; : \; \text{절대습도}$$

$$x_s = 0.622 \cdot \frac{p_{s1}}{p - p_{s1}} = 0.0147 \; : \; \text{건구온도에서의 포화 절대습도}$$

$$R_a = 287.08\,\mathrm{J/kg \cdot °K} \qquad\qquad R_v = 461.38\,\mathrm{J/kg \cdot °K}$$

$$\phi\,(\text{or } RH) = \frac{p_v}{p - p_{s1}} = 0.4508 \; : \; \text{상대습도}$$

$$i = [\,T + x \cdot (2501 + 1.805 \cdot T)\,] = 36.5635\,\mathrm{kJ/kg} \; : \; \text{엔탈피}$$

$$v = \frac{R_a \cdot T_1}{p - p_v} = 0.8393\,\mathrm{m^3/kg\,[DA]} \; : \; \text{비용적}$$

습구온도 ;

$$p = 101325\,\mathrm{Pa} \qquad\qquad\qquad p_{s2} = 2000\,\mathrm{Pa}$$

$$T_{wb} = 14\,℃(\text{추정값})$$

$$T_2 = (273.15 + T)$$

주어진 자료를 토대로

$$T_2 = (273.15 + T_{wb})$$

$$p_{s2} = \exp\left(\frac{a}{T_2} + b + c \cdot T_2 + d \cdot T_2^{\,2} + e \cdot T_2^{\,3} + f \cdot \ln T_2\right)$$

$$x = \frac{(2501 - 2.381 \cdot T_{wb}) \cdot \dfrac{0.622 \cdot P_{s2}}{p - P_{s2}} - (T - T_{wb})}{2501 + 1.805 \cdot T - 4.186 \cdot T_{wb}}$$

따라서,

$$T_{wb} = 13.0737$$

$$T_2 = 286.2237$$

$$p_{s2} = 1505.0478$$

그러므로, 습구온도 $T_{wb} = 13.07\,℃$ 이다.

(3) CASE # 3. : 온도, 압력 및 습구온도가 주어질 경우

예 제

1기압, 온도 20℃, 습구온도 13.06℃일 때의 기타 습공기의 물성값을 계산하시오.

┃풀 이┃ 주어진 자료를 이용하여 다양한 습공기의 물성값을 계산하기 위해, 2개의 주어진 온도로부터 먼저 포화 수증기압을 계산하여야 한다.

$$T_1 = 20 + 273.15 \qquad\qquad T_2 = T_{wb} + 273.15$$

$$p_{s1} = \exp\left(\frac{a}{T_1} + b + c \cdot T_1 + d \cdot T_1^{\ 2} + e \cdot T_1^{\ 3} + f \cdot \ln T_1\right) = 2338.8037 \, \text{Pa}$$

$$p_{s2} = \exp\left(\frac{a}{T_2} + b + c \cdot T_2 + d \cdot T_2^{\ 2} + e \cdot T_2^{\ 3} + f \cdot \ln T_2\right) = 1053.7006 \, \text{Pa}$$

$$p_v = P_{s2} \ : \ \text{노점온도에서 포화 수증기압은 증기압과 같다.}$$

$$x_{s2} = 0.622 \cdot \frac{p_{s2}}{p - p_{s2}} = 0.0094 \ : \ \text{습구온도에서의 포화 절대습도}$$

$$x_s = 0.622 \cdot \frac{p_{s1}}{p - p_{s1}} = 0.0147 \ : \ \text{건구온도에서의 포화 절대습도}$$

$$x = \frac{(2501 - 2.381 \cdot T_{wb}) \cdot x_{s2} - (T - T_{wb})}{2501 + 1.805 \cdot T - 4.186 \cdot T_{wb}} = 0.0065 \ : \ \text{절대습도}$$

$$p_v = p \cdot \frac{x}{0.622 + x} = 1052.1928 \, \text{Pa}$$

$$\phi \, (\text{or } RH) = \frac{p_v}{s1} = 0.4499 \ : \ \text{상대습도}$$

$$i = [\, T + x \cdot (2501 + 1.805 \cdot T)\,] = 36.5592 \, \text{kJ/kg} \ : \ \text{엔탈피}$$

$$v = \frac{R_a \cdot T_1}{p - p_v} = 0.8393 \, \text{m}^3/\text{kg}\,[\text{DA}] \ : \ \text{비용적}$$

$$p' = \frac{p_v}{1000 \cdot Pa} \ : \ \text{아래 계산을 위해 압력의 단위를 kPa로 환산한 것임.}$$

$$T_{dp} = 6.54 + 14.526 \cdot \ln p' + 0.7389 \cdot \ln p'^{\,2} + 0.09486 \cdot \ln p'^{\,3}$$

$$+ \, 0.4569 \cdot \ln p'^{\,0.1984}$$

$$T_{dp} = 7.7425 \, ℃$$

트랜시스에서도 TYPE 33 습공기 선도에 관한 다음과 같은 컴포넌트를 가지고 있다.

   − Dry bulb and dew point known   − TYPE 33d
     건구온도와 이슬점(노점)온도를 알고 있는 경우에 사용
   − Dry bulb and enthalpy known   − TYPE 33b
     건구온도와 엔탈피를 알고 있는 경우에 사용
   − Dry bulb and humidity ratio known   − TYPE 33c
     건구온도와 절대습도를 알고 있는 경우에 사용
   − Dry bulb and relative humidity known   − TYPE 33e
     건구온도와 상대습도를 알고 있는 경우에 사용
   − Dry bulb and wet bulb known   − TYPE 33f
     건구온도와 습구온도를 알고 있는 경우에 사용
   − Humidity ratio and enthalpy known   − TYPE 33a
     절대습도와 엔탈피를 알고 있는 경우에 사용

위의 컴포넌트의 설명에서 알 수 있듯이, 2개의 상태값 만을 알고 있으면 나머지 상태값에 대한 물리량을 자체 내부 계산을 통해 얻어 낼 수 있음을 의미한다.

1-6   열과 유체의 성질

1. 온 도

물체를 구성하는 분자의 온도 에너지의 활동 정도를 수치로 표시하는 물리량으로, 차갑고 따뜻한 정도의 감각을 나타내는 척도를 온도(temperature)라 하며, 온도계에 의해 측정한다.

(1) 종 류

㉮ 섭씨온도(Celsius 또는 Centigrade : T_c)
   ① 단위 : ℃
   ② 정의 : 물의 빙점과 비등점을 각각 0℃ 및 100℃로 잡고 그 사이를 100등분한
       것으로, TRNSYS에서는 보통 섭씨온도를 기본 단위로 함.
㉯ 화씨온도(Fahrenheit : T_f)

① 단위 : °F

② 정의 : 물의 빙점과 비등점을 각각 32°F 및 212°F로 잡고 그 사이를 180등분
한 것

㉯ 절대온도(Absolute Temperature : °K(Kelvin) or °R(Rankine))

열역학적으로 물체가 도달할 수 있는 최저 온도를 기준으로 물의 삼중점, 즉
760 mmHg에서 물, 얼음, 수증기가 평형되어 공존하는 온도를 273.15°K로 정한
온도이다.

(2) 상호관계

$$\frac{T_c}{100} = \frac{T_f - 32}{180}, \quad T_c = \frac{5}{9}\,(\,T_f - 32\,), \quad T_f = \frac{9}{5}\,T_c + 32 \tag{1-44}$$

$$°K = 273.15 + T_c ≒ 273 + T_c \tag{1-45}$$

$$°R = 459.67 + T_f ≒ 460 + T_f \tag{1-46}$$

$$°K = \frac{5}{9}\,°R, \quad °R = \frac{9}{5}\,°K \tag{1-47}$$

〈표 1-11〉은 식 (1-44)의 섭씨온도와 화씨온도의 상관관계를 도표화시켜 정리한
것이다.

2. 열량과 비열

(1) 열 량

열은 에너지의 한 형태로 그 물리량을 열량(heat quantity)이라 한다. 그리고 단
위는 kcal이다. 여기서 1 kcal는 표준 대기압 하에서 순수한 물 1 kg을 1℃ 높이는
데 필요한 열량이고, 이는 현열과 잠열로 구분되며, 온도 변화에 따라 출입하는 열
을 현열(sensible heat)이라 하고, 상태 변화에 따라 출입하는 열을 잠열(latent
heat)이라고 한다.

㉮ 열량과 비열의 관계

어떤 물체의 질량 m(kg)이 온도 ΔT 만큼 변화하는 데 필요한 열량(kcal)을 Q
라고 하면 비열 C(kcal/kg·℃)가 일정할 때 다음과 같은 관계가 있다.

① $Q = m\,C \cdot \Delta T, \ q = C\Delta \cdot T, \ C = q\,/\,\Delta T$ (1-48)

② q는 물질 1 kg당의 열량

〈표 1-11〉 섭씨온도와 화씨온도의 상관관계

℃	°F	℃	°F	℃	°F	℃	°F	℃	°F	℃	°F	℃	°F
-160	-256	-20	-4.0	30	86.0	80	176.0	130	266.0	180	356.0	500	932
-150	-238	-19	-2.2	31	87.8	81	177.8	131	267.8	181	357.8	550	1022
-140	-220	-18	-0.4	32	89.6	82	179.6	132	269.6	182	359.6	600	1112
-130	-202	-17	1.4	33	91.4	83	181.4	133	271.4	183	361.4	650	1202
-120	-184	-16	3.2	34	93.2	84	183.2	134	273.2	184	363.2	700	1292
-110	-166	-15	5.0	35	95.0	85	185.0	135	275.0	185	365.0	750	1382
-100	-148	-14	6.8	36	96.8	86	186.8	136	276.8	186	366.8	800	1472
-90	-130	-13	8.6	37	98.6	87	188.6	137	278.6	187	368.6	850	1562
-80	-112	-12	10.4	38	100.4	88	190.4	138	280.4	188	370.4	900	1652
-70	-94	-11	12.2	39	102.2	89	192.2	139	282.2	189	372.2	950	1742
-60	-76.0	-10	14.0	40	104.0	90	194.0	140	284.0	190	374.0	1000	1832
-59	-74.2	-9	15.8	41	105.8	91	195.8	141	285.8	191	375.8	1050	1922
-58	-72.4	-8	17.6	42	107.6	92	197.6	142	287.6	192	377.6	1100	2012
-57	-70.6	-7	19.4	43	109.4	93	199.4	143	289.4	193	379.4	1150	2102
-56	-68.8	-6	21.2	44	111.2	94	201.2	144	291.2	194	381.2	1200	2192
-55	-67.0	-5	23.0	45	113.0	95	203.0	145	293.0	195	383.0	1250	2282
-54	-65.2	-4	24.8	46	114.8	96	204.8	146	294.8	196	384.8	1300	2372
-53	-63.4	-3	26.6	47	116.6	97	206.6	147	296.6	197	386.6	1350	2462
-52	-61.6	-2	28.4	48	118.4	98	208.4	148	298.4	198	388.4	1400	2552
-51	-59.8	-1	30.2	49	120.2	99	210.2	149	300.2	199	390.2	1450	2642
-50	-58.0	0	32.0	50	122.0	100	212.0	150	302.0	200	392	1500	2732
-49	-56.2	1	33.8	51	123.8	101	213.8	151	303.8	210	410	1550	2822
-48	-54.4	2	35.6	52	125.6	102	215.6	152	305.6	220	428	1600	2912
-47	-52.6	3	37.4	53	127.4	103	217.4	153	307.4	230	446	1650	3002
-46	-50.8	4	39.2	54	129.2	104	219.2	154	309.2	240	464	1700	3092
-45	-49.0	5	41.0	55	131.0	105	221.0	155	311.0	250	482	1750	3182
-44	-47.2	6	42.8	56	132.8	106	222.8	156	312.8	260	500	1800	3272
-43	-45.4	7	44.6	57	134.6	107	224.6	157	314.6	270	518	1850	3362
-42	-43.6	8	46.4	58	136.4	108	226.4	158	316.4	280	536	1900	3452
-41	-41.8	9	48.2	59	138.2	109	228.2	159	318.2	290	554	1950	3542
-40	-40.0	10	50.0	60	140.0	110	230.0	160	320.0	300	572	2000	3632
-39	-38.2	11	51.8	61	141.8	111	231.8	161	321.8	310	590	2050	3722
-38	-36.4	12	53.6	62	143.6	112	233.6	162	323.6	320	608	2100	3812
-37	-34.6	13	55.4	63	145.4	113	235.4	163	325.4	330	626	2150	3902
-36	-32.8	14	57.2	64	147.2	114	237.2	164	327.2	340	644	2200	3992
-35	-31.0	15	59.0	65	149.0	115	239.0	165	329.0	350	662	2250	4082
-34	-29.2	16	60.8	66	150.8	116	240.8	166	330.8	360	680	2300	4172
-33	-27.4	17	62.6	67	152.6	117	242.6	167	332.6	370	698	2350	4262
-32	-25.6	18	64.4	68	154.4	118	244.4	168	334.4	380	716	2400	4352
-31	-23.8	19	66.2	69	156.2	119	246.2	169	336.2	390	734	2450	4442
-30	-22.0	20	68.0	70	158.0	120	248.0	170	338.0	400	752	2500	4532
-29	-20.2	21	69.8	71	159.8	121	249.8	171	339.8	410	770	2550	4622
-28	-18.4	22	71.6	72	161.6	122	251.6	172	341.6	420	788	2600	4712
-27	-16.6	23	73.4	73	163.4	123	253.4	173	343.4	430	806	2650	4802
-26	-14.8	24	75.2	74	165.2	124	255.2	174	345.2	440	824	2700	4892
-25	-13.0	25	77.0	75	167.0	125	257.0	175	347.0	450	842	2750	4982
-24	-11.2	26	78.8	76	168.8	126	258.8	176	348.8	460	860	2800	5072
-23	-9.4	27	80.6	77	170.6	127	260.6	177	350.6	470	878	2850	5162
-22	-7.6	28	82.4	78	172.4	128	262.4	178	352.4	480	896	2900	5252
-21	-5.8	29	84.2	79	174.2	129	264.2	179	354.2	490	914	2950	5342
-20	-4.0	30	86.0	80	176.0	130	266.0	180	356.0	500	932	3000	5432

㉯ 각국의 열량 단위

① 각국에 사용되는 열량 단위 중 BTU(British Thermal Unit)는 영국의 열량 단위로 물 1 lb를 온도 32°F까지 높이는 데 필요한 열량의 1/180을 말한다.

② CHU(Centigrade Heat Unit)는 물 1 lb를 0℃에서 100℃까지 올리는 데 필요한 열량의 1/100을 말한다.

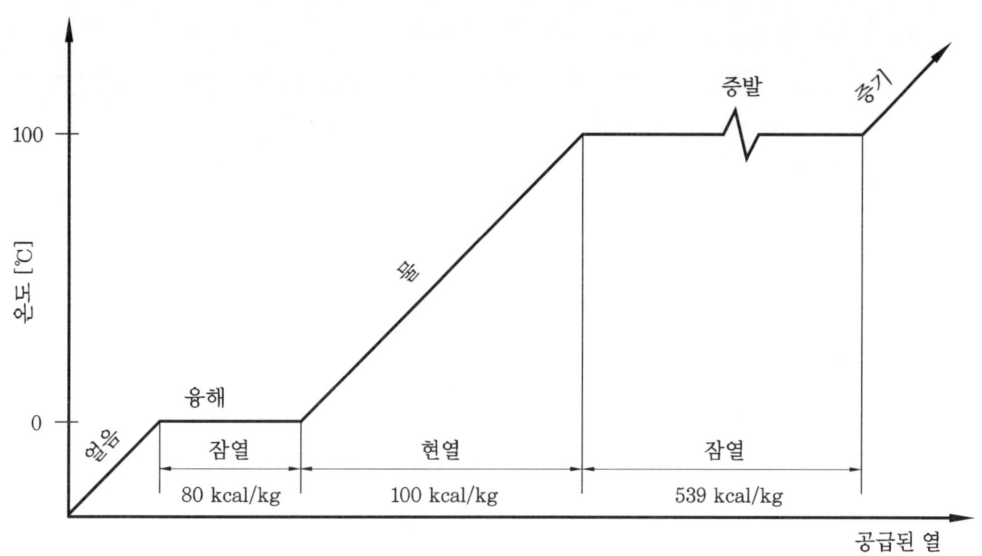

[그림 1-13] 순수한 물의 상태변화도

㉰ 상호관계

① 1 kg = 2.2046 lb이고, 1℃ = 9/5°F이므로,

$\quad$ 1 kcal = 2.2046 × 9/5 = 3.968 BTU

$\quad$ 1 kcal = 2.2046 × 1 = 2.2046 CHU

② 1 lb = 0.4536 kg이고, 1°F = 5/9℃이므로,

$\quad$ 1 BTU = 0.4536 × 5/9 = 0.252 kcal

$\quad$ 1 BTU = 1 × 5/9 = 0.5556 CHU

$\quad$ 1 BTU = 0.4536 × 1 = 0.4536 kcal

$\quad$ 1 BTU = 1 × 9/5 = 1.800 BTU

③ 1 kcal/kg·℃ = 1 BTU/lb·°F = 1 BTU/lb·℃

(2) 비열과 열용량

㉮ 비열(Specific Heat)

① 정의 : 단위 중량의 물체의 온도를 1℃ 높이는 데 필요한 열량

② 단위 : $kcal/kg \cdot ℃$

③ 종류 및 특징

    ㉠ 정압비열(Specific Heat at Constant Pressure : C_p)

        – 정지 상태에 있는 기체가 압력이 일정한 그대로 열량을 취할 때는 그 일부 는 팽창하는 일에 사용된다. 이때의 비열을 나타낸다.

        – 단위는 $kcal/kg \cdot ℃$이다.

    ㉡ 정적비열(Specific Heat at Constant Volume : C_v)

        – 기체를 일정한 용적하에서 상태 변화를 시킬 때의 비열을 나타낸다.

        – 단위는 $kcal/kg \cdot ℃$이다.

    ㉢ 용적비열

        – 정적비열과 개념이 다른 정압비열에 밀도를 곱하여 표시한다.

        – $kcal/kg \cdot ℃ \times kg/m^3 = kcal/m^3 \cdot ℃$

        – 밀도와 온도에 따라 변화한다.

    ㉣ 기체에 있어서 C_p 가 C_v 보다 현저하게 크다.

    ㉤ 건조공기의 경우

        – $C_p = 0.240 \, kcal/kg \cdot ℃$ – $C_v = 0.171 \, kcal/kg \cdot ℃$

        – 비열비 (C_p / C_v)는 1.4이다.

㉯ 열용량(Heat Capacity)

    ① 정의 : 물체의 온도를 $1℃$ 만큼 올리는 데 소요되는 열량

    ② 단위 : $kcal/℃$, 즉 질량과 비열의 곱과 같다.

〈표 1-12〉 비열의 단위별 상호 관계

$J/(kg \cdot K)$	$kcal/(kg \cdot ℃)$, $cal/(g \cdot ℃)$
1	2.38889×10^{-4}
4.18605×10^6	1

(주) $1 \, cal = 4.18605 \, J$, $1 \, Pa = 1 \, dyn \cdot s/cm^2$, $1 \, cp = 1 \, mPa \cdot s$

3. 동 력

단위 시간마다 하는 일의 비율, 즉 공률을 동력이라 한다. 동력의 단위로는 W, kW, J/s 및 $kg \cdot m/s$와 보조적으로 미터마력 PS, 영마력 HP가 채용된다. 그리고 각 단위별 상관 관계는 다음과 같으며, 미터법을 채용할 때의 마력은 미터마력 PS를 쓴다.

$1 \, W = 1 \, J/s = 107 \, erg/s$

$$1\,\mathrm{kW} = 1000\,\mathrm{J/s} \fallingdotseq 860\,\mathrm{kcal/h} \fallingdotseq 102\,\mathrm{kg \cdot m/s}$$

$$1\,\mathrm{PS} = 0.7355\,\mathrm{kW} \fallingdotseq 75\,\mathrm{kg \cdot m/s}$$

$$1\,\mathrm{HP} = 550\,\mathrm{ft \cdot lb/s} = 0.7457\,\mathrm{kW} \fallingdotseq 76.04\,\mathrm{kg \cdot m/s}$$

$$1\,\mathrm{ft \cdot lb/s} = 0.001356\,\mathrm{kW} = 1.356\,\mathrm{J/s}$$

4. 밀도, 비중량, 비체적

(1) 밀도(Density : ρ)
   - 단위 체적당의 질량을 나타내며, 단위는 $\mathrm{kg/m^3}$이다.
   - SI단위에서 주로 사용된다.

(2) 비중량(Specific Weight : γ)
   - 단위 체적당의 중량을 나타내며, 단위는 $\mathrm{kgf/m^3}$이다.
   - 중력 단위계에서 주로 사용된다.

(3) 비체적(Specific Volume : v)
   - 단위 질량당의 체적을 나타내며, 단위는 $\mathrm{m^3/kg}$이다.
   - 중력 단위계에서는 비중량의 역수로 SI 단위에서는 밀도의 역수로 정의된다.

단위에는 질량을 기본으로 한 절대 단위계(물리 단위)와 중량(힘)을 기본으로 한 공학 단위계(중량 단위)가 있으며, 질량과 중량(힘)의 단위를 같은 kilogram을 사용하고 있기 때문에 매우 혼동하기 쉽다. 그래서 질량에는 kg을, 중량에는 kgf로 구분하여 사용하기도 한다.

① $1\,\mathrm{kgf} = 9.81\,\mathrm{m/s^2} \times 1\,\mathrm{kg} = 9.81\,\mathrm{N}$

② $\gamma = \rho \times g\,(g = 9.81\,\mathrm{m/s^2})$

5. 열역학 제 1, 제 2 법칙

(1) 열역학의 제 1 법칙
   ① 열에너지와 일에너지와의 관계를 말하는 것으로 열은 일로, 일은 열로 변환시킬 수 있다.
   ② $Q = A \cdot W\,(\mathrm{kcal}),\ W = Q / A\,(\mathrm{kg \cdot m})$ $\hspace{2cm}$ (1-49)

   여기서, Q : 열량(kcal) W : 일(kcal $\cdot$ m)

   $\hspace{1.8cm} A$: 일의 열당량($1/427\,\mathrm{kcal/kg \cdot m}$)

   $\hspace{1.8cm} J$: 열의 열당량($427\,\mathrm{kg \cdot m/kcal}$)

③ 427 kg의 물체를 1 m 이동했을 경우, 작업은 $427 \times 1 = 427$ kg·m이며 이것은 1 kcal의 열에 해당한다.

④ 1 kWh = 860 kcal

(2) 열역학의 제2법칙(= 엔트로피 법칙)

① 열은 고온 물체에서 저온 물체로 자연적으로 이동하지만 저온 물체에서 고온 물체로는 그 자체만으로는 이동할 수 없다.

② 열의 기계적 일의 변환은 고온 물체에서 저온 물체로 이동한다는 현상에 입각한 과정에서만 가능하다.

(3) 열역학의 기초식

$$dQ = du + A\,dW = du + A\,dv\,(= dW = Pdv)\tag{1-50}$$

$$Q = (u_2 - u_1) + A\,W\tag{1-51}$$

여기서, dQ : 공급 열량(kcal/kg)

$\quad du$: 증가한 내부 에너지(kcal/kg)

$\quad dW$: 외부일(kg·m/kcal)

– 열량 dQ를 가했을 때 내부에너지가 du 만큼 증가하며, 외부에 대해 dW의 작업을 한 경우를 나타낸다.

(4) 엔탈피

$$h = u + A\,Pv\,(\text{kcal/kg})\tag{1-52}$$

2. 건축 열환경 및 건물 에너지 해석

2-1 일 사

본 절에서는 용어를 중심으로 간단한 소개만을 하고자 한다. 기타 관련된 기상 자료들은 본 권의 제 3 부에서 설명하고 있다.

(1) 일사의 효과와 세기

① 일사 : 태양 광선에 의한 복사열의 세기를 나타내는 것이다.

② 일조 : 햇빛을 받을 때 열의 영향을 생각하지 않고, 단지 햇빛이 있는지 여부에 대해서 설명한 것이다.

③ 일사량 : 대기층에 의하여 일부 흡수되거나 반사되고, 지상에 도달할 때에는 일사량은 감소된다.

④ 태양상수(태양정수)

  ㉠ 햇빛이 대기층에 들어가기 전, 즉 대기권 밖의 일사량

  ㉡ 태양상수 : 1170 kcal/m^2·h, 1.95 cal/m^2·min

⑤ 법선면의 일사량 : 지상에서 태양 광선에 수직한 평면이 단위 시간에 받는 단위 면적당 일사의 강도

⑥ 수평면의 일사량

태양의 고도와 관계가 있고, 방위와는 관계가 없다. 즉, 태양의 고도가 커진 만큼 수평면의 일사량도 커진다.

(2) 벽의 방위와 일사량

① 수평면의 종일 수열량 : 하지에 최대, 동지에 최소

② 벽면

  ㉠ 남면 : 여름에 최소, 겨울에 최대

  ㉡ 서면(동면) : 1년을 통하여 비교적 변화가 적다.

③ 벽 전체의 수열량 : 남면을 많게 하고, 서면이나 동면을 적게 한 평면형(동서축이 긴 평면형)의 수열량이 여름에는 적고, 겨울에는 많아서 좋다.

2-2 건축에서의 전열

(1) 열전도

열에너지가 주로 고체 속을 고온부에서 저온부로 이동하는 현상이다.

(2) 열전달

① 열이 고체의 표면으로부터 기체로 혹은 기체로부터 고체의 표면으로 흐르는 현상이다.

② 공기로부터 벽체의 표면에 또는 벽체의 표면에서 공기로 열이 이동하는 것이다.

(3) 열관류

① 벽체, 천장, 지붕 및 바닥 등에서 열이 [전달 → 전도 → 전달]이라는 과정을 거쳐 열이 이동하는 것(즉, 열전도, 열전달을 통하여 벽체 내·외부 간의 열 흐름)이다.

② 열관류율 : 벽의 양쪽 공기의 온도차가 1℃일 때 벽의 $1\,\mathrm{m}^2$를 1시간에 관류하는 열량을 나타내는 것이다.

$$Q = K(t_1 - t_2) \cdot A \cdot Time \ (\mathrm{kcal}) \tag{2-1}$$

여기서, Q : 열관류량(kcal)　　　　　　　K : 열관류율($\mathrm{kcal/m^2 \cdot h \cdot ℃}$)

　　　　$t_1 - t_2$: 실내·외의 온도차(℃)　　　A : 표면적(m^2)

　　　　$Time$: 시간(hour)

③ 열관류율이 큰 벽일수록 단열성이 낮다.

④ 열관류율의 역수를 열관류 저항이라 하며, 이 값이 클수록 단열성이 좋다.

유체(공기, 물) 내의 어느 부분이 데워지면 팽창에 의하여 밀도가 작아져 상승하고, 주위의 저온의 유체가 이를 대신하여 유입되는 현상이 나타난다. 그리고 열복사(열방사)는 어떤 물체에 발생하는 열에너지가 중간에 매개체 없이 직접 다른 물체에 도달하는 것을 의미한다.

〈표 2-1〉 각 단위계에 따른 열전도율의 상관관계

	kcal/(m·h·℃)	BTU/(ft·h·°F)	BTU/(in·ft·°F)	W/(m·°K)
열 전 도 율	1	0.672	0.056	1.163
	1.488	2	0.08333	1.730
	17.86	12	1	20.77
	0.124	0.08333	0.006944	0.1442

〈표 2-2〉 각 단위계에 따른 열관류율의 상관관계

	$kcal/(m^2 \cdot h \cdot ℃)$	$BTU/(ft^2 \cdot h \cdot °F)$	$W/(cm^2 \cdot ℃)$
열 관 류 율	1	0.2048	0.000163
열 통 과 율	4.882	1	0.0005678
	8600	1761	1

〈표 2-3〉 물질의 비중, 비열, 열전도율

구 분	물 질	분자식	온 도 (℃)	비 중 (kg/m^3)	비 열 $(kcal/kg \cdot ℃)$	열전도율 $(kcal/m \cdot h \cdot ℃)$
기 체	공기		0	1.251	0.240	0.0207
	공기		20	1.166	0.240	0.0221
	공기		40	1.091	0.241	0.0234
	포화수증기		100	0.598	0.501	0.0207
	포화수증기		120	1.121	0.521	0.0223
	탄산가스	CO_2	0	1.912	0.198	0.0125
	일산화탄소	CO	0	1.210	0.249	0.0200
	산소	O_2	0	1.382	0.219	0.0197
	수소	H_2	0	0.0869	3.390	0.1440
	염소	Cl_2	20	3.2204	0.116	–
	질소	N_2	20	1.2507	0.297	–
액 체	물	H_2O	0	999.9	1.008	0.476
	물	H_2O	20	998.2	0.999	0.511
	물	H_2O	100	958.4	1.007	0.586
	올리브유		40	914	0.400	0.143
	브라임	$CaCl_2(30\%)$	20	1305	0.642	0.382
금 속	주철		20	7270	0.10	41
	철(0.5℃ 이하)	Fe	20	7830	0.11	46
	스테인리스		20	7820	0.118	14
	구리	Cu	20	8900	0.10	320
	알루미늄	Al	20	2700	0.215	175
	납	Pb	20	11340	0.031	30
	청동	$75\%Cu + 25\%Sn$	20	8670	0.082	22
	황동	$70\%Cu + 30\%Sn$	20	8560	0.092	85
	수은	Hg	20	13546	0.033	7.2
	백금	Pt	0	21540	0.032	60

일반 고체	유리판		20	2700	0.20	0.65
	얼음		0	920	0.487	1.9
	고무		20	920~1230	0.34	0.12~0.14
	콘크리트		20	1900~2300	0.21	0.7~1.4
	석회암		20	1650	0.22	0.80
	흙(일반)		20	2000	0.44	0.45
	흙(건조)		20	–	–	0.11
	흙(습윤)		20	–	–	0.57
	삼나무		30	341	–	0.091
	소나무		30	337	0.5~0.7	0.091
	백돌		200	–	0.236	0.48~0.93

(2) 실내 온도

실내 온도는 외부 기온의 영향을 받아 변하는 것으로, 외부와 실내 간의 열이동을 크게 나누어 보면 다음과 같다.

① 벽체를 통하여 전도되는 열

② 창호를 통한 전도와 복사

③ 환기에 따른 열의 이동

④ 실온에 영향을 주는 요인 : 조명에 의한 열, 인체에서 발산되는 열 등

2-3 습기와 결로

(1) 습기

공기 중이나 재료 중에 기체 또는 액체의 형태로 존재하는 수분

(2) 결로의 원인

① 결로 : 습한 공기를 냉각시키면 노점에 도달하여 수증기가 물방울로 되는 것

② 결로현상 : 실내의 습한 공기가 벽, 천장 등에 접촉할 때 이슬이 맺히는 현상

③ 표면결로

실내의 습한 공기가 벽면, 천장, 바닥 및 창유리면의 저온 표면에 접촉했을 때 결로점에 도달하여 결로하는 현상

④ 내부결로

벽체의 실내 측 표면이 실내 공기의 노점 이하로 되지 않았을 경우 벽의 표면은 결로되지 않으나, 수증기가 벽체 내부에서 결로하는 것을 말하며 열관류율이

　　　작은 방한벽일수록 이 경향이 크다.
　⑤ 원인
　　　㉠ 환기가 잘 되지 않아서 실내에서 발생하는 수증기량의 증가
　　　㉡ 부엌, 욕실, 기타 원인에 의해 발생하는 수증기에 의한 실내 수증기량의 증가
　　　㉢ 습기 처리에 대한 시설의 빈약, 충분히 건조되지 않은 새 건축물

(3) 결로 발생이 쉬운 곳
　① 벽체의 열관류율이 작고 틈 사이가 작은 건물
　　(방한벽일수록 내부 결로는 일어나기 쉽다.)
　② 철근 콘크리트조의 건물(열전도율 및 수분 흡수율이 크다.)
　③ 바깥벽, 북향벽 또는 최상층의 천장 등
　　(외부와 접한 부분 또는 일사량이 적은 곳)
　④ 현관 주위의 간막이벽 등의 내벽
　⑤ 구조상 일부 벽이 얇아진다든지 재료가 다른 열관류 저항이 작은 부분(열교)
　⑥ 고온 다습한 여름철과 겨울철 난방 시에 발생하기 쉽다.
　⑦ 야간 저온 시에 일어나기 쉽다.

(4) 결로 방지
　① 적정한 환기 계획을 한다(부엌에 후드를 설치한다).
　② 난방에 의해 건물 내부의 표면 온도를 올리고 기온을 노점 이상으로 유지시킨다.
　③ 실내에는 가능한 한 저온 부분을 만들지 않는다.
　④ 구조체를 단열 시공하여 열손실을 방지하고 보온 역할을 하도록 한다(표면결로 방지).
　⑤ 단열재를 시공한 벽은 고온 측에 방습층을 설치한다(내부결로 방지).

2-4 건물 에너지 해석

1. 건물 에너지 소비량 예측 기술

　실내에서 목적하는 온도 및 습도를 유지하기 위하여 공기의 상태에 따라 냉각, 가열, 가습, 감습 등을 하는 데 필요한 열량을 공급하기 위한 에너지 소비량을 예측하는 기술에는 단일 척도 방식, 단순 다중 척도 방식, 정밀 시뮬레이션 방식 등이 있다.

(1) 건물의 에너지 소비량 예측 방법
㉮ 단일 척도 방식 – DD, CDD, VDD
㉯ 단순 다중 척도 방식 – BIN 방식, 수정 BIN 방식
㉱ 정밀 시뮬레이션 방식 – CLTD/SCR/CLF 법, TFM 법

(2) 단일 척도 방식
㉮ Degree Day Method
   ① 부하계산의 척도
   ② 건물의 난방부하를 추정
   ③ 주거용 건물
   ④ 외피부하가 큰 건물의 난방 에너지 예측
   ⑤ 공식

$$Q_{18} = KA \times HDD_{18} \times 24 \qquad (2-2)$$

   여기서, Q_{18} : 건물의 연간 난방부하
   KA : 총열손실(외피 + 환기 열손실)
   HDD_{18} : 연간난방도일

㉯ 수정 Degree Day Method
   ① DD법의 문제 보완
   ② 내부 발생열과 취득열량의 열손실량이 균형을 이룰 때 난방부하는 18℃와 일평균 기온차가 비례한다는 가정하에서 근거를 둔 것
   ③ 공식

$$Q_{mod} = CD \times KA \times HDD_{18} \times 24 \qquad (2-3)$$

   여기서, Q_{mod} : 건물의 연간 난방부하
   HDD_{18} : 연간난방도일
   CD : 보정계수(0.5~0.8)

㉱ 가변 Degree Day Method
   ① DD법의 산정 기준
   ② 균형점(BPT) 온도의 개념을 도입
   ③ 건물의 태양복사열 취득과 내부 발생열을 고려한 부하가 Zero(0)이 되는 균형점 온도를 계산한 후, 이에 맞는 DD를 산정하여 연간 난방부하를 계산
   ④ 공식

$$Q_{var} = KA \times HDD_{bp} \times 24 \qquad (2-4)$$

$$E_{var} = Q \,/\, K \tag{2-5}$$

여기서, Q_{var} : 건물의 연간 난방부하

(3) 단순 다중 척도 방식

- DD법의 결점을 보완
- 한 가지 이상의 환경변수를 이용하여 건물의 에너지를 해석하는 방법

㉮ BIN Method
　① 건물의 냉난방 부하를 모두 예측
　② 중요한 몇 개의 변수를 사용하여 열부하를 여러 가지 서로 다른 외기조건에서
　　 계산한 후 이를 소의 BIN으로 불리는 온도간격의 빈도수와 곱하여 합산하는 것
　③ BIN의 간격은 일반적으로 3℃(5℉)의 간격을 주로 사용
　④ 건물의 점유기간과 비점유기간 동안의 열부하를 따로 계산
　⑤ 균형점 온도를 조정하여 내부열 발생과 태양열 취득의 영향을 고려

㉯ 수정 BIN Method
　① 재래의 BIN Method에 다변부하의 개념을 추가로 도입
　② 태양열 취득과 내부 발생열을 고려
　③ 난방, 환기, 공기조화기기의 영향을 에너지 해석 시 고려할 수 있도록 함.
　④ 태양열 취득의 평균 분포 패턴, 기기와 조명의 사용 분포 패턴, CLTD를 사용하
　　 여 시간에 따른 다변부하를 계산

(4) 정밀 시뮬레이션 방법

㉮ CLTD, SCL, CLF Method에 의한 부하계산
　① CLTD(Cooling Load Temperature Difference)
　　 - 창문, 지붕, 벽과 같은 표면을 통한 전도열 획득
　② SCL(Solar Cooling Load)
　　 - 투과에 의한 태양열 획득
　③ CLF(Cooling Load Factor)
　　 - 조명, 사람, 장비로부터의 열취득 계산
　　 - 침입외기에 의한 열취득 계산
㉯ TFM(Transfer Function Method) 부하계산법
　　 ASHRAE에서 채택된 기본 방법으로 가장 정확한 부하계산법 중의 하나이다.
TFM에 의한 부하계산은 전도전달함수(Conduction Transfer Function)에 근거하
고 있다. 냉방부하계산 시 공간에서 일어나는 여러 가지 형태의 복잡한 열취득(태
양열, 외피를 통한 열전도, 인체, 조명, 기기의 발열 등)과 그때 일어나는 복사 및

대류현상 그리고 축열체의 축열 및 방열을 포함하고 있다. 근래에 들어 컴퓨터의 발달과 보급의 확산으로 ASHRAE의 부하계산도 TFM이 기준을 이루며, CLTD법은 보조적인 방법으로 사용하고 있다.

우리나라에서도 현재는 CLTD 법을 이용해 부하계산을 주로 하고 있지만, 앞으로는 에너지 절약과 환경친화적 설계를 위해 TFM을 많이 사용하려는 움직임이 강하게 일고 있는 추세이다.

이상과 같은 건물 에너지 소비량 예측 방법에 관한 내용을 간략히 요약하면 다음과 같다.
① DD법은 정적열 부하계산이라 할 수 있으며, 수계산에 의해서도 결과를 얻을 수 있다.
② BIN법은 정적 열부하 해석 방식인 동시에 동적인 개념이 가미된 방식으로 수계산으로 가능하나 컴퓨터를 이용하면 더욱 효율적이다.
③ 정밀 시뮬레이션 방식은 동적 열부하 해석 방식이라 할 수 있으며 컴퓨터의 도움없이는 불가능한 방법이다.
④ 최근에는 공간의 부하계산 시 공간의 열적균형의 개념에 의거하여 계산하는 방식도 사용되기 시작하고 있다.

2. 건물의 환경부하 평가

최근 환경 오염문제는 21세기를 향한 인류가 직면하고 있는 최대 현안 중의 하나로 대두되고 있다. 따라서, 환경부하 평가법은 건축물에 의하여 발생하는 환경부하와 건축물의 친환경적인 요소를 어느 정도 가지고 있는지 평가하는 것이다.

(1) 환경부하의 정의

건설산업은 건물을 건립, 운영, 폐기하는 데 에너지를 투입하게 되고, 각종 유해물질을 배출하게 된다. 이러한 투입 에너지와 유해물질을 정량화한 수치로 나타낸 것이다.

(2) 환경 평가법의 종류

① $LCCO_2$(Life Cycle CO_2) 평가법
② BREEAM(Building Research Establishment Environmental Assessment Method)
③ BEPAC(Building Environment Performance Assessment Criteria)
④ 정량적 해석법
⑤ 정성적 해석법

(3) 환경 평가법의 종류별 특징

㉮ LCCO$_2$(Life Cycle CO$_2$) 평가법

　① 지구 온난화 방지의 관점에서 건축물을 평가하는 방법으로 제안한 것을 LCA (Life Cycle Assessment)의 평가법에 의해 각 단계별로 발생되는 CO$_2$ 배출량을 평가하는 방법이다.

　② 건설분야에서는 건물의 건설, 운전 및 유지관리, 건설폐기물의 처리 및 활동에 따른 환경부하를 평가하는 것이다.

　③ 각종 건축 자재 및 설비기기의 생산 시 발생되는 CO$_2$를 줄이고 효율적인 설비기기의 선정과 기기의 최적운전으로 CO$_2$ 배출을 감소시키는 것이 친환경 기술로 유도되는 방안이 될 것이다.

㉯ BREEAM(Building Research Establishment Environmental Assessment Method)

　① 건물의 환경영향을 평가하기 위해 영국(BRE)에서 개발

　② 건축물에 의한 지구환경, 지역환경, 실내환경에 미치는 영향 등을 평가

　③ 신건축물을 대상으로 설계단계에서 시행되며, 사무실 건축물의 경우, 기존 건축물의 운영에 관한 사항 포함

　④ BREEAM의 친환경 평가요소

　　㉠ 지구환경 및 자원이용 평가요소

　　㉡ 지역환경 평가요소

　　㉢ 실내환경 평가요소

㉰ BEPAC 환경 평가법

　① 건물의 환경영향을 평가하기 위해 캐나다에서 개발

　② 영국의 BREEAM을 근거로 캐나다의 실정에 맞게 개선된 것

　③ BEPAC의 친환경 평가요소

　　㉠ 오존층 보호

　　㉡ 에너지 소비에 의한 환경에의 영향

　　㉢ 자원절약

　　㉣ 대지 및 교통

㉱ 정량적 평가

　① 일본에서 제시

　② 자원, 에너지 절약과 이산화탄소의 배출 감소 등 환경 공생주택의 기본 성능에 관한 정량화된 평가법

　③ 평가항목

　　㉠ 에너지 절약 – 1차 에너지 소비량 기준

　　㉡ CO$_2$ 배출량

　　　　ⓒ 수자원의 유효 이용
　　　　ⓓ 폐기물의 소멸
　㉤ 정성적 평가법
　　① 일본에서 제시
　　② 각 평가항목에 점수로 평가
　　③ 평가항목
　　　ⓐ 에너지 절감과 유효 이용
　　　ⓑ 자연 에너지 및 미활용 에너지의 유효 이용
　　　ⓒ 내구성의 향상과 자원의 유효 이용
　　　ⓓ 환경에의 부하 절감과 폐기물의 감소
　　④ 미국(LEED법)
　　　㉠ 그린빌딩 기술의 연구, 개발, 보급을 촉진하기 위해 USGBC가 조직되어 국가 차원의 표준체계를 설정하여 그린빌딩 인증을 위한 필수 선행 조건과 평가항목 제시
　　　㉡ 평가항목
　　　　ⓐ 건축재료　　　　　　ⓑ 건설 폐기물
　　　　ⓒ 에너지 대책　　　　　ⓓ 기존 건물의 개수
　　　　ⓔ 실내공기의 질(IAQ)　　ⓕ 조경/외부 디자인
　　　　ⓖ 재실자에 의한 재활용 장치 설치
　　　　ⓗ 운전 및 관리 시설
　　　　ⓘ 오존층 파괴 물질/CFCS 등 사용 금지
　　　　ⓙ 입지선정　　　　　　ⓚ 교통관계
　　　　ⓛ 수자원 보존　　　　　ⓜ 수질

(4) 환경부하 평가방법의 문제점

㉮ 충실한 자료의 수집 및 신뢰도와 공유할 수 있는 데이터베이스 구축

㉯ 국제적인 표준화

㉰ 투명성 및 객관성을 보증할 수 있는 평가기관 선정

(5) 환경부하 저감 대책

㉮ 건축물

　　건립, 운영, 폐기 시의 환경부하를 감소하여야 한다.

㉯ 건축설비

　① 에너지 이용 : 고단열, 기밀, 자연 에너지(태양열, 태양광, 풍력, 지열, 소수력), 하수, 하천수, 우수 이용, 고효율 에너지 이용 등

② 수자원계 : 절수기기, 중수도, 배수재 이용 등
③ 폐기물의 최소화
④ 저오염 교통수단, 녹화사업의 추진

환경부하 평가법의 도입은 국토의 친환경 조성 및 환경부하의 감소를 가져올 것이며, 이를 위해서 건축설비 부분에서는 지구환경을 보호하는 차원의 기기설비의 사용과 이에 따른 최적의 운전이 이루어지도록 계속적인 관련 제품의 개발과 연구가 이루어져야 할 것이다.

3. 환경 공생형 건축물 생애주기 구축

공업제품의 생산분야를 중심으로 환경에 부담을 주지 않는 제품을 제조하기 위하여 생산, 사용 및 폐기되는 생애주기를 통하여 그 제품이 환경에 미치는 영향을 평가하기 위하여 개발된 생애주기 평가(Life Cycle Assessment)[4] 방법을 건물분야에 도입하는 것을 의미한다.

현재 건축물의 건설, 운용 및 폐기라는 생애주기를 통하여 특히 지구온난화를 고려 $LCCO_2$(Life Cycle CO_2)에 의한 평가 방법 등이 제안되고 있다.

새로운 건축물의 생애주기 구축을 통하여 건물분야에서 자원 및 에너지의 소비억제는 물론 건축물의 운영 시 발생하는 폐에너지의 적극 회수와 건축물 철거 시 최종 폐기물의 억제 및 적정처리를 도모할 수 있도록 해야 할 것이다.

<table><tr><td>2-5</td><td>에너지 소비량 예측 프로그램</td></tr></table>

1. DOE-2

DOE-2는 미국 에너지성(Department of Energy)의 지원에 의해 LBL(Lawrence Berkely Lab.)에서 개발하였다. 입력 자료 준비를 편리하게 하기 위해서 BDL(Building

---

4) 주로 공업제품을 중심으로 해서 '환경에 친화적인' 제품을 제조하기 위해 '생산-사용-폐기'라고 하는 라이프 사이클이 환경에 미치는 영향을 평가하는 기법이다. 이에 대해 건축분야에서는 '건설-운영-폐기'라고 하는 라이프 사이클 속에서 특히 지구온난화에 착안한 $LCCO_2$에 의한 평가 기법이 사용된다.

Description Language)이란 DOE-2 프로그램 언어가 개발되었고, HVAC 시스템 및 Plant 열원기기 시뮬레이션 프로그램, 태양열 시뮬레이션과 경제성 평가를 위한 프로그램이 포함되어 DOE-2 프로그램의 구조가 형성되었다.

이 프로그램을 통하여 정확하고 신뢰성 있는 동적 열부하 계산 및 건물 에너지 성능 평가가 가능하게 되었다.

DOE-2는 시뮬레이션이 가능한 HVAC 시스템 및 Plant 열원기기 종류의 다양성과 정밀도 등으로 현재 발표되고 있는 프로그램들의 표준이 되고 있으며, 타당성 및 정밀도 분석의 기준으로 사용되고 있다.

DOE-2 프로그램의 용도와 활용범위는 다음과 같다.
(1) 매 시각별 및 연간 냉·난방 부하 해석 및 에너지 해석
(2) ASHRAE의 응답계수법과 가중계수법에 의한 구조체의 열용량과 Time-Lag 현상 파악
(3) HVAC 시스템의 크기 및 용량 산정
(4) 가중계수(Weighting Factor)에 의한 정확한 축열효과 및 자연형 태양열 건물 분석
(5) 열원기기의 용량 산정
(6) 연간 에너지 소비량 및 경제성 분석

2. BLAST

BLAST 프로그램은 미(美)육군성이 건물의 냉·난방 부하, HVAC 시스템, Plant의 에너지 소비량 및 이들의 경제성을 계산하기 위하여 개발한 건물 에너지 해석 프로그램이다. 건물의 각 부분에 대한 실온 및 MRT의 예측이 매시간 단위로 가능하며 건물 실내의 온열환경 평가에 이용될 수 있는 PMV를 계산한다.

BLAST 프로그램의 용도와 활용범위는 다음과 같다.
(1) Zone의 공기 온도 및 온열환경 쾌적지표 예측
(2) 매 시간별 및 연간 냉·난방 부하 해석 및 에너지 해석
(3) 설비형 및 자연형 태양열 시스템 건물에 대한 시뮬레이션 및 평가
(4) 열원기기의 용량 산정
(5) 연간 에너지 소비량 및 경제성 분석
(6) 건물의 각 부분에 대한 실온 및 MRT 예측
(7) 건물 실내의 온열환경 평가에 이용되는 PMV 계산

3. EnergyPlus

DOE-2와 BLAST의 장점을 살려 보다 새로운 시뮬레이션 기능이 대폭 추가된 차세대 건물 에너지 해석 프로그램이다. 특히, 에너지 평형 알고리즘을 적용하여 실온의 정확한 예측과 1시간보다 작은 시간에 대한 시뮬레이션이 가능하게 되어 지금까지 건축가 및 기술자가 기존의 프로그램으로는 불가능했던 다양한 기능이 추가되었으며, 현재 정식 버전이 제공되고 있다.

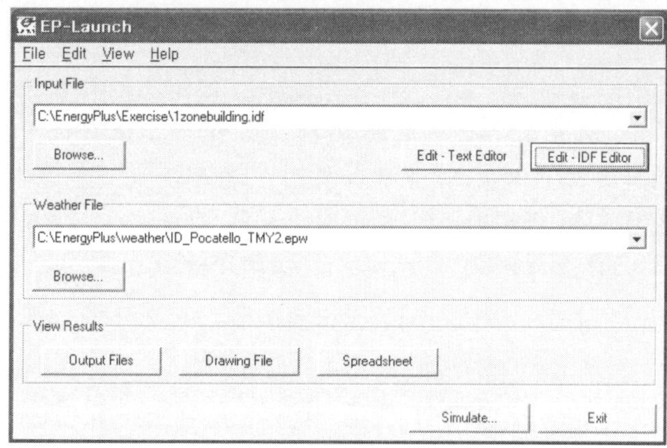

[그림 2-1] 에너지플러스 실행 초기 화면

또한, COMIS와 같은 프로그램과 연동이 가능하여 보다 상세한 각 실(room) 간 유동 해석 또한 가능하게 되었다.

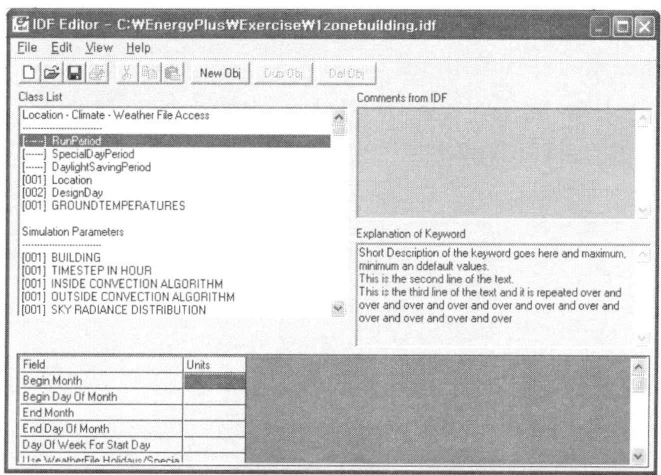

[그림 2-2] 에너지플러스 자료 입력 화면

4. TRNSYS

융통성 있는 에너지 해석을 목적으로 모듈화되어 개발된 최초의 프로그램이다. 이후 많은 프로그램들이 이것을 벤치마킹하여 개발되었다고 볼 수 있다. 초기에는 태양열 획득이 많은 건물의 해석에 국한되어 개발되었으나, 현재에는 건물 전체에 대한 다양한 사용자 부속 모듈이 개발되어 건물 에너지 해석은 물론 HVAC 시스템 관련 시뮬레이션도 가능하다. 특히, 사용자의 고유한 목적에 부합되는 부속모듈이 검증 및 개발된다면 그 용도는 매우 다양하다고 볼 수 있다. 경우에 따라서는 포트란 언어에 대한 전문 지식이 요구되기도 한다.

건물 에너지 부하를 모델링하는 방법을 크게 2가지로 구분한다. 냉·난방 에너지를 비교적 신속히 예측하기 위해서는 에너지 모델이 사용되는데, 이 경우 건물의 모델링은 열손실과 획득을 위한 단일 컨덕턴스와 태양열, 조명, 사람 등으로부터의 추가적인 열획득으로 이루어진다. 시뮬레이션 시간 간격마다 구조체에 대하여 한 가지의 에너지 평형식이 적용된다. 이러한 방법으로 계산되는 시간별 에너지 부하는 다소 오차가 크지만 장시간에 걸친 에너지 사용량을 예측할 수 있는 모델이다.

Zone 모델은 하나의 zone에 대하여 매우 자세히 분석하는 것이다. 벽체는 ASHRAE의 전달함수를 이용한 분석 방법에 의하여 모델링된다. 이 모델에서는 창문과 문을 고려할 수 있으며, 구조체 내·외부에서의 단파장 복사열과 장파장 복사열의 영향이 모두 고려된다. 다수의 zone이 있는 건물의 시뮬레이션도 해석이 가능하도록 되어 있다.

5. E2O-II

미국 Carrier사의 창시자인 William Carrier 박사는 수계산을 통한 부하계산 시 각종 부하요소들에 대한 분석 및 공식들을 한 표에 집대성해 놓고 그 표의 양식 기호를 E2O이라 하여 Carrier사 내에서 활용해 왔다고 한다. 이를 PC용 부하계산 및 에너지 분석 프로그램으로 개발한 것이 E2O-II이다.

6. ESP-r

현재 EU에서 공인한 건물 시뮬레이션 프로그램이다. 공식 명칭은 Environmental-System Performance-Reference로서 유한 체적법을 기본 알고리즘으로 적용하고 있으며, 유닉스 운영체계의 워크스테이션에서 수행되는 시스템으로 건물 에너지 시뮬레이션 분야에서 최근에 개발되었다.

대규모 행렬식 처리를 위해 행렬분할 등과 같은 고급 수치해석기법을 도입하여 수행 속도가 탁월하고, 모듈화된 에너지 부속 시스템을 하나의 통합된 환경에서 메뉴 방식으로 운영 가능하며, 입·출력의 그래픽 지원, 재료의 물성 및 각종 건물 운영 profile의 database화 및 사용자 인터페이스 측면에서도 많은 편의를 제공하고 있다. ESP-r은 EU의 자연형 건축 프로젝트인 PASSY(Passive Solar Components and System Testing)을 국가 간 실증 실험을 통한 검증 모델로 최근 유럽에서 활발히 이용되고 있으며 지속적으로 개발 중에 있다.

7. HASP/ACLD

일본 공기조화위생공학회에서는 1972년 3월 동적 열부하 계산 프로그램인 HASP/ACLD/7101를 발표하였다. HASP/ACLD/7101는 Stephenson과 Mitalas가 1967년 공동 발표한 응답계수법을 기본원리로 사용하였다. 그 후 꾸준한 발전을 거듭해 오면서 오늘날의 프로그램에 이르렀다. 1980년 에너지 절약법의 제정에 따라 건축설비에 관련된 분야에서 폭넓게 사용되고 있으며, 1981년 현재 23개 지역에 대한 기상자료가 준비되어 있다. 특히, 일본은 공조설비 및 건축구조와 관련해서 미국, 유럽 등의 나라들과 상이한 부분이 많으므로 자체적인 구조 해석 및 시스템 해석 등을 포함시키고 있으며, 이를 위해 각 건설 회사, 학계, 연구계의 공동연대 관계를 가지고 개발 및 수정 업무를 추진하고 있다.

2-6 통합형 건물 해석 프로그램들 결과 비교

본 절에서는 2-5절에 소개된 프로그램들과 2-7절에 소개되는 몇 가지 프로그램에 대한 동일한 조건에서의 시뮬레이션 분석 결과를 비교한 것을 제공하고 있다.

이 결과 비교를 위해 사용된 모델들은 [Figure 1]~[Figure 5]까지이며, 기타 시뮬레이션을 위해 필요한 기초 데이터는 참고 문헌을 이용하기 바란다.[5]

이 연구는 기본적으로 벽체의 열용량 및 실깊이, 차양장치의 성능 및 부착온실의 성능 등에 관하여 다양한 프로그램들의 분석 결과를 비교한 것으로, 추후 본인이 사용하는 프로그램에 대한 이해를 돕는 데 활용할 수 있을 것이다.

---

5) Robert H. Henninger and Michael J. Witte, Energy Plus Testing with Building Thermal Envelope and Fabric Load Tests from ANSI/ASHRAE Standard 140-2004, EERE of U.S. DOE, 2007.04.

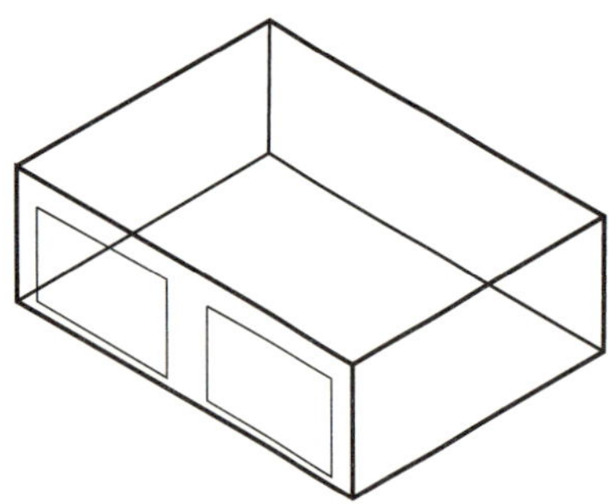

[Figure 1] Base Building(Case 600) − Isometric View of Southeast Corner with Windows on South Wall

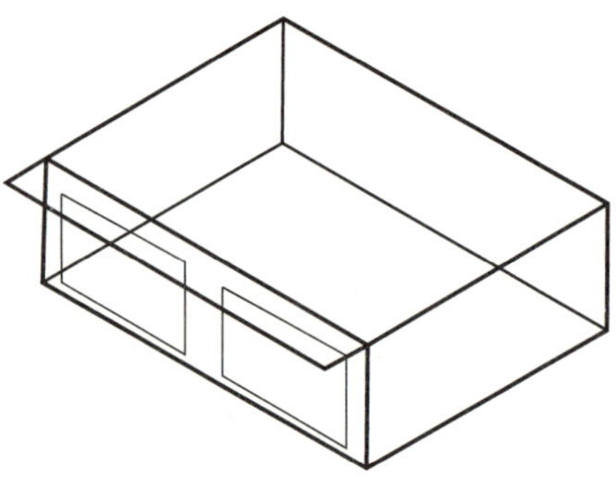

[Figure 2] Base Building with South Shading(Case 610) − Isometric View of Southeast Corner

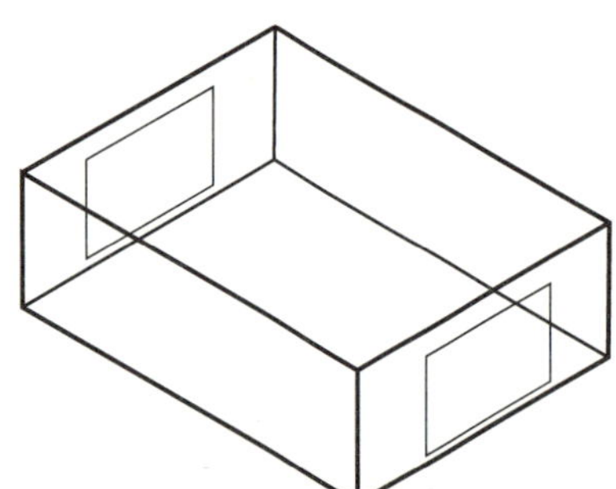

[Figure 3] Building with East/West Window Orientation (Case 620) − Isometric View of Southeast Corner

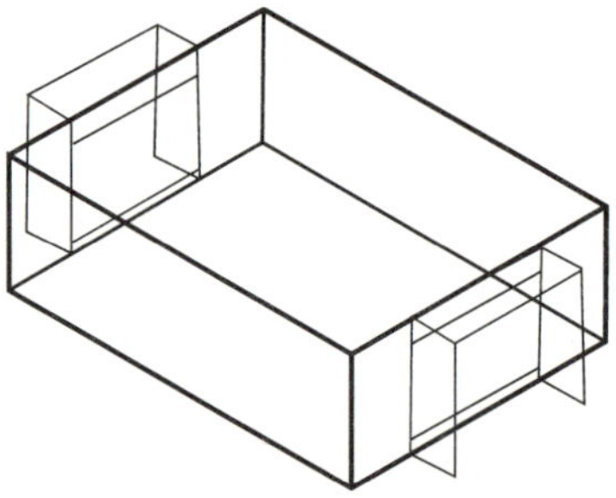

[Figure 4] Building with East/West Window Orientation and Shade Overhang and Shade Fins added (Case 630) − Isometric View of Southeast Corner

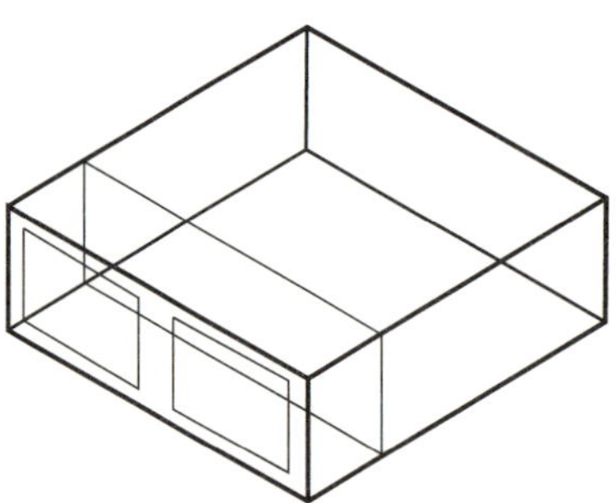

[Figure 5] Sunspace Building with Back−Zone and Sun−Zone (Case 960) − Isometric View of Southeast Corner

그 외에도 다양한 사례들에 관한 분석이 수행되었다. 다음으로 이 분석 결과는 다음과 같다.

1. 열용량이 작은 건물

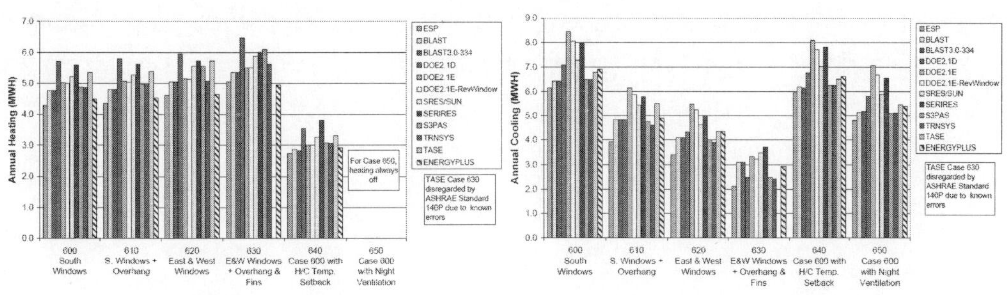

[그림 2-3] 열용량이 작은 건물의 연간
난방부하 비교

[그림 2-4] 열용량이 작은 건물의 연간
냉방부하 비교

[그림 2-3]과 [그림 2-4]는 열용량이 작은 건물의 연간 난방부하와 냉방부하를 비교한 것이다. [그림 2-3]에서 알 수 있듯이 난방부하의 경우 ESP-r이 가장 낮고 그 다음으로 EnergyPlus이다. 그러나 상대적으로 DOE 2.1E은 매우 높은 값을 나타내고 있다. 또한 TRNSYS의 경우에는 거의 평균값 정도의 분포를 나타내고 있음을 알 수 있다.

냉방 또한 ESP-r이 가장 낮게 분포하고 있으며, TRNSYS는 평균값 정도의 분포를 나타내고 있다. 그러나 EnergyPlus의 경우 TRNSYS보다 조금 더 높게 나타나고 있음을 알 수 있으며, ESP-r과 비교해 냉방부하가 높게 계산됨을 알 수 있다.

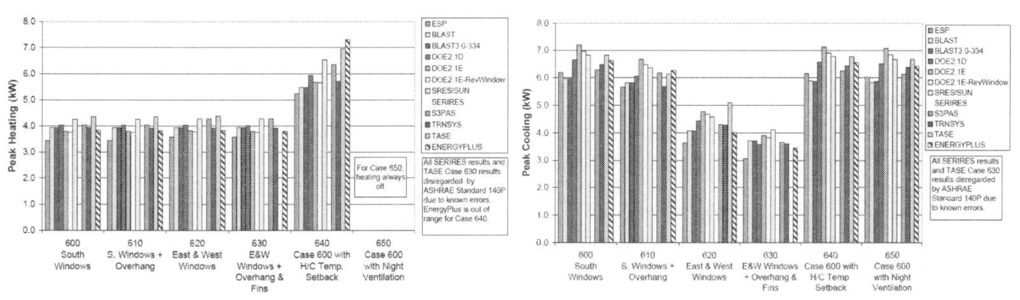

[그림 2-5] 열용량이 작은 건물의 난방
피크부하 비교

[그림 2-6] 열용량이 작은 건물의 냉방
피크부하 비교

[그림 2-5]와 [그림 2-6]은 난방과 냉방에 대하여 피크부하를 비교한 것이다. 전체적으로 [그림 2-3]과 유사한 분포를 나타내고 있으나, EnergyPlus의 경우 피크부하가 연간 난방부하보다는 높은 분포를 갖고 있으며, 특히 Case 640의 경우 큰 폭으로 상승하고 있음을 알 수 있다. 그리고 냉방 피크부하의 경우에도 난방과 유사한 패턴을 나타내고 있다. 한편, TRNSYS의 경우 거의 모두 평균값 정도의 분포를 나타내고 있다.

2. 열용량이 큰 건물

열용량이 큰 건물의 경우 연간 난방부하와 냉방부하는 [그림 2-7]과 [그림 2-8]에 나타나 있다. 전체적으로 ESP-r이 난방과 냉방에서 가장 낮은 분포를 나타내고 있음을 알 수 있으나, Case 930과 960의 경우에는 그렇지 않은 분포를 나타내고 있다.

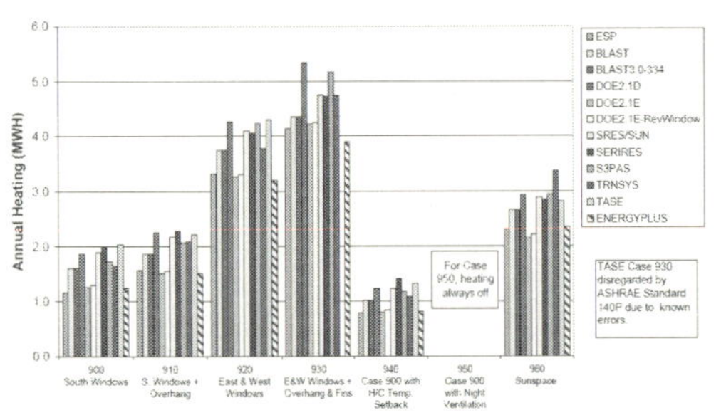

[그림 2-7] 열용량이 큰 건물의 연간 난방부하 비교

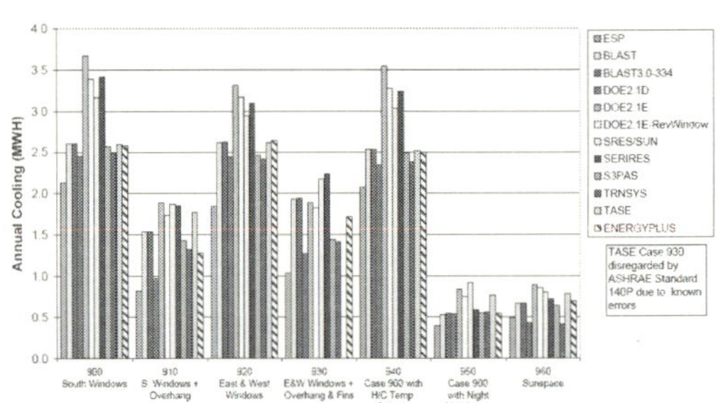

[그림 2-8] 열용량이 큰 건물의 연간 냉방부하 비교

그리고 [그림 2-9]와 [그림 2-10]은 난방과 냉방의 피크부하 분포를 나타낸 것으로 프로그램마다 각기 다른 분포 특성을 보이고 있다. 그러나 TRNSYS의 경우 전체적으로 평균값에 근사하는 분포를 나타내고 있어, 결과의 신뢰도 측면에서 큰 문제가 없음을 알 수 있다.

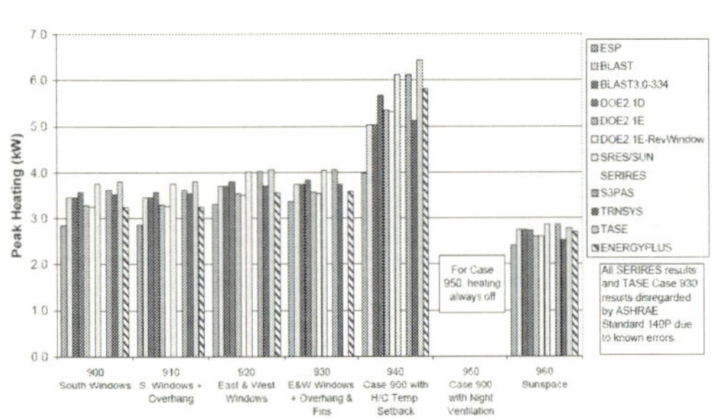

[그림 2-9] 열용량이 큰 건물의 난방 피크부하 비교

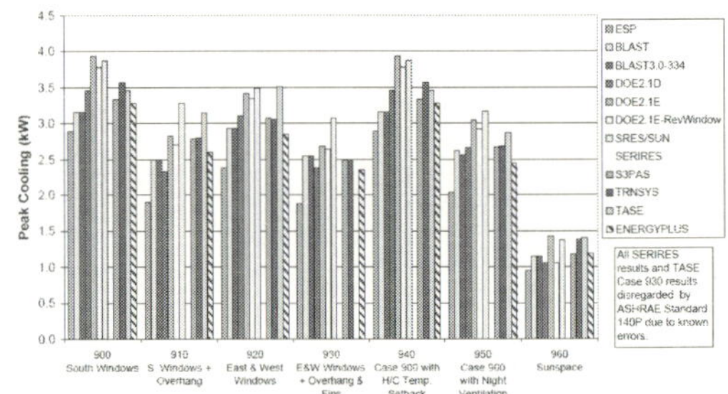

[그림 2-10] 열용량이 큰 건물의 냉방 피크부하 비교

3. 추가적인 BASIC & IN-DEPTH Test Charts 비교

그 외 다양한 경우에 대한 분석 결과를 정리한 것으로 표제에 분석 내용에 관하여 설명이 되어 있으므로, 이들 그래프에 대한 설명을 생략하도록 한다. 그리고 이러한 비교

분석 결과를 통해 사용자가 활용하고 있는 프로그램에 대한 신뢰성을 어느 정도 얻을 수 있을 것이다.

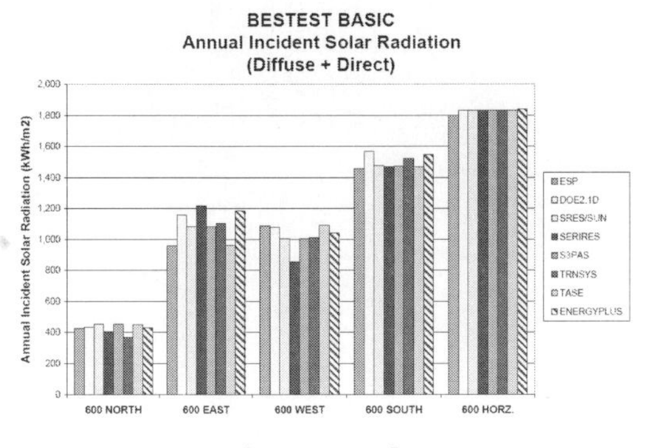

[그림 2-11]

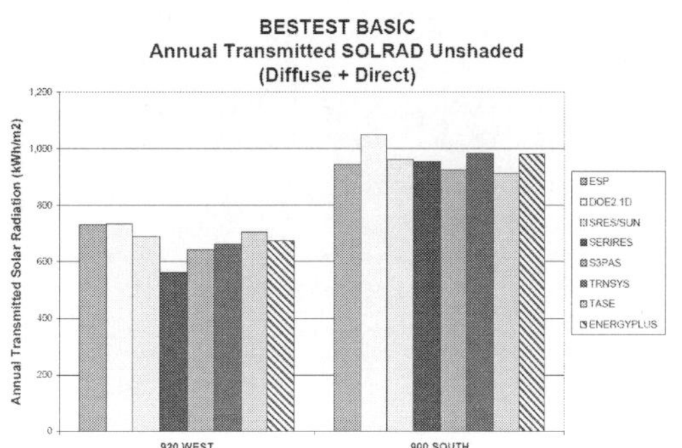

[그림 2-12]

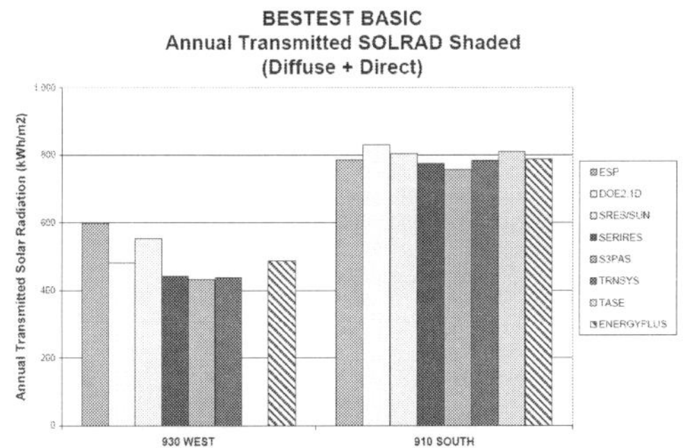

[그림 2-13]

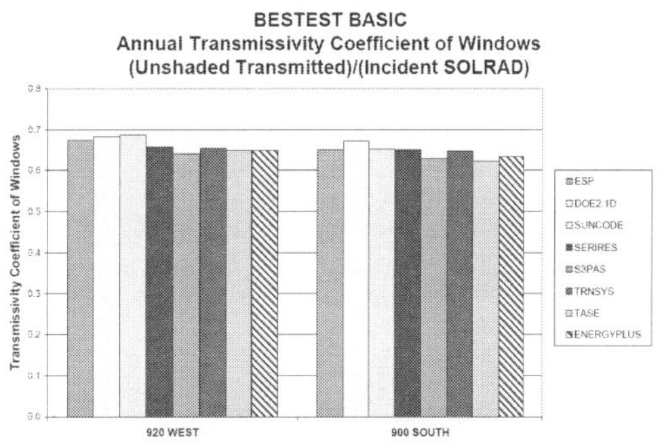

[그림 2-14]

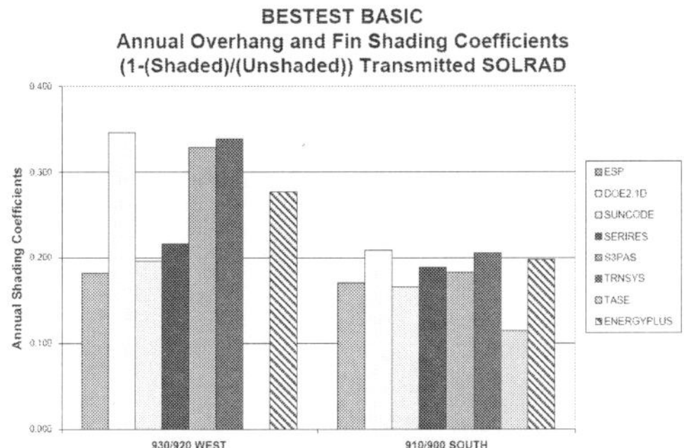

[그림 2-15]

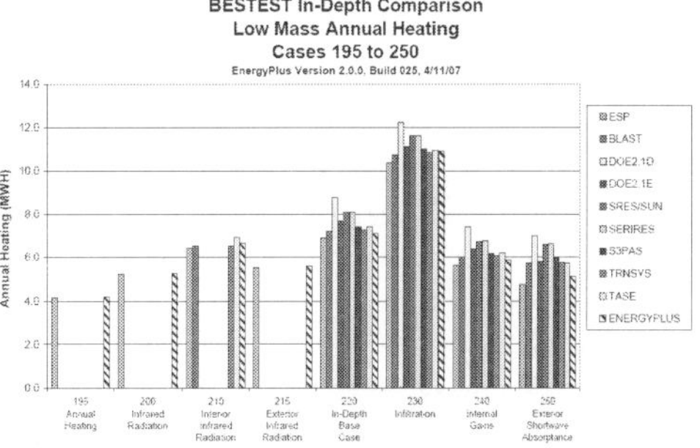

[그림 2-16]

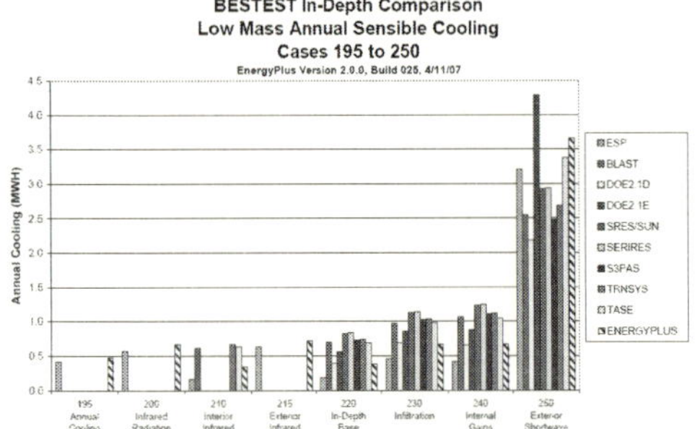

[그림 2-17]

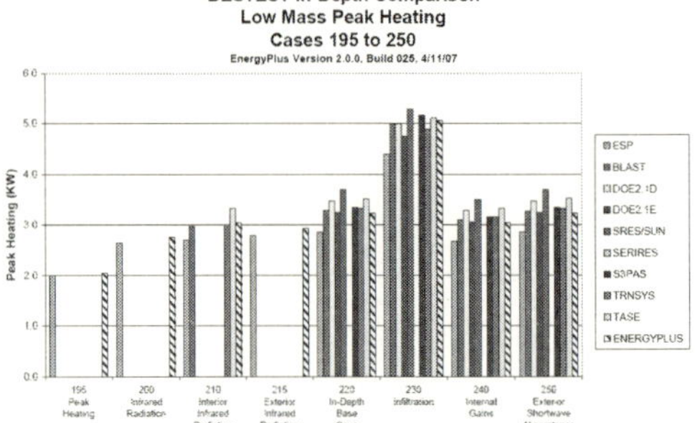

[그림 2-18]

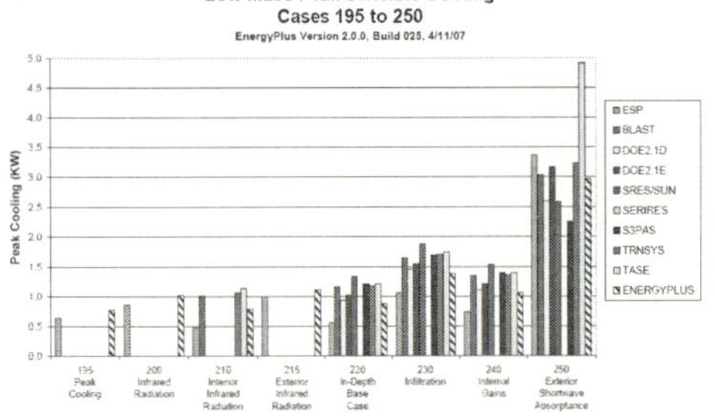

[그림 2-19]

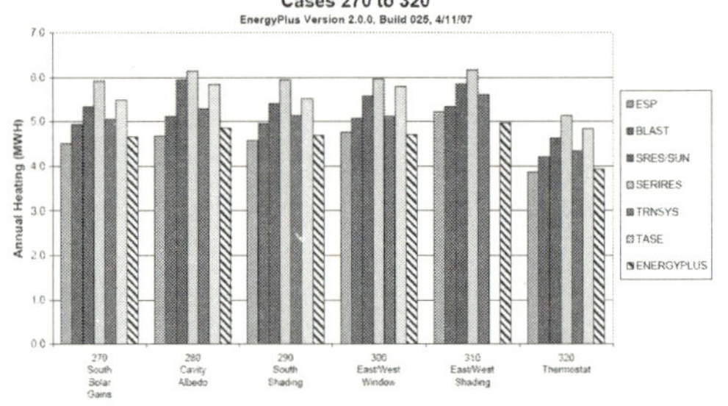

[그림 2-20]

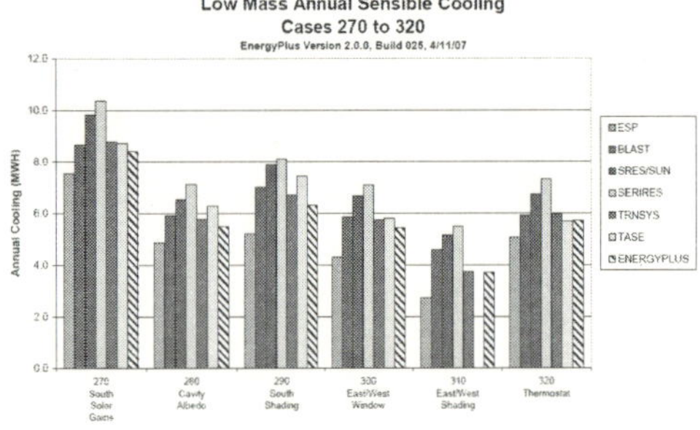

[그림 2-21]

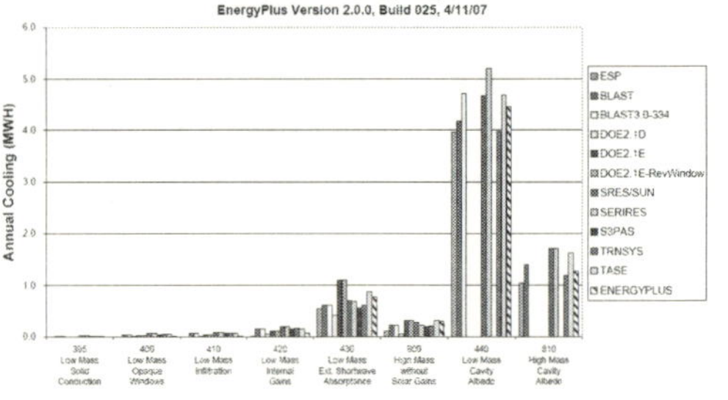

[그림 2-22]

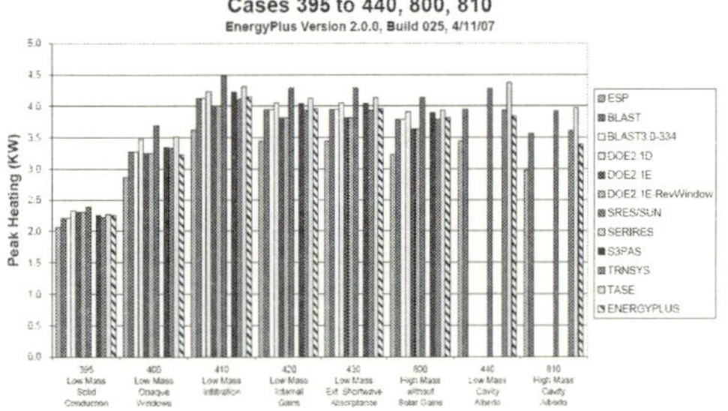

[그림 2-23]

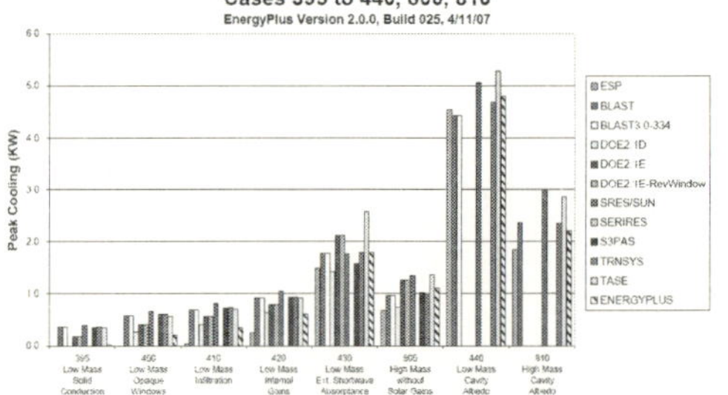

[그림 2-24]

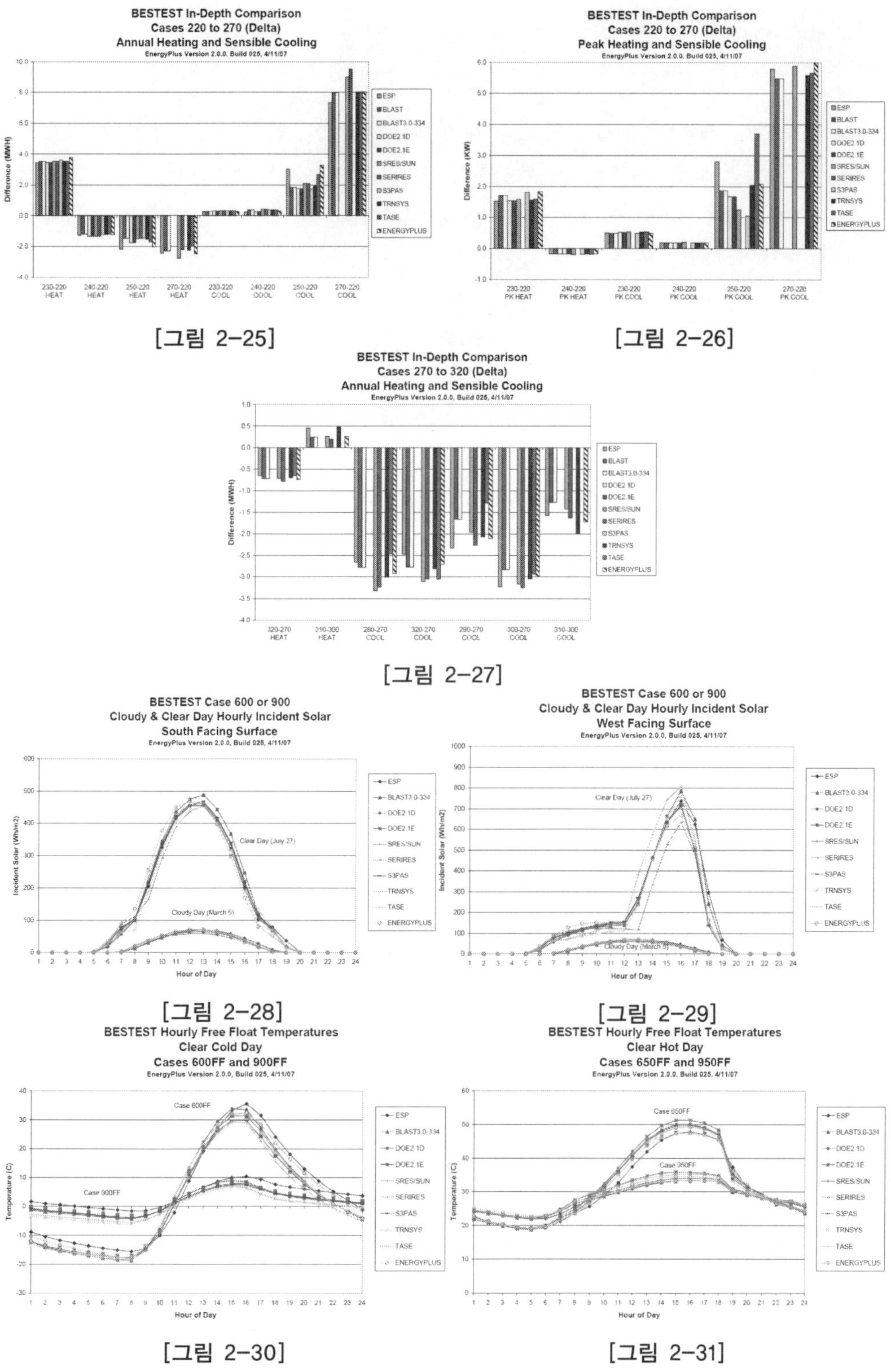

[그림 2-25]

[그림 2-26]

[그림 2-27]

[그림 2-28]

[그림 2-29]

[그림 2-30]

[그림 2-31]

2-7 PC용 건축 관련 해석 프로그램들

전 세계적으로 개발이 완료되었거나 현재에도 꾸준한 업그레이드가 진행되고 있는 PC 기반 건축관련 소프트웨어들은 무수히 많이 있다. 이에 본 절에서는 미국 DOE 산하의 EERE(Energy Efficienvy and Renewable Energy) 홈페이지6)에 소개된 관련 프로그램들을 간단히 나열하고자 한다.

(1) 1D-HAM : heat, air, moisture transport, walls

(2) 3E Plus : insulation, insulation thickness

(3) AAMASKY : skylights, daylighting, commercial buildings

(4) ABACODE : Residential code compliance, IECC

(5) ACOUSALLE : acoustics, codes and standards

(6) Acoustics Program : HVAC acoustics, sound level prediction, noise level

(7) ADELINE : daylighting, lighting, commercial buildings

(8) AFT Fathom : design, pump selection, pipe analysis, duct design, duct sizing, chilled water systems, hot water system

(9) AFT Mercury : optimization, pipe optimization, pump selection, duct design, duct sizing, chilled water systems, hot water systems

(10) AGI32 : lighting, daylighting, rendering, roadway

(11) AIRPAK : airflow modeling, contaminant transport, room air distribution, temperature and humidity distribution, thermal comfort, computational fluid dynamics(CFD)

(12) AkWarm : home energy rating systems, home energy, residential modeling, weatherization

(13) Analysis Platform : heating, cooling and SWH equipment, commercial buildings

(14) Animate : animated visualization of data, XY graphs, energy-use data

(15) AnTherm : thermal bridges, heat flow, steady state, transfer coefficients, temperature distribution

(16) Apache : thermal design, thermal analysis, energy simulation, dynamic simulation, system simulation

---

6) http://www.eere.energy.gov/buildings/tools_directory/platforms.cfm/pagename = platforms /pagename_menu = pc

(17) ApacheCalc : heat loss, heat gain, load calculation

(18) ApacheHVAC : buildings, HVAC, simulation, energy performance

(19) ApacheLoads : heat loss, heat gain, load calculations

(20) ApacheSim : thermal simulation, energy consumption

(21) Athena Model : life cycle assessment, environment, building materials, buildings

(22) AUDIT : operating cost, bin data, residential, commercial

(23) Awnshade : solar shading, awnings, overhangs, side fins, windows

(24) BASECALC : foundations, basements, slab-on-grade, residential buildings

(25) Be06 : energy performance, building regulations, house, office, commercial and institutional

(26) BEACON : energy audit, billing analysis, equipment analysis

(27) BEAVER : energy simulation, thermal analysis

(28) BEES : environmental performance, green buildings, life cycle assessment, life cycle costing, sustainable development

(29) BESTEST : exterior envelope simulation program capability tests

(30) BE$T : electric motors, energy efficiency

(31) BinMaker Pro : weather data, binned weather data, design weather data

(32) BLCC : economic analysis, ESPCs, federal buildings, life-cycle costing

(33) BSim2002 : building simulation, energy, daylight, thermal analysis, indoor climate

(34) BTU Analysis Plus : HVAC, heating, cooling, heat load studies

(35) BTU Analysis REG : HVAC, heating, cooling, heat load studies

(36) Building Design Advisor : design, daylighting, energy performance, prototypes, case studies, commercial buildings

(37) Building Energy Analyzer : air-conditioning, heating, on-site power generation, heat recovery, CHP, BCHP.

(38) BUS++ : energy performance, ventilation, air flow, indoor air quality, noise level

(39) BV2 : annual energy use, durational diagram

(40) CAMEL : load estimation, psychrometrics, plant sizing

(41) CATALOGUE : windows, fenestration, product information, thermal characteristics

(42) CELLAR : cellar, heat loss, design rules

(43) CHP Capacity Optimizer : CHP, cogeneration, capacity optimization, distributed generation

(44) CHVAC : commercial HVAC, load calculations, CLTD

(45) CL4M Commercial Cooling and Heating Loads : cooling loads, heating loads, commercial buildings

(46) CLIMATE 1 : climate data, climatic maps, sun chart

(47) Climate Consultant : climate analysis, psychrometric chart, bioclimatic chartm wind wheel

(48) Climawin 2005 : building thermal regulations

(49) C-MAX : pumps, fans, chillers, compressors, energy conservation, facility design

(50) Cold Room Calc : refrigeration load, heat gains, heat loads, cold room, cooler, freezer, refrigerated warehouse

(51) COMcheck-EZ : energy code compliance, commercial buildings, codes training, energy savings

(52) COMcheck-Plus : energy code compliance, commercial buildings, codes training, energy savings, whole building energy performance

(53) COMFIE : energy performance, design, retrofit, residential buildings, commercial buildings, passive solar

(54) COMIS : multi-zone airflow, pollution transport

(55) Commodity Server : energy database server, time series energy, portfolio management

(56) CompuLyte : lighting, daylighting, rendering

(57) CONTAM : airflow analysis; building controls ; contaminant dispersal ; indoor air quality, multi-zone analysis, smoke control, smoke management, ventilation

(58) Cool Room Calc : cooling load, heat gains, heat loads, air-conditioned room, air conditioner, HVAC, air conditioning

(59) Co$tWorks98 : HVAC systems, energy costs, energy economics, heating and cooling systems

(60) Daylight : daylighting, daylight factor

(61) Daylight 1-2-3 : climate-based daylighting metrics, integrated lighting/thermal simulations, lighting controls

(62) DAYSIM : annual daylight simulations, electric lighting energy use, light-

  ing controls

(63) DD4M Air Duct Design : duct design, air-conditioning, heating

(64) Demand Response Quick Assessment Tool : demand response, load estimation, EnergyPlus

(65) DEROB-LTH : energy performance, heating, cooling, thermal comfort, design

(66) DesiCalc : desiccant system, air-conditioning, system design, energy analysis, dehumidification, desiccant-based air treatment

(67) DesignBuilder : Building energy simulation, visualization, CO_2 emissions, solar shading, natural ventilation, daylighting, comfort studies, CFD, HVAC simulation, pre-design, early-stage design, building energy code compliance checking, OpenGL EnergyPlus interface, building stock modelling, hourly weather data, heating and cooling equipment sizing

(68) D-Gen PRO : distributed power generation, on-site power generation, CHP, BCHP

(69) Diag DPE : energy performance directive

(70) DIALux : lighting design, daylight and artificial lighting, emergency lighting, road lighting

(71) DIN V 18599 : DIN V 18599, EPBD, energy performance of buildings directive

(72) Discount : present value, discount factors, future values, life-cycle cost

(73) DOE-2 : energy performance, design, retrofit, research, residential and commercial buildings

(74) DOLPHIN : duct sizing, duct and fitting pressure loss, fan pressure

(75) DONKEY : duct sizing, equal friction, static regain, balanced pressure drop, duct acoustics, self generated noise, room sound pressure level

(76) DPClima : thermal load calculation, equipment sizing

(77) DUCTSIZE : duct sizing, equal friction, static regain

(78) EA-QUIP : building modeling, energy savings analysis, retrofit optimization (work scope development), investment analysis

(79) EASY : Whole House Energy Audit : energy audit, residential buildings, retrofit, economic evaluation, DSM

(80) EBS : utility billing, energy management

(81) ECO-BAT : environmental performance, life cycle assessment, sustainable development

(82) Eco Lumen : lighting design, energy efficient

(83) ECOTECT : environmental design, environmental analysis, conceptual design, validation; solar control, overshadowing, thermal design and analysis, heating and cooling loads, prevailing winds, natural and artificial lighting, life cycle assessment, life cycle costing, scheduling, geometric and statistical acoustic analysis

(84) eDNA : energy data management, on-line data archive

(85) EE4 CBIP : whole building performance, building incentives

(86) EE4 CODE : standards and code compliance, whole building energy performance

(87) EED : Earth energy, boreholes, ground heat storage, ground source heat pump system(GSHP)

(88) EEM Suite : energy management, energy accounting, benchmarking, energy use analysis, energy forecasting

(89) EMISS : atmospheric pollution, energy-related pollution emissions

(90) EMODEL : data processing, graphing and regression modeling of energy-use data

(91) EN4M Energy in Commercial Buildings : energy calculation, commercial buildings, bin method, economic analysis

(92) EnerCAD : building energy efficiency, early design optimisation, architecture oriented, solar toolbox, SIA 380/1 compliance

(93) Energy-10 : conceptual design, residential buildings, small commercial buildings

(94) EnergyAide : Energy audits, home energy analysis, retrofit

(95) Energy Auditor : energy audit

(96) Energy CAP Enterprise : energy information, energy accounting, energy tracking, utility bill management, energy management, utility bill accounting, benchmarking, degree days, M&V, energy measurement, FASER

(97) Energy CAP Professional : energy information, energy accounting, energy tracking

(98) Energy Estimator : Variable frequency drive, energy savings, fans, pumps

(99) EnergyGauge USA : residential, energy calculations, code compliance

(100) Energy Lens : energy management, half-hourly data analysis, business energy saving, monitoring and targeting

(101) EnergyPlus : energy simulation, load calculation, building performance,

simulation, energy performance, heat balance, mass balance

(102) EnergyPro : California Title 24, compliance software, energy simulation, commercial, residential

(103) Energy Profiler : load profiles, rate comparisons, data collection

(104) Energy Trainer for Energy Managers HVAC Module : training, HVAC, operation and maintenance, existing buildings

(105) ENERPASS : energy performance, design, residential and small commercial buildings

(106) ENER-WIN : energy performance, load calculation, energy simulation, commercial buildings, daylighting, life-cycle cost

(107) ENFORMA : data acquisition, energy performance, building diagnostics, HVAC systems, lighting systems

(108) Engineering Toolbox : Refrigerant line sizing, air properties, fluid properties, power factor correction, duct sizing

(109) Envest : sustainable design, green buildings, life cycle analysis, environmental impact analysis

(110) ENVSTD and LTGSTD : Federal commercial building standard, code compliance, energy savings

(111) EPB-software : EPBD implementation, Flemish region, primary energy consumption

(112) EQUER : life cycle assessment, design, retrofit, residential and commercial buildings, simulation

(113) ERATES : electricity costs, electric utility rates schedules

(114) e-Sankey : Sankey diagram, flow chart, energy efficiency, visualization

(115) EXTREMES : extreme weather, weather sequences, simulation, energy calculation

(116) EZDOE : energy performance, design, retrofit, research, residential and commercial buildings

(117) E-Z Heatloss : heat loss, heat gain, residential calculation

(118) EZ Sim : energy accounting, utility bills, calibration, retrofit, simulation

(119) FASER : energy information, resource accounting

(120) FEDS : multi-building facilities, energy simulation, retrofit opportunities, life cycle costing, emissions impacts, alternative financing

(121) FENSIZE : fenestration, solar heat gain coefficient, thermal transmittance,

visible transmittance, windows, skylights, code compliance

(122) FenSpec : fenestration, product information, glazing, windows, doors, sky-lights, glazing manufacturers information

(123) FENSTRUCT : structural performance, fenestration, deflection, stress, moment of inertia, centroids, AAMA

(124) flixo : 2D heat transfer, cold bridge, fenestration, thermal bridge

(125) FLOVENT : airflow, heat transfer, simulation, HVAC, ventilation

(126) FLUCS : illumination, daylighting

(127) FlucsDL : daylight simulation

(128) FlucsPro : luminaires, lighting design, lighting analysis, photometric data, radiosity

(129) FRAME4 : fenestration, framing, heat transfer, building components, thermal characteristics

(130) FRAMEplus : windows, fenestration, framing, building components, thermal characteristics, optical characteristics

(131) FRESA : renewable energy, retrofit opportunities

(132) FSEC 3.0 : energy performance, research, advanced cooling and dehumidification

(133) GaBi 4 : environment, life cycle assessment, LCA, ecoprofiles, system analysis, design, research

(134) Gas Cooling Guide PRO : gas cooling, hybrid HVAC systems

(135) GenOpt : system optimization, parameter identification, nonlinear programming, optimization methods, HVAC systems

(136) iGet Psyched! : psychrometric chart, moisture, humidity, dry bulb temperature, wet bulb temperature

(137) GIHMS : industrialized housing production operations

(138) GLASTRUCT : structural performance, fenestration, deflection, stress, ASTM

(139) Green Building Advisor : sustainable design, green building, energy, water, environment, health, indoor air quality, efficiency

(140) Green Building Studio : CAD, energy performance, building information modeling, interoperability, DOE-2, EnergyPlus

(141) GS2000 : geothermal heat pump, heat exchanger sizing, ground source heat pump

(142) HAMLab : Heat air and moisture, simulation laboratory, hygrothermal

model, PDE model, ODE model, building and systems simulation, MatLab, SimuLink, FemLab, optimization

(143) HAP : energy performance, load calculation, energy simulation, HVAC equipment sizing

(144) HAP System Design Load : Cooling and heating load calculation, HVAC equipment sizing, zoning and air distribution

(145) HBLC : heating and cooling loads, heat balance, energy performance, design, retrofit, residential and commercial buildings

(146) HEAT2 : heat transfer, 2D, dynamic, simulation

(147) HEAT3 : heat transfer, three-dimensional heat conduction, transient heat flow, steady-state heat flow

(148) Heat Pump Design Model : heat pump, air conditioner, air-to-air heat pump, equipment simulation

(149) HEED : whole building simulation, energy efficient design, climate responsive design, energy costs, indoor air temperature

(150) HiLight : lighting, energy code, code compliance

(151) HOMER : remote power, distributed generation, optimization, off-grid, grid-connected, stand-alone

(152) HOT2000 : energy performance, design, residential buildings, energy simulation, passive solar

(153) HOT2 XP : energy performance, design, residential buildings, energy simulation, passive solar

(154) HPSIM : heat pump, research

(155) HVAC 1 Toolkit : energy calculations, HVAC component algorithms, energy simulation, performance prediction

(156) HVACSIM+ : HVAC equipment, systems, controls, EMCS, complex systems

(157) HVAC Solution : boilers, chillers, heat exchangers, cooling towers, pumps, fans, expansion tanks, heat pumps, fan coils, terminal boxes, louvers, hoods, radiant panels, coils, dampers, filters, piping, valves, ductwork, schedules

(158) Hydronics Design Studio : hydronic heating, radiant heating, simulation, design, piping

(159) IAQ-Tools : indoor air quality, 'sick' buildings, ventilation design, contaminant source control design, tracer gas calculations

(160) I-BEAM : indoor air quality, IAQ education, IAQ management, energy and IAQ

(161) IDA Indoor Climate and Energy : design, energy performance, thermal comfort, indoor air quality, commercial buildings

(162) IDEAL : electric utility analysis, electricity costs, bill analysis

(163) Indoor Humidity Tools : indoor air humidity, dryness, condensation

(164) INDUS : ductwork sizing, ductwork design, HVAC

(165) InterLane Power Manager : energy metering, monitoring, power management

(166) ION Enterprise : energy management, power quality, power reliability, cost allocation

(167) IPSE : solar architecture, passive solar, residential buildings, primer, introduction, educational, reference

(168) ISE : thermal model, building zone simulation, MatLab/SimuLink

(169) ISOVER Energi : energy performance, heat loss, U-value, profitability, Danish building regulations

(170) IWEC : international weather, weather data, climate data, energy calculations

(171) IWRAPS : water planning, water management, water use forecasting, water conservation, water rights, military installations

(172) IWR-MAIN : water demand analysis, municipal and industrial water demand, water conservation, water resource planning

(173) J-Works : load calculation, commercial buildings, residential buildings

(174) KCL-ECO : life cycle, inventory, assessment, LCA

(175) LESO-COMFORT : thermal comfort, load calculation, energy

(176) LESOCOOL : airflow, passive cooling, energy simulation, mechanical ventilation

(177) LESODIAL : Daylighting, early design stage, user-friendliness

(178) LESOKAI : thermal transmission, water vapor, building envelope

(179) LESOSAI : heating energy, energy simulation, load calculation, standards

(180) LESO-SHADE : shading factors, solar shading, building geometry

(181) LifeCycle : life-cycle cost, economics

(182) Lighting Boy : lighting retrofit, audit, lighting design, existing buildings

(183) LightPro : luminaires, lighting analysis, photometric data

(184) LISA : life cycle analysis, sustainability, utilization, embodied energy

(185) Load Express : Design, light commercial buildings, heating and cooling loads, HVAC

(186) Look3D : three-dimensional, full-color surface plots from columnar data, energy-use data

(187) LoopDA : airflow analysis, indoor air quality, multi-zone analysis, natural ventilation

(188) MarketManager : building energy modeling, design, retrofit

(189) METEONORM 6 : weather data, solar radiation, temperature, typical years, climate analysis

(190) METRIX4 : monitoring and verification, utility bill analysis, utility accounting

(191) MHEA : retrofit opportunities, audit, mobile homes

(192) Microflo : CFD, airflow, air quality, thermal performance

(193) Micropas 6 : energy simulation, heating and cooling loads, residential buildings, code compliance, hourly

(194) MOIST : combined heat and moisture transfer, envelope

(195) MotorMaster+ : motors, energy efficient motors, motor database, motor management, industrial efficiency

(196) National Energy Audit(NEAT) : retrofit, energy, audit, efficiency measures

(197) NewQUICK : Passive simulation, load calculations, natural ventilation, evaporative cooling, energy analysis.

(198) OHVAP : venting design, oil-fired equipment

(199) Opaque : wall thermal transmission, U-value

(200) OptoMizer : lighting audit, lighting retrofit, lighting efficiency

(201) Overhang Annual Analysis : window, overhang, shading, solar

(202) Overhang Design : solar, window, overhang, shading

(203) ParaSol : solar protection, solar shading, windows, buildings, solar energy transmittance, solar heat gain coefficient, energy demand, heating, cooling, comfort, daylight

(204) PASSPORT : heating requirements, passive solar, residential buildings, standards

(205) PEAR : design, retrofit, residential buildings

(206) Pervidi : building systems, performance, preventative maintenance, analysis,

residential and commercial buildings

(207) PHOENICS : computational fluid dynamics, air pollution, smoke and fire, air flow

(208) Physibel : heat transfer, mass transfer, radiation, convection, steady-state, transient, 2-D, 3-D

(209) Pipe Designer : fluid systems, piping design, existing systems

(210) Pipe-Flo : piping analysis, pump selection, piping design, hydraulic analysis, pump sizing, pressure drop calculator, hydraulic modeling, steam distribution, chilled water, sprinkler system

(211) Pisces : pipework, heating, cooling

(212) PocketControls : PDA, controls, front end, handheld

(213) PRISM : utility billing data, demand-side management, statistical energy savings

(214) Prophet Load Profiler : energy analysis, load profiling, cost comparison, energy budgeting, rate analysis, data collection, real-time monitoring, load shedding

(215) PsyCalc : psychrometric, temperature, moisture content, atmospheric pressure

(216) Psychrometric Analysis : psychrometric analysis, HVAC

(217) PVcad : photovoltaic, facade, yield, electrical

(218) PV-DesignPro : photovolatiac design, tracking systems, solar, electrical design

(219) PV*SOL : photovoltaic systems simulation, planning and design software, grid connected systems, stand-alone systems

(220) PVSYST : PV system sizing, PV system simulation, grid-connected PV systems, stand-alone PV systems, shading, solar tools

(221) PYTHON : pipe sizing, pump sizing, control valve selection

(222) Quick BLCC : multiple project LCC analysis, simplified LCC analysis

(223) Quick Calc : lighting design, 3D drawing, indoor lighting

(224) Quick Est : lighting, 3D drawing, indoor lighting

(225) Radiance : lighting, daylighting, rendering

(226) Radiance Control Panel : radiance, lighting, daylighting, ray tracing, glare

(227) Radiance Interface : Lighting, daylighting, ray tracing, glare

(228) RadOnCol : solar radiation, solar collector

(229) RadTherm : convection, conduction, radiation, weather, solar, transient

(230) REEP : energy-and water-efficiency strategies, economic analysis, pollu-tion abatement, DOD installations

(231) REM/Design : energy simulation, residential buildings, code compliance, design, weatherization, equipment sizing, EPA Energy Star Home analysis

(232) REM/Rate : home energy rating systems, residential buildings, energy si-mulation, code compliance, design, weatherization, EPA Energy Star Home analysis, equipment sizing

(233) REScheck : energy code compliance, residential buildings, codes training, energy savings

(234) RESEM : retrofit, institutional buildings

(235) RESFEN : fenestration, energy performance

(236) RHVAC : residential HVAC, residential load calculations, ACCA, Manual J

(237) Right-Suite Residential for Windows : residential loads calculations, duct sizing, energy analysis, HVAC equipment selection, system design

(238) RIUSKA : Energy calculation, heat loss calculation, system comparison, dimensioning, 3D-modelling

(239) RL5M : residential, cooling, heating, energy, economic analysis.

(240) SBEM : energy consumption/performance, carbon dioxide emissions, UK building regulations, compliance checking, non-residential buildings

(241) SenseDat Analyzer : energy monitoring, building energy analysis, energy education

(242) ShadowFX : shading calculations, sun modelling, solar shading

(243) SIMBAD Building and HVAC Toolbox : transient simulation, control, inte-grated control, control performance, graphical simulation environment, modular, system analysis, HVAC

(244) SkyVision : Skylight, light well, fenestration, glazing, optical characteri-stics, daylighting.

(245) SLAB : slab on the ground, heat loss, design rules

(246) SMOC-ERS : energy efficiency program, auditing, reporting

(247) SMOG : energy calculation, heat loss calculation, system comparison, di-mensioning, 3D-modelling

(248) solacalc : passive solar, house design, building design, building services, design tools

(249) SOLAR-2 : windows, shading fins, overhangs, daylight

(250) SOLAR-5 : design, residential and small commercial buildings

(251) Solar Benefits Model : solar hot water, residential mortgage, cash flow analysis

(252) SolArch : thermal performance calculation, solar architecture, residential buildings, design checklists

(253) SolarPro 2.0 : solar water heating, thermal processes, alternative energy, simulation

(254) SolarShoeBox : Direct gain, passive solar

(255) Solar Tool : overhang sizing and position, shading devices, louvers,

(256) SolDesigner : design, solar thermal, solar hot water, solar heating plants, solar design

(257) Sol Path : solar, sun, sun path

(258) Sombrero 3.01 : Solar shading, solar radiation, building geometry, solar systems

(259) SPACER : fenestration, spacer, THERM, thermal modeling, IGU, sealants

(260) SPARK : object-oriented, research, complex systems, energy performance, short time-step dynamics

(261) SPOT : daylighting, electric lighting, photosensor, energy savings

(262) STE : thermal regulations, residential and commercial buildings, energy certification

(263) SunAngle : Solar, sun, angle

(264) SunAngle Professional Suite : sun angle, solar calculator

(265) Suncast : solar shading, insolation

(266) SUN_CHART Solar Design Software : sunchart, solar position, sun path, shading

(267) SUNDAY : energy performance, residential and small commercial buildings

(268) SUNDI : solar shading, solar irradiance, solar patterns

(269) SunPath : solar geometry, sun position

(270) SunPosition : solar angle design, solar altitude, solar design

(271) SUNREL : design, retrofit, research, residential buildings, small office buildings, energy simulation, passive solar

(272) Sunspec : solar radiation, illuminance, irradiance, luminous efficacies, solar position

(273) SuperLite : daylighting, lighting, residential and commercial buildings

(274) System Analyzer : Energy analyses, load calculation, comparison of system and equipment alternatives

(275) TAPS : pipe sizing

(276) TAS : Building dynamic thermal simulation, building simulation, comfort, CFD, thermal analysis, energy simulation

(277) Tetti FV : photovoltaic, PV, energy performance, design, PV system sizing, PV system simulation, grid-connected PV systems

(278) Therm : two-D heat transfer, building products, fenestration

(279) Thermal Comfort : thermal comfort calculation, comfort prediction, indoor environment

(280) ThermoSim : dynamic heat transfer, wall systems, simulation algorithms, interactive simulation, Java

(281) Toolkit for Building Load Calculations : building loads, energy calculations, heat balance model, heat transfer

(282) TownScope II : solar energy, urban design, visual reasoning

(283) TRACE 700 : Energy performance, load calculation, HVAC equipment sizing, energy simulation, commercial buildings

(284) TRACE Load 700 : Heating and cooling load calculation, air distribution simulation, HVAC equipment sizing, commercial buildings

(285) TREAT : weatherization auditing software, Home Performance with Energy Star auditing tool, retrofit, single family, multifamily residential, mobile homes, HERS ratings, load sizing.

(286) TRNSYS : energy simulation, load calculation, building performance, simulation, research, energy performance, renewable energy, emerging technology

(287) tsbi3 : energy performance, design, retrofit, research, residential and commercial buildings, indoor climate

(288) T*SOL : solar thermal heating, swimming pool heating, solar planning and design

(289) Umberto : material and energy flow analysis, process optimization, environmental impact assessment, material flow cost accounting, life cycle assessment(LCA), life cycle costing(LCC)

(290) UMIDUS : moisture calculation, latent and sensible conduction loads, heat

and mass transfer through building envelopes

(291) UM Profiler : utility metering, utility accounting

(292) Varitrane Duct Designer : duct sizing, static regain, equal friction, fitting loss

(293) VentAir 62 : ventilation design, ASHRAE Standard 62

(294) VIP+ : energy performance, code compliance, design, research, residential and commercial buildings, costs, environmental sustainable

(295) VISION4 : fenestration, solar optical characteristics, thermal performance, windows, glazing

(296) Visual : lighting, lighting design, roadway lighting, visual, lumen method

(297) VisualDOE : energy, energy efficiency, energy performance, energy simulation, design, retrofit, research, residential and commercial buildings, simulation, HVAC, DOE-2

(298) Visualize-IT Energy Information and Analysis Tool : energy analysis, rate comparison, load profiles, interval data

(299) Visual TTH : thermal regulation, compliance, EN 12831, RT 2000, RT 2005

(300) WaterAide : water audits, water analysis, water end-sue allocation, retrofits, domestic hot water

(301) WATERGY : water conservation opportunities, energy savings

(302) Weather Data Viewer : weather, climate, extreme weather, design data, design temperature, humidity, dew point, dry bulb, wet bulb, temperature, enthalpy, wind speed

(303) Weather Tool : weather data visualization, psychrometry, passive design analysis, optimum orientation, data synthesis

(304) Weather Year for Energy Calculations 2 : weather data, energy calculations, simulation data

(305) Window : fenestration, thermal performance, solar optical characteristics, windows, glazing

(306) Window Heat Gain : Solar, window, energy

(307) WISE : hygrothermal model, building simulation, MatLab/SimuLink Tool

(308) WUFI-ORNL/IBP : moisture modeling, hydrothermal model, combined heat and moisture transport, building envelope performance

3. 단위 및 차원

공학에서 다루는 물리적 양은 차원(dimension)[7]을 갖는다. 차원은 길이, 시간, 면적, 온도, 광도 등과 같이 측정할 수 있는 양을 말하며, 기본 차원과 유도 차원으로 구분된다. 유도 차원은 기본 차원의 조합에 의하여 유도되는 차원이다. 기본 차원과 유도 차원의 관계는 자연법칙 또는 정의에 의하여 결정되며, 기본 차원의 수는 가능한 한 최소로 하고 또 측정이 편리한 양으로 정한다.

단위는 각 차원의 양을 측정하는 기준이다. 기본 차원의 단위를 기본 단위라고 하고, 유도 차원의 단위를 유도 단위라고 한다. 각각의 물리적 양은 하나의 차원만을 갖지만 여러 가지 다른 단위를 가질 수 있다. 미터, 피트, 해리, 척 등은 모두 길이의 단위이다. 물리적 양의 크기를 나타낼 때에는 항상 단위를 포함하여야 한다.

물리적 양은 서로 같은 차원을 갖는 양끼리 만들며 서로 비교할 수 있다. 따라서, 차원이 서로 다른 두 개의 물리적 양은 서로 가감할 수 없으며 또 물리적 방정식의 두 변은 서로 같은 차원을 가져야 한다.

3-1 단위계

우리나라의 계량 단위는 국가표준기본법과 계량에 관한 법률에 규정되어 있으며, 국제표준단위계(SI 단위계)를 채택하고 있다.

1. 기본 단위

기본 단위에는 길이, 질량, 시간, 온도, 광도, 전류 및 물질량의 7가지로 정의되며, 〈표 3-1〉과 같다.

---

7) 설비공학편람 제 2 판, 제 1 권 기초, 사단법인 대한 설비공학회

〈표 3-1〉 기본 단위

양	단위의 명칭	단위 기호	정 의
길 이	미터	m	빛이 진공 상태에서 1/299,792,458초의 시간동안에 진행하는 거리
질 량	킬로그램	kg	킬로그램은 질량의 단위로서, 국제 킬로그램 원기(프로토타입)의 질량과 같다.
시 간	초	s	초는 세슘 133 원자의 기저 상태에 있는 2개의 초미세 준위 사이의 전이에 대응하는 방사선의 9192631770 주기의 지속 시간
전 류	암페어	A	무한히 길고 무한히 작은 원형 단면적을 가진 2개의 평행한 직선 도체가 진공 속에서 1미터 간격으로 유지될 때에, 2도체 사이에 1미터마다 2×10^{-7} 뉴턴의 힘을 생기게 하는 일정한 전류
열역학 온도	켈빈	°K	물과 얼음과 수증기가 공존하는 물의 3중점의 열역학 온도의 1/273.16
물질량	몰	mol	몰은 0.012 킬로그램의 탄소 12 속에 존재하는 원자수와 같은 수의 요소 입자 또는 요소 입자의 집합체로 구성된 어떤 계의 물질량
광 도	칸델라	cd	칸델라는 주파수 540×10^{12} 헤르츠의 단색광을 방출하는 광원의 방사 강도가 일정 방향에 대해 매 스테라디안마다 1/683 와트일 때, 이 방향에 대한 광도

2. 유도 단위

유도 단위는 기본 단위의 조합 또는 기본 단위 및 다른 유도 단위의 조합에 의하여 형성되는 단위이다.

위에 정의된 7가지의 기본 단위를 사용하여 모든 물리적 양을 나타낼 수 있으며, 이를 단순화하기 위하여 유도 단위를 정의하고 있다. 예를 들면, 속력의 단위는 단위시간 동안에 움직인 거리로 나타내게 되어 그 단위가 길이의 단위인 미터를 시간의 단위인 초로 나눈 m/s로 된다. 흔히 쓰이는 유도 단위 중에는 〈표 3-2〉와 같이 고유 명칭을 가진 것도 있으며, 〈표 3-3〉과 〈표 3-4〉와 같이 국제단위계와 함께 사용이 허용된 보조 단위와 특수 단위도 있다.

〈표 3-2〉 고유 명칭을 갖는 유도 단위

양	조립 단위		기본 단위 또는 보조 단위에 의한 조립법 또는 조립 단위에 의한 조립법
	명 칭	기 호	
주파수	헤르츠	Hz	$1\ Hz = 1\ s^{-1}$
힘	뉴턴	N	$1\ N = 1\ kg \cdot m/s^2$
압력, 응력	파스칼	Pa	$1\ Pa = 1\ N/m^2$
에너지, 작업, 열량	줄	J	$1\ J = 1\ N \cdot m$
작업률, 공률, 동력, 전력	와트	W	$1\ W = 1\ J/s$
전하, 전기량	쿨롱	C	$1\ C = 1\ A \cdot s$
전위, 전위차, 전압, 기전력	볼트	V	$1\ V = 1\ J/C$
정전용량, 커패시턴스	패럿	F	$1\ F = 1\ C/V$
전기 저항	옴	Ω	$1\ \Omega = 1\ V/A$
컨덕턴스	지멘스	S	$1\ S = 1\ \Omega^{-1}$
자 속	웨버	Wb	$1\ Wb = 1\ V \cdot s$
자속밀도, 자기유도	테슬라	T	$1\ T = 1\ Wb/m^2$
인덕턴스	헨리	H	$1\ H = 1\ Wb/A$
셀시우스 속도	도	℃	$1℃ = T - T_0$
광 속	루멘	lm	$1\ lm = 1\ cd \cdot sr$
조 도	럭스	lx	$1\ lx = 1\ lm/m^2$
방사능	베크렐	Bq	$1\ Bq = 1\ s^{-1}$
흡수선량	그레이	Gy	$1\ Gy = 1\ J/kg$
선량당량	시버트	Sv	$1\ Sv = 1\ J/kg$

〈표 3-3〉 국제단위계와 함께 사용이 허용된 단위계

양	단위의 명칭	단위 기호	정의 (환산율)
질 량	톤	t	$10^3\ kg$
	그램	g	$10^{-3}\ kg$
시 간	분	min	$60\ s$
	시간	h	$3600\ s$
	일	d	$86400\ s$
평 면 각	도	°	$\pi/180\ rad$
	분	′	$1/60°$
	초	″	$1/60\ ′$
부 피, 체 적	리터	L	$10^{-3}\ m^3$
준 위	네퍼	Np	$1\ (Np) = 1$
소 음 레 벨	벨	B	$(1/2)\ \ln 10\ (Np)$

〈표 3-4〉 국제단위계와 함께 사용이 허용된 특수 단위

양	단위의 명칭	단위 기호	정의 (환산율)
에너지	전자볼트	eV	$1.60217733 \times 10^{-19}$ J
질 량	통일 원자질량 단위	u	$1.6605402 \times 10^{-27}$ kg
길 이	천문단위	ua	$1.49597870691 \times 10^{11}$ m
길 이	해리		1852 m
속 도	노트		해리/시간(1852/3600) m/s
면 적	아르	a	10^2 m^2
면 적	헥타르	ha	10^4 m^2
압 력	바	bar	10^5 Pa
길 이	옹스트롬	Å	10^{-10} m
단면적	바안	b	10^{-28} m^2

3. 10의 멱수배를 나타내는 머리말

SI 단위를 사용할 때 그 크기가 너무 크거나 또는 너무 작을 때에는 〈표 3-5〉에 주어진 것과 같은 10의 멱수배를 나타내는 머리말을 단위 기호 앞에 붙여 사용한다.

예를 들면,

$$12000 \text{ N} = 12 \text{ kN}$$
$$0.003 \text{ s} = 3 \text{ ms}$$

라고 쓸 수 있다. 〈표 3-5〉의 머리말은 뒤에 붙는 단위 기호와 함께 새로운 복합 단위가 되는 것으로 생각해야 한다. 즉,

$$1 \text{ kg/cm}^3 = 1 \text{ kg}/(10^{-2} \text{ m})^3 = 10^6 \text{ kg/m}^3$$

이다. 다만, 두 개의 머리말을 연속해서 겹쳐 사용하는 것은 허용되지 않는다. 즉, 10^{-9} m는 1 nm로 써야 하며, 1 μmm 또는 mμm로는 쓸 수 없다.

〈표 3-5〉 10의 멱수배를 나타내는 머리말

양	머리말	기 호	양	머리말	기 호
10^{24}	요타	Y	10^{-1}	데시	d
10^{21}	제타	Z	10^{-2}	센티	c
10^{18}	엑사	E	10^{-3}	밀리	m
10^{15}	페타	P	10^{-6}	마이크로	μ
10^{12}	테라	T	10^{-9}	나노	n
10^{9}	기가	G	10^{-12}	피코	p
10^{6}	메가	M	10^{-15}	펨토	f
10^{3}	킬로	k	10^{-18}	아토	a
10^{2}	헥토	h	10^{-21}	젭토	z
10^{1}	데카	da	10^{-24}	욕토	y

4. 힘의 단위와 질량의 단위

중력가속도가 표준중력가속도(9.80665 m/s^2)인 지표면에서 1 kg의 질량은 1 kgf의 무게를 갖는다. 따라서, 흔히 공학단위계에서는 중력과 질량의 단위를 혼용하는 경우가 있다. 이에 따라 단위 체적당의 질량으로 정의되는 밀도와 단위 체적당의 무게로 정의되는 비중량의 단위를 kg/m^3으로 같이 쓰는 경우도 볼 수 있다.

그러나 질량은 가속도에 관계없이 불변이지만 같은 질량의 무게는 중력가속도에 따라 달라질 수 있다. SI 단위계에서는 이를 엄격히 구별하여 질량의 단위로는 kg을 사용하고 무게의 단위로는 힘의 단위인 N을 사용한다. 표준중력가속도하에서는 1 kg의 질량은 9.80665 N의 무게를 갖는다. 이 크기의 힘을 1 kgf로 정의한다.

비(比)에너지를 단위질량당의 에너지로 정의할 때에 표준단위는 J/kg 또는 $1 \text{ J} = 1 \text{ kg} \cdot \text{m}^2/\text{s}^2$이므로 m^2/s^2의 단위로도 표시될 수 있다. 즉, 단위 질량당의 에너지의 차원은 속도의 제곱의 차원과 같다.

그러나 비중량을 단위 중량당의 에너지로 정의하면 단위가 $\text{kgf} \cdot \text{m/kgf}$, 즉 m로 나타낼 수 있다. 즉, 단위 중량당 에너지의 차원이 길이의 차원과 같음을 알 수 있다. 이것을 보통 수두(head)라고 부른다.

3-2　단위 환산 및 특수 단위

　　SI 단위만을 사용하는 경우에는 그 크기에 따라 10의 멱수배만 표시하면 쉽게 단위를
환산할 수 있다.

　　그러나 단위가 각각 독립적으로 발달되어 왔기 때문에 분야에 따라 독특한 단위를 사
용하는 경우가 있어서 단위의 환산이 필요하다.

　　예를 들면, 같은 에너지의 차원인 일의 단위로는 $kg_f \cdot m$를 사용하고 열량의 단위로는
kcal를 사용하는 경우에는 서로의 크기 관계를 사용하여 환산한다.

　　즉,

$1 \, kcal = 4186.8 \, J$

$1 \, kgf \cdot m = 9.80665 \, J$이므로

$1 \, kcal = (4186.8 \, / \, 9.80665) \, kg_f \cdot m$

$\qquad = 426.935 \, kg_f \cdot m$

이다. 위의 양변을 1 kcal로 나누어서 얻어지는 $426.935 \, kgf \cdot m \, / \, kcal$는 무차원의 수 1
과 같다고 생각할 수 있다. 이 값은 보통 열의 일당량이라고 부른다.

　　일례로, 1 kWh는 전력량으로서 1 kW가 1시간 동안 한 일의 양으로서, 물리적 일량
으로 표현 시 열역학 제1법칙에 의거하여 열을 일로, 일을 열로 변환하는 에너지 불변
의 법칙에 의한다.

　　열역학 제1법칙에 의해

$Q = A \, W \, [kcal]$이므로, $W = \dfrac{Q}{A} = JQ$와 같이 나타낼 수 있다.

　　여기서, Q는 열량 [kcal], W는 일량 $[kgf \cdot m]$, A는 일의 열당량 $1/427 \, [kcal/kg_f \cdot m]$
그리고 J는 열의 일당량 $427 \, [kg_f \cdot m/kcal]$이다.

　　그러므로

$W = J \cdot Q = 427 \, kg_f \cdot m/kcal \times 860 \, kcal = 367220 \, kg_f \cdot m$이 된다.

　　〈표 3-6〉은 몇 가지 양에 대하여 SI 단위와 미터 단위를 비교한 것이다.

〈표 3-6〉 SI 단위와 미터 단위의 비교

양 (量)	SI 단위 기호	미터계 단위		환산표
		명 칭	기 호	m 계 / SI
힘	N	다 인 중량 kg	dyne kg_f	10^{-5} 9.80665
압 력	Pa	수 주 수은주 기 압	kg_f/cm^2 mmH_2O mmHg bar	98066.5 9.80665 133.32 100000
가속도	m/s^2	갈	Gal	10^{-2}
에너지	J	에르그	erg	10^{-7}
점 도	Pa·S	포아즈	P	10^{-1}
동점도	m^2/S	스토크스	St	10^{-4}
열 류	kW	미국냉동톤	USRT	3.51628

1. 특수 단위 및 분율

공조분야에서 특별히 사용되는 단위 중에는 대사량의 단위인 met와 착의량의 단위 clo가 있다.

(1) met (Metabolism : 대사량)

인체활동 시의 대사를 표시하는 단위이며 1 met는 열적으로 쾌적한 상태에서 의자에 앉아 안정을 취하고 있을 때의 대사량으로 1 met $= 58.2$ W/m^{2}이다.

(2) clo (Clothing : 착의량)

clo란 의복의 열저항 측정값을 나타낸 것으로 1 clo의 보온력이란 온도 21.2℃, 습도 50% 이하, 기류 0.1 m/s의 실내에서 의자에 앉아 안정하고 있는 성인남자가 쾌적하면서 평균피부온도를 33℃로 유지할 수 있는 착의의 보온력을 말한다.

(3) PPD (Predicted Percentage of Dissatisfied : 예상불만족감)

어느 환경에 놓여진 사람들의 온열 환경적인 불만족 비율을 말한다.

(4) 분 율

기 호	크 기	비 고
%	100분의 1	백분율, 퍼센트로 읽음.
‰	1000분의 1	천분율, 퍼밀로 읽음.
ppm	100만 분의 일	Parts Per Million의 약어
pphm	1억 분의 일	Parts Per Hundred Million의 약어
ppb	10억 분의 일	Parts Per Billion의 약어

3-3 물리상수 및 무차원수

1. 물리상수

<표 3-7> 물리상수

명 칭	기 호	크 기
만유인력상수	G	6.673×10^{-11} N · m^2/kg^2
물의 삼중점	T_p	273.16 °K
볼츠만 상수	k	$1.3806503 \times 10^{-11}$ J/°K
스테판 · 볼츠만 상수	σ	5.670400×10^{-8} W/(m^2 · K^4)
아보가드로 상수	N_o	$6.02214199 \times 10^{23}$ 분자/mol
원자의 질량	m_e	$1.66053873 \times 10^{-27}$ kg
이상 기체의 표준 체적	$V_{m,o}$	22.41383×10^{-3} m^3/mol
진공 중에서의 빛의 속도	c	2.99792458×10^{8} m/s
표준대기압	atm	101325 Pa
표준중력가속도	g_o	9.80665 m/s^2
플랑크 상수	h	$6.62606876 \times 10^{-34}$ J·s

<표 3-7>은 물리상수의 예를 보여준다. 물리상수 중에는 차원을 가진 것이 대부분이므로 그 수치값은 사용되는 단위에 따라 달라진다.

2. 무차원수

물리적인 양 중에는 차원이 없는 양도 존재한다. 이 경우에는 그 크기는 단위와는 관계가 없다. 평면각의 단위인 라디안이 원호의 길이를 원의 반지름으로 나눈 값으로 계산하므로 무차원으로 생각한다.

입체각도 마찬가지이다. 물리상수 중에서 오일러의 수와 원주율은 무차원이다. 무차원의 예로서 열효율, 물질의 비중 등을 들 수 있다. 열효율의 경우에는 백분율로 나타내는 것이 보통이다. 〈표 3-8〉은 공기조화·냉동공학 분야와 관련된 열전달 및 유체역학 분야에서 사용되는 무차원수이다.

여기서, 사용되는 부호는 다음 양을 나타낸다.

〈표 3-8〉 무차원수

명 칭	기 호	정 의	비 고
오일러 수 Euler number	Eu	$Eu = \dfrac{\Delta\rho}{\rho v^2}$	
푸리에 수 Fourier number	Fo	$Fo = \dfrac{k\,t}{c_p \cdot \rho \cdot l^2} = \dfrac{\alpha \cdot t}{l^2}$	
푸르드 수 Froude number	Fr	$Fr = \dfrac{v}{\sqrt{l\,g}}$	Reech number라고 부르기도 함.
그라쇼프 수 Grashof number	Gr	$Gr = \dfrac{l^3 g\,\beta\,\Delta\theta}{\nu^3}$	$\dfrac{\Delta\rho}{\rho} = \beta\,\Delta\theta$
눗센 수 Knudsen number	Kn	$Kn = \dfrac{k}{l}$	
루이스 수 Lewis number	Le	$Le = \dfrac{k}{\rho c_p D} = \dfrac{\alpha}{D}$	$Le = Sc/Pr$
마하 수 Mach number	Ma	$Ma = \dfrac{v}{c}$	
누셀 수 Nusselt number	N	$N = \dfrac{hl}{k}$	
페크레 수 Peclet number	Pe	$Pe = \dfrac{\rho c_p vl}{k} = \dfrac{vl}{\alpha}$	$Pe = Re \cdot Pr$
레이리 수 Rayleigh number	Ra	$Ra = \dfrac{l^3 \rho^2 c_p\, g\beta\Delta\theta}{\mu k} = \dfrac{l^3 g\beta\Delta\theta}{\nu\alpha}$	$Ra = Gr \cdot Pr$
레이놀즈 수 Reynolds number	Re	$Re = \dfrac{\rho vl}{\mu} = \dfrac{vl}{k}$	
슈미트 수 Schmidt number	Sc	$Sc = \dfrac{\mu}{\rho D} = \dfrac{\nu}{D}$	

스탠톤 수 Stanton number	St	$St = \dfrac{h}{\rho v c_p}$	$St = N/Pe$
스트루할 수 Strouhal number	Sr	$Sr = \dfrac{lf}{v}$	
웨버 수 Weber number	We	$We = \dfrac{pv^2 l}{\sigma}$	

c : 음속
c_p : 정압비열
D : 확산계수
f : 주파수
g : 중력가속도
h : 대류열전달계수

k : 평균분자운동거리 열전도계수
l : 특성길이
Δp : 압력차
t : 시간
v : 속도
α : 열확산계수

β : 열팽창계수
μ : 점성계수
$\Delta \theta$: 온도차
ν : 동점성계수
ρ : 밀도
σ : 표면장력

3-4 그리스 문자

그리스 문자는 방정식 및 물성값의 약어로 많이 사용되므로 알아두면 편리하며, 〈표 3-9〉와 같다.

〈표 3-9〉 그리스 문자

대문자	소문자	읽 기		대문자	소문자	읽 기	
A	α	alpha	(알파)	N	ν	nu	(뉴)
B	β	beta	(베타)	Ξ	ξ	xi	(크시)
Γ	γ	gamma	(감마)	O	o	omicron	(오미크론)
Δ	δ	delta	(델타)	Π	π	pi	(파이)
E	ϵ	epsilon	(엡실론)	P	ρ	rho	(로)
Z	ζ	zeta	(제타)	Σ	σ	sigma	(시그마)
H	η	eta	(에타)	T	τ	tau	(타우)
Θ	θ	theta	(세타)	Y	υ	upsilon	(입실론)
I	ι	iota	(요타)	Φ	ϕ	phi	(화이)
K	κ	kappa	(카파)	X	χ	chi	(카이)
Λ	λ	lambda	(람다)	Ψ	ψ	psi	(프시)
M	μ	mu	(뮤)	Ω	ω	omega	(오메가)

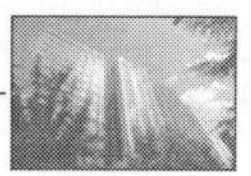

4. 유체 및 환기역학

4-1 유체의 물리적 성질

1. 밀도, 비중, 비중량

질량은 유체의 양을 나타내는 말로서 질량을 창조하거나 파괴할 수 없으나 형태는 변형시킬 수 있다. 그러므로 질량 보존의 법칙(law of conservation of mass)은 압력과 온도가 일정한 경우에 시간과 위치에 따라 불변하므로 다음과 같이 나타낼 수 있다.

$$\frac{dm}{dt} = \frac{dm}{ds} = 0 \tag{4-1}$$

여기서, t, s는 각각 시간과 위치를 나타내며 질량의 단위는 SI 단위계에서는 kg이며 공학 단위계에서는 무게를 중력가속도로 나눈 값이므로 다음과 같다.

$$m = \frac{W}{g} \, [\mathrm{N \cdot s^2/m} \, , \; \mathrm{kgf \cdot s^2/m}] \tag{4-2}$$

단위 체적당의 평균질량을 밀도라고 정의하고, SI 단위계에서 $\mathrm{kg/m^3}$의 단위를 사용하며 ρ로 표기한다.

$$\rho = \frac{m}{V} \, [\mathrm{kg/m^3}] \; (\text{SI 단위}) \tag{4-3a}$$

$$\rho = \frac{W/g}{V} \, [\mathrm{kgf \cdot s^2/m^4}] \; (\text{공학 단위}) \tag{4-3b}$$

SI 단위로 나타냈을 때, 밀도의 역수는 비체적으로 다음과 같다.

$$v = \frac{1}{\rho} = \frac{V}{m} \, [\mathrm{m^3/kg}] \; (\text{SI 단위}) \tag{4-4a}$$

$$v = \frac{1}{\gamma} = \frac{V}{W} \, [\mathrm{m^3/kgf}] \; (\text{공학 단위}) \tag{4-4b}$$

그리고 밀도는 점성과 같이 온도와 압력의 함수이다.

단위 체적당의 평균중량을 비중량(specific weight)으로 정의하고, SI 단위계에서 N/m^3의 단위를 사용하며, γ 로 표기한다.

$$\gamma = \frac{W}{V} \ [N/m^3] \ (SI \ 단위) \tag{4-5a}$$

$$\gamma = \frac{W}{V} \ [kgf/m^3] \ (공학 \ 단위) \tag{4-5b}$$

비중량과 밀도, 중력가속도 사이의 관계는 다음과 같다.

$$\gamma = \frac{W}{V} = \frac{mg}{V} = \frac{m}{V} g = \rho g \tag{4-6}$$

여기서, g는 지구 중력가속도이고, $g = 9.807 \ m/s^2$로 계산한다.

예를 들면, 질량 1 kg인 유체의 체적이 1 m^3라 하면 밀도는 1 kg/m^3이 된다. 한편, 질량 1 kg의 무게는 $1 \ kg_f (= 9.8065 \ N)$이므로 비중량은 $1 \ kg_f/m^3$가 되어 수치적으로는 밀도와 비중량이 일치한다.

한 물질의 비중은 표준물질의 밀도에 대한 그 물질의 밀도비로 정의하고, 보통 표준물질의 밀도로서 4℃의 물의 밀도 $1000 \ kg/m^3$을 택한다. 그리고 s로 표기한다. 그러므로 비중은 4℃에서 순수한 물의 밀도 ρ_w에 대한 대상 물질의 밀도 ρ의 비이다. 즉, 물의 비중량에 대한 대상물질의 비중량의 비로 정의되고 또는 물의 무게에 대한 물의 부피와 동일한 대상물질의 무게의 비로 정의하고 있다.

$$s = \frac{\rho}{\rho_w} = \frac{\gamma}{\gamma_w} = \frac{W}{W_w} \tag{4-7}$$

이 식으로부터 어떤 유체의 밀도는 $\rho = \rho_w \cdot s$에 의해 구할 수 있다.

예 제

원유 1 드럼의 중량이 1.71 kN이고, 체적이 200 L이다. 이 원유의 밀도, 비체적 및 비중, 비중량을 계산하시오.

▌풀 이▐ 밀도 : 물질의 질량 m과 중량 W 그리고 체적 V와 식 (4-3)을 이용하면,

$$\rho = \frac{m}{V} = \frac{W/g}{V} = \frac{W}{gV} = \frac{1710}{9.81 \times 0.2} = 871 \ kg/m^3$$

비체적 : 식 (4-4)를 이용하면,

$$v = \frac{1}{\rho} = \frac{1}{871} = 1.15 \times 10^{-3} \ \mathrm{m^3/kg}$$

비중 및 비중량 : 물의 밀도는 보통 4℃에서 1000 kg/m³이므로, 이 값을 이용하여 원유의 비중을 계산하면,

$$S = \frac{\rho}{\rho_w} = \frac{871}{1000} = 0.871$$

이 되며, 이 원유의 비중량은 식 (4-6)을 이용하면,

$$\gamma = \rho g = 871 \times 9.81 = 8.55 \ \mathrm{kN/m^3}$$

(1) 물

표준대기압, 4℃의 순수한 물의 밀도는 1000 kg/m³, 비중량은 9.807 N/m³, 비중은 1이고, 각 온도에 대한 밀도와 비중량 값은 열역학 또는 열전달 교재에 상세히 기술되어 있다.

(2) 공 기

건공기의 밀도는 온도 t [℃]와 압력 h [mmHg]에 관한 함수로 다음과 같다.

$$\rho_{DA} = 1.293 \left(\frac{273}{273 + t} \right) \frac{h}{760} \ [\mathrm{kg/m^3}] \tag{4-8a}$$

만일 압력이 $p\,[Pa_{abs} = (\mathrm{N/m^2})_{abs}]$로 주어질 경우에는 다음과 같다.

$$\rho_{DA} = 1.293 \left(\frac{273}{273 + t} \right) \frac{p}{101325} \ [\mathrm{kg/m^3}] \tag{4-8b}$$

습공기의 밀도는 수증기 분압을 $h_{WA}\,[\mathrm{mmHg}]$ 혹은 $p_{WA}\,(Pa_{abs})$라고 하면,

$$\rho_{WA} = \rho_{DA} \left(1 - 0.378 \frac{h_w}{h} \right) = \rho_{DA} \left(1 - 0.378 \frac{p_w}{p} \right) \tag{4-9}$$

이다.

2. 유체의 압축성

모든 유체는 압력이 작용하면 압축되어 체적이 감소하고 탄성 에너지는 이 과정에서 저장된다. 완전한 에너지 변환을 가정하면 이와 같이 압축된 유체의 체적은 작용된 압력이 제거될 때 그들 본래의 체적으로 팽창할 것이다. 이와 같이 유체는 탄성매질이고, 공학에서는 보통 이 성질을 강(鋼)과 같은 고체 탄성체에 대하여 하는 것처럼 탄성계수를 정의함으로써 총괄한다.

그러나 액체는 형상의 강성을 가지지 않으므로 탄성계수는 체적에 기준을 두어 정의하여야 하며, 이 계수를 체적 탄성계수(bulk modulus of elasticity)라고 한다. 액체의 탄성압축의 역학은 [그림 4-1]과 같이 완전강체인 실린더와 피스톤에 체적 V_1의 탄성유체가 포함되어 있다고 가정함으로써 표시할 수 있다.

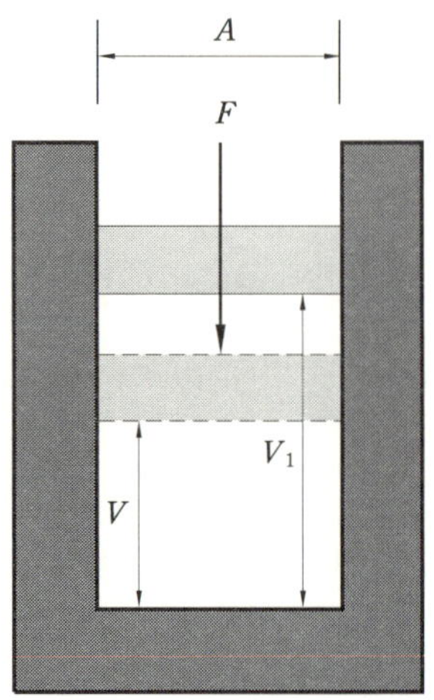

$$K = -\frac{dp}{\dfrac{dV}{V_1}} \tag{4-10}$$

[그림 4-1]

그리고 체적 탄성계수의 역수를 압축률(compressibility)이라 하며 다음과 같이 정의된다.

$$\beta = \frac{1}{k} = -\frac{\dfrac{dV}{V_1}}{dp} \tag{4-11}$$

기체의 경우는 압축과 팽창을 열역학의 법칙에 따라 등온과정(isothermal process)과 단열과정(adiabatic process)으로 구분한다.

등온과정은 보일의 법칙에 의해

$$\frac{p}{\rho} = 일정 \quad 또는 \quad \frac{p}{\gamma} = 일정 \tag{4-12}$$

또한, 열전달이 없는 단열과정은

$$\frac{p}{\rho^k} = 일정 \quad 또는 \quad \frac{p}{\gamma^k} = 일정 \tag{4-13}$$

여기서, k는 기체의 비열비 또는 단열지수(adiabatic exponent)로서 정압비열 C_p의 정적비열 C_v에 대한 비이다.

비중량 또는 밀도의 상대적 증가는 체적의 상대적 감소와 같으므로 탄성에 관한 식 (4-10)은 다음과 같이 쓸 수 있다.

$$K = \frac{dp}{d\gamma/\gamma} = \frac{dp}{d\rho/\rho} \tag{4-14}$$

이 식에 식 (4-12)와 식 (4-13)을 결부시키면 기체의 탄성계수는 등온과정일 때 $K = \rho$, 단열과정일 때 $K = k \cdot p$가 된다.

예 제

실린더 내에서 압력 1000 kPa, 체적 0.4 m^{3}인 액체가 2000 kPa, 체적 0.396 m^{3}으로 압축할 때, 체적 탄성계수는 얼마인가?

┃풀 이┃ 식 (4-10)을 이용하면,

$$K = -\frac{dp}{\dfrac{dV}{V_1}} = \frac{1000}{\dfrac{0.004}{0.4}} = 10^5 \text{ kPa}$$

예 제

20℃, 101.3 kPa 압력 하의 공기를 마찰이 없고 열교환이 없는 단열과정으로 압축하여 체적을 50%로 줄였을 때, 압력과 온도는 얼마인가?

┃풀 이┃ 이상기체 상태방정식 $pv = RT$ 에서 $v = \dfrac{1}{\rho}$ 이므로 $\rho = \dfrac{p}{RT}$ 이다.

공기의 기체 상수 $R = 286.8$ J/kg·℃이고, 비열비는 1.4이므로,

$$\rho_1 = \frac{p}{RT} = \frac{101.3 \times 1000}{286.8 \times 293} = 1.20 \text{ kg/m}^3$$

체적이 1/2로 줄어들면 밀도는 2배로 증가하므로,

$$\rho_2 = 2 \cdot \rho_1 = 2.4 \text{ kg/m}^3$$

단열과정이므로,

$$\frac{p_1}{\rho_1{}^k} = \frac{p_2}{\rho_2{}^k} = \frac{p_2}{(2 \cdot \rho_1)^{1.4}}$$

$$p_2 = 2^{1.4} \times p_1 = 267.3 \times 10^3 \text{ Pa}$$

이상기체의 상태방정식에서 처음 상태와 나중 상태의 기체 상수는 같으므로,

$$T_2 = \frac{\rho_1 \cdot p_2 \cdot T_1}{\rho_2 \cdot p_1} = \frac{1.2 \times 267.3 \times 10^3 \times 293}{2.4 \times 101.3 \times 10^3} = 386.6°\text{K} = 113.6℃$$

또는 단열변화에서 $\dfrac{T_2}{T_1} = \left(\dfrac{p_2}{p_1}\right)^{\frac{k-1}{k}}$ 이므로,

$$T_2 = T_1 \cdot \left(\frac{p_2}{p_1}\right)^{\frac{k-1}{k}} = 386.6°\text{K}$$

3. 점성계수, 동점성계수

유체의 변형을 저해하려는 성질을 유체의 점성이라 말하고, 이 점성의 크기를 나타내는 척도로서 점성계수를 사용한다.

Newton 유체가 한 방향으로만 흐를 때, 유체 내에 작용하는 전단응력 τ 는 속도구배 du/dy 에 비례한다. 이 관계를 Newton의 점성법칙이라 말하고, 식으로 표시하면 다음과 같다.

$$\tau = \mu \frac{du}{dy} \tag{4-15}$$

비례상수 μ 는 유체의 점성에 따라 결정되는 상수이므로 점성계수라 말하고, 이 법칙을 만족시키는 유체를 Newton 유체라고 말한다.

Newton 유체는 같은 온도, 같은 압력 하에 점성계수의 값이 속도구배에 관계없이 일정하다는 특징을 갖는다.

점성효과가 유체 내를 전파하여 나갈 때, 확산되는 속도는 점성계수에 비례하고, 밀도에는 반비례한다. 이들 비를 동점성계수라고 하며, 유체 내에서 점성효과가 확산되어 나가는 속도의 척도로 사용한다.

$$\nu = \frac{\mu}{\rho} \tag{4-16}$$

(1) 점성계수의 단위

SI 단위계 : $N \cdot s/m^2 = kg/m \cdot s$

중력 공학 단위계 : $kg_f \cdot s/m^2$

CGS 절대 단위계 : $g/cm \cdot s$

$g/cm \cdot s = dyne \cdot s/cm^2$ 의 단위를 P 로 표시하고, 푸아즈(Poise)라 읽는다. 또 1/100 P 를 1 cP(centi-poise)라 말한다.

[단위 환산]

$1\,P = 0.1\,N \cdot s/m^2 = 0.1\,kg/m \cdot s = 0.1\,Pa \cdot s$

$1\,kg_f \cdot s/m^2 = 9.807\,N \cdot s/m^2$

(2) 동점성계수의 단위

SI 단위계 : m^2/s

중력 공학 단위계 : m^2/s

CGS 절대 단위계 : cm^2/s

cm^2/s를 스토크스라 말하고 St로 표시한다. 또, 1/100 St를 centi-stokes라 읽고 cSt로 표시한다.

$$1 \, \text{m}^2/\text{s} = 10000 \, \text{St} = 1000000 \, \text{cSt}$$

기름에 대한 동점성계수의 실용 단위로서 미국에서 SSU(Saybolt Universal Second)를 사용한다. SSU와 cSt 사이에는 다음 관계가 성립한다.

$$\nu = 0.226 \, t - \frac{195}{t} \, (\text{cSt}) \quad t \leq 100 \tag{4-17a}$$

$$\nu = 0.220 \, t - \frac{135}{t} \, (\text{cSt}) \quad t > 100 \tag{4-17b}$$

여기서, t의 단위는 SSU를 사용한다.

예 제

동점성계수는 $0.002 \, \text{m}^2/\text{s}$, 비중은 1.2인 액체의 점성계수는 얼마인가?

┃풀 이┃ 비중이 1.2인 액체의 밀도는

$$\rho = \rho_w \cdot S = 1000 \times 1.2 = 1200 \, \text{kg/m}^3 = 1200 \, \text{N} \cdot \text{s}^2/\text{m}^4$$

$$\nu = \frac{\mu}{\rho} \text{에서} \quad \mu = \rho \cdot \nu = 1200 \times 0.002 = 2.4 \, \text{N} \cdot \text{s/m}^2$$

4-2 유체 정역학

1. 유체 내의 압력

단위 면적에 작용하는 압축 응력을 압력의 세기 또는 압력(pressure)이라고 한다. 즉, 단위 면적 A에 유체의 등분포 압축력 F가 작용할 때의 압력을 p라고 하면,

$$p = \frac{F}{A} \, [\text{N/m}^2] \text{ or } [\text{kg}_\text{f}/\text{cm}^2] \tag{4-18}$$

이 된다.

(1) 전단응력이 작용하지 않는 경우

$$p = p_x = p_y = p_z \tag{4-19}$$

정지유체, 등속도 유동 및 이상유동이 이에 속한다. 이 경우 유체 내의 임의의 한 점에 작용하는 압력은 모든 방향에 대하여 동일한 값을 갖는다.

정지유체에 가해진 압력은 모든 방향으로 균일하게 전달됨을 의미하며 이것을 파스칼의 원리라고 한다. 이러한 원리를 이용한 기구가 수압기(hydraulic ram)이다.

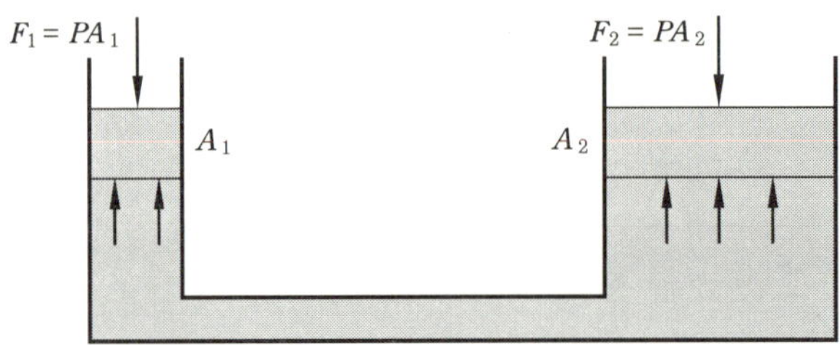

[그림 4-2] 수압기의 원리

[그림 4-2]는 수압기의 원리를 나타낸 것으로 각 피스톤의 면적을 A_1, A_2, 각 피스톤에 미치는 힘을 F_1, F_2라 하면 양 피스톤에 전달되는 압력 p는 같으므로,

$$F_1/A_1 = p = F_2/A_2$$

$$F_2 = F_1 \cdot \left(\frac{A_2}{A_1} \right) \tag{4-20}$$

가 된다.

그리고 각 피스톤의 이동거리를 S_1, S_2라 하면 양 실린더에서의 유체의 이동량은 같으므로 $S_1 \cdot A_1 = S_2 \cdot A_2$가 된다. 그러므로

$$F_2 \cdot S_2 = F_1 \cdot \left(\frac{A_2}{A_1} \right) \times S_1 \times \left(\frac{A_1}{A_2} \right) = F_1 \cdot S_1 \tag{4-21}$$

이다. 즉, 양 피스톤이 하는 일은 같더라도 A_2/A_1의 비를 충분히 크게 하면 작은 피스톤의 힘 F_1에 비하여 매우 큰 힘 F_2를 큰 쪽 피스톤에 미치게 할 수 있다.

<hr>

예 제

두 피스톤의 지름이 각각 25 cm, 5 cm이다. 지름이 큰 피스톤을 2 cm만큼 움직이면 작은 피스톤은 몇 cm 움직이는가? (단, 누설량과 압축은 무시한다.)

▌풀 이▐ 움직인 거리를 각각 S_1, S_2라고 하면 $A_1 \cdot S_1 = A_2 \cdot S_2$의 관계가 성립되므로,

$$S_2 = \frac{A_1}{A_2} \cdot S_1 = \frac{\pi \cdot 25^2}{\pi \cdot 5^2} \cdot 2 = 50 \text{ cm}$$

(2) 전단응력이 작용하는 경우

일반적인 점성유동이 이에 속한다. 이 경우 유체 내의 임의의 한 점에 작용하는 압력은 방향에 따라 다르다.

그러므로 임의의 점에서의 압력 p는 압축이 그리 크지 않을 때(비압축성일 때) 서로 직교하는 삼축 압력의 평균으로 정의한다.

$$p = \frac{p_x + p_y + p_z}{3} \tag{4-22}$$

정지 유체 내의 임의의 한 점에서의 압력 p는

$$p = \gamma h + p_o \tag{4-23}$$

이다.

여기서, p : 유체 내의 임의의 점의 압력
　　　　γ : 유체의 비중량
　　　　h : 경계면으로부터 임의의 점까지의 깊이
　　　　p_o : 경계면에 작용하는 압력

유체기둥의 무게에 의하여 생성되는 압력 $\gamma \cdot h$를 정수 압력(hydrostatic pressure)이라 말한다.

2. 압력의 종류 및 단위

지구를 둘러싼 공기를 대기라 하며 대기가 단위 면적에 미치는 힘을 대기압 또는 기압이라 한다. 대기압은 지표 상의 위치와 고도 또는 기상 상태에 따라 다르므로 통일된 표준값이 요구된다. 표준 대기압이란 위도 40도에의 평균 온도 소멸률을 1년간 평균한 대기압을 말한다.

(1) 게이지 압력(Gauge Pressure : pag, atg …)

공업 상 압력 측정은 대기압 이상을 측정하는 경우가 대부분이며, 이때의 대기압과의 압력차를 나타낸다.

(2) 절대 압력(Absolute Pressure : kg/cm²a, abs, ata)

게이지 압력에 대하여 진공상태를 0으로 하여 측정한 압력을 나타낸다.

절대 압력 = 대기압 + 게이지 압력 = 대기압 − 진공 압력　　　　　　　　　　(4−24)

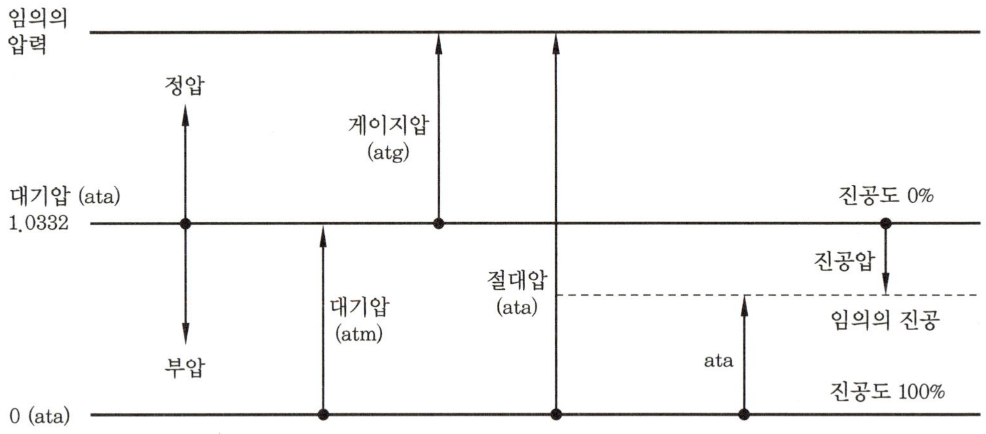

[그림 4-3]　게이지압, 절대 압력, 대기압 및 진공도의 관계

㉮ 압력의 단위

압력 단위로서는 기본적으로 다음 단위를 사용한다.

　　SI 단위계 : $N/m^2 = Pa$
　　중력 공학 단위계 : kg_f/m^2 혹은 kg_f/cm^2
　　CGS 절대 단위계 : $dyne/cm^2$

이것 이외에 공학 단위로서 기압 단위 atm, at, 수은주 높이 mmHg, 수주높이 mmAq를, 기상학에서 bar를 사용한다. 그리고 진공 압력의 경우 수은주 1 mm를 1 Torr(= Torricelli)라 하며, 다음과 같다.

　　$1\ Torr = 1\ mmHg = 1.359510\ g_f/cm^2$

그리고 표준 대기압(atm)과 다른 단위 사이의 관계는 다음과 같다.

　　$1\ atm = 760\ mmHg = 1.03323\ kg_f/cm^2 = 1.01325\ bar = 101.325\ kPa$

공업 분야에서는 $1\ atm = 1.0332\ kg_f/cm^2$에서 소수점 아래의 자리를 무시하여 1 kg_f/cm^2를 취하고 이것을 기준기압으로 사용하며, 이를 공학기압(at)이라 한다.

　　$1\ at = 1\ kg_f/cm^2 = 735.5\ mmHg = 0.98067\ bar$
　　　　$= 10\ mAq = 98.0665\ kPa$

또한, 이학 분야에서는 압력의 단위로 bar 또는 mbar를 사용해 왔으며, 다음과 같은 관계가 성립된다.

$$1 = 10^6\,\text{dyne/cm}^2 = 750.5\,\text{mmHg} = 10^3\,\text{mbar} = 10^5\,\text{Pa}$$

그리고 이러한 압력의 종류와 단위 환산에 대하여 정리한 것이 〈표 4-1〉이다.

〈표 4-1〉 압력의 단위 환산표

단위의 종류	kg_f/cm^2	atm	Pa	bar	mmHg	mmAq	lb/in^2
$1\,\text{kg}_f/\text{cm}^2$	1	0.967841	0.980665×10^5	0.980665	735.56	1×10^4	14.2234
1 atm	1.03323	1	1.01325×10^5	1.01325	760	1.0332×10^4	14.6960
1 Pa	1.01972×10^{-5}	0.98923×10^{-5}	1	1×10^{-5}	0.75006×10^{-3}	1.0197×10^{-1}	14.5038×10^{-5}
1 bar	1.01972	0.986923	1×10^5	1	0.75006×10^2	1.0197×10^4	14.5038

예 제

압력계의 눈금이 1.2 MPa을 나타내고 있으며, 대기압이 720 mmHg일 때, 절대 압력은 몇 kPa인가?

┃풀 이┃ 절대 압력은 대기압과 게이지 압력의 합이므로,

$$p = 1200 + \frac{720}{760} \times 101.325 = 1296\,\text{kPa}$$

예 제

국부 대기압이 710 mmHg인 곳에서의 절대 압력이 49.03 kPa일 때, 그 지점에서의 게이지 압력은 얼마인가? (단, 수은의 비중은 13.6이다.)

┃풀 이┃ 게이지 압력은 절대 압력에서 대기압을 뺀 값이므로,

$$p_g = 49.03 - \frac{710}{760} \times 101.325 = -45.62\,\text{kPa}$$

따라서, 45.62 kPa 진공 압력이다.

3. 압력의 측정

(1) 액주계

절대 압력계로는 주로 대기압과 진공 압력을 측정하고 기계적인 계기 압력계는 대체로 높은 압력을 측정하는 데 이용된다. 따라서, $p = \rho g h$의 관계를 이용하여 수직으로 세운 유리관 속의 액주의 높이를 계측함으로써 유체의 압력을 구하는 계기인 액주계(manometer)로는 측정하려는 유체가 액체로서 그 압력이 비교적 낮을 경우에 사용한다.

가장 간단한 것은 A점의 압력을 구하기 위하여 수직으로 세운 유리관을 용기에 알맞게 연결하고 유리관 속으로 용기 속의 액체가 자유로이 상승할 수 있도록 한 것이 있는 데 이를 피에조미터(piezometer)라 한다.

이때 A점에서 피에조미터의 액표면까지의 높이 h는 $p/\rho g$와 같고 이것은 A점의 게이지 압력을 나타낸다. 만일 피에조미터 개구에 대기압 p_a가 작용하고 있는 것을 고려하면 A점에서 피에조미터의 액표면까지의 높이 h는 다음과 같다.

$$h = \frac{p - p_a}{\rho g} \tag{4-25}$$

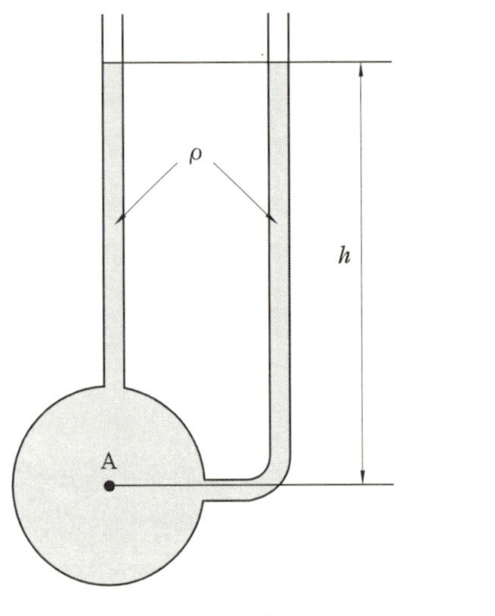

[그림 4-4] 피에조미터

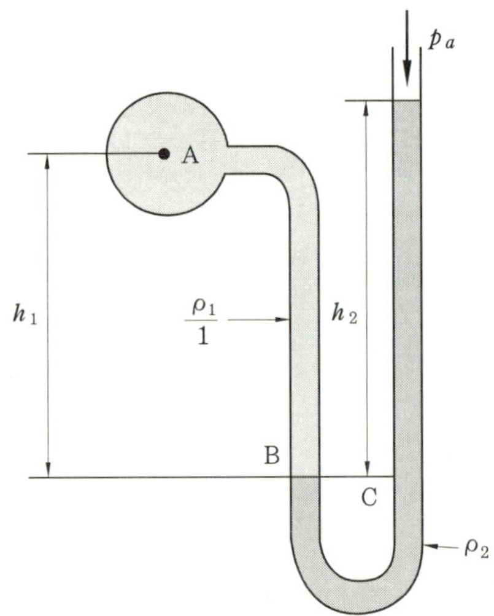

[그림 4-5] U자관 액주계

피에조미터의 모세관 현상에 의한 오차를 없애기 위해 유리관의 안쪽지름을 8~12 mm로 하는 것이 적당하다. 만일 A점의 액체가 흐르고 있을 때에는 관에 뚫는 구멍은 안쪽 벽면과 수직이 되도록 해야 한다.

(2) 시차 액주계

두 개의 탱크나 관 내에서의 압력차를 측정하는 데 사용되는 마노미터로서 [그림 4-6]과 같이 두 점 A와 B의 압력차 $p_A - p_B$만을 측정하는 액주계를 시차 액주계 (differential manometer)라 한다.

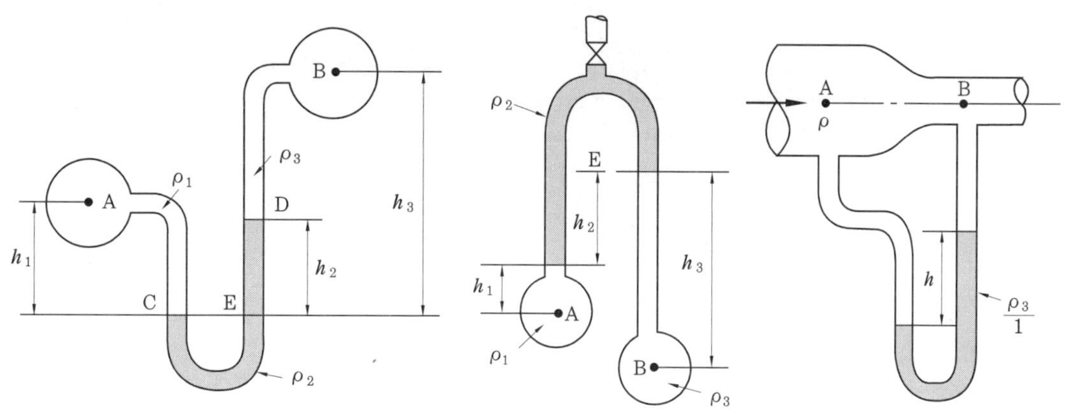

[그림 4-6] 시차 액주계

(3) 미압계

매우 작은 압력차를 측정하는 압력계를 미압계(micro manometer)라 한다. [그림 4-7]은 U자관의 양쪽 끝에 단면적이 비교적 큰 용기를 달고 서로 섞이지 않을 밀도가 조금 다른 두 액을 넣어 기체의 미소한 압력차를 측정하는 2액 마노미터(two liquid mano-meter)이다.

[그림 4-8]은 U자관 마노미터의 한 쪽 관의 단면적을 확대하고 다른 쪽 관을 여러 가지 각도로 경사시킬 수 있도록 함으로써 매우 작은 액주의 높이의 차를 경사방향으로 크게 확대시켜 기체의 미압차를 측정하는 액주계인 경사 미압계(inclined-tube micro manometer)를 나타낸다.

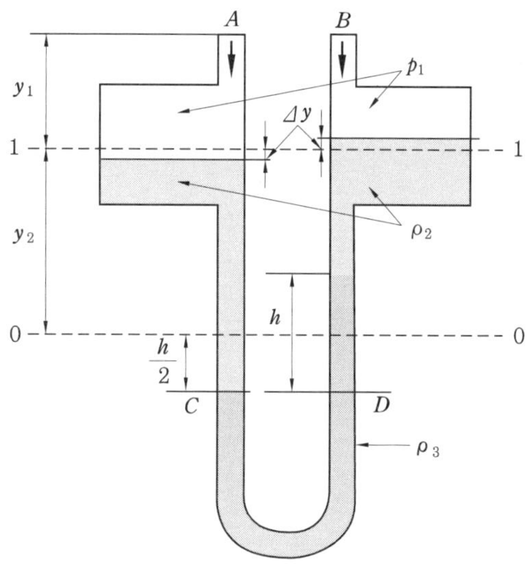

[그림 4-7] 2액 마노미터

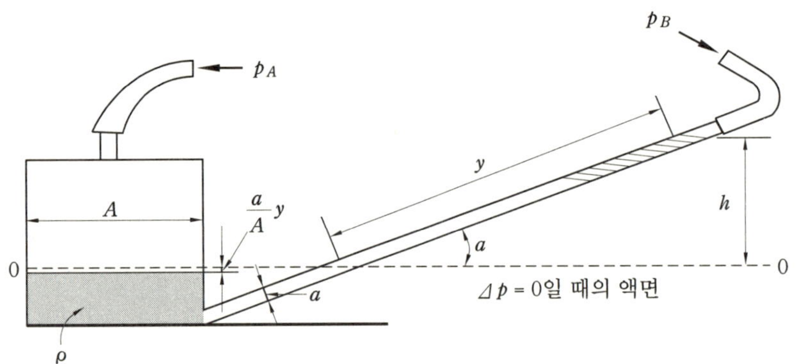

[그림 4-8] 경사 마노미터

(4) 부르동관 압력계

부르동관 압력계(Bourdon tube pressure gauge)는 부르동관의 탄성 변형을 기계적으로 확대 지시하여 압력을 측정하는 계기로서 널리 사용되고 있지만 측정의 정밀도는 그다지 높지 않다.

이 계기를 사용할 때는 부르동관의 파손이나 피로에 의한 오차를 막기 위해 측정 가능 압력의 2/3 이상의 압력을 가하지 않도록 주의함과 동시에 사용하기 전에 표준압력계로 검정할 필요가 있다.

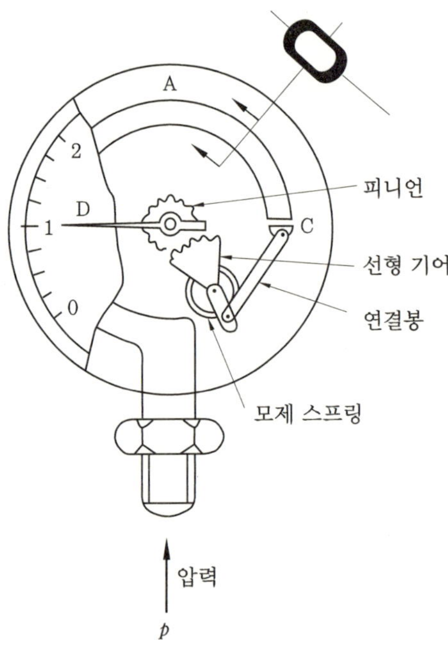

[그림 4-9] 부르동관 압력계

4. 비압축성 유체의 기본 방정식

(1) 수평 방향의 압력 변화

정지유체 속에서는 유체입자 사이의 상대적인 운동이 없기 때문에 이 미소요소에 작용하는 수평력은 존재하지 않으나 압력에 의한 수직응력과 중력만은 존재한다. x방향으로의 압력은 작용하지 않기 때문에 [그림 4-10]에서 왼쪽 면에 작용하는 압력을 p라고 하면 오른쪽 면에 작용하는 압력은 $p + \dfrac{\partial p}{\partial x}\,dx$이다. 미소요소의 두께를 단위 길이로 간주하면 x방향의 힘의 평형조건 $\sum F_x = 0$에서

$$p \cdot dz - \left(p + \frac{\partial p}{\partial x}\,dx\right)dz = 0$$

$$\frac{\partial p}{\partial x} = 0 \tag{4-26}$$

이 된다. 따라서, x방향으로의 압력 구배는 0이 되기 때문에 동일 수평면 상의 임의의 두 점에서 작용하는 압력의 크기는 같음을 알 수 있다.

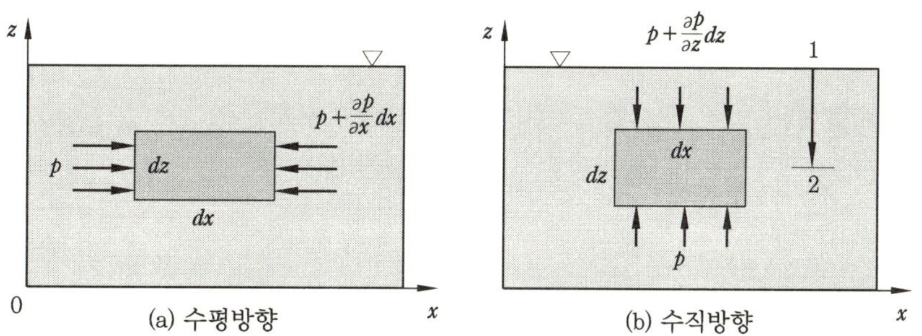

[그림 4-10] 압력 변화

(2) 수직 방향의 압력 변화

정지유체에서 각 방향의 힘은 $\sum F = 0$의 평형조건을 만족해야 한다. 따라서,

$$\sum F_z = 0$$

$$p\,dx - \left(p + \frac{\partial p}{\partial z}\,dz\right)dx - \gamma\,dx\,dz = 0$$

위의 식을 정리하면 다음과 같다.

$$\frac{\partial p}{\partial z} = -\gamma = -\rho g \tag{4-27}$$

식 (4-27)에서 알 수 있듯이 정지유체 내에서의 압력의 변화는 단지 중력의 방향에 의해서만 그 값이 변화한다.

밀도 ρ가 일정할 경우에는 식 (4-27)을 [그림 4-10]의 (b)에서 자유표면 1점에서 임의의 깊이 2점까지 적분하면,

$$\int_1^2 dp = \rho g \int_1^2 dz$$

$$p_2 - p_1 = \gamma (z_1 - z_2) = \rho g (z_1 - z_2) \tag{4-28}$$

이 된다. 여기서, $z_1 - z_2 = h$라고 하면 식 (4-28)은 다음과 같다.

$$p_2 - p_1 = \gamma h = \rho g h \tag{4-29}$$

식 (4-29)는 유체 정역학의 기본 방정식이라고 한다.

예 제

국부 대기압이 $710\,\mathrm{mmHg}$인 곳에서 개방 탱크 속에 높이 $2\,\mathrm{m}$의 물과 그 위에 비중 0.83인 기름이 $2\,\mathrm{m}$ 높이로 들어있다. 탱크 밑면의 절대 압력은 얼마인가?

|풀 이| 절대 압력은 $p =$ 대기압 + 탱크 밑면 압력이므로,

$$p = \frac{710}{760} \times 101.325 + 0.83 \times 9800 \times 2 \times \frac{1}{1000} + 2 \times 9800 \times \frac{1}{1000}$$

$$= 130.5\,\mathrm{kPa}$$

예 제

우유를 지름 $2.5\,\mathrm{mm}$인 스트로를 사용하여 연직 방향으로 $200\,\mathrm{mm}$ 빨아올릴 경우 몇 N의 힘이 필요한가? (단, 우유의 비중량은 $9400\,\mathrm{N/m^3}$이다.)

|풀 이| 식 (4-28)을 이용하면, 우유를 흡입하는 압력은

$$p = -\gamma h = -9400 \times 0.2 = -1880\,\mathrm{N/m^2}$$

이다. 따라서, 빨아올리는 힘은 $p = F/A$에서

$$F = A \cdot p = \frac{\pi \times 0.0025^2}{4} \times 1880 = 9.23 \times 10^{-3}\,\mathrm{N}$$

5. 유체 중에 잠긴 면에 작용하는 힘

(1) 수평면에 작용하는 힘

수평판에 작용하는 힘은 크기는 미소면적을 dA, 작용하는 압력을 p 라고 하면 미소면적에 작용하는 전압력은 $p\,dA$ 이므로 전체 수평면에 작용하는 전압력 F 는 다음과 같다.

$$F = \int pdA = p \int dA = pA \tag{4-30}$$

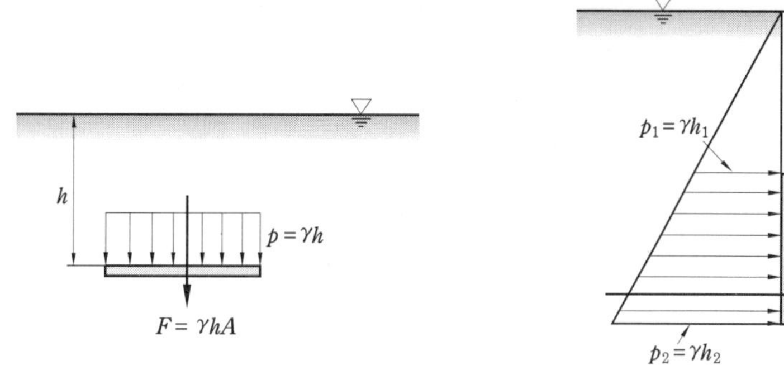

[그림 4-11] 평판에 미치는 액체의 힘

자유 표면에서 h 인 깊이의 액체 속에 있는 수평면에 대해서는 [그림 4-11]의 좌측과 같이 압력은 전체면적에 걸쳐서 같으므로 전압력의 크기는 $F = \rho ghA = \gamma hA$ 가 된다. 압력 $p = \rho gh$ 의 벡터로 이루어지는 사각형의 부분을 압력 프리즘이라 하고, 압력 프리즘의 무게는 전압력의 크기와 같으며 전압력 F 는 반드시 이 압력 프리즘의 도심을 지난다. 또한, 전압력의 작용점을 압력 중심이라 한다.

(2) 수직면에 작용하는 힘

[그림 4-11]의 우측과 같이 평면 상단에서는 $p_1 = \rho_1 gh_1$ 이고, 하단에서는 $p_2 = \rho_2 gh_2$ 이므로, 압력 프리즘의 개념에 의해서 압력이 결정된다. 수직 평면에 작용하는 전압력은 사각 평판일 경우 이 평판의 폭을 단위 폭으로 간주할 때 전압력 F 는 다음과 같다.

$$F = \frac{\rho gh_1 + \rho gh_2}{2}(h_2 - h_1) = \frac{\rho g(h_2^{\,2} - h_1^{\,2})}{2} \tag{4-31}$$

전압력 F 가 작용하는 점은 압력 프리즘의 중심을 지나고 그 방향은 평면판과 수직이며 압력의 중심은 언제나 평면판의 중심보다 아래쪽에 있다.

(3) 경사면에 작용하는 힘

[그림 4-12]에서 액체의 자유 표면과 α의 경사각을 갖는 경사 평면 BD에 대해서 평면 BD의 한쪽 면에 작용하는 전압력을 계산하기 위해, 먼저 평면 내의 미소 면적 dA인 곳의 깊이를 h라고 하면, 그 부분의 면적 dA의 압력은 $p = \rho g h$이므로 미소면적 dA에 작용하는 전압력 dF는 다음과 같다.

$$dF = pdA = \rho g h \, dA \tag{4-32}$$

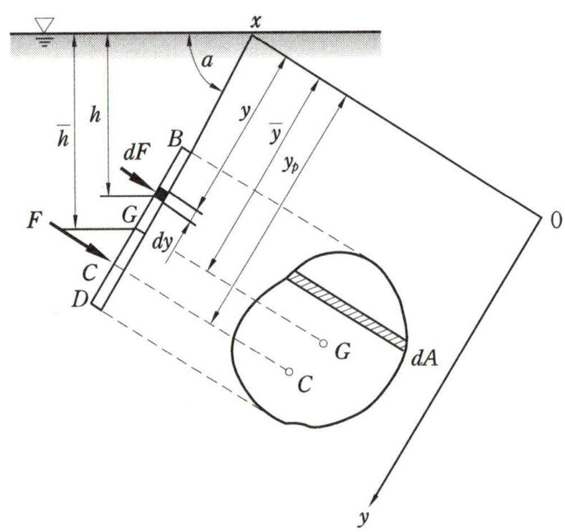

[그림 4-12] 경사면에 미치는 액체의 힘

또한, 경사 평면 벽의 연장선과 자유 표면과의 교점이 이루는 $O - y$축과 그 평면에 직각으로 $O - x$축을 취하면, $h = y\sin\alpha$이므로,

$$dF = \rho g (y\sin\alpha)dA \tag{4-33}$$

가 되며, 경사 평면벽의 전체면적 A에 작용하는 전압력 F는 다음과 같다.

$$F = \int_A dF = \rho g \sin\alpha \int_A ydA \tag{4-34}$$

여기서, $\displaystyle\int_A ydA$는 면적 A의 $O - x$축에 대한 단면 1차 모멘트로서

$$\int_A ydA = \overline{y}A \tag{4-35}$$

인 관계가 있다. 여기서, $\overline{y}$는 축으로부터 면적의 도심까지의 거리이다. 그러므로

$$F = \rho g \sin\alpha \int_A ydA = \rho g \, \overline{y}\sin\alpha \, A = \rho g \overline{h}\, A \tag{4-36}$$

가 된다. 여기서, $\overline{h}$는 도심 G까지의 깊이로 $\overline{h} = \overline{y} \cdot \sin\alpha$이다.

(4) 곡면에 작용하는 힘

잠겨 있는 곡면에 작용하는 합력, 즉 전압력은 수평분력과 수직분력으로 구분하여 계산한다.

[그림 4-13]에서 곡면에 작용하는 힘은 곡면 AB에 해당하는 ABC의 유체에 대하여 계산함으로써 $F_H{}'$와 $F_V{}'$을 구할 수 있다.

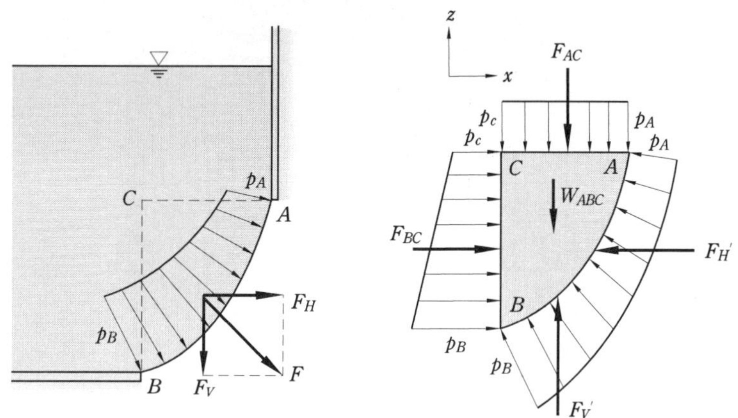

[그림 4-13] 곡면에 미치는 액체의 힘

$$\sum F_x = F_{BC} - F_H{}' = 0 \tag{4-37}$$

$$\sum F_z = F_V{}' - W_{ABC} - F_{AC} = 0 \tag{4-38}$$

F_{BC}, $F_H{}'$은 수평으로 작용하는 분력이고, F_{AC}, $F_V{}'$는 수직으로 작용하는 분력이며, W_{ABC}는 유체 ABC의 무게이다.

그리고 $F_H{}' = F_{BC}$, $F_V = W_{ABC} + F_{AC}$, $F_H{}' = F_H$, $F_V{}' = F_V$이므로, 전압력 F는 다음과 같다.

$$F = \sqrt{F_H{}^2 + F_V{}^2} \tag{4-39}$$

또한, 합력의 작용 방향은 다음과 같다.

$$\theta = \tan^{-1} \frac{F_V}{F_H} \tag{4-40}$$

예 제

그림과 같이 물 속에 원의 1/4되는 곡면이 잠겨져 있다. 곡면에 작용하는 전압력을 구하라.
(단, 곡면의 폭은 3 m 이다.)

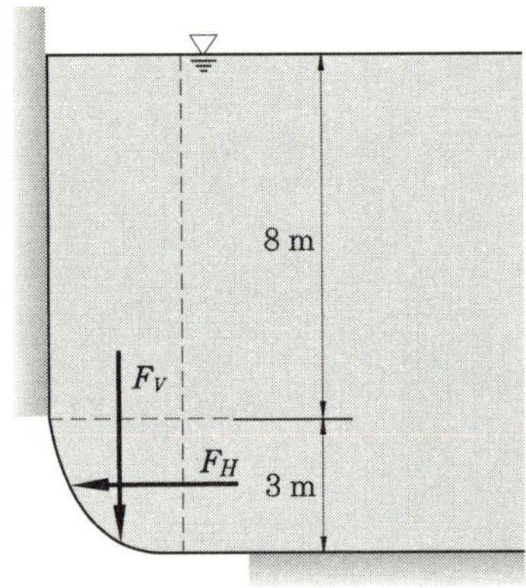

▌풀 이▐ 수평분력

$$F_H = \rho g \overline{h} A = 1000 \times 9.8 \times 9.5 \times (3 \times 3)$$
$$= 864.36 \text{ kN}$$

수직분력

$$F_V = \rho g V = 1000 \times 9.8 \times (3 \times 3 \times 8 + 1/4 \times \pi \times 3^3 \times 3)$$
$$= 913.42 \text{ kN}$$

따라서, 전압력 F는

$$F = \sqrt{F_H{}^2 + F_V{}^2} = 1257.56 \text{ kN 이다.}$$

6. 이상기체

보일·샤를의 법칙이나 줄(Joule)의 법칙에 따르는 기체를 이상기체(ideal gas) 또는 완전 가스(perfect gas)라 한다. 이것은 열역학 상 하나의 약속으로 취급되며, 비등점이 현저하게 낮은 공기, 산소, 질소 등은 상온·상압에서는 거의 완전한 이상기체라 할 수 있다.

(1) 보일의 법칙

『일정한 온도 하에서는 일정량인 기체의 체적은 압력에 반비례한다.』 이것을 보일의 법칙이라 하며 다음 식과 같다.

$$Pv = C\,(일정) \tag{4-41}$$

여기서, P : 압력$(\mathrm{kg/m^3})$

v : 비체적$(\mathrm{m^3/kg})$

(2) 샤를의 법칙

　『일정한 압력 하에서는 일정량인 기체의 체적은 절대온도에 비례한다.』 이것을 샤를의 법칙이라 하며 다음 식과 같다.

$$\frac{v}{T} = C\,(일정) \tag{4-42}$$

여기서, T : 절대온도$(^\circ \mathrm{K})$

(3) 보일 · 샤를의 법칙

　『일정량의 기체의 체적과 압력의 곱은 기체의 절대온도에 비례한다.』 이것을 보일 · 샤를의 법칙이라 하며 다음 식과 같다.

$$\frac{Pv}{T} = C\,(일정) \tag{4-43}$$

　위의 식에서 상수 C는 일반적으로 R로 표시하며 기체 상수라 한다. R은 기체의 종류에 따라 건공기의 경우는 $29.27\ \mathrm{kg \cdot m/kg \cdot {}^\circ K}$, 수증기의 경우는 $47.06\ \mathrm{kg \cdot m/kg \cdot {}^\circ K}$ 가 된다. R을 사용하면 다음 식과 같다.

$$Pv = RT \tag{4-44}$$

(4) 이상기체의 상태 변화

㉮ 등온(等溫) 변화(Isothermal Change)

$$P_1 V_1 = P_2 V_2 (PV = 일정)$$

$$W = 2.3\ GRT \log\!\left(\frac{V_2}{V_1}\right) = 2.3\ GRT \log\!\left(\frac{P_1}{P_2}\right)$$

$$= 2.3\ PV \log\!\left(\frac{P_1}{P_2}\right) \tag{4-45}$$

열량 $q_t = A \cdot W \,(\mathrm{kcal/kg})$

㉯ 등압(等壓) 변화(Isobaric Change)

$$\frac{V_1}{T_1} = \frac{V_2}{T_2}\ \text{또는}\ \frac{V}{T} = 일정$$

$$W = p(V_1 - V_2) = GR(T_2 - T_1) \tag{4-46}$$

열량 $q_p = h_2 - h_1 = C_p(T_2 - T_1)\,(\mathrm{kcal/kg})$

㉑ 등적(等積) 변화

$$\frac{P_1}{T_1} = \frac{P_2}{T_2}\ \text{또는}\ \frac{P}{T} = \text{일정}\ W = 0 \tag{4-47}$$

열량 $q_p = u_2 - u_1 = C_v(T_2 - T_1)\,(\mathrm{kcal/kg})$

㉒ 단열 변화(Adiabatic Change)

$$P_1 V_1^{\,k} = P_2 V_2^{\,k}\ \text{또는}\ PV^k = \text{일정},\ \text{비열비}\ k = C_p/C_v$$

$$TV^{k-1} = \text{일정}\quad \frac{P^{(k-1)/k}}{T} = \text{일정}$$

$$W = \frac{1}{A}(u_1 - u_2) = \frac{1}{A}C_v(T_1 - T_2) = \frac{1}{kA}(h_1 - h_2) \tag{4-48}$$

$$C_p(T_1 - T_2) = (h_1 - h_2) \tag{4-49}$$

㉓ 폴리트로픽 변화(Polytropic Change)

$$PV^n = \text{일정},\ TV^{n-1} = \text{일정},\ \frac{P^{(n-1)/n}}{T} = \text{일정}$$

여기서,

n : 폴리트로픽 지수

$n = k$(단열 변화), 1(등온 변화), 0(등압 변화), ∞(등적 변화)

$$W = \frac{GR}{n-1}(T_1 - T_2) = \frac{1}{n-1}(P_1 V_1 - P_2 V_2) \tag{4-50}$$

$$(u_2 - u_1) = C_v(T_2 - T_1) = C_v T_1\left(\frac{T_2}{T_1} - 1\right) \tag{4-51}$$

$$(h_2 - h_1) = C_p(T_2 - T_1) = C_p T_1\left(\frac{T_2}{T_1} - 1\right) \tag{4-52}$$

4-3 유체운동의 기본이론

1. 유체의 유동 구분

(1) 정상류와 비정상류

유체가 흐를 때 흐름과 관계되는 압력, 속도, 온도, 밀도 등의 변수들이 시간 t가 경과하더라도 변하지 않는 흐름을 정상류(steady flow)라 하며, 유체 입자의 상태가 시간과 함께 변할 때 이 흐름을 비정상류(unsteady flow)라고 한다.

정상류의 경우

$$\frac{\partial u}{\partial t} = 0 \tag{4-53}$$

으로 일반적으로 속도 u는 위치에 따라 변하므로 $u = f(x,\ y,\ z)$의 꼴로 표시된다. 그러나 정상류인 때는 어느 점의 유속과는 관계가 없으므로 공간좌표 $x,\ y,\ z$는 일정하게 된다. 정상류에서는 임의의 점에 미치는 압력 p, 그 점에서의 밀도 ρ, 온도 T는 시간 t가 경과하여도 변하지 않는다. 따라서, 그 상태는 다음 식으로 표시된다.

$$\frac{\partial p}{\partial t} = 0,\ \ \frac{\partial \rho}{\partial t} = 0,\ \ \frac{\partial T}{\partial t} = 0$$

비정상류의 경우

$$\frac{\partial u}{\partial t} \neq 0 \tag{4-54}$$

으로, 매우 복잡한 해석 과정을 요구한다.

(2) 등속도 및 비등속도 유동

등속도 유동(uniform flow)이란 한 유동장 내에서의 임의의 순간에 모든 점의 속도가 동일할 때의 유동을 의미한다. 즉, 등속도 유동하는 유체의 속도는 시시각각으로 변한다.

그러나 그 변화한 유체의 속도는 같은 시각에 유동장 내의 모든 점에서 동일한 값을 얻는다.

유체의 속도를 v, 임의의 방향의 좌표를 s, 시간을 t라 할 때, 등속도 유동에 대한 식은 다음과 같다.

$$\frac{\partial v}{\partial s} = 0,\ \ \frac{\partial v}{\partial t} \neq 0 \tag{4-55}$$

한 유동장 내에서 임의의 순간에 속도 v가 위치에 따라 같지 않을 때의 유동을 비등속도 유동(non uniform flow)이라 하고, 다음 식으로 표시한다.

$$\frac{\partial v}{\partial s} \neq 0, \quad \frac{\partial v}{\partial t} \neq 0 \tag{4-56}$$

(3) 유선, 유적선, 유관

㉮ 유 선

유체흐름에 관한 연구를 수학적으로 취급하기 위하여 유선이라는 임의의 가상 곡선을 정의하였다. [그림 4-14]와 같이 흐름 속에 어느 순간의 임의의 곡선 pq를 가정하고 그 곡선 상의 임의의 점에서 접선이 그 점에서의 유속의 방향과 일치할 때 이 곡선을 유선(stream line)이라 한다.

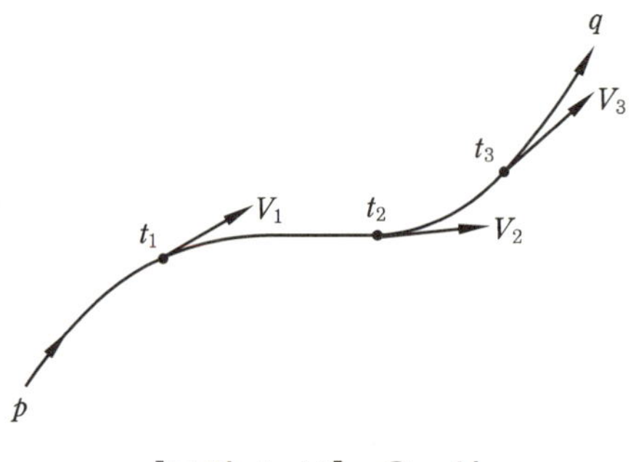

[그림 4-14] 유 선

또한, 여러 개의 유선군으로 구성되는 흐름의 영역을 유동장(flow field) 또는 유선도(flow picture)라 한다. 유동장에서 유선의 간격이 좁은 곳에서는 유속이 빠르고 넓은 곳에서는 유속이 느리게 된다. 즉, 유동장에서 유선의 간격이 좁은 곳에서는 저압이 되고 넓은 곳에서는 고압의 영역을 나타낸다.

따라서, 유선의 정의로부터 유선 상에서는 속도 벡터가 유선에 접하고 직각인 성분을 갖지 않기 때문에 유선을 가로지르는 흐름은 존재하지 않는다.

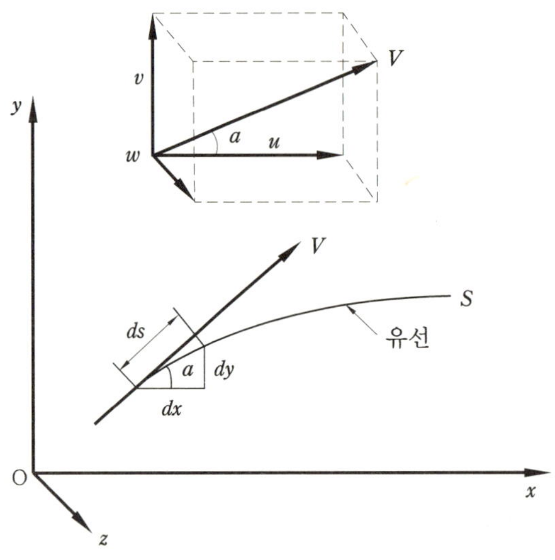

[그림 4-15] 유선의 미분방정식

[그림 4-15]와 같이 유선 상에 유체 입자의 미소변위 ds를 취하고, 그 x, y, z 방향의 성분을 각각 dx, dy, dz, 입자속도 V의 각 성분을 u, v, w 또는 입자속도 V의 x, y, z 방향의 방향 여현을 각각 $\cos\alpha, \cos\beta, \cos\gamma$ 라 하면

$$\cos\alpha = \frac{u}{V}, \quad \cos\beta = \frac{v}{V}, \quad \cos\gamma = \frac{w}{V} \tag{4-57}$$

이 된다. 한편, 변위 벡터 ds도 속도 벡터 V와 같은 방향을 가지므로

$$\cos\alpha = \frac{dx}{ds}, \quad \cos\beta = \frac{dy}{ds}, \quad \cos\gamma = \frac{dz}{ds} \tag{4-58}$$

가 되고, 위의 식 (4-57)과 식 (4-58)로부터

$$\frac{u}{V} = \frac{dx}{ds}, \quad \frac{v}{V} = \frac{dy}{ds}, \quad \frac{w}{V} = \frac{dz}{ds} \tag{4-59}$$

를 얻고, 이 식으로부터

$$\frac{dx}{u} = \frac{dy}{v} = \frac{dz}{w} \tag{4-60}$$

의 관계가 성립된다. 즉, 속도 벡터와 변위 벡터의 x, y, z 방향의 각 성분은 비례하게 된다. 식 (4-60)을 유선의 미분방정식이라고 한다.

예 제

속도 성분 u, v가 다음 식으로 표시될 때, 유선의 방정식을 구하여라.

$$u = ay, \quad v = bx$$

‖풀 이‖ 유선의 방정식은

$\dfrac{dx}{dy} = \dfrac{ay}{bx}$ 이므로, $bx\,dx - ay\,dy = 0$ 이 된다.

이것을 적분하면,

$$bx^2 - ay^2 = c$$

이다. 따라서, a와 b가 같은 부호일 때는 쌍곡선, a와 b가 다른 부호일 때는 타원의 방정식이 된다.

㉯ 유적선

　　유체 입자가 일정한 시간 내에 지나가는 자취를 유적선(path line)이라 한다. 유체 입자는 항상 유선의 접선방향으로 흐르므로 정상류에서 유적선은 유선과 일치한다. 그러나 흐름이 비정상류일 때에는 유속이 시시각각으로 변하므로 유적선은 유선

의 포락선이 된다.

㉓ 유 관

[그림 4-16]과 같이 유체흐름 속에 임의의 폐곡선 $ABCD$를 취했을 때 곡선상의 각 점을 지나는 유선을 그으면 하나의 관이 형성되는 데 이를 유관(stream tube)이라 한다.

일반적으로 유관은 유선처럼 시간과 함께 그 모양이 변하지만 정상류일 때에는 일정한 꼴이 된다. 또, 유선에서처럼 유관을 가로지르는 흐름은 존재하지 않는다.

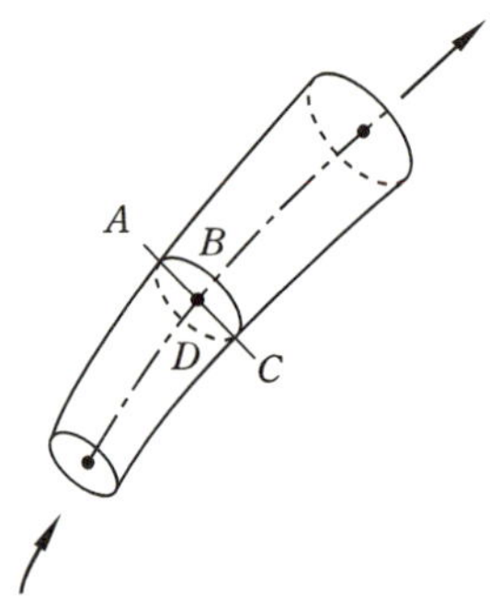

[그림 4-16] 유 관

(4) 방향에 따른 유동 구분

1차원 흐름이란 유체의 흐름과 흐름의 변수들이 흐름과 직각인 어떤 단면을 지나더라도 같은 단면에서는 항상 일정한 값을 갖는 흐름을 말한다. 일반적으로 [그림 4-17]과 같이 관 내 유동을 1차원 유동으로 간주하며, (a)와 같이 균일 분포 유동으로 취급하지만, 실제로는 (b)와 같이 경계면에서의 점성의 영향을 받게 되어 속도가 0이 되어 2차원 속도 성분이 존재하여 1차원 유동이라 할 수 없다.

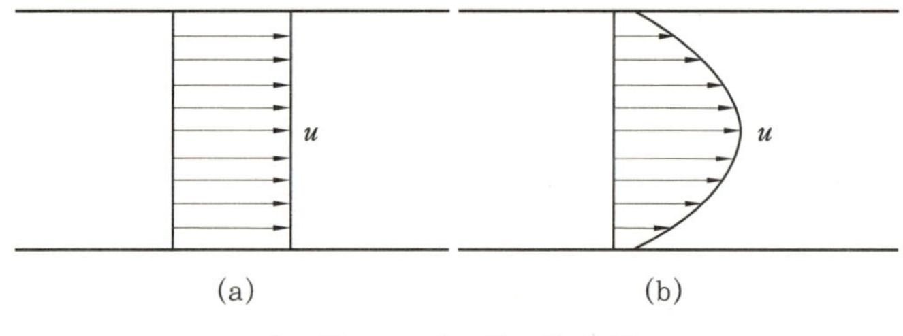

[그림 4-17] 관 내 유동

2차원 흐름이란 흐름이나 흐름의 변수 가운데 어느 하나가 흐름 속에서 두 방향, 즉 직각좌표 x, y 방향의 특별한 기울기를 가지는 흐름을 의미한다. 이러한 흐름에는 [그림 4-18]과 같이 평판 위 경계층 내의 유체흐름, 평행평판 사이의 점성유동 등이 속한다.

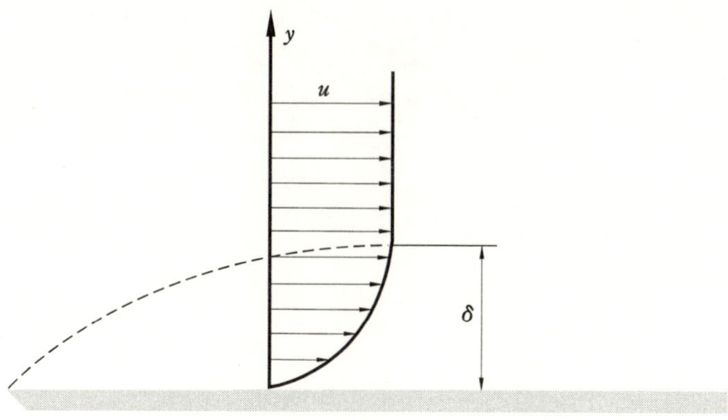

[그림 4-18] 평판 상의 속도흐름

3차원 흐름이란 흐름이나 흐름의 변수가 직각 좌표계에서 x, y, z 방향으로 변화하는 흐름으로, [그림 4-19]와 같이 제트 항공기의 공기 흡입구에 유입되는 공기 흐름, 공기 속으로 날아가는 야구공이나 달리는 자동차 둘레의 공기흐름 등이 여기에 해당된다.

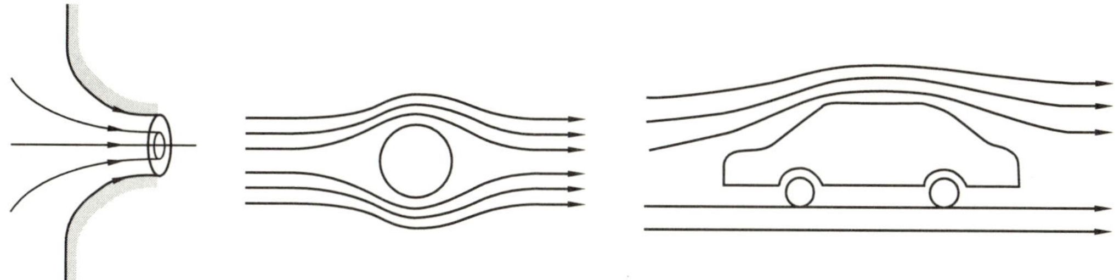

[그림 4-19] 3차원 흐름의 예

2. 연속방정식

유체 유동에서 단면적이 균일한 관이나 불균일한 관 내의 유량은 동일한 시간에 어느 단면에서나 질량 보존의 법칙에 의하여 같다. 즉, 어느 위치에서나 유입 질량과 유출 질량이 같으므로 일정한 관 내에 축적된 질량은 유속에 관계없이 일정하다. 이것을 연속의 원리(principle of continuity)라고 한다.

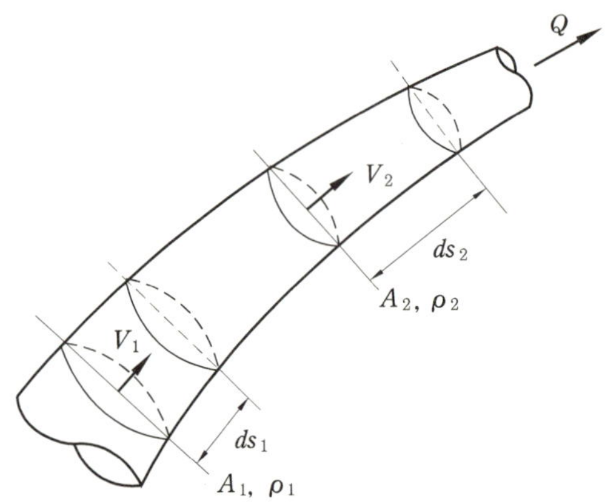

[그림 4-20] 유관 속의 정상흐름

[그림 4-20]과 같은 단면이 일정하지 않은 유관 속으로 압축성 유체가 정상류로 흐른다고 가정하자. 임의의 단면 ①, ②의 단면적을 A_1, A_2라 하고 유체의 평균속도와 밀도를 각각 v_1, v_2, ρ_1, ρ_2라 하면, 단면 ①, ② 사이의 유체가 dt의 시간이 경과 후 단면 ①´, ②´ 사이로 이동하였을 때 질량 보존의 법칙으로부터 단면 ①, ①´ 사이의 질량은 단면 ②, ②´ 사이의 질량과 같다.

단면 ①, ②에서의 dt시간 동안의 질량 유량을 각각 m_1, m_2라고 하면

$$m_1 = \rho_1 \cdot A_1 \cdot ds_1 \tag{4-61}$$

$$m_2 = \rho_2 \cdot A_2 \cdot ds_2 \tag{4-62}$$

이 되고, 질량 보존의 법칙으로부터 $m_1 = m_2$이므로 단위 시간당 질량 유량을 dt로 각각 나누면 된다.

$$\rho_1 \cdot A_1 \cdot \frac{ds_1}{dt} = \rho_2 \cdot A_2 \cdot \frac{ds_2}{dt} \tag{4-63}$$

여기서, $\dfrac{ds_1}{dt} = v_1$, $\dfrac{ds_2}{dt} = v_2$이므로 위 식은 다음과 같다.

$$\rho_1 \cdot A_1 \cdot v_1 = \rho_2 \cdot A_2 \cdot v_2 \tag{4-64}$$

따라서, 식 (4-64)는 다음 식과 같이 나타낼 수 있다.

$$\dot{M} = \rho \cdot A \cdot v \ [\mathrm{kg/s}] \tag{4-65}$$

위 식에서 $\dot{M}$ 을 질량 유량(mass flow rate)이라 한다. 식 (4-65)는 유관 내 유체흐름에서 유관의 모든 단면에서의 질량 유량은 일정하다는 것을 의미하며, 이를 미분 형태로 나타내면,

$$d(\rho \cdot A \cdot v) = 0 \tag{4-66}$$

이므로 식 (4-65)의 대수를 이용하여 위 식을 정리하면,

$$Av \log\rho + \rho v \log A + \rho A \log v = 0 \tag{4-67}$$

이 된다. 이 식을 $\rho \cdot A \cdot v$로 나눠주면

$$\frac{d\rho}{\rho} + \frac{dA}{A} + \frac{dv}{v} = 0 \tag{4-68}$$

으로 나타낼 수 있으며, 식 (4-64)의 양변에 중력가속도 g를 곱하면,

$$\rho_1 \cdot g \cdot A_1 \cdot v_1 = \rho_2 \cdot g \cdot A_2 \cdot v_2$$

$$\gamma_1 \cdot A_1 \cdot v_1 = \gamma_2 \cdot A_2 \cdot v_2$$

이므로

$$\dot{G} = \gamma \cdot A \cdot v \; [\mathrm{N/s},\ \mathrm{kg_f/s}] \tag{4-69}$$

으로 표시된다. 여기서, $\dot{G}$를 중량 유량이라 한다. 기체의 유량을 계산할 때는 식 (4-69)를 쓰면 편리하다. 만약 유체가 비압축성이거나 정상류이면 밀도의 변화를 무시할 수 있으므로 식 (4-64)는 다음과 같다.

$$A_1 \cdot v_1 = A_2 \cdot v_2$$

$$\dot{Q} = A \cdot v \; [\mathrm{m^3/s}] \tag{4-70}$$

가 된다.

여기서, $\dot{Q}$를 체적 유량 또는 유량이라고 하며, 식 (4-70)은 액체와 같은 비압축성 유체나 밀도의 변화를 무시할 수 있는 기체의 흐름(저속의 공기흐름)에 적용된다.

예 제

관의 지름이 40 cm에서 점차 축소하여 지름이 20 cm로 되는 수평 원형관 속을 물이 800 N/s의 유량으로 흐르고 있다. 각 단면에서의 유속은 얼마인가?

풀 이 중량 유량 계산식 (4-69)를 이용하면,

$$v_1 = \frac{G}{\gamma \cdot A_1} = \frac{800}{9800 \cdot \dfrac{\pi \cdot 0.4^2}{4}} = 0.65 \,\mathrm{m/s}$$

$$= \frac{800}{9800 \cdot \dfrac{\pi \cdot 0.2^2}{4}} = 2.56 \,\mathrm{m/s}$$

예 제

지름 300 mm인 원형관 속을 6 kg/s의 질량 유량으로 공기가 흐르고 있다. 관 속의 공기의 압력은 250 kPa, 온도는 20℃일 때 관 속을 흐르는 공기의 평균 속도는 몇 m/s 인가? (단, 공기의 기체 상수는 0.287 kJ/kg·˚K 이다.)

‖풀 이‖ 공기의 밀도는 이상기체 상태방정식 $pv = RT$를 이용하여 계산된다.

$$\rho = \frac{p}{RT} = 2.97 \ \text{kg/m}^3$$

평균 유속은

$$v = \frac{\dot{m}}{\rho A} = 28.55 \ \text{m/s}$$

3. 오일러(Euler)의 운동방정식

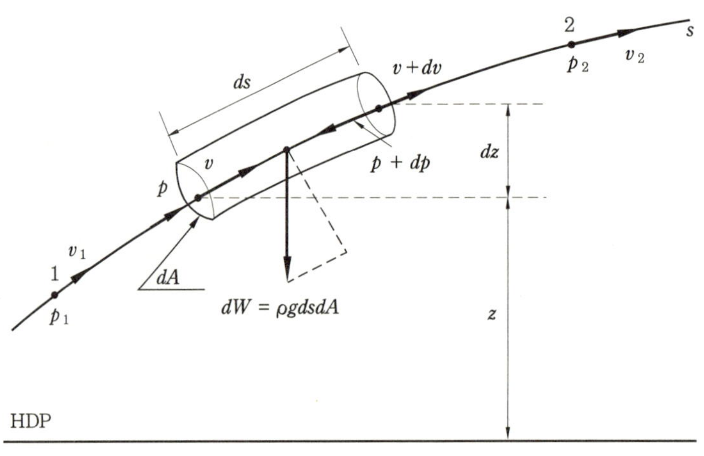

[그림 4-21] 미소체적에 작용하는 유선방향으로의 힘

　[그림 4-21]과 같이 미소체적의 유체가 비압축성 이상유체로 1차원 흐름을 갖는다고 가정하자.

　이 미소체적에 Newton의 운동방정식을 적용하여 유체의 운동방정식을 계산하기 위해서는 우선 1-2상에 미소 단면적 dA, 미소길이 ds인 미소유관을 잡고 이 미소유관에 대해 Newton의 법칙을 적용하면 유선방향으로 작용하는 힘의 대수합 $\sum F_s$는

$$\sum F_s = dm \cdot a_s \tag{4-71}$$

가 되어 미소유관의 질량 dm과 흐름방향에 대한 유관의 가속도 a_s의 곱과 같다. 이때

미소유관에 작용하는 힘으로서는 미소유관의 입·출구 단면에 작용하는 압력차에 의한 힘과 미소유관의 질량력에 의한 힘, 즉 중력이 있다.

미소유관의 입·출구 단면에서의 압력에 의한 전압력은 각각

$$p_1 \cdot dA = p \cdot dA, \ p_2 \cdot dA = (p + dp)dA$$

이고, 미소유관의 중력의 흐름 방향 성분은

$$-\rho \cdot g \cdot dA \cdot ds \cdot \frac{dz}{ds}$$

이다. 유선방향을 (+)라 할 때 이들의 합은

$$\sum F_s = p \cdot dA - (p + dp)dA - \rho \cdot g \cdot dA \cdot ds \cdot \frac{dz}{ds}$$

$$= -dp \cdot dA - \rho \cdot g \cdot dA \cdot dz \tag{4-72}$$

가 된다. 또, 미소질량은

$$dm = \rho \cdot dA \cdot ds$$

가속도는

$$a_s = \frac{dv}{dt} = \frac{ds}{dt} \cdot \frac{dv}{ds} = v \cdot \frac{dv}{ds}$$

가 된다. 따라서, 미소질량과 가속도의 곱은

$$dm \cdot a_s = \rho \cdot dA \cdot ds \times v \cdot \frac{dv}{ds}$$

$$= \frac{\gamma}{g} \cdot dA \cdot ds \cdot v \frac{dv}{ds} \tag{4-73}$$

이 된다. 식 (4-72)와 식 (4-73)을 식 (4-71)에 대입하면,

$$-dp \cdot dA - \rho \cdot g \cdot dA \cdot dz = \rho \cdot dA \cdot ds \cdot v \cdot \frac{dv}{ds} \tag{4-74}$$

이 되고, 이 식을 $\rho \cdot dA \cdot ds$로 나누고, 이를 정리하면 다음 식을 얻는다.

$$\frac{1}{\rho} \frac{dp}{ds} + v \frac{dv}{ds} + g \frac{dz}{ds} = 0 \tag{4-75}$$

또, 이 식을 간단히 하면,

$$\frac{dp}{\rho} + v \cdot dv + g \cdot dz = 0 \tag{4-76}$$

이 된다.

식 (4-73)과 식 (4-76)은 Newton의 제2법칙을 비압축성 유체 1차원 흐름에 적용했을 때 얻는 식으로 오일러의 운동방정식(Euler's equation of motion)이라고 하며, 스위스의 수학자 Leonard Euler(1707~1783)에 의해 1755년에 정립되었다.

4. 베르누이(Bernoulli)의 방정식

Euler의 운동방정식 식 (4-76)을 변위 s에 대하여 적분하면,

$$\int \frac{dp}{\rho} + \int v \cdot dv + \int g \cdot dz = const. \,(일정)$$

가 된다. 이 식은 힘이 한 일 또는 유체가 가지는 에너지를 표시하며 다음 식과 같이 바꾸어 쓸 수 있다.

$$\int \frac{dp}{\rho} + \frac{v^2}{2} + g \cdot z = const. \tag{4-77}$$

이것은 이상유체가 유선 위 임의의 점에서 보유하는 여러 가지 에너지의 총합이 유선에 따라 일정불변임을 의미한다. 그러므로 이 에너지의 크기는 일반적으로 각 유선에서 그 값을 달리한다.

방정식 (4-77)은 다음과 같은 기본 가정에서 성립하는 것이다.

① 이상유체이다.

② 정상 유동이다.

③ 유체 입자는 유선을 따라 움직인다.

유체가 비압축성일 때에는 식 (4-77)에서 밀도 ρ = 일정하므로,

$$\frac{p}{\rho} + \frac{v^2}{2} + g \cdot z = g \cdot H = const. \tag{4-78}$$

이 성립한다. 이 식은 모든 비압축성, 이상유체의 정상류에 대하여 질량 1 kg의 유체가 가지는 에너지의 총합 [N·m = J]이 유선에 따라 변하지 않음을 의미한다. 식 (4-78)의 각 항은 m^2/s^2의 단위를 가지는데 이것을 변형하면

$$\frac{m^2}{s^2} = \frac{kg \cdot m^2}{kg \cdot s^2} = \frac{kg \cdot m \cdot m}{s^2 \cdot kg} = \frac{\dfrac{kg \cdot m}{s^2} \cdot m}{kg} = \frac{N \cdot m}{kg} = \frac{J}{kg}$$

이 된다. 즉, 단위 질량의 유체가 갖는 에너지에 상당한다. 그러므로 식 (4-78)의 각 항은 1 kg의 유체가 갖는 에너지를 나타내고, p/ρ를 비압력에너지(specific pressure energy), $v^2/2$를 비운동에너지(specific kinetic energy), $g \cdot z$를 비위치에너지(specific total energy)라 한다.

또, 식 (4-78)의 각 항을 중력가속도 g로 나눈 값은 모두 길이의 단위 [m]를 가지고, 이것은 m = N·m/N = J/N이 되어 단위 중량의 유체가 갖는 에너지를 표시하는데 그 방정식은 다음과 같다.

$$\frac{p}{\rho \cdot g} + \frac{v^2}{2 \cdot g} + z = H = const. \tag{4-79a}$$

$$\frac{p}{\gamma} + \frac{v^2}{2 \cdot g} + z = H = const. \tag{4-79b}$$

여기서, $p/(\rho \cdot g)$를 압력 수두(pressure head), $v^2/(2 \cdot g)$를 속도 수두(velocity head), z를 위치 수두(potential head) 그리고 H를 전수두(total head)라 한다. 이와 같이 수두(head)란 단위 중량의 유체가 갖는 에너지라는 의미와 함께 압력이나 속도 등을 길이로 나타내는 의미를 가지고 있다.

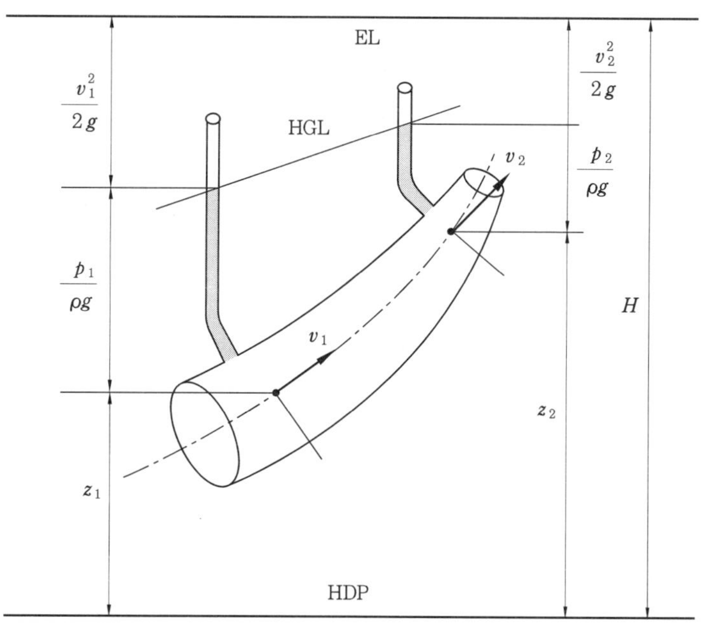

[그림 4-22] 베르누이의 정리

[그림 4-22]에 표시한 유선 상 1, 2의 점 사이에 식 (4-79)를 적용하면,

$$\frac{p_1}{\rho \cdot g} + \frac{v_1^2}{2 \cdot g} + z_1 = \frac{p_2}{\rho \cdot g} + \frac{v_2^2}{2 \cdot g} + z_2 \tag{4-80a}$$

$$\frac{p_1}{\gamma} + \frac{v_1^{\,2}}{2 \cdot g} + z_1 = \frac{p_2}{\gamma} + \frac{v_2^{\,2}}{2 \cdot g} + z_2 \qquad\qquad (4\text{-}80b)$$

와 같이 된다.

식 (4-80)을 그림으로 나타낸 것이 [그림 4-22]이다. [그림 4-22]에서 전수두 H를 나타내는 선 EL은 수평기준면 HDP(Horizontal Datum Plane)와 평행한 수평선이 되고 이것을 에너지선(energy line)이라 한다.

또, 단면 ①, ②의 관벽에 세운 피에조미터의 액주는 각 단면을 흐르는 유체의 압력을 수두로 나타낸 것으로 이 액주의 높이를 이은 선을 수력구배선(hydraulic grade line)이라 한다.

식 (4-79)와 식 (4-80)을 Bernoulli의 방정식 또는 에너지방정식(energy equation)이라 한다. Bernoulli의 방정식은 스위스의 수학자인 Daniel Bernoulli(1700~1782)가 1738년에 발표한 식이다.

예 제

바닥에서 2.8 m 위치에 설치된 관로를 통해 유속 1.8 m/s로 물이 흐르고 있다. 이때 압력계의 눈금이 500 kPa이면 전수두는 몇 m인가?

┃풀 이┃ 방정식 (4-79)를 이용하면,

전수두 $H = \dfrac{p}{\gamma} + \dfrac{v^2}{2 \cdot g} + z$이므로,

$$H = \frac{500 \times 10^3}{9800} + \frac{1.8^2}{2 \cdot 9.8} + 2.8 = 53.98 \text{ m 이다.}$$

예 제

그림과 같이 $d_1 = 30\,\text{cm}$, $d_2 = 16\,\text{cm}$인 직관을 수평면과 30° 기울어지게 5 m를 설치하였다. 입구에서 유량이 3 m^3/s로 유입할 때, 출구에서는 얼마의 속도로 물이 분출되는가? 또 출구에서는 대기 중에 분출된다면 입구에서의 얼마의 압력으로 압속하여야 되는가? (단, 대기는 표준대기압 상태이고 마찰 손실은 없는 것으로 간주한다.)

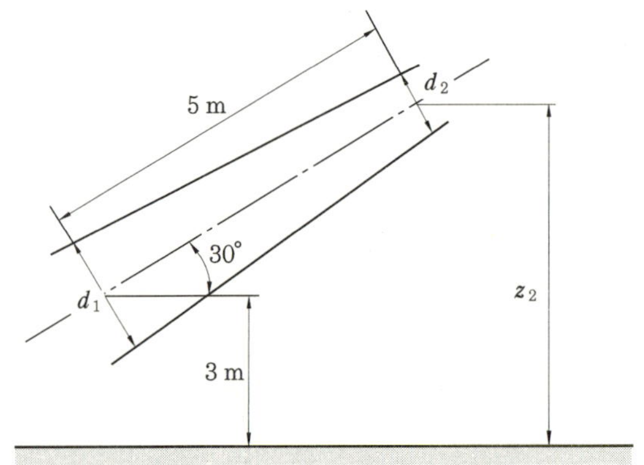

▌풀 이▐ 출구에서의 유속은 연속방정식

$$Q = a \cdot v \text{에서}$$

$$3 = \frac{\pi}{4} \cdot (0.16^2) \cdot v_2 \text{이므로,}$$

$$v_2 = 149.28 \text{ m/s 가 된다.}$$

입구에서의 유입 속도는

$$3 = \frac{\pi}{4} \cdot (0.3^2) \cdot v_1 \text{이므로,}$$

$$v_1 = 42.46 \text{ m/s 가 된다.}$$

출구에서의 압력은 대기압이므로 $p_2 = 101.325 \text{ kPa}$이고, 출구까지의 높이 z_2는

$$z_2 = 3 + 5 \cdot \sin 30° = 5.5 \text{ m 가 된다.}$$

따라서, 베르누이방정식 (4-80)으로부터

$$\frac{p_1}{9800} + \frac{42.26^2}{2 \cdot 9.8} + 3 = \frac{101.325 \times 10^3}{9800} + \frac{149.28^2}{2 \cdot 9.8} + 5.5$$

$$p_1 = 10404 \text{ kPa 이 된다.}$$

5. 베르누이(Bernoulli)의 방정식의 응용

(1) 오리피스

[그림 4-23]과 같이 물에 담겨져 있는 큰 수조를 가정하자. 수면으로부터 h되는 곳에 미소의 구멍(orifice)이 설치되어 물을 일정속도로 분출하고 있다고 한다. 분류는 오리피스에서 밖으로 조금 떨어진 곳에서 최소 단면을 갖는 수축부를 가졌다가 다시 확대되는데 이러한 현상을 수축 현상(vena contracta)이라고 하며 이와 같이 대기 중에 분출되는 분류를 자유분사(free jet)라고 한다.

탱크 내 물이 단면 ①에서 흘러, 단면 ②로 흐른다고 하면 단면 ①과 ② 사이에 베르누이방정식을 적용시킬 수 있다.

$$\frac{p_1}{\rho \cdot g} + \frac{v_1^2}{2 \cdot g} + z_1 = \frac{p_2}{\rho \cdot g} + \frac{v_2^2}{2 \cdot g} + z_2$$

탱크의 수면높이 h가 변하지 않는다고 하면 수면 ①의 속도 v_1은 단면 ②에서의 속도 v_2에 비하여 매우 작으므로 $v_1 = 0$이고 $z_1 - z_2 = h$, 단면 ②에서의 압력 p_2는 대기압과 같으므로 0이다. 따라서, 오리피스에서의 속도 v_2는 $h = v_2^2/2g$이므로,

$$v_2 = \sqrt{2 \cdot g \cdot h} \tag{4-81}$$

와 같이 된다. 이 식은 이탈리아의 물리학자인 Torricelli(1608~1647)가 처음으로 유도한 식으로서 Torricelli의 식이라고 한다.

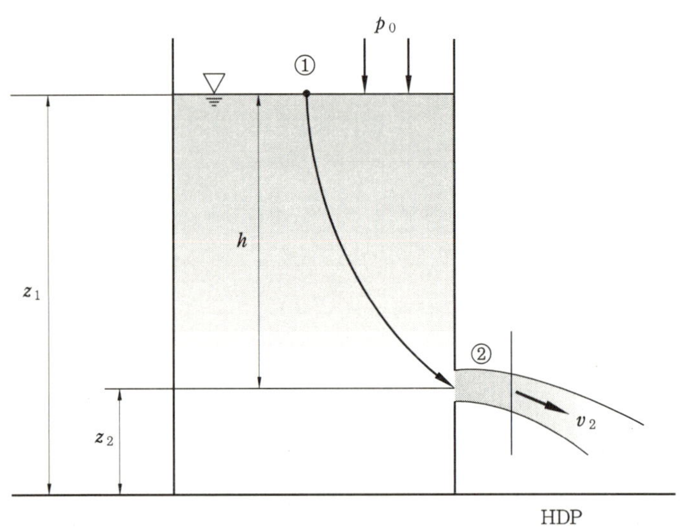

[그림 4-23] 오리피스

식 (4-81)은 여러 가지 손실을 고려하지 않은 채 베르누이방정식으로부터 유도해낸 순수한 이론식이므로 실제 유속은 이 값보다 작은 값을 나타낸다. 그러므로 이 계산값을 보정하기 위하여 보정계수를 고려하면 실제 유속 v_{act}는

$$v_{act} = C_v \sqrt{2 \cdot g \cdot h} \tag{4-82}$$

여기서, C_v를 속도계수(coefficient of velocity)라 하고, 이론적인 속도를 v_{id}라 하면, $C_v = \dfrac{v_{act}}{v_{id}}$이다. 또한, 수축 현상의 영향에 의하여 수축계수 C_c를 고려하면, $C_c = \dfrac{A_c}{A_0}$로 나타낼 수 있다. 여기서, A_0는 오리피스의 단면적이고, A_c는 분류의 최소 단면적이다.

또, 이 속도계수와 수축계수에 의해 유량계수(coefficient of discharge) C_d는 다음과 같이 계산할 수 있다.

$$C_d = \frac{\text{실제 유량}}{\text{이론 유량}} = \frac{A_c \times v_{act}}{A_0 \times v_{id}} = C_c \times C_v \tag{4-83}$$

원형 오리피스의 실험에서 밝혀진 이 계수들의 값은 다음과 같다.

$C_v = 0.97 \sim 0.99$

$C_c = 0.61 \sim 0.66$

$C_d = 0.60 \sim 0.65$

또한, 유량은 유속과 유동 단면적의 곱에 의해 계산되므로, 오리피스의 단면적을 A_0라고 하면, 유량 Q는 다음과 같이 계산된다.

$$Q = C_d \cdot A_0 \sqrt{2 \cdot g \cdot h} \tag{4-84}$$

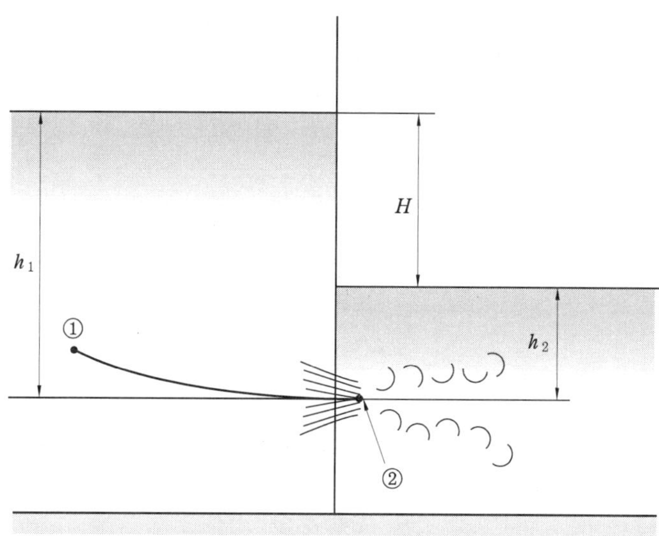

[그림 4-24] 잠수 오리피스

또한, [그림 4-24]와 같이 수면의 높이가 다른 두 곳의 저수지나 탱크에서 가로 막힌 벽의 밑부분에서 작은 구멍을 통한 압력차에 의하여 수위가 높은 곳에서 낮은 곳으로 물이 흘러나가는 잠수 오리피스(submerged orifice)의 경우, 오리피스를 통과하는 유속을 계산하기 위하여 점 ①, ②에서의 압력과 속도를 p_1, v_1, p_2, v_2 라 하면 베르누이방정식에 의하여,

$$\frac{p_1}{\rho \cdot g} + \frac{{v_1}^2}{2 \cdot g} + z_1 = \frac{p_2}{\rho \cdot g} + \frac{{v_2}^2}{2 \cdot g} + z_2$$

에서 $z_1 = z_2$, $v_1 \ll v_2$이기 때문에 $v_1 \approx 0$라고 할 수 있다.

또한, $p_1 = \rho \cdot g \cdot h_1$, $p_2 = \rho \cdot g \cdot h_2$이므로,

$$v_2 = \sqrt{2 \cdot g \cdot (h_1 - h_2)} = \sqrt{2 \cdot g \cdot H} \tag{4-85}$$

이 된다.

결국 분출속도는 양면의 수면의 높이차 H에 의해 좌우된다.

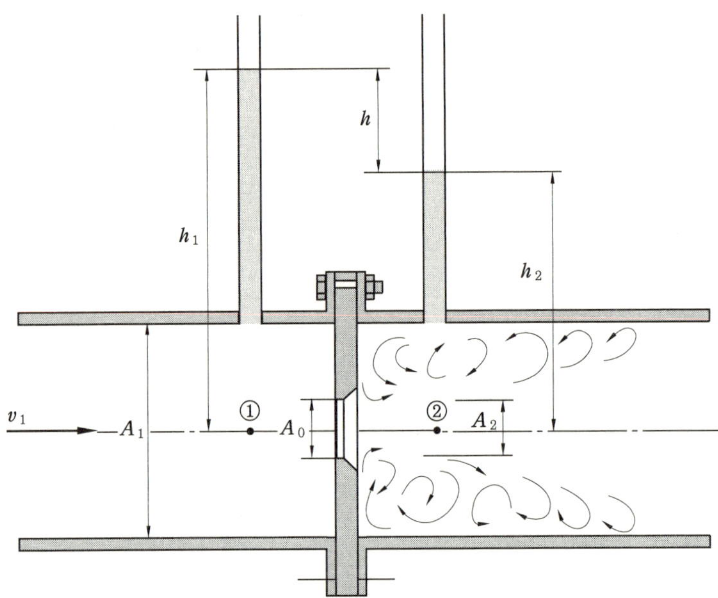

[그림 4-25] 오리피스에 의한 유량 계산

[그림 4-25]는 관 내 유동에서 관 내 유량을 측정하기 위하여 관 내부에 유동방향에 수직하게 오리피스를 설치한 경우이다.

점 ①, ②에서 베르누이방정식을 적용하면,

$$\frac{p_1}{\rho \cdot g} + \frac{v_1{}^2}{2 \cdot g} = \frac{p_2}{\rho \cdot g} + \frac{v_2{}^2}{2 \cdot g}$$

여기서, $\dfrac{p_1}{\rho g} - \dfrac{p_2}{\rho g} = h_1 - h_2 = h$ 이므로,

$$v_2 = C_v \sqrt{2g\left(h + \frac{v_1{}^2}{2g}\right)} \tag{4-86}$$

이 된다.

또, 연속방정식에 의하여 $v_1 = v_2 \cdot A_2 / A_1$ 이고, 수축계수 $C_c = A_2 / A_0$ 에서 $A_2 = C_c \cdot A_0$ 이므로,

$$v_2 = C_v \sqrt{\frac{2gh}{1 - C_v{}^2 \cdot C_c{}^2 \cdot (A_0/A_1)^2}} \tag{4-87}$$

또한, 유량계수 $C_d = C_c \cdot C_v$ 이므로 유량 Q는

$$Q = A_2 \cdot v_2 = C_c \cdot A_0 \cdot v_2 = C_c \cdot A_0 \sqrt{\frac{2gh}{1 - C_d^2 \cdot (A_0/A_1)^2}} \qquad (4-88)$$

이 된다.

대개의 경우 오리피스의 지름은 관의 지름의 1/5보다 작은 값을 사용하며 어느 경우에서나 사용이 가능한 계수 C를 도입하여 실제로는 식 (4-88)은 다음과 같이 사용된다.

$$Q = C \cdot A_0 \sqrt{\frac{2gh}{1 - (A_0/A_1)^2}} \qquad (4-89)$$

여기서, C를 유동계수(flow coefficient)라고 한다.

예 제

오리피스 지름이 $10\,\mathrm{mm}$이고, 흐름계수가 0.94인 살수노즐로부터 방수량을 측정하였더니 매분 $100\,\mathrm{L}$이었다면 방수압력은 몇 kPa인가?

┃풀 이┃ 연속방정식에 $v = C_v \sqrt{2gh}$ 을 대입하면,

$$Q = Av = AC_v \sqrt{2gh} = AC_v \sqrt{\frac{2p}{\rho}}$$

$$100 \times 10^{-3} \times \frac{1}{60} = \frac{\pi \times 0.01^2}{4} \times 0.94 \times \sqrt{\frac{p}{500}}$$

$$p = 254.82\,\mathrm{kPa}\,\text{이다.}$$

(2) 벤투리 미터

[그림 4-26]과 같이 벤투리 미터(Venturi Meter)는 관 내에 유동하는 유체의 압력 에너지의 일부를 속도에너지로 변환시켜 유량을 측정하는 기구로서 수축각이 $20°$ 내외인 수축부(convergent), 목부분(throat), $5\!\sim\!7°$ 확산되는 확산부(divergent)로 구성되어 있다.

벤투리 미터는 1797년 이탈리아의 Giovanni Basttia Venturi(1746~1822)가 처음으로 고안한 유량 측정장치인데 1887년에 미국의 Clemens Herchel(1842~1930)에 의해 응용되기 시작하여 널리 알려졌다.

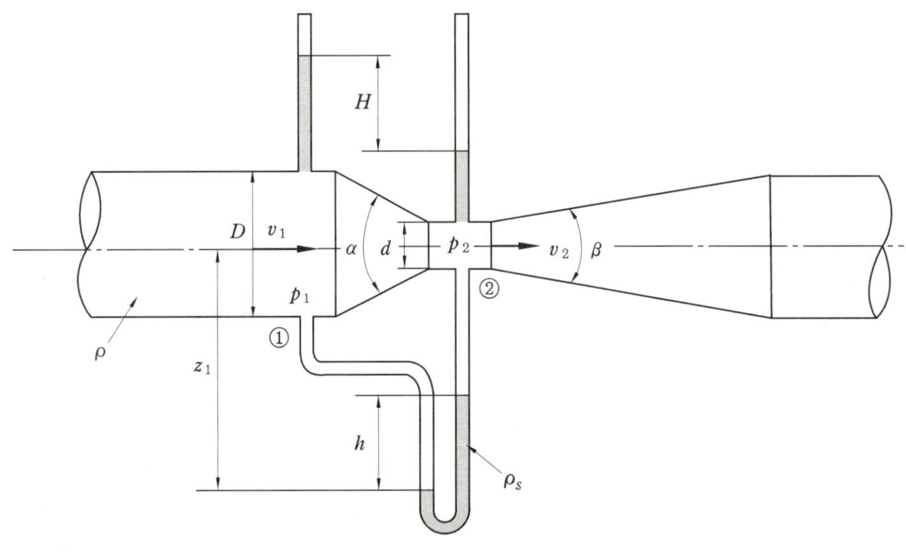

[그림 4-26] 벤투리 미터

　[그림 4-26]과 같이 수평으로 놓인 벤투리 미터의 입구 및 목 부분에서의 압력을 p_1, p_2, 유속을 v_1, v_2라 하면, 단면 ①, ② 사이의 흐름에 대한 에너지의 손실은 없으며 유체가 비압축성일 때,

$$\frac{p_1}{\rho \cdot g} + \frac{v_1^{\,2}}{2 \cdot g} = \frac{p_2}{\rho \cdot g} + \frac{v_2^{\,2}}{2 \cdot g}$$

이 된다. 다음에 통로 ①, ②의 단면적을 A_1, A_2라 하고 유량을 Q라 하면 연속방정식에서 $Q = A_1 \cdot v_1 = A_2 \cdot v_2$, $v_1 = v_2(A_2/A_1)$이므로 이것을 위의 식에 대입하여 정리하면 다음과 같다.

$$\frac{p_1 - p_2}{\rho \cdot g} = \frac{v_2^{\,2}}{2g}\left\{1 - \left(\frac{A_2}{A_1}\right)^2\right\} \tag{4-90}$$

식 (4-90)으로부터 목 부분의 유속 v_2가 계산된다.

$$v_2 = \frac{1}{\sqrt{1 - \left(\dfrac{A_2}{A_1}\right)^2}} \sqrt{2g\,\frac{p_1 - p_2}{\rho g}} \tag{4-91}$$

단면 ①, ②에 세운 피에조미터 액주의 차를 H라고 하면,

$$H = \frac{p_1 - p_2}{\rho g}$$

이므로, 유량 Q는

$$Q = A_2 \cdot v_2 = C_d \frac{A_2}{\sqrt{1 - \left(\dfrac{A_2}{A_1}\right)^2}} \sqrt{2\,g\,H} \tag{4-92}$$

이 된다.

만일 압력이 높아 단면 ①, ②에 시차 액주계를 달았을 때에는 액주의 높이차 H 를 측정하여 Q를 계산한다. 즉, 마노미터 액의 밀도를 $\rho_s\,(\rho_s > \rho)$, 그 높이를 h라 하면, 시차 액주계의 원리에 의해

$$\frac{p_1}{\rho \cdot g} + z_1 = \frac{\rho_s \cdot g \cdot h}{\rho \cdot g} + (z_1 - h) + \frac{p_2}{\rho \cdot g}$$

$$\frac{p_1 - p_2}{\rho \cdot g} = \frac{\rho_s \cdot h}{\rho} - h = \left(\frac{\rho_s}{\rho} - 1\right) h \tag{4-93}$$

식 (4-93)을 식 (4-91)에 대입하면, 유량 Q는 다음과 같다.

$$Q = C_d \frac{A_2}{\sqrt{1 - \left(\dfrac{A_2}{A_1}\right)^2}} \sqrt{2\,g\left(\frac{\rho_s}{\rho} - 1\right) h} \tag{4-94}$$

여기서, C_d는 유량계수이다.

┃보충 설명┃

입구 측의 경우

$$p_1 + \rho g h_1 = p_{1'} + \rho g z_1$$

출구 측의 경우

$$p_2 + \rho g h_2 = p_{2'} + \rho g z_2$$

$h_1 = h_2$이므로, 위의 두 식을 빼주고, $z_1 - z_2 = h$의 관계를 이용하면,

$$p_1 - p_2 = p_{1'} - p_{2'} + \rho g (z_1 - z_2) = p_{1'} - p_{2'} + \rho g h \tag{a}$$

의 관계가 있다.

아래의 압력계 유체에 대하여

$$p_1 + \rho_s g z_1 = p_2 + \rho_s g z_2$$

$$p_1 - p_2 = \rho_s g (z_1 - z_2) = \rho_s g h \tag{b}$$

양변을 ρg로 나눠주면,

$$\frac{p_1 - p_2}{\rho g} = \frac{p_{1'} - p_{2'}}{\rho} + h \tag{c}$$

$$\frac{p_1 - p_2}{\rho g} = \frac{\rho_s h}{\rho} \tag{d}$$

식 (c)와 식 (d)를 정리하면,

$$\frac{p_{1'} - p_{2'}}{\rho} + h = \frac{\rho_s h}{\rho}$$

$$\frac{p_{1'} - p_{2'}}{\rho} = \frac{\rho_s h}{\rho} - h = \left(\frac{\rho_s}{\rho} - 1\right) h \tag{e}$$

의 관계를 얻을 수 있다.

(3) 피토관

[그림 4-27]과 같이 장애물이 유체흐름 속에 놓이면, 유체흐름에 영향을 미쳐 점 ②에서와 같이 유체가 움직이지 않는 영역이 생긴다. 이 점을 정체점(stagnation point)이라 하고, 이 점에서의 압력을 정체 압력(stagnation pressure)이라 한다.

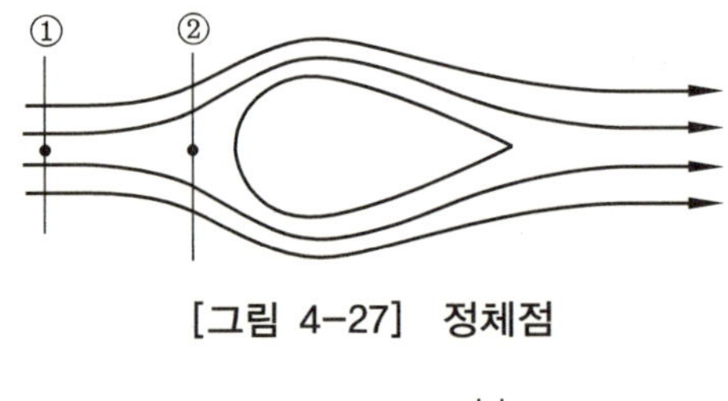

[그림 4-27] 정체점

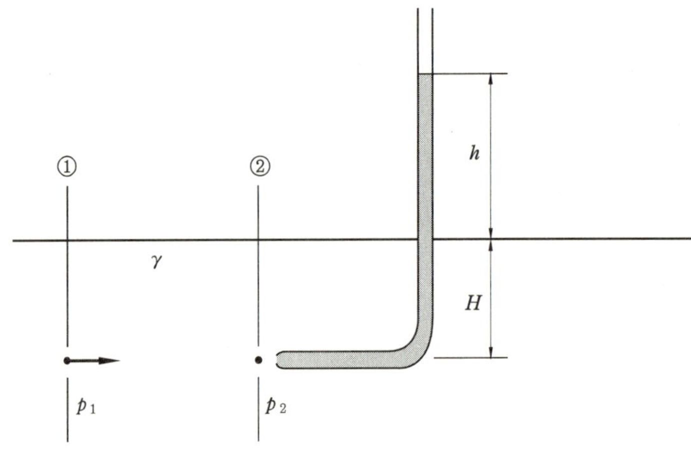

[그림 4-28] 피토관

피토관(pitot tube)은 양단이 개방되어 있는 한 개의 관을 직각으로 굽힌 것이며, 관의 한 끝을 흐름의 반대방향으로 놓고 다른 수직관 속에 유체의 전압에 상당하는 만큼 압력을 상승시켜 유속을 측정하는 계기이다.

[그림 4-28]과 같이 가는 관을 직각으로 구부려 흐르고 있는 물 속 깊이 H만큼 넣었을 때, 물이 가는 관을 통해 수면 위로 h만큼 상승한 후 정지하고, 관 속 물의 수직 높이$(H+h)$에 해당하는 압력과 점 ②에서의 압력이 평형을 이룬다. 따라서, 관 속의 물이 정지하므로 점 ②에서의 물도 정지하게 된다.

정체점인 점 ②에서의 정체압을 p_2, 점 ①에서의 정압을 p_1, 유속을 v_1이라 하고, 이를 베르누이방정식에 적용하면,

$$\frac{p_1}{\rho \cdot g} + \frac{v_1^{\,2}}{2 \cdot g} = \frac{p_2}{\rho \cdot g} + \frac{v_2^{\,2}}{2 \cdot g} = H + h \tag{4-95}$$

가 된다. 여기서, 점 ①에서의 압력 수두는 $\dfrac{p_1}{\rho g} = H$이고, 점 ②는 정체점이므로 $v_2 = 0$이 된다. 그러므로 식 (4-95)는 $\dfrac{v_1^{\,2}}{2g} = h$이므로,

$$v_1 = \sqrt{2gh} \tag{4-96}$$

이 된다. 즉, 수면에서 측정한 수주의 높이 h로부터 점 ①에서의 유속을 계산할 수 있다. 그리고 식 (4-95)에서 압력 p_2는

$$p_2 = p_1 + \frac{\rho v_1^{\,2}}{2} = \rho g (H + h) \tag{4-97}$$

가 되며, 이 압력 p_2는 정체압 또는 전압이라 한다. 또한, 식 (4-97)에서 p_1은 정압이고 $\dfrac{\rho v_1^{\,2}}{2}$은 동압이 된다.

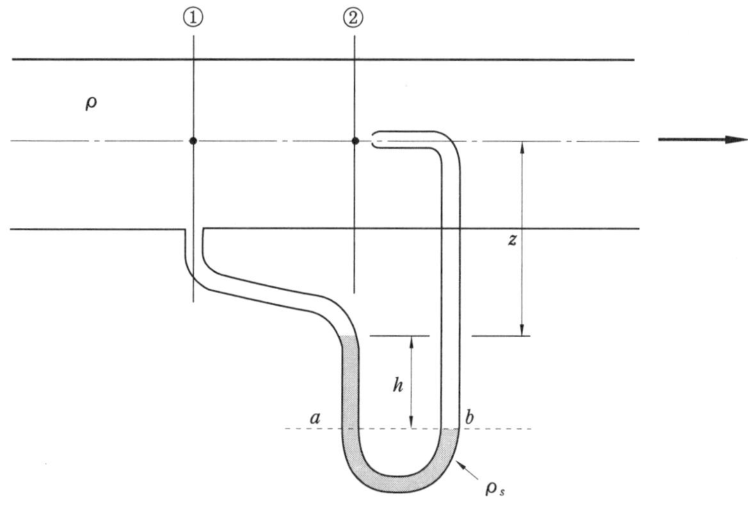

[그림 4-29] 피토 정압관

[그림 4-29]에서 관 벽과 직각으로 뚫은 작은 구멍에서 흐르는 유체의 정압을 잡고 피토관을 유체의 흐름과 반대로 향하게 놓아 전압을 잡은 후, 이 둘을 U자관 또는 시차 압력계의 양 끝을 연결한다. 이렇게 하여 단면 ①과 ② 사이에 베르누이방정식을 적용하면,

$$\frac{p_1}{\rho \cdot g} + \frac{v_1^2}{2 \cdot g} = \frac{p_2}{\rho \cdot g} + \frac{v_2^2}{2 \cdot g}$$

이고, 여기서, 점 ②는 정체점이므로 $v_2 = 0$이 되어 위의 식은

$$\frac{p_1 - p_2}{\rho \cdot g} = \frac{v_1^2}{2 \cdot g} \tag{4-98}$$

로 나타낼 수 있다.

그리고 U자관에서 기준면을 $a-b$로 하면 $a-b$ 단면에 작용하는 압력은 같으므로 단면 $a-b$에서의 압력은

$$p_1 + \rho g z + \rho_s g h = p_2 + \rho g (z + h)$$

이 되며, 이 식을 정리하면 다음과 같다.

$$\frac{p_1 - p_2}{\rho \cdot g} = \left(\frac{\rho_s}{\rho} - 1\right) h \tag{4-99}$$

식 (4-99)를 식 (4-98)에 대입하면,

$$\frac{p_1 - p_2}{\rho \cdot g} = \frac{v_1^2}{2 \cdot g} = \left(\frac{\rho_s}{\rho} - 1\right) h \tag{4-100}$$

가 되고, 따라서, 점 ①에서의 유속은 다음과 같다.

$$v_1 = \sqrt{\left(\frac{\rho_s}{\rho} - 1\right) 2 g h} \tag{4-101}$$

즉, 관로 속 어떤 점에서의 유체의 유속은 피토관을 유체흐름의 직각인 방향으로 이동시킴으로써 알 수 있다.

예 제

관지름이 $10\,\mathrm{mm}$인 직각으로 굽힌 유리관의 한쪽을 수면 바로 밑에 넣고, 다른 쪽은 연직으로 수면 위로 세워 수평방향으로 $40\,\mathrm{cm/s}$의 속도로 관을 움직이면 물은 관 속으로 몇 mm 상승하는지 계산하시오.

∥풀 이∥ $v = \sqrt{2gh}$ 에서

$$h = \frac{v^2}{2g} = \frac{0.4^2}{2 \times 9.8} = 0.00816 \, \text{m} = 8.16 \, \text{mm}$$

예 제

어떤 관로 속을 15℃, 101.3 kPa의 공기가 흐르고 있다. 이 속에 피토관을 장치하여 유속을 측정하였더니 U자관의 수은주의 차가 330 mmHg였다. 비압축성 흐름일 때 공기의 속도는 몇 m/s인가? (단, 15℃, 101.3 kPa에서의 공기 밀도는 1.225 kg/m^{3}이다.)

∥풀 이∥ 기류의 기압차는

$$\Delta p = 101.3 \times \frac{330}{760} = 43.99 \, \text{kPa}$$

공기의 속도는

$$v = \sqrt{\frac{2g(p_2 - p_1)}{\rho g}} = \sqrt{\frac{2\Delta p}{\rho}}$$

$$= \sqrt{\frac{2 \times 43.99 \times 10^3}{1.225}} = 268 \, \text{m/s}$$

6. 손실수두와 동력

이상유체에 관한 베르누이방정식의 적용 범위를 넓히기 위하여 손실수두 항을 첨가하면 실제 유체에 대해서도 이용할 수 있다.

점성효과로 인하여 흐르는 유체가 손실을 갖는다면 에너지 선은 수평 기준면과 평행하지 않다.

[그림 4-30]에서 단면 ②의 전 수두는 단면 ①의 전 수두보다 손실수두만큼 작을 것이므로 베르누이방정식은 다음과 같다.

$$\frac{p_1}{\rho \cdot g} + \frac{v_1{}^2}{2 \cdot g} + z_1 = \frac{p_2}{\rho \cdot g} + \frac{v_2{}^2}{2 \cdot g} + z_2 + h_L$$

[그림 4-30]의 좌측에서 단면 ①과 ② 사이에 펌프가 설치되어 유체가 펌프로부터 에너지를 공급받는다면,

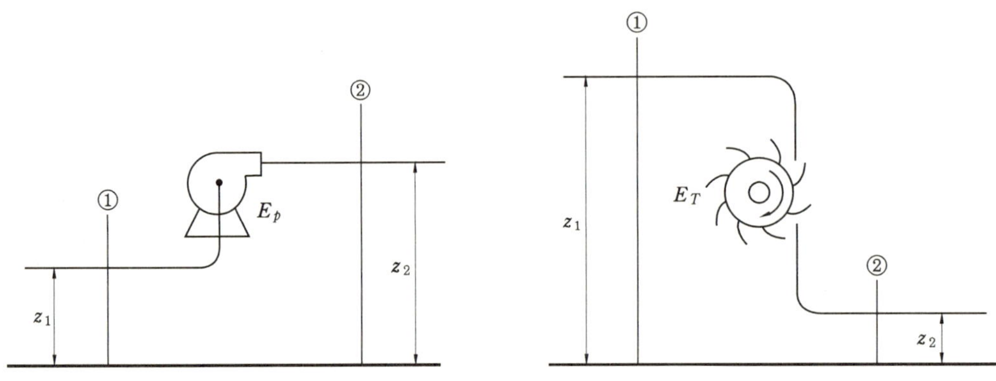

[그림 4-30] 유체 기체

$$\frac{p_1}{\rho \cdot g} + \frac{v_1{}^2}{2 \cdot g} + z_1 + E_P = \frac{p_2}{\rho \cdot g} + \frac{v_2{}^2}{2 \cdot g} + z_2 + h_L \tag{4-102}$$

과 같다. 또한, [그림 4-30]의 우측에서 단면 사이에 터빈이 설치되어 유체로부터 에너지를 빼앗아 간다면,

$$\frac{p_1}{\rho \cdot g} + \frac{v_1{}^2}{2 \cdot g} + z_1 = \frac{p_2}{\rho \cdot g} + \frac{v_2{}^2}{2 \cdot g} + z_2 + E_T + h_L \tag{4-103}$$

로 베르누이방정식을 수정하여 이용한다.

여기서, h_L은 손실수두, E_P는 펌프에너지, E_T는 터빈에너지로 각각 단위 중량의 유체가 잃는 에너지(J/N), 단위 중량의 유체가 공급받는 에너지(J/N), 단위 질량의 유체가 공급하는 에너지(J/N)를 의미한다.

펌프가 단위 질량의 유체에 E_P만큼 에너지를 공급한다면 단위 시간당의 에너지(J/s)는 동력(power)이므로 펌프의 동력 P는 다음 식과 같이 나타낼 수 있다.

$$P = E_P \times \rho g Q \tag{4-104}$$

7. 공동현상

액체는 포화증기압 이하의 압력에서 비등한다. 흐르는 유체도 마찬가지로 국소압력이 포화증기압으로 강하하면 기포가 발생하는 데 이러한 현상을 공동현상(cavitation)이라 한다. 기포는 액체 속에 용해되어 있던 기체가 분리되면서 액체가 기화된 기체와 합쳐서 생성된다.

액체 속에 용해된 기체량은 압력의 강하에 따라 감소하고 온도가 높아지면 증기압도 높아지므로 고압, 저온의 액체가 저압, 고온이 될수록 공동현상은 잘 발생한다. 벤투리미터의 목 부분과 같이 유로의 수축·확대부 또는 유체가 벽면을 따라 흐를 때 요철 부분이 있거나 굴곡부 등이 있으면 베르누이의 정리에 따라 유속은 커지고 따라서 압력은 떨어진다.

이때 압력이 그 온도에 있어서의 액체의 포화 증기압보다 더 내려가면 액체는 비등하게 되고 따라서 기포가 생성되어 공동현상이 일어나게 된다. 발생한 공동은 빠른 속도로 하류로 이동하다가 어느 시기에 이르면 액압에 의하여 파괴되고 이때 벽면에 충격을 주어 진동과 소음을 일으킨다.

공동현상에 의한 피해는 고체 경계면의 침식(erosion), 효율의 감소와 심한 진동 등이다. 침식의 직접적인 원인으로는 충격에 의한 손상이 주된 것이며 기포 중의 산소에 의한 산화 작용이 부식(corrosion)을 일으키기도 하고 전해작용에 의하여 부식이 일어나기도 한다.

공동현상이 문제가 되는 경우는 터빈, 펌프, 선박의 프로펠러와 같은 수력기계의 설계, 높은 댐의 하류구조론, 수중 고속 운동체 및 유압기계 관로 설계 등에서 고려해야 할 중요한 문제이다.

예 제

그림과 같은 관에 유량이 980 N/s인 40℃의 물이 흐르고 있다. ② 점에서 공동현상이 발생하지 않을 ① 점에서의 최소압력은 얼마인가? (단, 관의 손실은 무시하고 40℃ 물의 증기압은 55.324 mmHg abs.이다.)

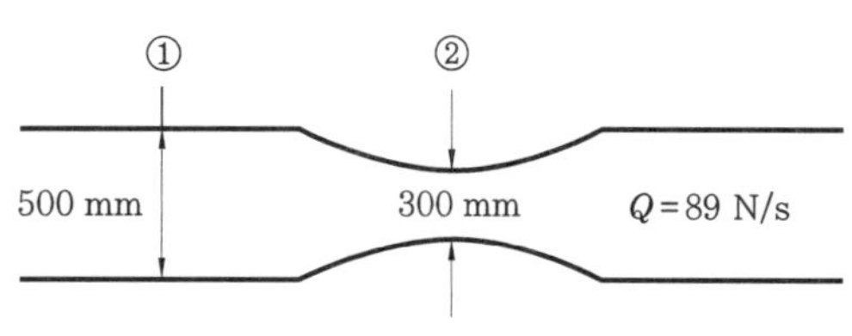

┃풀 이┃ 중량 유량을 체적 유량으로 환산하면,

$$Q = \frac{980 \text{ N/s}}{9800 \text{ N/m}^3} = 0.1 \text{ m}^3/\text{s}$$

연속방정식에 의하여

$$v_1 = \frac{Q}{A_1} = 0.51 \text{ m/s}, \quad v_2 = \frac{Q}{A_2} = 1.41 \text{ m/s}$$

베르누이방정식에서

$$p_1 = \frac{\rho \cdot (v_2{}^2 - v_1{}^2)}{2} + p_2 = 8240 \text{ N/m}^2 \text{ abs.}$$

따라서, ① 단면에서의 압력이 $8.24\,\mathrm{kPa\ abs.}$ 보다 낮으면 ② 단면에 공동현상이 발생한다.

<table>
<tr><td>**4-4**</td><td>**환기역학**</td></tr>
</table>

1. 공기 유동의 기초식

[그림 4-31 (a)]와 같은 관로 속을 화살표 방향으로 등온의 공기가 흐르고 있는 경우에, 제 1 단면과 제 2 단면 사이에 공기가 새지 않으면 양단면에서의 공기의 유량 Q_1, Q_2 $(\mathrm{m^3/s})$는 같으며,

$$Q_1 = Q_2 \tag{4-105}$$

이다. 또, 양단면에서의 유속을 v_1, $v_2(\mathrm{m/s})$, 단면적을 A_1, $A_2(\mathrm{m^2})$로 나타내면,

$$v_1 \cdot A_1 = v_2 \cdot A_2 \tag{4-106}$$

가 되며, 이것을 연속의 식이라고 한다. 이 식은 질량 보존의 법칙을 나타내고 있으며, 양쪽 단면에서 공기 온도가 다르면 유량에 공기의 비중량을 곱한 질량 유량에 대해 성립하는 것이다. [그림 4-31 (a)]의 경우는 양쪽 단면에서의 비중량을 γ_1, $\gamma_2(\mathrm{kgf/m^3})$라고 하면,

$$\gamma_1 \cdot v_1 \cdot A_1 = \gamma_2 \cdot v_2 \cdot A_2 \tag{4-107}$$

가 연속의 식이 된다.

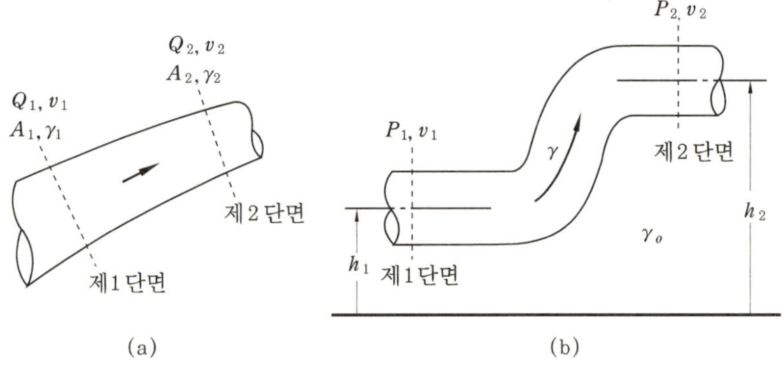

[그림 4-31] 베르누이 정리

[그림 4-31 (b)]의 관로에서의 공기가 가지는 에너지는 각 단면에서 같고, 그것을 마찰력이 작용하지 않는다고 가정한 완전유체(이상유체)에 대해 나타낸 식을 베르누이의 식이라고 한다. 이것을 현실적으로 마찰력이 작용하는 공기에 대해 수정하여 제 1 단면과 제 2 단면에 대해 적용하고 관 내의 온도가 일정하다고 가정하면 다음 식과 같이 된다.

$$P_1 + \frac{\gamma}{2g} v_1{}^2 + (\gamma_o - \gamma)(h_2 - h_1) = P_2 + \frac{\gamma}{2g} v_2{}^2 + \Delta P \tag{4-108}$$

여기서, P_1, P_2는 양 단면에서의 압력이며, g는 중력 가속도, γ는 관로 내의 공기 비중량이다. 좌변 제 3 항은 부력을 나타내고, γ_o는 외기의 공기 비중량을 나타낸다. h_1, h_2는 단면의 높이를 나타내나, $\gamma_o = \gamma$ 또는 $h_1 = h_2$의 경우에는 부력의 항은 없어진다. P_1, P_2는 양 단면에서의 정압이라고 하며, $\frac{\gamma}{2g} v_1{}^2$, $\frac{\gamma}{2g} v_2{}^2$는 양 단면에서의 운동에너지를 압력으로 나타낸 것으로 속도압이라고 한다. ΔP는 양 단면 간을 공기가 흐르는 사이에 마찰이나 와류(渦流) 때문에 열이 되어 상실되는 에너지를 나타내며 압력 손실이라고 한다.

2. 압력 손실

(1) 마찰 저항에 의한 압력 손실

관로 속을 흐르는 공기는 관벽의 마찰 저항에 의해 압력이 손실하고 열이 된다. 이것을 마찰 손실이라고 한다. 일반적으로 압력 손실 ΔP는 속도압과 관로길이 l에 비례하고 관지름 d에 반비례하며 다음 식으로 표시된다.

$$\Delta P = \lambda \frac{l}{d} \cdot \frac{\gamma}{2g} v^2 \tag{4-109}$$

여기서, λ는 마찰 계수(마찰 저항 계수)이다. 마찰 계수는 일정치는 않으며, 관벽 표면의 거칠기와 관 내의 흐름 상태를 나타내는 레이놀즈 수(Reynolds number) Re와 관계가 있다. 레이놀즈 수는 다음 식으로 표시된다.

$$Re = \frac{v d}{\nu} \tag{4-110}$$

여기서, v는 공기의 평균 유속 [m/s], d는 원관의 지름 [m], ν는 공기의 동점성계수 [m²/s]로서 20℃, 1기압의 공기에서는 1.513×10^{-5} m²/s 이다.

보통 레이놀즈 수가 2000 이하일 때는 매끄러운 관 내의 흐름은 층류(層流)가 되고, 유속은 시간적으로 일정하나, 레이놀즈 수가 2300 이상이 되면 난류(亂流)가 되고, 와류(渦流)의 발생 때문에 흐름은 복잡해지며, 유속이 시간적으로 불규칙한 변동을 하게 된다. 관벽의 거칠기와 레이놀즈 수에 따라 변화하는 λ의 값은 [그림 4-32]와 같다. 이것을 Moody 선도라고 하며, 각종 재료의 표면 거칠기는 〈표 4-2〉과 같다.

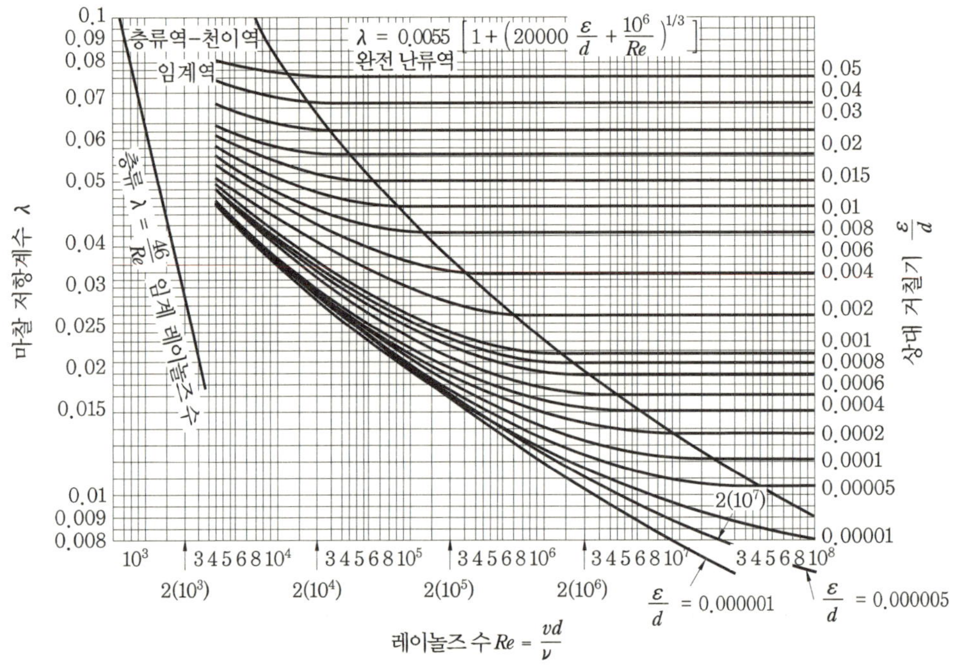

[그림 4-32] 마찰 저항 계수

〈표 4-2〉 각종 재료의 표면 거칠기 ε [m]

재　　　료	표면 거칠기
철 판 · 아 연 철 판	0.00015
콘　크　리　트	0.001
새　　강　　관	0.00005
리 벳 접 합 강 판	0.003

(2) 형상 저항에 의한 압력 손실

관로의 단면 형상이 변화하거나 꺾이거나 분기·합류하는 부분에서는 복잡한 와류 현상이 생기고 그로 인하여 압력 손실이 커진다. 이것을 국부 저항이라고 한다. 이 압력 손실은 일반적으로 속도압에 비례한다고 하여 다음 식으로 표시된다.

$$\Delta P = \zeta \frac{\gamma}{2g} v^2 \tag{4-111}$$

여기서, ζ는 압력 손실(국부 저항) 계수이고, 마찰 계수 λ와 같이 레이놀즈 수에 따라 변화하나 레이놀즈 수가 큰 실용 범위에서는 ζ는 일정한 값으로 볼 수 있다. 기타 자세한 내용들은 유체역학 서적을 참고하기 바란다.

3. 압력차와 풍량

[그림 4-33]에서 보는 바와 같이 건물 벽면의 개구부에 식 (4-109)를 적용한다. 단면 1, 2에서는 거의 풍속이 없고, $v_1 = v_2 = 0$이라고 하면 부력의 영향도 없으므로, 이 개구부에서의 압력 손실 ΔP는 식 (4-111)에서 단면 1과 단면 2에서의 압력의 차가 되고, 다음 식으로 표시된다.

$$\Delta P = P_1 - P_2 = \left(\zeta_1 + \lambda\frac{l}{d} + \zeta_2\right)\frac{\gamma}{2g}v^2 \tag{4-112}$$

여기서,

$$\zeta = \zeta_1 + \lambda\frac{l}{d} + \zeta_2 \tag{4-113}$$

라고 놓으면,

$$\Delta P = \zeta\frac{\gamma}{2g}v^2 \tag{4-114}$$

이 되고, 이 ζ를 개구부의 압력 손실 계수라고 한다.

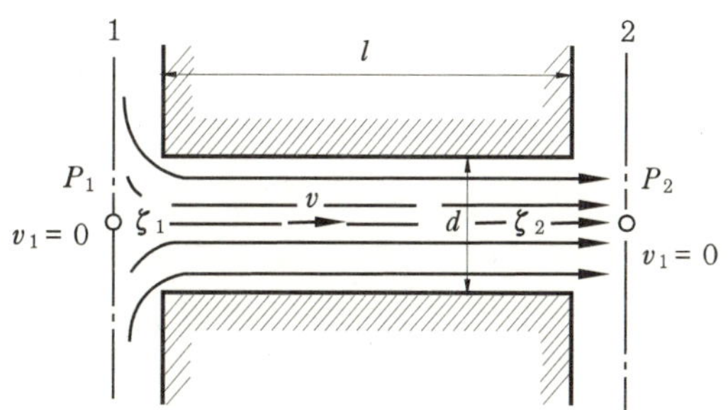

[그림 4-33] 건물 개구부의 흐름

$$\alpha = \frac{1}{\sqrt{\zeta}} \tag{4-115}$$

라고 놓으면, 식 (4-114)는

$$v = \alpha\sqrt{\frac{2g}{\gamma}\Delta P} \tag{4-116}$$

로 변형된다. 이때 이 α를 유속 계수 또는 유량 계수라고 한다. 여기서, 개구부의 단면적을 $A[\text{m}^2]$라고 하면, 기온 0~30℃의 범위에서는 $\sqrt{2g/\gamma} \fallingdotseq 4$가 되기 때문에 이 개구부의 통기량 Q는 다음 식으로 표시된다.

$$Q = vA \fallingdotseq 4\alpha A \sqrt{\Delta P} \tag{4-117}$$

여기서, αA는 실효 면적이라고 한다.

일반적으로 개구부 내외의 압력차가 ΔP일 때 통기량 Q는 다음 식으로 표시된다.

$$Q = Q_0 \cdot \Delta P^{1/n} \tag{4-118}$$

$$Q_0 = \alpha A \left(\frac{2g}{\gamma}\right)^{1/n}$$

모세관과 같은 틈새에서는 통과하는 공기의 유속이 작으므로 레이놀즈 수가 작아지며, 유속 또는 통기량은 압력차에 비례하고, 이때 $n = 1$이 된다. 큰 개구인 경우에는 $n = 2$가 된다. 그러나 창문이나 출입문 주위의 틈새와 같은 경우에는 $n = 1{\sim}2$의 중간 정도가 된다. 창문 새시의 틈새인 경우에는 틈새 $1\,\text{m}$당의 통기량과 압력차의 관계가 실험에 의해 측정되어 있으며 [그림 4-34]는 이것을 나타낸 것이다.

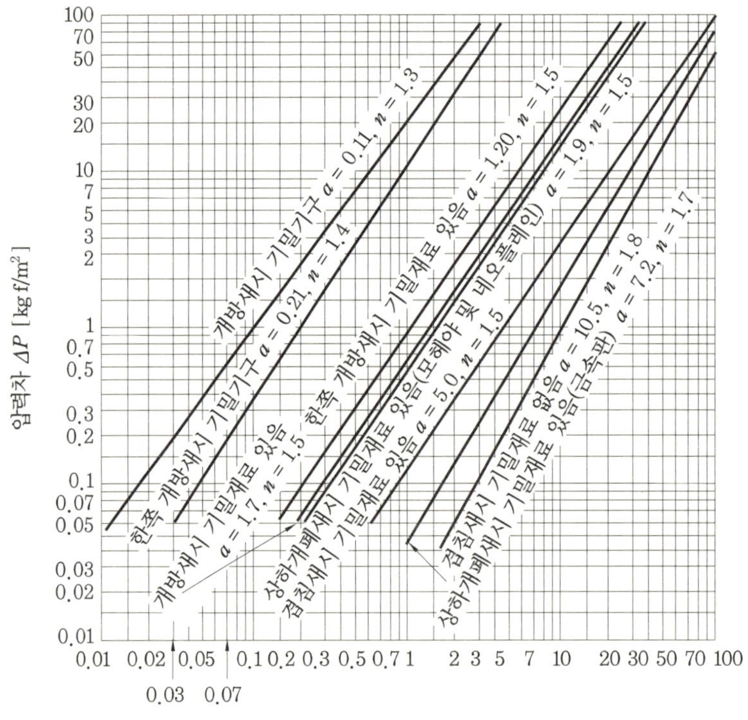

[그림 4-34] 금속제 새시의 통기 특성

4. 유량 계수의 결합

개구부가 몇 개의 병렬로 배열되어 있는 경우, [그림 4-35(a)]에는 전통기량 Q는 다음 식과 같이 된다.

$$Q = Q_1 + Q_2 + Q_3 + \cdots\cdots = 4\,\alpha A \,\sqrt{\Delta P} \tag{4-119}$$

$$\alpha A = \alpha_1 A_1 + \alpha_2 A_2 + \alpha_3 A_3 + \cdots\cdots$$

개구부가 직렬로 배열되어 있는 경우, [그림 4-36(b)]에는 각 개구부를 통과하는 통기량 Q는 똑같이 다음 식과 같이 된다.

$$Q = 4\,\alpha A \,\sqrt{\Delta P} \tag{4-120}$$

$$\left(\frac{1}{\alpha A}\right)^2 = \left(\frac{1}{\alpha_1 A_1}\right)^2 + \left(\frac{1}{\alpha_2 A_2}\right)^2 + \left(\frac{1}{\alpha_3 A_3}\right)^2 + \cdots\cdots$$

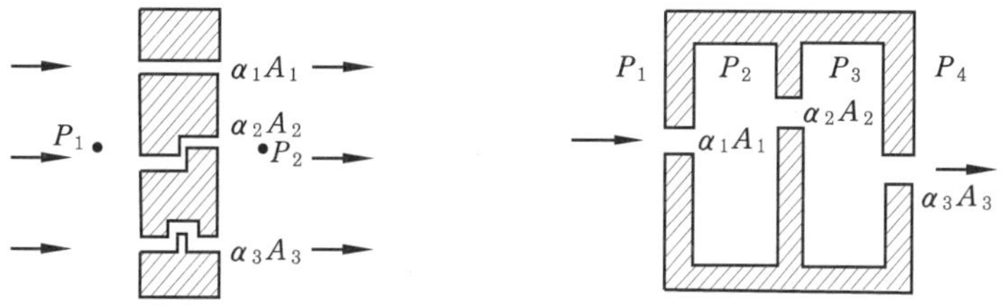

(a) 개구부가 병렬로 배열되어 있는 경우   (b) 개구부가 직렬로 배열되어 있는 경우

[그림 4-35] 개구부의 배열

5. 환기의 발생 원리

환기는 자연의 힘에 의해 발생하는 경우와 인공적으로 발생하는 경우가 있다. 전자를 자연 환기, 후자를 기계 환기라고 한다.

자연 환기에는 바람에 의한 풍력 환기, 온도차에 의한 중력 환기가 있으며, 기계 환기는 환기팬이나 송풍기 등의 기계적인 힘을 이용하여 강제로 환기를 하는 것으로, 제 1 종, 2 종 그리고 3 종 환기로 구분하기도 한다.

(1) 바람에 의한 환기(풍력 환기)

자연풍이 건물에 부딪치면 그 건물 주위에 복잡한 기류가 생긴다. 이 기류에 의해 건물의 주벽에 생기는 압력 P_w와 자연풍의 속도압과의 비를 C라고 하고, 그 위치에서의 정지 외기압을 기준으로 하면, 다음 식으로 표시된다.

$$P_w = C \frac{\gamma}{2g} v^2 \tag{4-121}$$

여기서, v는 자연풍의 풍속이며, 계수 C는 풍압 계수라고 한다. 풍압 계수 C의 값은 풍향에 대한 벽의 방향이나 건물의 형상에 따라 복잡한 분포를 나타내고 있으나 환기 계산의 경우에는 하나의 벽면에서 일률적으로 가정하는 경우가 많다. 풍동 실험에서 얻어진 풍압 계수 C의 보기를 들면 [그림 4-36]과 같다.

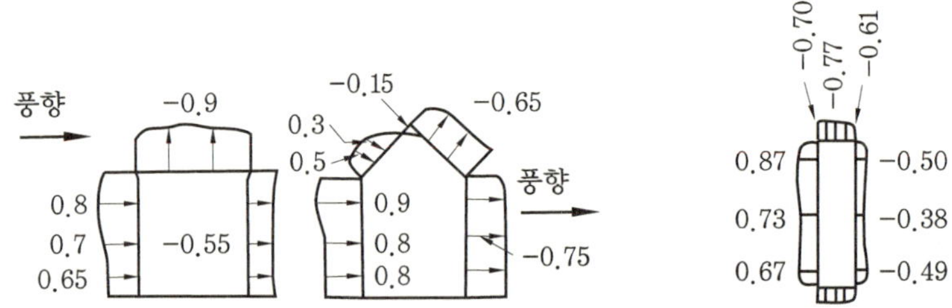

[그림 4-36] 독립 건물의 풍압 계수

건물에서의 환기량은 압력차가 커지면 증가하게 되며, 심지어 창문이 닫혀있는 경우에도 극간풍(infiltration)에 의한 환기가 일어나기도 한다.

위의 식을 중력 환기량 계산식에 대입하면 풍력 환기량식이 유도된다.

$$Q = \alpha \cdot A \sqrt{\frac{2g}{\gamma_{air}} \Delta p} = \alpha \cdot A \cdot v \sqrt{C(= c_f - c_b)} \tag{4-122}$$

여기서, c_f, c_b는 각각 정압 측과 부압 측의 풍압 계수이다.

위의 식에서 알 수 있듯이 풍력 환기량은 풍속에 비례하지만 $(c_f - c_b)$도 환기량에 영향을 주는 중요한 요소가 됨을 알 수 있다.

2개의 개구부 중 하나를 정압 측에서 c_f의 절대값이 최대가 되는 위치로 하고, 다른 하나를 부압 측에서 c_b의 절대값이 최대가 되는 위치로 하면,

$$(c_f - c_b) = |c_f| + |c_b| \tag{4-123}$$

이 되어 Q는 최대가 된다. 또한, 정압 측에만 2개의 개구부를 설치하면 $(c_f - c_b)$가 되고, 부압 측에만 설치하면 $-c_f - (-c_b) = c_b - c_f$가 되며, $|c_f| = |c_b|$이면 어느 경우에도 $Q = 0$이 되므로 환기가 발생하지 않게 된다.

풍력 환기를 효과적으로 이용하기 위해서는 그 지역의 주풍향을 알아두어야 하며, 풍향은 국지적으로는 인접 건물 등의 영향에 의해 변화하므로, 주풍향에 대하

여 45° 정도의 치우침을 고려해야 한다. 그리고 풍력 환기는 바람이 있을 때에만
발생하고, 중력 환기는 항상 발생하는 것이므로, 만약 이 두 가지가 동시에 발생하
게 될 경우, 양자가 서로 상쇄되지 않도록 개구부의 위치에 주의해야 한다.

한편, 환기는 불감기류에 의한 실내 공기의 교체가 목적인 반면, 통풍은 재실자
로의 체감기류를 고려하여 신체로부터 열의 방산을 촉진하며 실내 기후의 쾌적함을
도모하기 위한 것이다. 따라서, 통풍에서는 풍량보다 오히려 풍속과 유동 경로가
더 중요하게 된다.

유속은 1~0.5 m/s가 적당하고, 취침 시에도 0.3 m/s 정도의 움직임이 있는 것
이 좋다. 또한, 유동 경로는 바람의 유출구 위치에 좌우되는 경우가 많다. 실의 체
적에 비하여 창의 면적이 작으면 창에서 유속이 커도 실내에서 곧 소멸되어 버린
다. 이 때문에 [그림 4-37]과 같이 통풍의 계획에 있어 유입구는 가능하면 크게 하
고 유·출입은 분산 배치하여 유동 경로를 한정시키지 않으며, 실내에서의 유속과
함께 유동 경로의 조절을 가능하게 하는 것이 바람직하다.

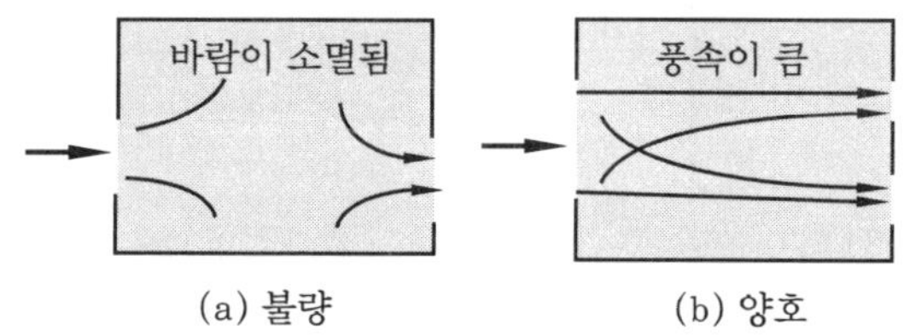

[그림 4-37] 개구부와 실내 풍속

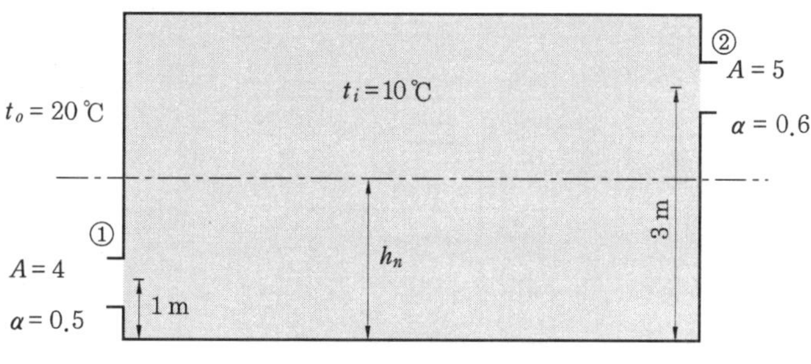

[그림 4-38] 예제 그림

[그림 4-38]에서 창 ②에서, $v = 1\,\text{m/s}$ 의 바람이 불고, $c_f = 0.7$, $c_b = -0.5$라
고 할 경우, 풍력 환기량을 계산하면 다음과 같다.
개구부 2개가 직렬로 배치되어 있으므로,

$$\left(\frac{1}{\alpha A}\right)^2 = \left(\frac{1}{\alpha_1 A_1}\right)^2 + \left(\frac{1}{\alpha_2 A_2}\right)^2$$ 이므로, 대입하여 정리하면 $\alpha A \fallingdotseq 1.7$이다. 따라서, 위의 식에 대입하면,

$$Q = \alpha \cdot A \cdot v \sqrt{C(= c_f - c_b)} = 1.7 \cdot 1 \sqrt{0.7 + 0.5} = 1.86 \ \mathrm{m^3/s}$$ 가 된다.

(2) 온도차에 의한 환기(중력 환기)

실내가 외기에 비해 고온일 경우, 공기의 온도에 의한 밀도 변화로 인하여 실내에는 가벼운 공기, 밖에는 무거운 공기가 존재하게 된다. 이 때문에 무거운 외기는 아래쪽에서 실내로 들어오려 하고, 가벼운 실내 공기는 위쪽에서 밖으로 나가려고 한다. 이것이 중력 환기의 기본 원리이며, 연돌 효과(굴뚝 효과 : stack effect)라고 한다.

공기의 흐름은 압력차(기압차)에 의해 발생하므로, 이런 경우에는 실내 표면에 [그림 4-39]과 같은 압력차 분포를 생각할 수 있다. 그리고 그 중간에 압력차가 0이 되는 곳이 생기는데, 이를 중성대(neutral zone)라고 한다.

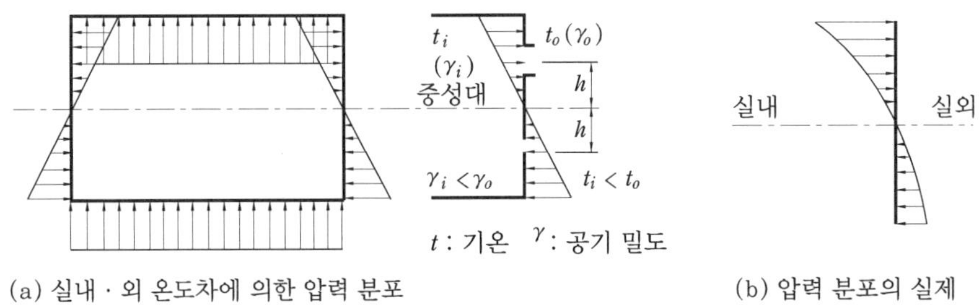

(a) 실내·외 온도차에 의한 압력 분포　　　(b) 압력 분포의 실제

[그림 4-39]　중성대 및 실제 압력 분포

중력 환기의 경우, [그림 4-40]과 같이 일반적으로는 중성대의 하부가 공기의 유입 측이 되고 상부는 공기의 유출 측이 된다. 실온이 냉방 등에 의해 외기보다 낮은 경우에는 이 반대로 되어 중성대의 상부가 유입 측이 되고 하부가 유출 측이 된다.

(a) 높이 차가 없는 경우의 중력 환기　　　(b) 높이 차가 있는 경우의 중력 환기

[그림 4-40]　개구부의 위치와 중력 환기

㉮ 환기량의 계산

개구부의 전후에 압력차가 있으면 압력이 높은 곳에서 낮은 곳으로 공기가 흐른

다. 따라서, 압력차를 $\Delta p \,[\mathrm{kg/m^2}]$라고 하면, 개구부 $A\,[\mathrm{m^2}]$를 통과하는 환기량 Q $[\mathrm{m^3/s}]$는 베르누이(Bernoulli)의 정리에 근거하여 다음 식으로 나타낼 수 있다.

$$Q = \alpha \cdot A \sqrt{\frac{2g}{\gamma_{air}} \Delta p} \tag{4-124}$$

여기서, α는 유량 계수라고 하며, 개구부의 치수나 벽 두께 등에 의해 결정되는데 개구부 전후의 압력차에 의해서 발생하는 이상적 유량의 저항에 의한 손실을 고려한 실효율이라고 할 수 있다.

γ_{air}는 공기의 비중량$(\mathrm{kgf/m^3})$이며, g는 중력가속도$(9.8\,\mathrm{m/s^2})$이다.

실내 공기의 비중량을 γ_i라 하고 외기의 비중량을 γ_o로 하면, 중성대로부터 $h\,[\mathrm{m}]$인 거리의 점에서의 압력차 Δp_h는 실내온도가 외기보다 높을 때, 즉 $\gamma_i < \gamma_e$일 때는 [그림 4-41]과 같이

$$\Delta p_h = (\gamma_o - \gamma_i)\, h \tag{4-125}$$

그리고 위의 식을 바닥에서의 높이를 h, 중성대의 높이를 h_n이라고 하면, 다음과 같다.

$$\Delta p_h = (\gamma_o - \gamma_i)(h - h_n) \tag{4-126}$$

가 된다. [그림 4-41]은 이러한 Δp_h의 분포를 나타낸 것이다.

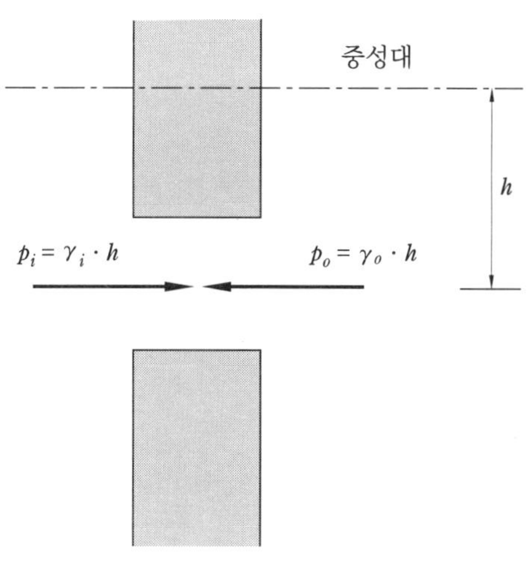

[그림 4-41] 개구부 전후의 압력차

위의 식을 대입하여 정리하면, 중력 환기량 Q가 계산된다.

$$Q = \alpha \cdot A \sqrt{\frac{2g}{\gamma_o}(\gamma_o - \gamma_i)\, h} \qquad (4-127)$$

공기의 밀도는 절대 온도에 반비례하므로 실내·외 온도를 t_i, $t_o[\text{℃}]$로 하면, 위의 식은 다음과 같이 된다.

$$Q = \alpha \cdot A \sqrt{2gh\left(1 - \frac{273 + t_o}{273 + t_i}\right)} \qquad (4-128)$$

이 식에 의하면 자연 환기량은 실내·외 온도차가 클수록, 또 중성대로부터의 공기 유입구 또는 유출구까지의 높이가 클수록, 개구부 면적에 비례하여 증가한다는 것을 알 수 있다.

앞의 [그림 4-38]과 같은 실의 중력 환기량을 계산해 보도록 하자. 단, 외기 온도는 20℃, 실내 온도는 10℃라고 가정하며, 기타 개구부의 위치 및 면적, 유량 계수는 [그림 4-38]과 같다고 한다.

이 경우 가장 먼저 중성대의 높이를 계산해야 한다. 이것은 유입 측과 유출 측에서의 유량이 동일하다는 조건으로부터 식 (4-127)을 이용하여 정리하면,

$$\frac{h_n - 1}{3 - h_n} = \frac{(0.6 \times 5)^2}{(0.5 \times 4)^2}$$

로부터, 중성대의 높이 h_n는 약 $2.4\,\text{m}$임을 알 수 있다.

따라서, 중력 환기량 Q는 다음과 같다.

$$Q = \alpha \cdot A \sqrt{2gh\left(1 - \frac{273 + t_o}{273 + t_i}\right)}$$

$$= 0.5 \times 4 \sqrt{2 \times 9.8 \times 1.4 \left(1 - \frac{273 + 20}{273 + 10}\right)} = 1.94\,\text{m}^3/\text{s}$$

(3) 송풍기에 의한 환기(기계 환기)

기계 환기는 건물이나 실내에 적당한 급기구나 배기구를 설치하여 송풍기(팬)를 사용하여 강제적으로 외부의 공기를 끌어들이고, 실내 공기를 밖으로 배출하는 것으로서, 자연력에 그다지 좌우되지 않고 일정한 환기량을 유지할 수 있다. 일반적으로 송풍기에 의해 발생하는 압력은 유량에 따라 다르며, 유량에 의한 전압, 효율, 축동력 등의 변화를 나타낸 것을 송풍기의 특성 곡선이라고 한다. [그림 4-42]는 그 일례를 나타낸 것이다.

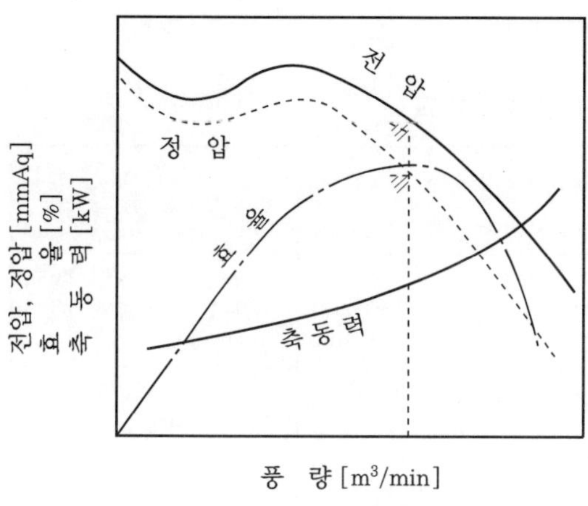

[그림 4-42] 송풍기의 특성 곡선

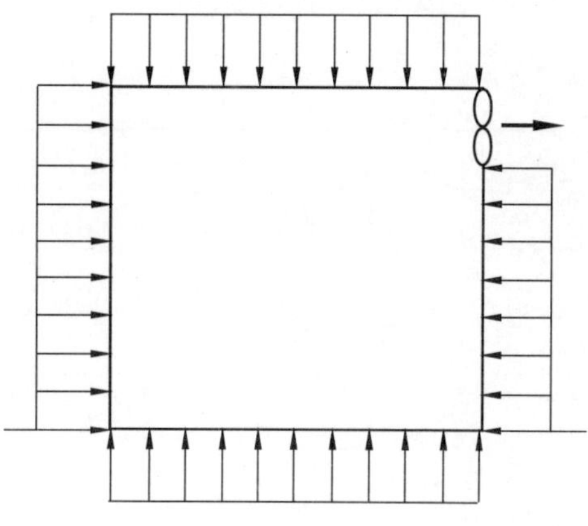

[그림 4-43] 송풍기에 의한 압력 분포

송풍기라 하더라도 그다지 압력이 높아지지 않는 환기 팬 같은 경우에는 바람 압력이 큰 경우나 고층 빌딩 등에서 온도차에 의한 연돌 효과 때문에 환기 성능이 크게 저하하는 경우가 있으므로 주의를 요한다. 송풍기에 의한 압력차의 발생은 [그림 4-43]과 같이 실의 벽, 바닥, 천장 등 모든 면에 대해 같은 압력을 작용시킨다.

이러한 기계 환기를 송풍기의 사용방법에 따라 다음의 세 종류로 분류된다.

㉮ 제 1 종 환기법 : 급·배기 모두 기계적인 힘(송풍기)을 이용하는 방법이다. 이 방법은 설비비는 높아지지만 급·배기의 균형이 이루어져 있으며 실내·외의 압력차가 없고 창이나 문의 개폐에 따른 다른 공간에의 영향도 없으므로, 환기량도 다른 환기법보다 안정되어 있다. 이 때문에 영화관이나 극장 등에서 객석이 큰 경우나 지하 건축물에서는 이 방법이 적당하다.

㉯ 제 2 종 환기법 : 급기는 송풍기에 의해 하고, 배기는 자연 배기 방식으로 하는 방법이다. 이 방법은 기계적인 방법으로 급기를 하므로 실내의 압력이 외부보다 높아지고, 공기가 실외로부터 유입되는 경우는 적다. 이로 인해 병원의 수술실과 같이 외부 오염공기의 침투를 피해야 하는 장소에 적당하다.

㉰ 제 3 종 환기법 : 급기는 자연적인 힘에 의해 하고, 배기는 송풍기에 의한 방법이다. 이 방법은 기계적인 방법으로 배기를 하므로 실내의 압력이 외부보다 낮아지고, 실내의 공기가 외부로 새어나가는 경우가 적다. 이 때문에 화장실이나 부엌, 욕실 등에 적용하면 취기나 수증기가 다른 곳으로 새어나가는 것을 방지할 수 있어 적당하다.

㉱ 교류 환기법 : 하나의 환기 시스템을 통해 급기와 배기가 순차적으로 반복되면서 실내의 압력을 정압과 부압이 반복되어 형성하는 방식이다. 이 방법은 실내의 압력을 과도하게 정압 또는 부압이 형성되지 않도록 급기와 배기의 주기를 조절하면, 제 1 종 환기와 유사한 효과를 얻을 수 있으며 또한, 환기 시스템 내부에 축열식 열교환

기를 설치하면 폐열회수도 가능한 장점이 있다.

<표 4-3> 환기 방식의 비교

구 분	기존 개념 (직류 환기)			신 개 념
	제1종 환기	제2종 환기	제3종 환기	교류 환기
개 념	기계 급기, 기계 배기	기계 급기, 자연 배기	자연 급기, 기계 배기	기계 급기, 자연 배기 자연 급기, 기계 배기 (반복)
시스템 효과	실내압 조정 가능 (임의)	실내는 가압되면서 타실에서 발생하는 먼지 등의 유입을 방지	실내의 국소에서 배기를 하고 실전체를 부압으로 하여 오염 공기확산 방지	실내압 정압, 부압 반복
용 도	빌딩, 주택, 사무실	수술실, 클린룸	주방, 욕실	아파트, 주택, 사무실
설정 포인트	급기를 확실히 확보 실내압 균형 유지 폐열회수 가능	실내압을 정압으로 유지 외기 먼지 유입 방지	실내압을 부압으로 유지 국소박이 가능 오염공기 확산 방지	급기를 확실히 확보 무덕트 방식 적합 폐열회수 가능

(주) 백창인, 주택환기 시스템 시장의 전망 및 기술개발 동향, 설비저널, 제34권 제1호

6. 공동주택 환기 시스템

　최근 공동주택은 조망권의 확보와 토지이용의 효율성을 높이기 위하여 초고층화 되고 건물의 형태도 에너지 절감과 사생활 보호를 위해 고기밀, 고단열화 되어 자연 환기에 의한 실내 공기질 개선은 매우 어렵게 되었다. 게다가, 창을 열어 자연 환기를 시키더라도 오염된 외부 공기와 소음으로 인해 쾌적한 실내 환경을 유지하기 어려울 뿐만 아니라 냉·난방 시 환기는 많은 에너지 손실을 초래하여 국가적인 에너지 문제로 대두되고 있는 실정이다.

　한편, 신축 건물의 경우 실내 건축자재나 내장재에서 발생하는 오염물질로 인한 부작용과 환기 부족에 의한 새집증후군(sick house syndrome)을 해결하기 위하여 2004년 5월 31일부로 다중이용시설 실내 공기질 관리법이 실행되었으며, 2006년부터는 아파트 등급표기제가 실시됨과 동시에 실내 공기질 개선을 위하여 공동주택에 환기 시설을 의무적으로 설치하도록 함으로써 공동주택의 환기를 설계부터 계획적으로 반영하도록 규정하고 있다.

　이러한 공동주택의 실내 환기 시스템은 크게 주거 공간의 환기, 주방 환기, 욕실 환기로 구분되고, 이 세 가지 환기 시스템이 개별 또는 연동 운전하여 최적의 실내 공기 및 열환경을 조성하도록 되어 있다. 이러한 환기 시스템에 대하여 구체적으로 살펴보면, 다음과 같다.

(1) 주거 공간 환기 시스템

세대 내의 주거 공간은 일상적인 생활, 수면, 휴식 등이 이루어지며 점유 시간도 가장 많이 차지하는 공간이다. 따라서, 주거 공간은 24시간 신선한 공기가 공급되고, 오염된 공기는 배출시켜 주는 쾌적 공간으로서의 조건을 만족시켜야 한다. 현재 공동주택에 주로 적용되고 있는 환기 방식은 동시 급·배기 기능과 에너지회수 기능을 가진 열교환 환기 시스템이 주를 이루고 있으므로, 공동주택 실내 공기질 향상을 위하여 다양한 건축구조 및 시공 방법에 적합하도록 각종 열교환기 방식을 검토하여 각각의 조건에 따른 가장 적절한 환기 방법을 채택해야 한다.

㉮ 급·배기구 최적 설치 방안

공동 주택에서도 역시 전열교환기의 급·배기구 위치에 따라 기류의 형성은 물론 환기 효율에도 현저한 차이가 있다. 대형 주상복합에서 선호하고 있는 '개별 급·배기구 방식'[그림 4-44(a)]는 독립적이고 환기 성능이 좋으며 실별 제어가 가능하다는 이점은 있으나, 각 실의 풍량 제어 및 균형을 맞추기가 어렵고 덕트공사 비용이 증가되는 단점이 있다. 반면에 '각실 급기, 비청정지역 배기 방식'[그림 4-44(b)]는 청정지역에서 비청정지역으로 기류의 형성을 유도하며 환기하는 방식으로 원가적인 면에서 유리하며 환기 효율도 양호한 것으로 나타났다.

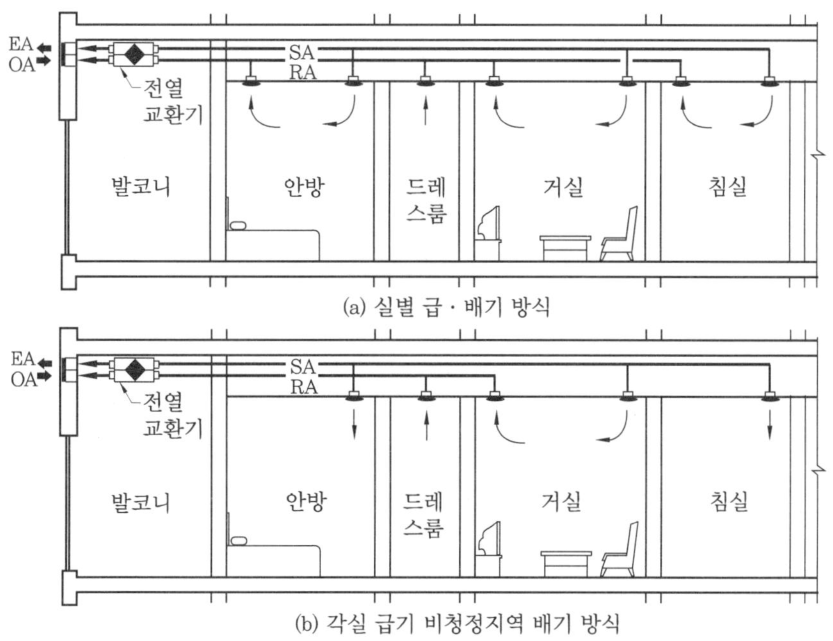

[그림 4-44] 환기 시스템의 급·배기구 최적 설치 방안

㉯ 첨단 부가기능의 적용

주거 생활의 웰빙(well-being)화에 따라 기존 전열교환기에 가습장치, 청정장치, 건조장치, 산소발생장치 등 다수 첨단 부가기능이 적용된 다양한 시스템을 선보이고 있다.

[그림 4-45]는 개별 공기청정기의 설치 없이 세대용 공기청정기를 전열교환기와 연계시켜 작동시키는 시스템으로 전열교환기가 정지하였을 때에도 공기청정기가 독립적으로 작동할 수 있도록 하여 실내공기를 순환시키는 방식이다.

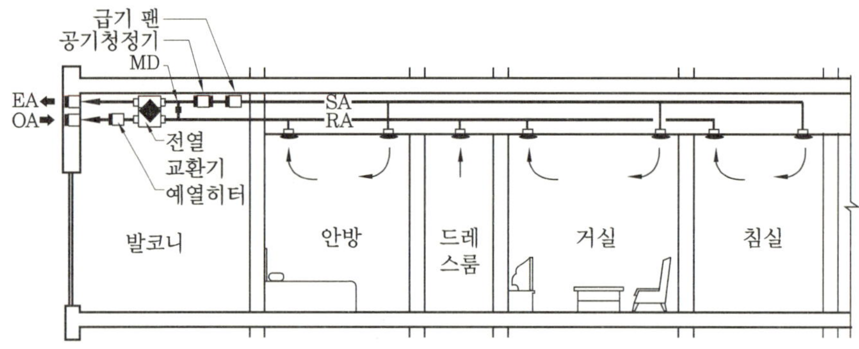

[그림 4-45] 세대 공기청정장치가 적용된 환기 시스템

㉰ 실외기 및 실내기 분리형 전열교환기의 적용

열교환기가 내장된 실외기는 발코니에 위치하고 내부에 설치된 실내기는 천장에 설치된 디퓨저와는 달리 외형이 수려하여 침실 및 거실에 설치해도 무난하게 디자인되었다.

실내기 자체에는 공기청정장치와 가습장치를 가질 수 있어 별도의 부가장치가 필요 없으며 개별 제어기가 있어 사용자의 선택에 의해 운전할 수가 있도록 되어 있다 [그림 4-46]. 실내기의 설치는 천장 또는 벽체에 매립 박스의 선시공으로 용이하게 설치할 수 있다.

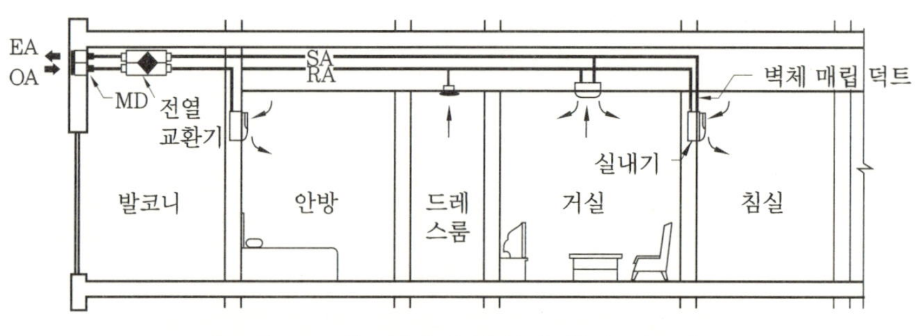

[그림 4-46] 실내기 방식의 환기 시스템

㉜ 급·배기 덕트 바닥 매립 방안

공동주택에서의 층고의 상승은 곧 원가의 상승이다. 2005년 이후부터는 개정된 소방법에 의하여 공동주택 전 층에 스프링클러가 설치되기 때문에 천장의 설비 설치 공간이 확보된다지만 여유가 없는 공간이므로 덕트와 소화배관의 간섭을 피하기는 어렵다.

이에 비하여 비교적 간섭이 적으며 공동주택의 최소 환기량을 취할 수 있는 시스템이 덕트 바닥 매립 방식이다[그림 4-47]. 그 예로 최근 개발된 온돌 바닥열을 이용한 열교환 급기 시스템을 볼 수 있다.

하지만 급기만 하는 제2종 환기 방식의 시스템은 밀폐된 실내에서는 정압의 발생으로 인해 벽체에서의 결로현상 등의 부작용이 예상되므로, 이에 대한 검토가 반드시 필요하다.

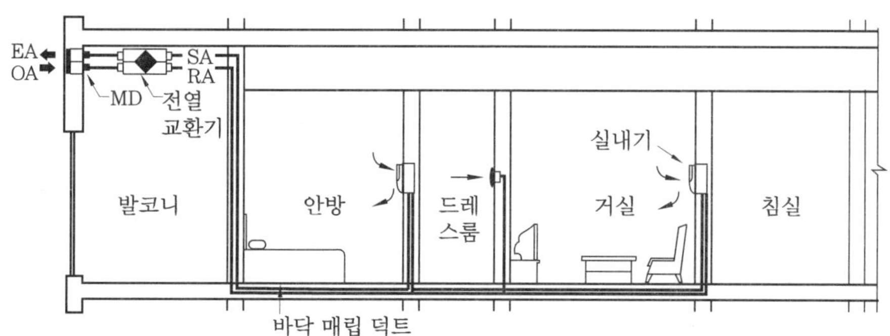

[그림 4-47] 덕트 바닥 매립 환기 시스템

실제적으로 덕트 바닥 매립을 이용하는 경우는 덕트 크기의 제약으로 풍량은 실내 최소 급기량(환기 횟수 0.5회)을 만족시키는 정도이며, 덕트길이가 길어짐에 따라 많은 정압 손실이 발생하므로 최근에 개발된 변정압 정풍량 팬의 적용으로 거실 및 안방 정도의 짧은 거리에서 활용될 수 있다.

㉣ 무덕트 환기 시스템

덕트 설치 공간이 없거나 일부 국부적인 환기가 요구될 때 이용될 수 있으며, 외부와 면한 실의 발코니에 설치되어 실내로 직접 급·배기하는 방식이다[그림 4-48]. 설치 공간이 협소한 일반 아파트 등에 설치가 가능하도록 소형이며, 덕트가 필요 없다는 것이 장점이나 설치 위치에 제약을 받기 때문에 설계 시점부터 반영이 된다면 적은 비용으로 환기 효율을 높일 수 있는 가장 좋은 방법이다.

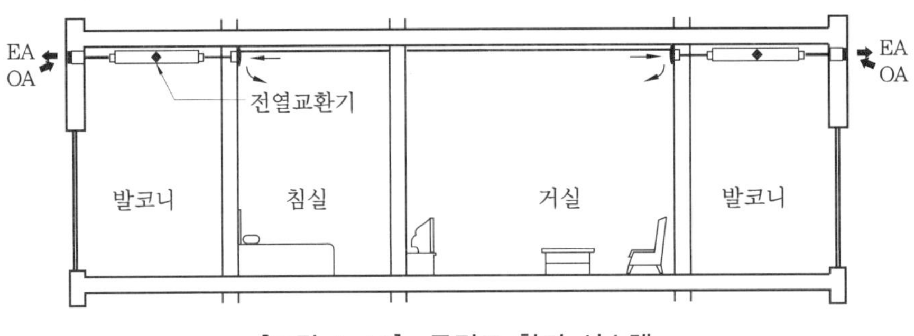

[그림 4-48] 무덕트 환기 시스템

⑭ 주방 배기후드 연동 환기 시스템

세대 환기에 있어서 주방 환기는 주거 영역 쾌적도에 지대한 영향을 미친다. 특히 밀폐된 공간에서 주방 배기후드의 작동에 의한 주거 환기의 불균형은 기류흐름에 방해를 유발하므로 해결 방안으로 공기를 공급하여 풍량의 균형을 유지하거나 또는 주거 공간의 환기와 주방 환기의 연동을 통해 주방 환기의 성능향상을 고려해야만 한다.

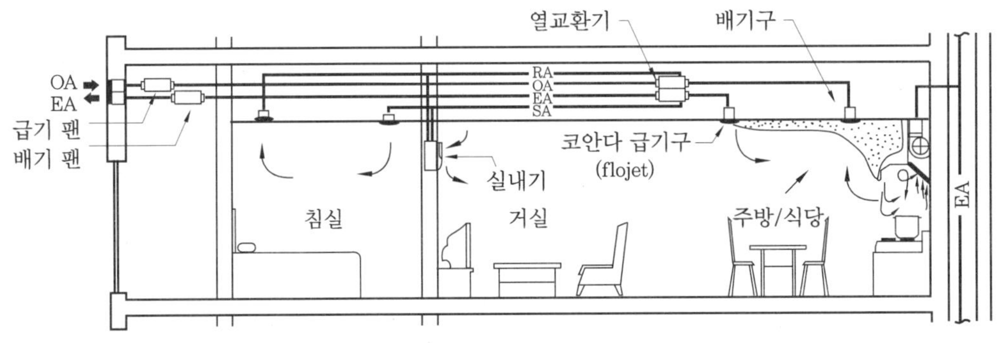

[그림 4-49] 배기후드 연동 급·배기 전환 환기 시스템

[그림 4-49]는 거주 공간의 환기와 주방 환기가 교차연동 운전되는 환기 시스템이다. 열교환 소자는 주방 보조 배기와 공용으로 사용하기 때문에 전열교환기의 적용은 어렵고 현열교환기를 사용하고 있다. 주방 환기 모드는 열교환기 내의 댐퍼작동에 의해 전환 운전된다.

이 시스템은 열교환기를 거쳐 주방 급기가 이루어지므로 별도의 예열히터와 급기 팬이 필요 없으며, 주방 환기 운전에서도 열교환을 할 수 있는 장점은 가지나 주방에서의 발생된 냄새가 열교환기 내에 흡착되어 주방 환기 모드에서 거주 공간 환기 모드로 전환 시 기밀 유지가 어려운 점과 이로 인해 냄새가 전이될 수 있으므로 주의를 요한다.

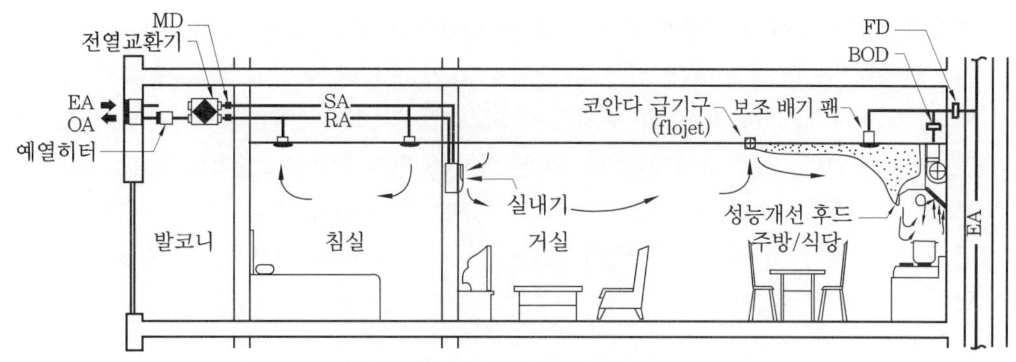

[그림 4-50] 배기후드 연동 기능형 환기 시스템

[그림 4-50]의 시스템은 주방후드 작동 시 전동댐퍼작동에 의해 주거 영역 배기는 닫히고 실내기에 의해서 유입된 급기만 코안다 급기구(flojet)에 의해서 주방 배기후드로 유도 급기하게 된다. 동시에 배기 팬도 정지하여 주거 영역의 환기는 일시 정지되면서 주방 보조 배기 팬과 환기 성능 개선 후드에 의하여 배기되는 기능형 환기 시스템이다.

이 시스템은 별도의 주방 급기(make up-air) 팬을 두지 않아도 되며, 주방과 연동하기 때문에 주방 환기 시 침실이나 거실 등 거주지역의 오염을 피할 수 있는 가장 적극적인 방법이다. 하지만 동절기에 주방 이용 시간이 많은 세대에서는 예열히터의 사용이 길어져 에너지 손실을 초래할 수도 있다.

(2) 주방 환기 시스템

대부분의 경우 음식 조리 시에는 수증기, 미연소가스, 열, 냄새 등이 발생하고, 산소의 감소, 이산화탄소의 증가를 가져와 실내 공기 환경에 악영향을 미친다. 이때 발생하는 오염된 공기를 제거하고, 신선한 공기를 도입하는 것이 세대 환기 목적이라고 해도 과언은 아니다.

최근에는 많은 연구와 제품개발로서 이전에 비해 환기 효율의 향상을 가져왔지만 건물의 고층화와 밀폐화로 발생되는 입상 배기 덕트 규격산정, 주방 급기의 보충문제 등 여전히 적절하면서도 표준적인 개선안이 필요하다. 최근의 공동주택은 기밀성이 강화되어 보급 공기의 존재 여부가 주방 배기후드 효율에 직접적인 영향을 끼치는 것으로 나타났다.

보급 공기가 없는 경우 후드 성능이 60% 이상 저하되며 이로 인해 실내 공기질은 악화될 수밖에 없다. 또한, 고층화로 인해 저층부에서는 저정압 팬으로 인해 원활한 배기가 일어나지 못하고 다시 실내로 역류하는 현상도 빈번하게 발생하고 있는 실정이다. [그림 4-51(a)]는 최근에 소개되고 있는 에어 커튼형 주방 환기 시스템이다. 급기 팬에서 보급된 공기는 라인 디퓨져를 통해 하향 급기된다. 냄새와 잉여열의 확산을 막기 위해서 하향 분사되는 급기는 많은 풍량과 높은 풍속이 요구되어 소음 발생과 cold draft의 주원인이 되고 있다. 또한, 전역 환기 방식이므로 차단 기류 구역인 주방 전체에 조리 시 발생하는 열과 냄새가 급기와 혼합 희석되므로 환기 효과가 불량하며 거주자가 차단기류를 통과 시에 열과 냄새가 전이됨은 물론 항상 냄새와 열기가 주방 내에 상존하여 거실 공기의 신선도 및 청정도가 떨어진다.

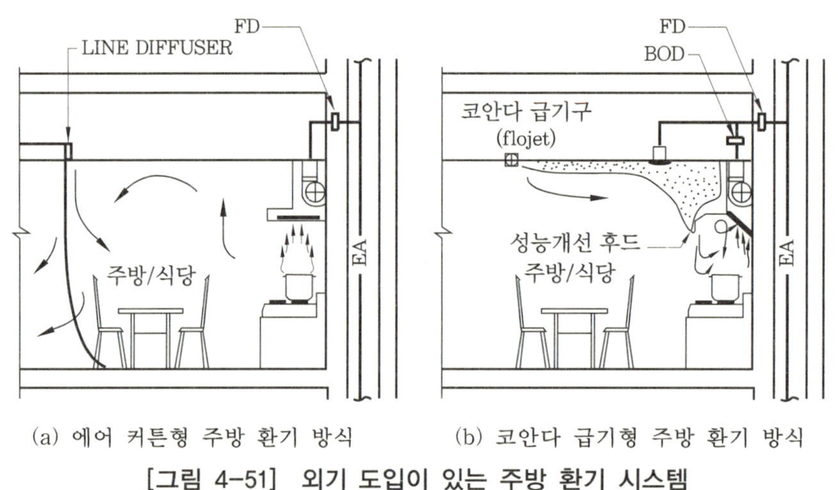

(a) 에어 커튼형 주방 환기 방식   (b) 코안다 급기형 주방 환기 방식

[그림 4-51] 외기 도입이 있는 주방 환기 시스템

[그림 4-51(b)]는 코안다 급기형 주방 환기 시스템으로 에어 커튼 방식보다 배기 성능은 물론 실내 열 쾌적도와 신선도를 향상시킨 방식이다. 코안다 효과에 의해 천장 부위가 부압이 되도록하여 열과 냄새를 상승 유도시키며 동시에 주방은 물론 거실로의 확산을 방지하므로 환기 성능이 양호하며 거주자 영역 높이에서의 신선도 및 청정도 유지 효과가 가장 확실한 최적방안이다. 주방 보급 공기는 코안다 급기구에 의해 항상 천장면을 따라 저속 2~3 m/s로 분사되므로 저풍량 저소음[40 dB(A) 이하]을 유지하면서도 기류가 일정하게 유지되어 주방 내의 가구 배치에 영향을 받지 않도록 되어 있다. 더불어, 포집효율은 최대한 높임과 동시에 어떠한 경우라도 그리스 필터가 막히지 않는 형태로 되어 있는 성능개선 주방후드는, 10층 이상 또는 초고층 공동주택인 경우라도 저층부에서 발생되는 배기 저하 문제와 층간 배기 풍량의 불균형을 보정할 수 있는 정압 보상형 팬의 사용으로 기존 배기후드의 모든 문제점을 해결하는 장점을 가지고 있다.

(3) 정풍량 욕실 환기 시스템

최근 대부분 공동주택의 욕실은 세대 내부에 위치하여 창을 통한 자연 환기가 불가능하므로 배기 팬을 이용한 기계 환기를 적용하고 있다. 게다가, 기존 공동주택 욕실의 경우 환기는 아직까지 저정압 배기 팬(KS C 9304)에 의존하고 있어 고층 공동주택에 적용 시 배기 능력이 현저히 떨어져 수증기 및 냄새의 배출이 원활히 이루어지지 않고 있을 뿐만 아니라 역류로 인하여 욕실 문의 개폐 시 주거 공간으로 오염된 공기가 확산되는 현상까지 일어나고 있는 실정이다.

욕실 환기 시스템의 적용 방법은 직접 세대에서 외부로 배기하는 방식과 공동구를 이용하여 옥상으로 배기하는 방식이 있다. 공동구를 이용하는 방식은 외부에 개구부가 발생되지 않고, 욕실의 배치에 영향을 크게 받지 않는 장점이 있다. 그러나 설계 시 건물 높이나 건물의 구조 또는 입상 덕트의 규격과는 상관없이 배기 팬이 선정되고 있어, 환기 성능을 저하시키는 주요한 원인이 되고 있다.

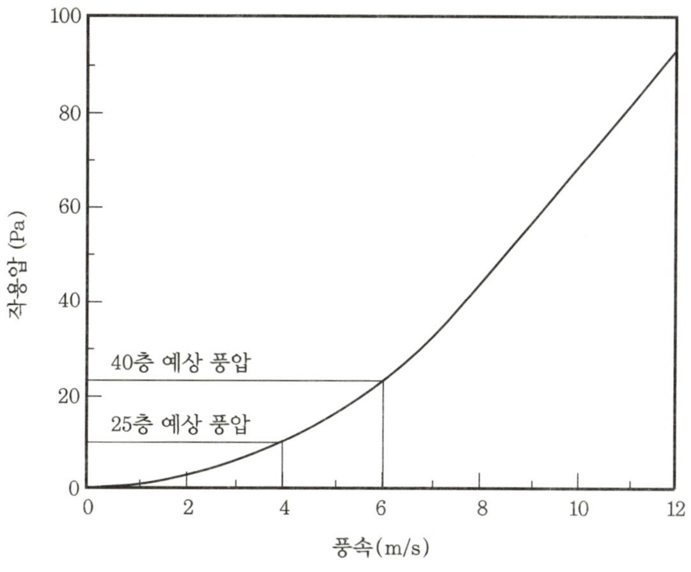

[그림 4-52] 유속 변화에 따른 풍압

이로 인해 고층의 경우 저층부 또는 최상층은 배기가 이루어지지 않고 냄새의 역류까지 발생하게 된다. 또한, 수시로 변화하는 외부 환경이나 고층부와 저층부에서 나타나는 층간 풍량 불균형 현상은 최상층의 통합 팬의 설치나 차압 센서에 의한 연동 제어로 해결 방안이 강구되었으나, 제어문제와 최상층 팬은 상시 운전되어야 하므로 많은 동력 손실이 발생되는 등의 또 다른 문제를 야기하고 있다.

한편, 직접 배기하는 방식은 공동구를 이용하는 것보다 많은 정압을 필요로 하진 않지만 [그림 4-52]와 같이 25층 이상의 경우에는 외기 풍압이 10 Pa 이상 발생되고 강한 역풍에 의한 역류의 발생이 우려되므로, 수시로 변하는 풍압을 견뎌내고 상시 일정한 풍량의 배기가 가능한 팬이 선정되어야 한다.

위에서 살펴본 바와 같이 고층 공동주택에 기존의 저정압 욕실 환기 팬을 적용시키기에는 많은 문제점이 있으며 실내 환경을 개선하기 위하여 정풍량 욕실 환기 팬이 필요하다는 것을 이제는 우리 모두가 자각하고 있는 실정이다. 이에 대한 대안이 '정풍량 변정압 욕실 환기 팬'이다. 이는 50층 이내에서는 어느 층에 설치를 하여도 설계 풍량을 항상 배기할 수 있으면서도 정숙 운전을 하므로 현재 사용되는 욕실 환기 방법 중에서는 가장 진보되고 확실한 대안이라고 할 수 있다〈표 4-4〉.

〈표 4-4〉 공동주택 욕실 배기 팬

구 분	기존 일반 배기 팬 (KS C 9304)	성능개선 원심형 배기 팬	인라인형 배기 팬	정풍량 변정압 배기 팬 (smartfan)
성능곡선	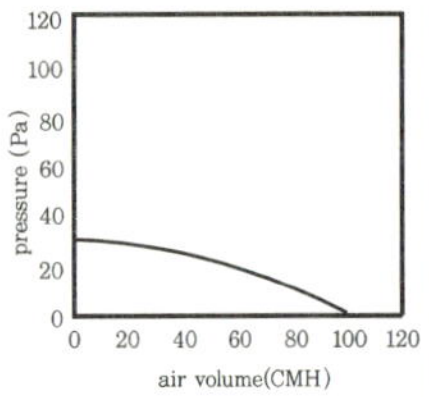	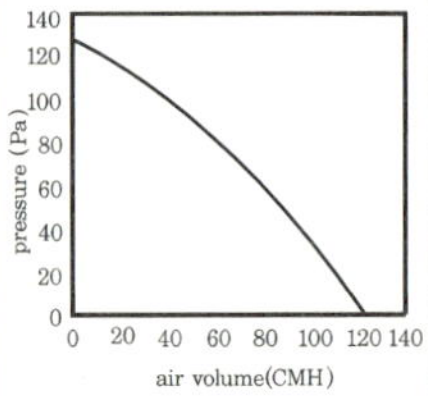	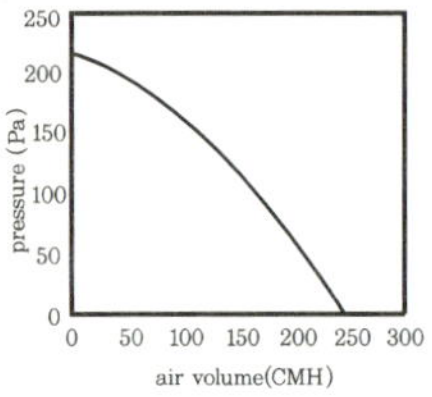	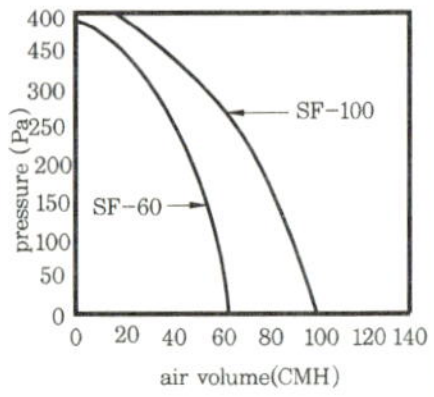
특 징	·저가형 저정압 팬	·원심 팬의 사용으로 성능개선	·고풍량 팬이므로 대형 욕실이나 2개 이상의 욕실을 통합하여 적용	·정압을 크게 요구되는 곳에서도 상시 일정한 풍량 공급(변정압 정풍량 기술 적용)
팬형태 적용풍량	축류형 60 CMH at 20 Pa (2 mmAq)	원심형 60 CMH at 80 Pa (8 mmAq)	원심형 200 CMH at 60 Pa (6 mmAq)	원심형 60 CMH at 270 Pa (27 mmAq)
적용압력	최대 30 Pa (3 mmAq)	최대 130 Pa (13 mmAq)	최대 220 Pa (22 mmAq)	최대 400 Pa (40 mmAq)
소 음	40 dB(A)	38 dB(A)	35 dB(A)	35 dB(A)
소요동력	12 W	41 W	34 W	31 W
적용가능 층수	5층 이하	15층 이하	25층 이하	50층 이하
가 격	저가	중	최고가	고가

[그림 4-53]은 고정압 욕실 환기 팬 설치의 한 예이다.

최근에 대형 욕실들은 수증기 발생 부분과 그렇지 않은 부분으로 분리된 곳이 많이 있다. 이런 경우 대부분 배기 팬을 샤워 부스 내 혹은 욕조 위에 설치하게 된다. 하지만 저정압 팬은 수증기가 원활하게 빠져나가지 못하고 벽체의 결로로 인해 물방울이 맺히는 경우가 발생되기도 한다. 하지만 정풍량 팬의 경우는 정압과 풍량이 크기 때문에 별도의 배기구를 추가로 필요한 부분에 설치하여 바로 배기할 수가 있다. 이때의 풍량은 팬이 있는 부분과 없는 부분의 비는 7 : 3 정도로 배출된다.

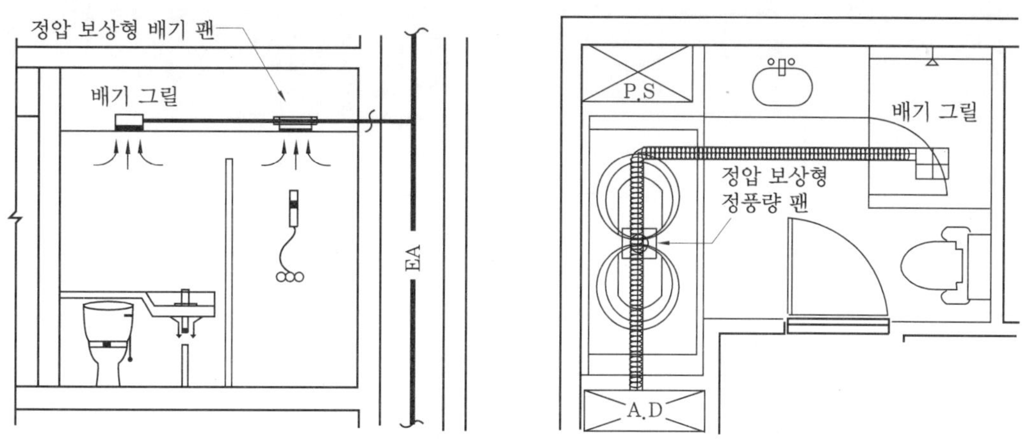

[그림 4-53] 정풍량 욕실 환기 팬의 설치 응용

〈표 4-5〉 배기 입상 샤프트 크기에 따른 예상 정압 손실과 적용 가능 방식

구분	덕트 사이즈	층별 정압손실 (mmAq)								적용 가능한 욕실 환기 방식 비고
		10층	15층	20층	25층	28층	30층	35층	40층	
건	ϕ150	18.68	–	–	–	–	–	–	–	정압 손실 3 mmAq 이하 → A TYPE
	ϕ200	6.69	14.67	27.81	–	–	–	–	–	
	ϕ250	4.01	6.81	11.43	19.21	24.88	28.70	–	–	
	ϕ300	–	4.38	6.36	9.69	12.12	13.76	19.47	27.90	정압 손실 8 mmAq 이하 → B TYPE
	ϕ350	–	–	4.43	6.06	7.26	8.06	10.86	15.00	
식	ϕ400	–	–	–	–	5.11	5.54	7.07	9.31	정압 손실 20 mmAq 이하 → C TYPE 전층 → D TYPE
	ϕ450	–	–	–	–	–	–	5.20	6.51	
	ϕ500	–	–	–	–	–	–	–	5.01	

습 식	200×150	16.58	−	−	−		−	−	−	정압 손실 3 mmAq 이하 → A TYPE 정압 손실 8 mmAq 이하 → B TYPE 정압 손실 20 mmAq 이하 → C TYPE 전층 → D TYPE
	200×200	9.56	23.20	−	−	−	−	−	−
	250×200	7.04	15.77	30.19	−	−	−	−	−
	250×250	5.09	10.01	18.13	−	−	−	−	−
	300×250	−	7.03	11.90	20.13	−	−	−	−
	300×300	−	5.46	8.62	13.96	17.86	20.49	−	−
	350×300	−	−	6.99	10.89	13.74	15.66	22.36	−
	350×350	−	−	5.54	8.16	10.08	11.37	15.88	22.53
	400×350	−	−	−	6.94	8.43	9.44	12.96	18.16
	400×400	−	−	−	5.39	5.67	7.01	9.29	12.65
	450×400	−	−	−	−	−	6.08	7.88	10.53
	450×450	−	−	−	−	−	−	6.13	7.91
	500×450	−	−	−	−	−	−	−	7.00
	500×500	−	−	−	−	−	−	−	6.05

주1) 세대당 풍량 1.3 CMM(78 CMH) 적용
 2) 세대 내 조건은 플렉시블 덕트(4 m) + 곡관(2개소) + FD로 구성됨.
 3) 동시 사용률 적용 : 20층(42%), 25층(41%), 28층(40%), 30층(39%), 35층(38%)
 4) 층고는 2.8 m
 5) 적용 TYPE
　　A : 세대별 일반 팬 + 입상 덕트 무동력 팬
　　B : 세대별 원심형 배기 팬 + 입상 덕트 동력형 루프 팬
　　C : 세대별 정압 보상형 팬 + 입상 덕트 무동력 팬
　　D : 세대별 배기 그릴 + 입상 덕트별 최상층 동력 팬
 6) 색칠된 구간은 변정압 정풍량 팬을 이용하여 배기 가능 구간
 7) 단, 외부 환경 조건 굴뚝 효과는 무시

〈표 4-5〉는 공동 배기 샤프트를 이용하는 경우 층고와 입상 덕트 크기에 따른 예상 정압 손실값을 나타내고 있으며, 각 정압 손실에 따른 적용 가능한 욕실 환기 방식을 검토하였다.

결론적으로 정풍량 팬은 40층 이상에서도 입상 덕트의 동력원이 없이 배기가 가능하며 또한 무동력 흡출기의 설치 없이도 배기가 가능함을 알 수가 있다.

7. 공동주택 필요 환기량 산정

공동주택의 필요 환기량을 경험에 의존하지 않고 오염발생량과 환경농도 기준 등에 근거하여 산정하는 방법을 살펴보자.

(1) 개별 오염물질별 필요 환기량

일반적으로 필요 환기량은 각 오염물질에 대하여 환경기준과 오염발생량으로부터 다음 식과 같이 구할 수 있다.

$$Q_{required} = \frac{\dot{m}}{C_{criterion} - C_{\infty}}$$ (4-129)

여기서, $\dot{m}$은 실내 오염발생량이고, C_{∞}는 자연 상태에서 대기 중에 존재하는 배경농도, $C_{criterion}$은 환경기준농도이다.

〈표 4-6〉과 〈표 4-7〉은 우리나라 다중이용시설 등의 실내 공기질 관리법에 주어진 환경기준으로서 오염물질에 따라서 유지기준과 권고기준으로 나누어 제시되어 있다.

〈표 4-6〉 실내 공기질 유지기준 (환경부, 제 3 조 관련)

다중이용시설 \ 오염물질 항목	PM10 (μg/m^3)	CO$_2$ (ppm)	HCHO (μg/m^3)	총부유세균 (CFU/m^3)	CO (ppm)
지하역사, 지하도상가, 여객자동차터미널의 대합실, 공항시설 중 여객터미널, 항만시설 중 대합실, 철도역사의 대합실, 도서관, 박물관, 미술관, 업무시설 2 이상 용도건축물, 공연장, 대규모점포, 상점가, 혼인예식장, 실내체육시설, 장례식장	150 이하	1000 이하	120 이하	–	10 이하
의료기관, 보육시설, 노인복지시설, 학원	100 이하			800 이하	
실내주차장	200 이하			–	25 이하

〈표 4-7〉 실내 공기질 권고기준 (환경부, 제 4 조 관련)

다중이용시설 \ 오염물질 항목	NO$_2$ (ppm)	Rn (pCi/L)	TVOC (μg/m^3)	석면 (개/cc)	오존 (ppm)
지하역사, 지하도상가, 여객자동차터미널의 대합실, 공항시설 중 여객터미널, 항만시설 중 대합실, 철도역사의 대합실, 도서관, 박물관, 미술관, 업무시설 2 이상 용도건축물, 공연장, 대규모점포, 상점가, 혼인예식장, 실내체육시설, 장례식장	0.05 이하	4.0 이하	500 이하	0.01 이하	0.06 이하
의료기관, 보육시설, 노인복지시설, 학원			400 이하		
실내주차장	0.30 이하		1000 이하		0.08 이하

㉮ 인체 오염발생(CO_2)에 따른 필요 환기량

인체에서 발생하는 대표적인 오염물질은 이산화탄소이다. 이산화탄소의 환경기준은 1000 ppm 이고, 배경농도는 약 353 ppm 이다. 또, 인체에서 발생하는 오염발생량은 인체의 활동 강도에 따라서 바뀐다. 취침 시 이산화탄소 발생량은 10 L/h 정도이고, 격렬한 운동 시 약 70 L/h 에까지 이른다. 〈표 4-8〉은 동작의 강도에 따른 이산화탄소 배출량을 보인다.

〈표 4-8〉 인체의 활동 강도에 따른 이산화탄소 배출량

동작의 강도	CO_2 배출량 (CMH)	평균 CO_2 배출량 (CMH)
취침 시	0.011	0.011
가벼운 동작	0.023~0.033	0.028
보통의 동작	0.033~0.0583	0.046
격렬한 동작	0.0583~0.0840	0.069

ASHRAE에서는 1인당 최소 환기량을 25 CMH[8]로 제시하고 있다. 이것은 1인당 이산화탄소 배출량을 약 20 L/hr 로 하였을 때의 값에 해당한다. 따라서, 이산화탄소 농도 기준을 맞추기 위한 환기량은 다음과 같이 재실 인원 수에 비례하는 것으로 표현할 수 있다.

$$Q_{CO_2} = K_1 \cdot M \tag{4-130}$$

여기서, M는 재실 인원 수이고, K_1은 1인당 필요 환기량으로 25 CMH/person을 사용한다. 따라서, 4인의 경우 필요 환기량은 100 CMH, 6인의 경우 150 CMH 가 된다.

㉯ 건축자재 오염발생(TVOC, HCHO)에 따른 필요 환기량

건축자재로부터 발생하는 오염물질은 매우 다양하며 각각의 발생량을 정확하게 측정하는 것은 쉽지 않다. 또한, 시간에 따라서 발생량이 변화하기 때문에 이를 근거로 하여 그때그때의 필요 환기량을 산정한다는 것은 거의 불가능하다. 따라서, 건

---

8) CMH는 Cubic Meter per Hour로 단위로 m^3/h이며, 참고로 CFM(Cubic Fit per Minute)이다.

$1\ ft^3 = 0.0283168\ m^3$(체적 단위 환산)   gr/lb → g/kg
$1\ min = 0.0166666\ h$(시간 단위 환산) $1\ gr = 0.0647989\ g$(질량 단위 환산)
$0.0283168/0.0166666 = 1.6990$(convert 값) $1\ lb = 0.454545\ kg$(질량 단위 환산)
$76\ CFM = 76 \times 1.6990 = 129.124\ CMH$ $0.0647989/0.454545 = 0.1425\ g/kg$(convert 값)
                                                   $75\ gr/lb = 75 \times 0.1425 = 10.687\ g/kg$

축자재의 등급제에서 최우수 등급에 해당하는 건축자재를 사용한다고 가정하여 필요 환기량을 산정하는 방법을 소개한다.

오염발생량이 많은 건축자재를 사용하거나 건설 초기에 다량 발생하는 오염물질을 모두 해결할 수 있는 환기장치의 용량을 산정하는 것은 어리석은 일이다. 건설 초기에는 다량으로 오염물질이 발생하지만 일정 시간이 경과한 이후에는 환기장치로 처리해야 할 일상적이며 연속적인 오염발생량이 매우 낮아질 것으로 예상되기 때문이다.

〈표 4-9〉 한국공기청정협회의 HB 인증 등급

(단위 : $\mathrm{mg/m^2 \cdot h}$)

구 분		일반자재	페인트	접착제
표시(5개) ○○○ ○○	TVOC	0.10 미만	0.10 미만	0.25 미만
	HCHO	0.03 미만	0.03 미만	0.06 미만
표시(4개) ○○○○	TVOC	0.10 이상~0.2 미만	0.10 이상~0.2 미만	0.25 이상~0.50 미만
	HCHO	0.03 이상~0.05 미만	0.03 이상~0.05 미만	0.06 이상~0.12 미만
표시(3개) ○○○	TVOC	0.20 이상~0.40 미만	0.20 이상~0.40 미만	0.50 이상~1.50 미만
	HCHO	0.05 이상~0.12 미만	0.05 이상~0.12 미만	0.12 이상~0.40 미만
표시(2개) ○○	TVOC	0.40 이상~2.00 미만	0.40 이상~2.00 미만	0.50 이상~5.00 미만
	HCHO	0.12 이상~0.60 미만	0.12 이상~0.60 미만	0.40 이상~2.00 미만
표시(1개) ○	TVOC	2.00 이상~4.00 미만	2.00 이상~4.00 미만	5.00 이상~10.00 미만
	HCHO	0.60 이상~1.25 미만	0.60 이상~1.25 미만	2.00 이상~4.00 미만

현재 우리나라에는 한국공기청정협회에서 제시한 HB(Healthy Building) 인증등급이 있다. 〈표 4-9〉와 같이 일반자재와 페인트 그리고 접착제에 대한 포름알데히드(HCHO)와 총휘발성 유기화합물(TVOC)의 시간당 단위 면적당 오염발생량의 등급 기준이 주어져 있다.

건축자재로부터의 총오염발생량은 단위 면적당 발생량에 실내에 노출된 표면적을 곱하면 구할 수 있다.

$$\dot{M} = \dot{m} \cdot A_{\exp} \tag{4-131}$$

여기서, $A_{\exp}$는 실내에 노출된 오염발생 표면적으로서 전체 실내 표면적 중에서 유리창 등 오염 발생이 되지 않는 면적을 제외한 실내 노출 표면적을 말한다. 이는 아파트 면적 A에 대체적으로 비례한다고 볼 수 있다.

$$A_{\exp} = \varepsilon \cdot A \tag{4-132}$$

여기서, A는 공칭 아파트 평수이며, ε은 아파트 평수에 따른 실내 노출 표면적의 비를 나타내는 상수이다. [그림 4-54]는 H사 아파트군에 대한 예를 보인다.

이 경우 그래프의 기울기는 ε에 해당된다. 따라서, 건축자재 발생 오염물질인 총휘발성 유기화합물과 포름알데히드를 제어하기 위하여 필요한 환기량은 각각 아파트 평수에 비례하는 다음과 같은 관계식으로 표현된다.

$$Q_{HCHO} = k_{HCHO} \cdot A \tag{4-133}$$

$$Q_{TVOC} = k_{TVOC} \cdot A \tag{4-134}$$

여기서, 비례상수는 다음과 같이 계산된다.

$$k_{HCHO} = \frac{\dot{m}_{HCHO}}{C_{HCHO}} \cdot \varepsilon, \ k_{TVOC} = \frac{\dot{m}_{TVOC}}{C_{TVOC}} \cdot \varepsilon$$

만일 포름알데히드와 총휘발성 유기화합물의 발생 면적이 동일하다고 가정하면 환경기준과 건축자재등급기준에 따라서 둘 중 하나가 항상 크게 나타난다. 따라서, 건축자재로부터 발생하는 오염물질을 제어하기 위하여 필요한 환기량은 다음과 같이 표현된다.

$$Q_{material} = k_2 \cdot A \tag{4-135}$$

여기서, k_2는 k_{HCHO}와 k_{TVOC} 중 큰 값을 택한다.

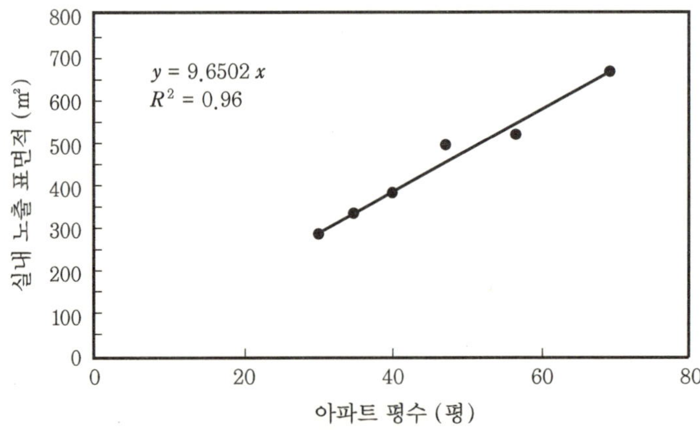

[그림 4-54] 아파트 평수에 따른 실내 노출 표면적의 관계

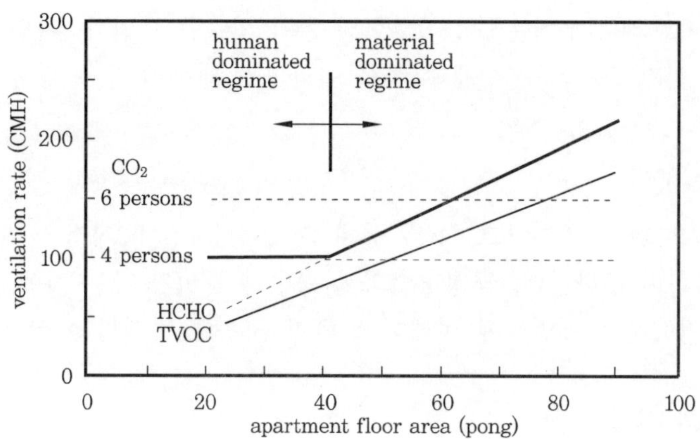

[그림 4-55] 아파트 평수에 따른 필요 환기량 개념(1등급 자재 적용 시)

(2) 필요 환기량의 산정

인체 발생 오염물질과 건축자재 발생 오염물질에 대한 필요 환기량 중에서 최대
값이 실제 필요한 환기량이 된다. 이를 수식으로 표현하면 다음과 같다.

$$Q_{required} = \max\left(Q_{CO_2},\ Q_{material}\right) \tag{4-136}$$

아파트 평수에 따른 각 오염물질별 필요 환기량의 개념을 [그림 4-55]에서 보이
고 있다. 이산화탄소에 대한 필요 환기량은 평수에 관계없이 재실 인원에 비례하여
환기량이 결정되므로 수평선으로 주어진다. 반면, 건축자재로부터의 오염발생량은
인원수에 관계없이 아파트의 면적에 비례하여 증가한다.

최우수등급 자재에 대해서는 포름알데히드 직선이 총휘발성 유기화합물 직선보
다 위로 나타난다. 따라서, 필요 환기량은 이산화탄소 직선과 포름알데히드 직선
중 큰 쪽 값을 택하여야 한다. 여기서는 약 40평을 기준으로 하여 두 영역으로 나
뉘어진다.

두 개의 직선 식을 각기 이용하는 것보다 위 결과를 하나의 수식으로 표현하면
다음과 같은 방법을 쓸 수 있다.

$$Q_{required} = \left[\left(k_1 \cdot M\right)^9 + \left(k_2 \cdot A\right)^9\right]^{1/9} \tag{4-137}$$

㉮ 자연 환기량의 산정

실제 필요한 환기량 중에서 많은 부분은 건축물의 틈새를 통한 자연 환기량으로
이루어진다. 자연 환기량은 건물의 기밀도와 관련이 있다. 건축기술의 발달과 기밀
한 창호의 개발로 건축물의 기밀도는 점점 높아지고 있다.

재래식 아파트의 경우 환기 횟수가 0.5~1회에 이르고 있으나 최근 건축되고 있는

주상복합 아파트의 경우에는 0.1~0.4회의 환기 횟수를 보인다. 자연 환기량은 기밀도와 아울러 외기 조건과 층수에 따라서 변화하기 때문에 매우 광범위한 값을 가질 수 있다.

$$Q_{natural} = N \cdot V \tag{4-138}$$

여기서, N은 환기 횟수이고, V는 실내 체적이다. 실내 체적은 아파트 바닥면적에 층고를 곱하여 구하는데, 공칭평수와 실평수가 차이가 나는 것에 유의한다. 따라서, 자연 환기량은 바닥면적에 비례하고 환기 횟수에 비례하는 식으로 표현된다.

㈏ 기계 환기량의 산정

자연 환기량으로 부족한 필요 환기량은 기계 환기량으로 해결하여야 한다. 이것이 곧 환기장치의 용량이 된다. 따라서, 위에서 구한 수식을 대입하면 다음과 같이 된다.

$$Q_{mechanical} = Q_{required} - Q_{natural}$$
$$= \left[(k_1 \cdot M)^9 + (k_2 \cdot A)^9 \right]^{1/9} - k_3 \cdot N \cdot A \tag{4-139}$$

여기서, $k_3 = h \cdot V$로서 V는 공칭 아파트 평수에 대한 실평수의 비를 나타내고, h는 실내 층고이다.

5. 건축 열환경 특론

특별히 본 장은 건축 열환경을 전공하는 대학원 과정의 학생들의 학습을 돕기 위해 구성되었으며, 기본 이론에 관한 자세한 설명은 생략하였다. 이들 내용들에 관한 학습은 관련 열전달 및 수치해석 서적들을 통해 익히기 바란다.

5-1 복사 열교환

1. 회색체 사이의 열교환
(Heat Exchanges Between Non-blackbodies)

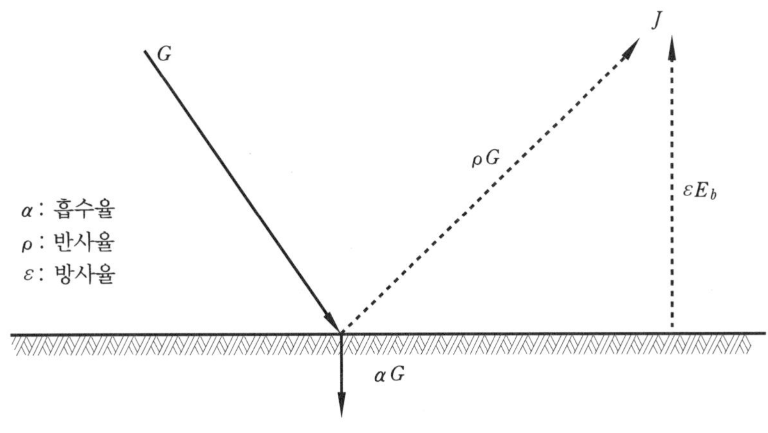

[그림 5-1] 방사복사열유속

[그림 5-1]에서 G는 입사복사열유속(irradiation)으로 단위는 $\mathrm{kcal/m^2 \cdot h}$이며, J는 방사복사열유속으로 단위는 $\mathrm{kcal/m^2 \cdot h}$이다.

방사복사열유속은 그 표면으로부터 복사에 의해 방사하는 에너지와 반사에 의한 에너지의 합이므로 식 (5-1)과 같다.

$$J = \varepsilon E_b + \rho G \tag{5-1}$$

반사율은 $\rho = 1 - \alpha = 1 - \varepsilon \, (\alpha = \varepsilon)$의 관계가 있으므로,

$$J = \varepsilon E_b + (1 - \varepsilon) \, G \tag{5-2}$$

표면을 떠나는 참 에너지는 J와 G의 차이가 되므로 식 (5-3)과 같이 표시된다.

$$\frac{q}{A} = J - G = \varepsilon E_b + (1 - \varepsilon) \, G - G \tag{5-3}$$

식 (5-2)를 G에 대해서 풀면 $G = \dfrac{J - \varepsilon E_b}{1 - \varepsilon}$가 된다. 이것은 식 (5-3)에 대입(代入)하여 정리하면 $\dfrac{q}{A} = \dfrac{\varepsilon (E_b - J)}{1 - \varepsilon}$이 되며, q는 식 (5-4)와 같이 정리된다.

$$q = \frac{\varepsilon A}{1 - \varepsilon}(E_b - J) \text{ 또는 } q = \frac{E_b - J}{(1 - \varepsilon)/\varepsilon A} \tag{5-4}$$

식 (5-4)는 복사 문제를 Network Method로 고찰하는 제1단계이다.

복사 회로망의 기본형

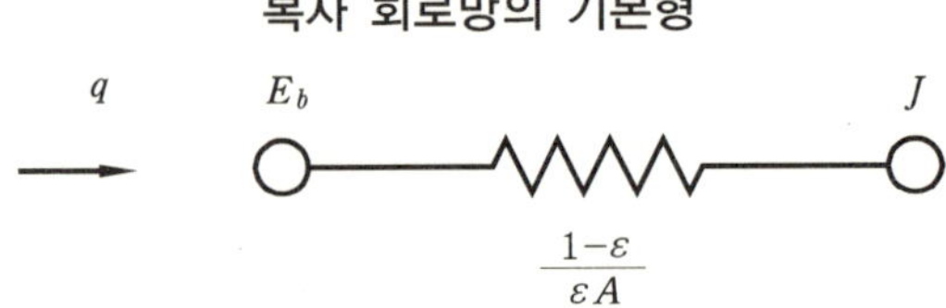

[그림 5-2] Network Method에서의 표면저항요소

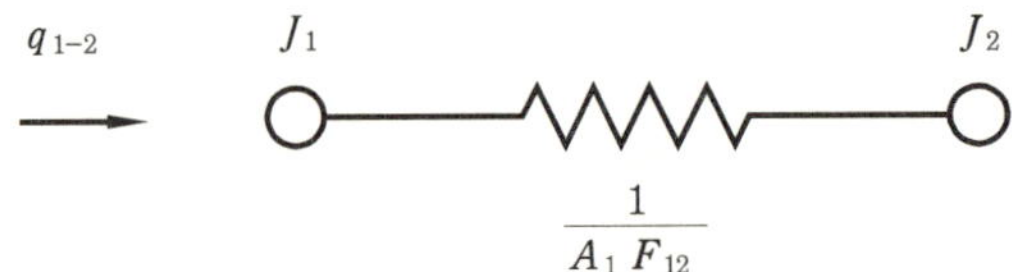

[그림 5-3] Network Method에서의 공간저항요소

2. 면 A_1과 A_2의 두 면 간의 복사 에너지 교환

면 A_1을 떠나는 전체 에너지 중 면 A_2에 도달하는 양은 $J_1 A_2 F_{12}$이며, 면 A_2에서 면 A_1에 도달하는 양은 $J_2 A_2 F_{21}$이다. 두 면과의 참 교환량은 $q_{1-2} = J_1 A_1 F_{12} - J_2 A_2 F_{21},$

$A_1 F_{12} = A_2 F_{21}$ 이므로, $q_{1-2} = (J_1 - J_2) A_1 F_{12} = (J_1 - J_2) A_2 F_{21}$ 이다.

따라서,

$$q_{1-2} = \frac{J_1 - J_2}{1/A_1 F_{12}} \tag{5-5}$$

3. 표면 열저항 $(1-\varepsilon)/\varepsilon A$ 과 공간 열저항 $\dfrac{1}{A_m F_{m-n}}$ 의 결합

(1) 두 표면 상호간의 관계

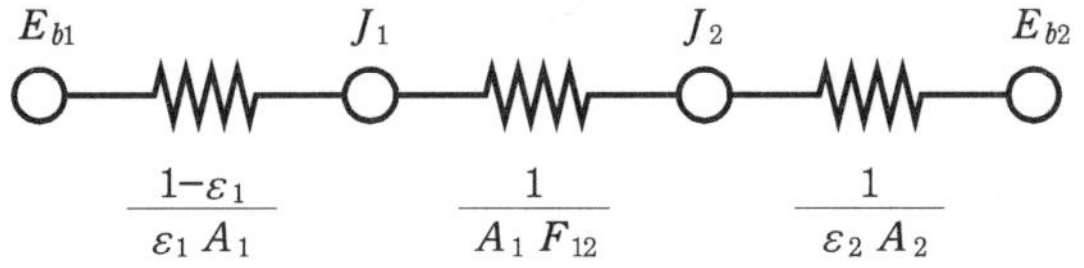

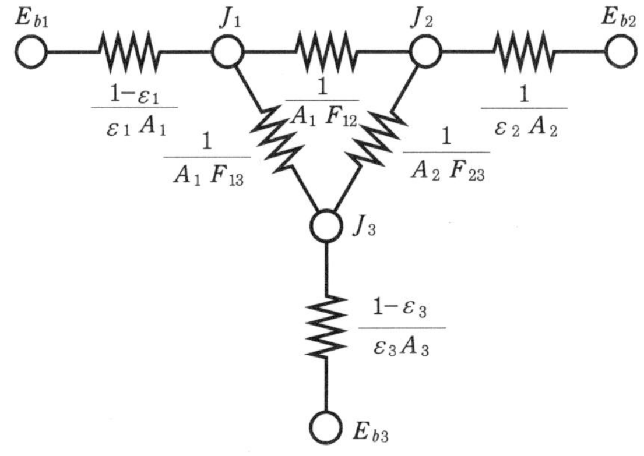

[그림 5-4] 두 면이 서로 마주보고 있는 복사회로망

$$q_{net} = \frac{E_{b1} - E_{b2}}{(1-\varepsilon_1)/\varepsilon_1 A_1 + 1/A_1 F_{12} + (1-\varepsilon_2)/\varepsilon_2 A_2}$$

$$= \frac{\sigma (T_1^4 - T_2^4)}{(1-\varepsilon_1)/\varepsilon_1 A_1 + 1/A_1 F_{12} + (1-\varepsilon_2)/\varepsilon_2 A_2} \tag{5-6}$$

(2) 세 표면 상호간의 관계

[그림 5-5] 그림 세 면이 서로 마주보고 있는 복사회로망

$$q_{1-2} = \frac{J_1 - J_2}{1/A_2 F_{12}} \tag{5-7}$$

$$q_{1-3} = \frac{J_1 - J_2}{1/A_1 F_{13}} \tag{5-8}$$

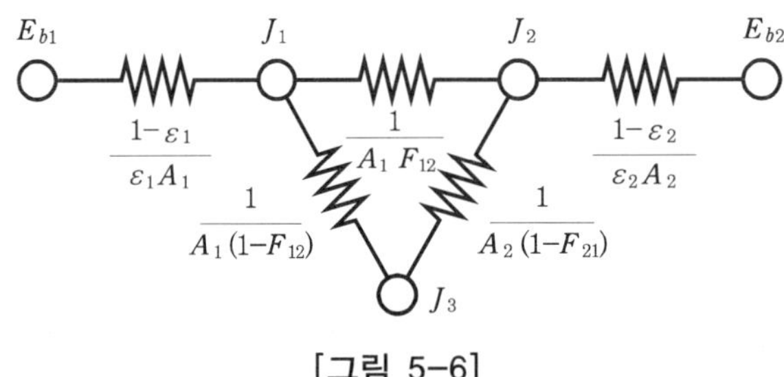

[그림 5-6]

$$F_{13} = 1 - F_{12} \tag{5-9}$$

$$F_{23} = 1 - F_{21} \tag{5-10}$$

$$q_{net} = \frac{\sigma A_2 (T_1^4 - T_2^4)}{\dfrac{A_1 + A_2 - 2A_1 F_{12}}{A_2 - A_2 (F_{12})^2} + \left(\dfrac{1}{\varepsilon_1} - 1\right) + \dfrac{A_1}{A_2}\left(\dfrac{1}{\varepsilon_2} - 1\right)} \tag{5-11}$$

예 제

방 안에 있는 두 면이 아래 그림과 같을 때, 각 방열판 및 방 사이에서 일어나는 참 교환량은 얼마인지 계산하여라.

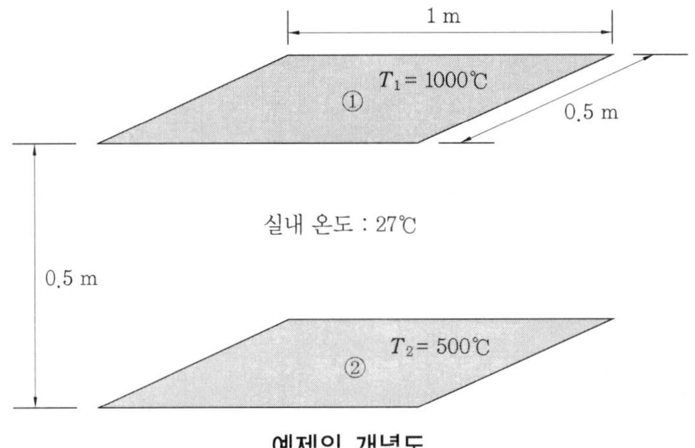

예제의 개념도

▌가 정▐ 방의 면적 A_3는 매우 크므로 저항 $(1 - \varepsilon_3) / \varepsilon_3 \cdot A_3$는 0(zero)으로 본다. 이것을 정리하여 간단히 나타내면 아래 도표와 같다.

면	면적 $[\mathrm{m}^2]$	온도 $[℃, °\mathrm{K}]$	방사율 (ε)
A_1	0.5	1000, 1273	0.2
A_2	0.5	500, 773	0.5
A_3	$\gg 0$	27, 300	

▌풀 이▐ 먼저 위의 예제에 대한 회로망을 그려보면 다음 그림과 같다.

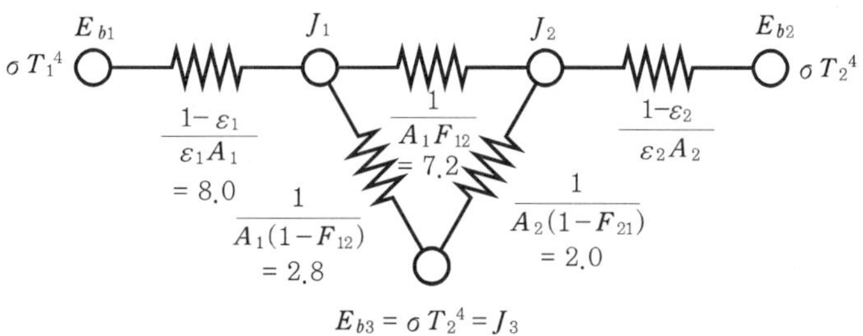

예제에 대한 회로망

그리고 형태계수(F)를 계산하면,

$$F_{12} = 0.285 = F_{21}, \quad F_{13} = 1 - F_{12} = 0.715, \quad F_{23} = 1 - F_{21} = 0.715$$

회로망 중의 각 저항은

$$\frac{1 - \varepsilon_1}{\varepsilon_1 A_1} = \frac{1 - 0.2}{(0.2)(0.5)} = 8.0, \quad \frac{1}{A_1 F_{12}} = \frac{1}{(0.5)(0.285)} = 7.018$$

$$\frac{1}{A_2 F_{23}} = \frac{1}{(0.5)(0.715)} = 2.797, \quad \frac{1 - \varepsilon_2}{\varepsilon_2 A_2} = \frac{1 - 0.5}{(0.5)(0.5)} = 2.0$$

$$\frac{1}{A_2 F_{13}} = \frac{1}{(0.5)(0.715)} = 2.797$$이 된다.

또한, J_1, J_2에 들어가는 열류의 대수합을 0이라고 놓으면,

$$J_1 \rightarrow \frac{E_{b1} - J_1}{8.0} + \frac{J_2 - J_1}{7.018} + \frac{E_{b3} - J_1}{2.797} = 0 \tag{a}$$

$$J_2 \rightarrow \frac{J_1 - J_2}{7.018} + \frac{E_{b3} - J_2}{2.797} + \frac{E_{b2} - J_2}{2.0} = 0 \tag{b}$$

이 된다.

그리고 각 면의 방사량은

$$E_{b1} = \sigma T_1^4 = 148.87 \, \text{kW/m}^2, \quad E_{b2} = \sigma T_2^4 = 20.241 \, \text{kW/m}^2,$$

$$E_{b3} = \sigma T_3^4 = 0.4592 \, \text{kW/m}^2$$

이 된다. 이 계산된 값을 (a), (b)에 대입하면,

$J_1 = 33.469 \, \text{kW/m}^2, \; J_2 = 15.054 \, \text{kW/m}^2$이 된다.

판 1이 잃은 열량

$$q_1 = \frac{E_{b1} - J_1}{(1 - \varepsilon_1)/\varepsilon_1 A_1} = \frac{148.87 - 33.469}{8.0} = 14.425 \, \text{kW}$$

판 2가 잃은 열량

$$q_2 = \frac{E_{b2} - J_2}{(1 - \varepsilon_2)/\varepsilon_2 A_2} = \frac{20.241 - 15.054}{2.0} = 2.594 \, \text{kW}$$

방의 벽이 받아들이는 열량은

$$q_3 = \frac{J_1 - J_3}{1/A_1 F_{13}} + \frac{J_2 - J_3}{1/A_2 F_{23}}$$

$$= \frac{33.469 - 0.4592}{2.797} + \frac{15.054 - 0.4592}{2.797}$$

$$= 17.020 \, \text{kW}$$

$\therefore \; q_3 = q_1 + q_2$가 성립하게 된다.

예 제

두 평행한 면 사이의 복사열 교환이 Q_{12}일 때, 중간에 방열판이 있을 경우의 효과는 얼마인가? 1면의 복사정수를 c_1, 온도 T_1이라 하고, 2면의 복사정수를 c_2, 온도 T_2라고 하자.

그리고 방열판의 경우, 1면 쪽의 복사정수를 c_3, 온도는 T_3이며, 2면 쪽의 복사정수를 $c_3{}'$, 온도는 T_3이다.

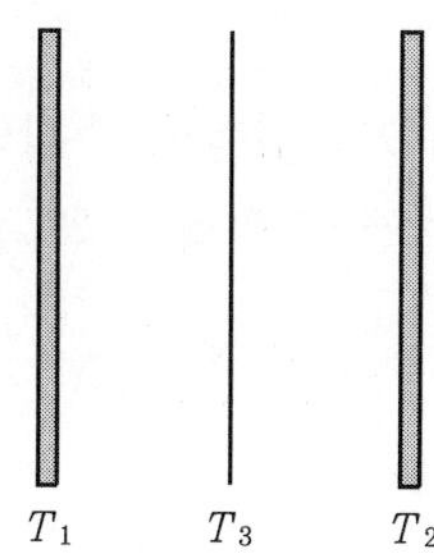

두 평행한 면 사이의 방열판

‖풀 이‖

$$Q_{13} = C_{13}\left[\left(\frac{T_1}{100}\right)^4 - \left(\frac{T_3}{100}\right)^4\right] \qquad C_{13} = \cfrac{1}{\cfrac{1}{c_1} + \cfrac{1}{c_3} - \cfrac{1}{c_b}}$$

$$Q_{32} = C_{32}\left[\left(\frac{T_3}{100}\right)^4 - \left(\frac{T_2}{100}\right)^4\right] \qquad C_{32} = \cfrac{1}{\cfrac{1}{c_3} + \cfrac{1}{c_2} - \cfrac{1}{c_b}}$$

$$Q_{13} = Q_{32}$$

$$Q_{s13} = C_{13}\left[\left(\frac{T_1}{100}\right)^4 - \left(\frac{T_3}{100}\right)^4\right]$$

$$Q_{s12} = C_{23}\left[\left(\frac{T_3}{100}\right)^4 - \left(\frac{T_2}{100}\right)^4\right]$$

$$\therefore Q_{s12} = \left(\frac{1}{c_{13}} + \frac{1}{c_{32}}\right) = \left(\frac{T_1}{100}\right)^4 - \left(\frac{T_3}{100}\right)^4$$

$$\therefore Q_{s12} = \cfrac{1}{\cfrac{1}{c_{12}} + \cfrac{1}{c_{32}}}\left[\left(\frac{T_1}{100}\right)^4 - \left(\frac{T_2}{100}\right)^4\right]$$

따라서, 감소되는 양은

$$\frac{Q_{s12}}{Q_{12}} = \cfrac{\cfrac{1}{\cfrac{1}{c_{13}} + \cfrac{1}{c_{32}}}}{c_{12}} = \cfrac{1}{c_{12}\left(\cfrac{1}{c_{13}} + \cfrac{1}{c_{32}}\right)} \text{이다.}$$

5-2 이중 외피(Double Skin) 구조

1. 기본 방정식

Double Skin에 수직인, 즉 유체의 흐름방향에 수직인 미소길이 Δx인 임의의 i Element의 중심부에서 임의의 순간에너지 변화율은 Flux 교환의 대수학적 합과 같다.

$$e_i \rho_i c_\pi \frac{dT_1}{dt} = Q_{solar} + Q_{mass,\,i} + \sum_j \sum_i QX_{ij} \tag{5-12}$$

(1) 기본 가정

Double Skin 공간에 대한 수학적 모델을 간단하게 하기 위한 가정은 다음과 같다.

① 5개층으로 연결된 Double Skin 공간에 대하여 1개층을 단위 공간으로 한다.

② Double Skin 공간에서의 공기의 흐름은 건물 높이 방향으로 1차원이다.

③ 단위층 Double Skin 공간의 각 요소인 외부 Skin, 공간 매체, 내부 Skin의 임의의 순간에 임의의 미소길이 Δx 내에서 각각의 물리적 및 열적 특성과 온도는 일정하다.

④ 천공은 흑체로 간주한다.

⑤ 지표면 온도는 대기 온도와 같다.

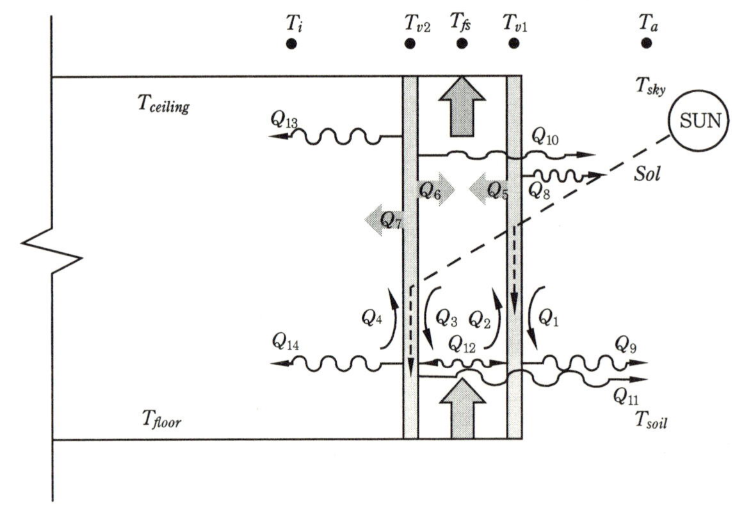

[그림 5-7] 더블 스킨 열수지 모델 개략도

2. 방정식

(1) 외부 Skin

$$K_{v1}\frac{\partial T_{v1}}{\partial t} = Q_1 + (1 - \alpha)Q_2 + \alpha Q_5 + Q_8 + Q_9 + Q_{12} + \alpha_{v1}\,Sol \tag{5-13}$$

(2) Double Skin 내 유체 유동 공간

$$K_{fs}\left(\frac{\partial T_{fs}}{\partial t} + V_{fs}\frac{\partial T_{5s}}{\partial Y}\right) = -(1 - \alpha)Q_2 - (1 - \alpha)Q_3 - \alpha Q_5 - \alpha Q_6 \tag{5-14}$$

(3) 내부 Skin

$$K_{v2}\frac{\partial T_{v2}}{\partial t} = (1-\alpha)Q_3 + Q_4 + \alpha Q_6 + Q_7 + Q_{10} + Q_{11} + Q_{12}$$

$$+ Q_{13} + Q_{14} + \tau_{v1}\cdot\alpha_{v2}\cdot Sol \tag{5-15}$$

┃참 고┃　① Q_4, Q_7, Q_{13}, Q_{14} 는 하나의 계수로 통합하여 계산한다.
　　　　　② $\alpha = 1$: 밀폐 시,　$\alpha = 0$: 유체 유동 시

3. 방정식 상세

(1) 외부 Skin

$$K_{v1}\frac{\partial T_{v1}}{\partial t} = h_{v1}(t_a - T_{v1}) + [(1 - \alpha)h_{v2} + \alpha h_{c1}](T_{fs} - T_{v1})$$

$$+ h_{r1}(T_{sky} - T_{v1}) + h_{r2}(T_{soil} - T_{v1})$$

$$+ h_{r3}(T_{v2} - T_{v1}) + \alpha_v\,Sol \tag{5-16}$$

(2) Double Skin 내 유체 유동 공간

$$K_{fs}\left(\frac{\partial T_{fs}}{\partial t} + V_{fs}\frac{\partial T_{fs}}{\partial Y}\right) = [(1 - \alpha)h_{v2} + \alpha h_{c1}](T_{v1} - T_{fs})$$

$$+ [(1 - \alpha)h_{v2} + \alpha h_{c1}](T_{v2} - T_{fs}) \tag{5-17}$$

(3) 내부 Skin

$$K_{v2}\frac{\partial T_{v2}}{\partial t} = [(1-\alpha)h_{v2} + \alpha h_{c1}](T_{fs} - T_{v2}) + h_{v3}(T_i - T_{v2})$$

$$+ h_{r4}(T_{sky} - T_{v2}) + h_{r5}(T_{soil} - T_{v2}) + h_{r3}(T_{v1} - T_{v2}) \tag{5-18}$$

이므로,

$$K_{v1} = \rho_{v1}Cp_{v1}e_{v1}, \quad K_{fs} = \rho_{fs}Cp_{fs}e_{fs}, \quad K_{v2} = \rho_{v2}Cp_{v2}e_{v2}$$

여기서, $\rho_{v1}, \rho_{fs}, \rho_{v2}$: 외부 Skin, 유체통로, 내부 Skin의 각각의 밀도

$\quad\quad Cp_{v1}, Cp_{fs}, Cp_{v2}$: 외부 Skin, 유체통로, 내부 Skin의 각각의 비열

$\quad\quad e_{v1}, e_{fs}, e_{v2}$: 외부 Skin, 유체통로, 내부 Skin의 각각의 두께

$\quad K$: 밀도$(\mathrm{kg/m^3}) \times$ 비열$(\mathrm{J/kg \cdot {}^{\circ}K}) \times$ 두께(m) $(\mathrm{J/m^2 \cdot {}^{\circ}K})$

여기서, $T_{sky}, T_{soil}, T_a, T_{v1}, T_{fs}, T_{v2}, T_i$: 천공, 지표면, 외기, 외부 Skin, 유체 유동

$\quad\quad$ 공간, 내부 Skin, 실내 · 외 각각 온도

$\quad\quad \alpha_{v1}, \alpha_{v2}$: 외부 및 내부 Skin의 태양열 흡수율

$\quad\quad \tau_{v1}$: 외부 Skin의 태양열 투과율

$\quad\quad Sol$: 내 · 외부 Skin의 일사량

4. 계수 계산

(1) 대류 열전달 계수 계산 (Q_1, $Q_2 = Q_3$, Q_4에서 h_{v1}, h_{v2}, h_{v3})

㉮ 외부 Skin의 표면과 외기와의 대류 열전달 계수 h_{v1}

$$h_{v1} = 5.67 + 3.86 \times V_v \; (\mathrm{W/m^2 \cdot {}^{\circ}K}) - \text{'Macdams'} \tag{5-19}$$

여기서, V_v : 풍속$(\mathrm{m/s})$

㉯ 내 · 외부 Skin 사이에서의 열전달 계수 $h_{v2}(\alpha = 0$일 때$)$

경사도 90° 일 때 (H/L > 10의 조건에서)

$$N_{L90°} = \max(N_1, N_2, N_3) \; (10^3 < Ra_L < 10^7)$$

$$N_1 = 0.0605 \, Ra_L^{1/3}$$

$$Nu_2 = \left(1 + \left[0.104 \frac{Ra_L^{0.293}}{1 + (6310/Ra_L)^{7.36}}\right]^3\right)^{1/3}$$

$$N_3 = 0.242\left(\frac{Ra_L}{H/L}\right)^{0.272} \tag{5-20}$$

왜냐하면, $Ra_L \leqq 10^3$, $Nu_{L\,90°} \simeq 1$

$$Ra_L = \frac{g\,\beta\,\Delta\,TL^3}{\nu\cdot\alpha}, \ \ P_r = \frac{\nu}{\alpha} \tag{5-21}$$

$$\therefore \ h_{v2} = N\frac{\lambda}{L} \tag{5-22}$$

㉲ 내부 Skin과 실내 사이에서의 열전달 계수 h_{v3}

$h_{v3} = 7\sim8 \ \text{kcal/m}^2\cdot\text{h}\cdot\text{℃}$ 를 사용

$1 \ \text{kcal/m}^2\cdot\text{h}\cdot\text{℃} = 1.1628 \ \text{W/m}^2\cdot\text{°K}$

$\therefore \ h_{v3} = 8.14\sim9.30 \ \text{W/m}^2\cdot\text{°K}$

(2) 전도 열전달 계수(Q_5, Q_6에서 h_{c1} 단, $\alpha = 1$일 때)

$$h_{c1} = \frac{\lambda_f}{e_{fs}/2} \tag{5-23}$$

여기서, λ_f : 유체의 열전도율(W/m·°K)

$\quad\quad\quad e_{fs}$: 공기 유동층 두께(m)

(3) 복사 열전달 계수(Q_8, Q_9, Q_{12}, Q_{10}, Q_{11}에서 h_{r1}, h_{r2}, h_{r3}, h_{r4}, h_{r5})

㉮ 외부 Skin과 천공 사이 h_{r1}

$$h_{r1} = \sigma\cdot\varepsilon_{v1}\cdot F_{vc}\cdot(T_{v1}^2 + T_{sky}^2)(T_{v1} + T_{sky}) \tag{5-24}$$

여기서, σ : Stefan-Boltzmann 상수

$\quad\quad\quad \varepsilon_{v1}$: 외부 Skin의 emissivity

$\quad\quad\quad T_{sky}$: 천공 온도(°K)

$$T_{sky} = 0.0522\,T_a^{1.5} \tag{5-25}$$

여기서, T_a : 외기 온도(°K)

$$F_{vc} = [\,1 + \cos\zeta\,]/2 \tag{5-26}$$

여기서, ζ : 수평면에 대한 표면의 경사각도

㉯ 외부 Skin과 지면 사이 h_{r2}

$$h_{r2} = \sigma \cdot \varepsilon_{v1} \cdot F_{vs} \cdot (T_{v1}^2 + T_{soil}^2)(T_{v1} + T_{soil}) \tag{5-27}$$

여기서, T_{soil} : 지면 온도($^\circ$K)

$$F_{vs} = [1 - \cos(\zeta)]/2 \tag{5-28}$$

㉰ 외부 Skin과 내부 Skin의 복사 열전달 계수 h_{r3}

$$h_{r3} = \sigma \cdot \frac{1}{1/\varepsilon_{v1} + 1/\varepsilon_{v2} - 1} (T_{v1}^2 + T_{v2}^2)(T_{v1} + T_{v2}) \tag{5-29}$$

㉱ 내부 Skin과 천공 사이 h_{r4}

$$h_{r4} = \tau_{ir} \cdot \sigma \cdot \varepsilon_{v2} \cdot F_{vc} \cdot (T_{v2}^2 + T_{sky}^2)(T_{v2} + T_{sky}) \tag{5-30}$$

$$F_{vc} = [1 + \cos(\zeta)]/2$$

㉲ 내부 Skin과 지면 사이 h_{r5}

$$h_{r5} = \tau_{ir} \cdot \sigma \cdot \varepsilon_{v2} \cdot F_{vs} \cdot (T_{v2}^2 + T_{soil}^2)(T_{v2} + T_{soil}) \tag{5-31}$$

5. Double Skin 내에서 온도차에 의한 유체의 속도 V_{fs}

Double Skin 내의 질량 유량은 일정하고 집열부 내의 유체의 온도와 체적 질량의 변화를 선형이라고 가정하면 유체의 평균속도는 다음과 같다.

$$V_{fs} = \sqrt{2gh \frac{T_i - T_e}{T_e} C_f} \tag{5-32}$$

$C_f = C_1 \left(\dfrac{A_i}{A_e}\right)^2 + C_2$, A_i, A_e는 공기 입구와 출구의 단면적을 말하며, C_1과 C_2는 무차원 상수로서 각각 8과 2이다.

5-3 물질 평형(物質平衡, Mass Balance)

실내의 CO 농도에 관한 물질 평형 방정식은 식 (5-33)과 같이 설명할 수 있다.

발생하는 CO량(m^3) − 환기에 의해 방출 제거되는 CO량(m^3) = 실내축적 CO량(m^3)

$$k\Delta t - pQ\Delta t = V \cdot \Delta p\,(m^3) \tag{5-33}$$

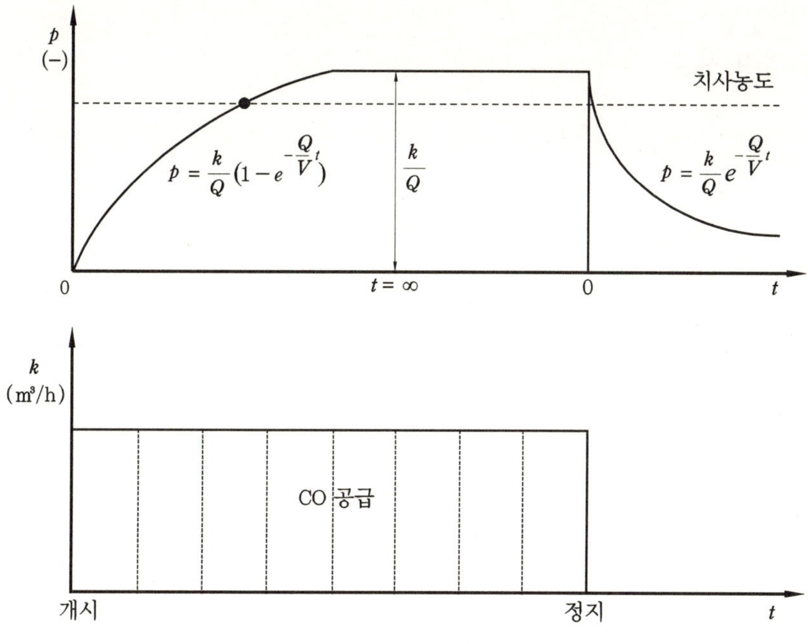

[그림 5-8] CO 농도 p의 변동

위의 식 (5-33)을 상미분방정식으로 정리하여 나타내면 다음과 같다.

$$\frac{dp}{\left(\dfrac{k}{Q} - p\right)} = \frac{Q}{V}\,dt \tag{5-34}$$

$$\int \frac{1}{\left(\dfrac{k}{Q}\right) - p}\,dp = \frac{Q}{V}\int dt \tag{5-35}$$

$$\ln\left(\frac{k}{Q} - p\right) + \ln c = -\frac{Q}{V}t \tag{5-36}$$

$t = 0$, $p = 0$일 때, $C = Q/k$

$$p = \frac{k}{Q}\left(1 - e^{-\frac{Q}{V}t}\right) [-] \tag{5-37}$$

$$t = \infty$$

$$p = \frac{k}{Q} \tag{5-38}$$

$p_1 = k/Q$라 놓고,

CO 공급 정지 시 :

$$p = \frac{k}{Q} e^{-\frac{Q}{V}t} = p_1 e^{-\frac{Q}{V}t} [-] \tag{5-39}$$

증가 시 :

$$p - p_0 = \frac{k}{Q}\left(1 - e^{-\frac{Q}{V}t}\right) \tag{5-40}$$

평형상태 :

$$p - p_0 = \frac{k}{Q} \tag{5-41}$$

감쇠 시 :

$$p - p_0 = \frac{k}{Q} e^{-\frac{Q}{V}t} = (p_1 - p_0) e^{-\frac{Q}{V}t} \tag{5-42}$$

여기서,
  V : 실용적(m^3)
  k : 오염물질 발생량$(\mathrm{m}^3/\mathrm{h})$
  Q : 환기량$(\mathrm{m}^3/\mathrm{h})$
  p : 실내오염 물질농도$(\mathrm{m}^3/\mathrm{m}^3)$
  p_0 : 외기오염 물질농도$(\mathrm{m}^3/\mathrm{m}^3)$
  p_1 : 실내초기오염 물질농도$(\mathrm{m}^3/\mathrm{m}^3)$
  t : 시간(h)

$$\frac{p - p_0}{p_2 - p_o} = e^{-\frac{Q}{V}t} \quad \text{에서} \quad \log_{10} \frac{p - p_0}{p_1 - p_0} = -\frac{1}{2.303}\frac{Q}{V}t$$

$$p - p_0 = (p_1 - p_0)e^{-\frac{Q}{V}t} + \frac{k}{Q}(1 - e^{-\frac{Q}{V}t}) \tag{5-43}$$

$$p = p_0 + (p_1 - p_0)e^{-\frac{Q}{V}t} + \frac{k}{Q}(1 - e^{-\frac{Q}{V}t}) \tag{5-44}$$

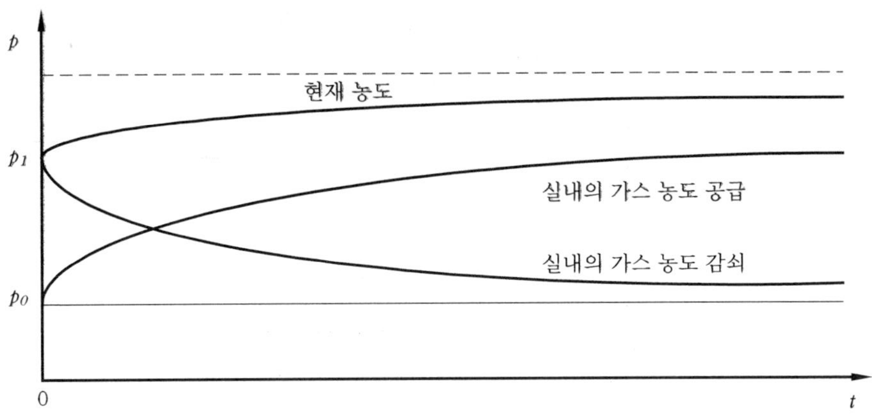

[그림 5-9] GAS 농도의 변화

예 제

가로 15 m, 세로 20 m, 높이 3 m인 방에 CO_2 방출 직후의 농도가 0.64%였다. 30분 후 0.24%가 되었다. 이때, 이 방의 환기량 및 환기 횟수를 계산하여라. (단, 외기 농도 0.04%이다.)

▮풀 이▮ 실의 용적은 $15 \times 20 \times 3 = 900 \, \text{m}^3$

따라서, 환기량 Q는

$$Q = 2.303 \times \frac{900}{0.5} \times \log \frac{0.64 - 004}{0.24 - 0.04} = 1978 \, \text{m}^3/\text{h} \text{이다.}$$

그리고 환기 횟수 n은

$$n = 1978 / 900 = 2.2 \text{회}/\text{h}$$

5-4 비정상 투습 계산

– 비정상 실온 변동과 동일한 개념

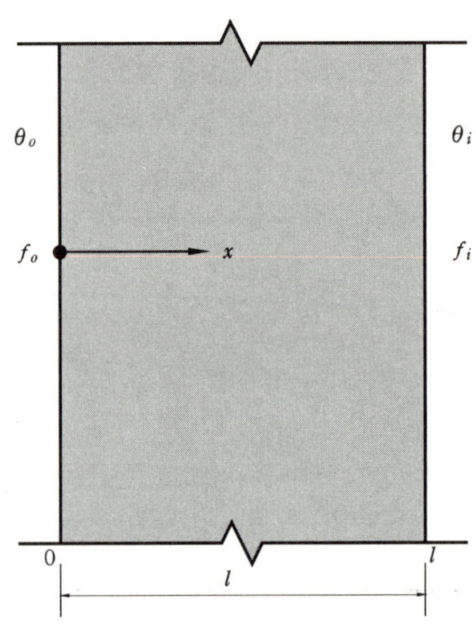

[그림 5-10] 비정상 투습 개념도

실질부와 공극부로 구분

공극부 : 수증기가 증기압차에 비례하여 이동함.

실질부 : 흡착이 일어남.

공극부

$$c'\gamma'\frac{\partial f}{\partial t} = \lambda'\frac{\partial^2 f}{\partial x^2} - \frac{\partial \omega}{\partial t} \ [\mathrm{kg/m^3 \cdot h}]$$
(5-45)

실질부

$$\omega = g(f, \theta)$$
(5-46)

실질부에서 $\dfrac{\partial \omega}{\partial t} = \dfrac{\partial g}{\partial f}\cdot\dfrac{\partial f}{\partial t} + \dfrac{\partial g}{\partial \theta}\cdot\dfrac{\partial \theta}{\partial t}$

여기서, $\dfrac{\partial g}{\partial f} = k, \ \dfrac{\partial g}{\partial \theta} = -\nu$로 하면,

$\dfrac{\partial \omega}{\partial t} = k\dfrac{\partial f}{\partial t} - \nu\dfrac{\partial \theta}{\partial t}$가 된다.

여기서, $\dfrac{\partial \omega}{\partial t}$를 공극부 식에 대입하여 정리하면,

$$(c'\gamma' + k)\frac{\partial f}{\partial t} = \lambda'\frac{\partial^2 f}{\partial x^2} + \nu\frac{\partial \theta}{\partial t} \tag{5-47}$$

: 비정상 상태에서 재료 내부에 수증기압 f를 나타내는 방정식

〈표 5-1〉 습기 전달 기호 및 단위

기 호	설 명	단 위
λ'	습기전도율	$kg/m \cdot h \cdot mmHg$
c'	재료의 공극률	m^3/m^3
γ'	습공기의 습기용량	$kg/m^3 \cdot mmHg$
f	수증기압	$mmHg$
ω	용적함습률	kg/m^3
g	함수율 함수	
θ	온도	$℃$

이 식에서 $\dfrac{\partial \omega}{\partial t} = k\dfrac{\partial f}{\partial t} - v\dfrac{\partial \theta}{\partial t}$를 대입하면,

$$(c\gamma + r\nu)\frac{\partial \theta}{\partial t} = \lambda\frac{\partial^2 \theta}{\partial x^2} + rk\frac{\partial f}{\partial t} \tag{5-48}$$

경계조건

$$x = 0, \ -\lambda\frac{\partial \theta}{\partial x} = \alpha(\theta_o - \theta), \ -\lambda'\frac{\partial f}{\partial x} = \alpha'(f_0 - f) \tag{5-49}$$

$$x = l, \ -\lambda\frac{\partial \theta}{\partial x} = \alpha(\theta - \theta_l), \ -\lambda'\frac{\partial f}{\partial x} = \alpha'(f - f_l) \tag{5-50}$$

여기서, α : 재료 표면의 열전달률$(kcal/m^2 \cdot h \cdot ℃)$

$\quad\quad\ \alpha'$: 재료 표면의 습기전달률$(g/m^2 \cdot h \cdot mmHg)$

1. 열의 이동과 비교

재료 내부의 열이동은

$$c\,\gamma\,\frac{\partial\theta}{\partial t} = \lambda\,\frac{\partial^2\theta}{\partial x^2} + r\,\frac{\partial\omega}{\partial t} \tag{5-51}$$

　　: 1-D 비정상열전도 방정식

〈표 5-2〉 습기와 열의 기호 비교

기 호	설 명	단 위	기 호	설 명	단 위
λ'	습기전도율	kg/m·h·mmHg	λ	열전도율	kcal/m^2·h·℃
c'	재료의 공극률	m^3/m^3	c	재료의 비열	kcal/kg·℃
γ'	습공기의 습기용량	kg/m^3·mmHg	γ	재료의 비중량	kg/m^3
f	수증기압	mmHg	r	응축열	kcal/kg
ω	용적함습률	kg/m^3			
g	함수율 함수				
θ	온도	℃			

5-5　열과 건축(Heat & Architecture)

1. 실온형성(室溫形成)의 Mechanism

- 전도(conduction)
- 대류(convention)
- 복사(radiation : short wavelength radiation, longer wavelength radiation,
  greenhouse effect)

(1) 자연실온형성

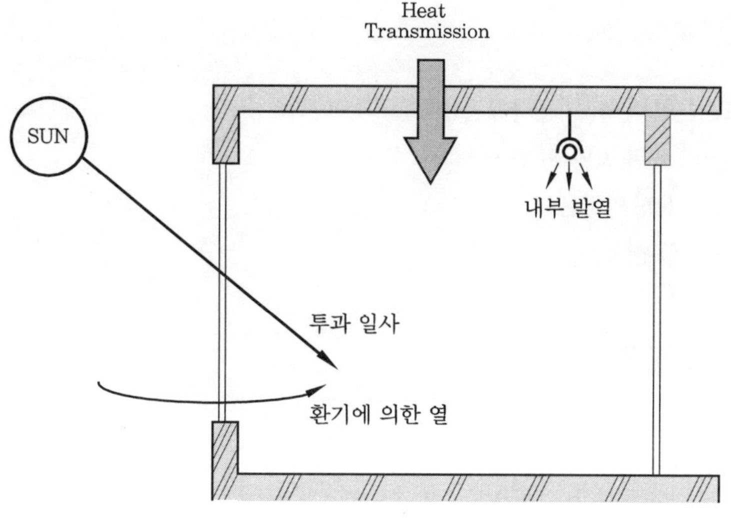

[그림 5-11]   자연실온에 영향을 미치는 인자들

㉮ 열관류 : 전도, 대류, 복사
㉯ 투과 일사 : 단파 방사, 장파 방사
㉰ 내부 발열 : 대류, 장파 방사, 단파 방사

(2) Steady State – 1방위의 단위 Model – 실온형성

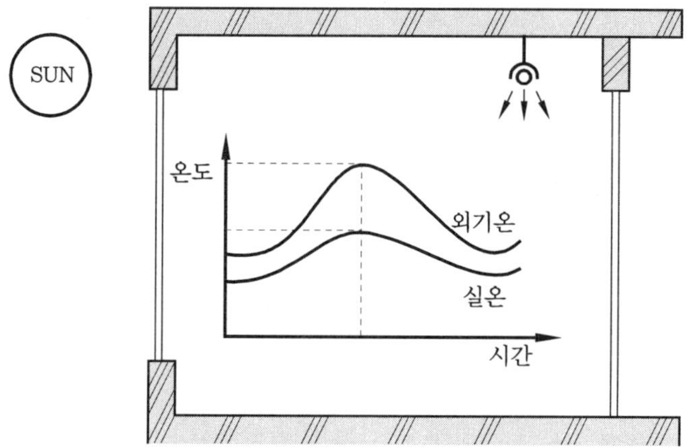

[그림 5-12]   정상상태에서의 외기온과 실온의 분포

관류열량 $Q_T\,(\mathrm{kcal/h})$

$$Q_T = \sum_k K_k A_k (\theta_k^* - \theta_r) \tag{5-52}$$

여기서, K_k : 부위 k의 열관류율$(\mathrm{kcal/m^2 \cdot h \cdot ^\circ C})$

A_k : 부위 k의 표면적$(\mathrm{m^2})$

θ_k^* : 상당외기온$(^\circ C)$

θ_r : 실온$(^\circ C)$

2. 전열경로와 실온

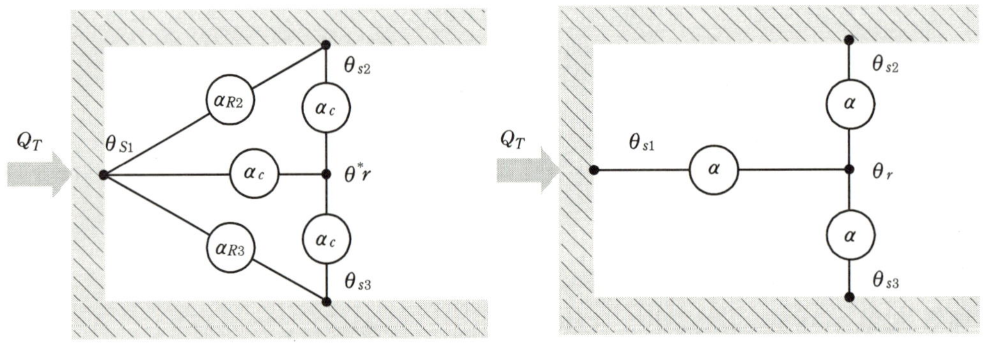

(a) 실제 전열경로   (b) 총합 열전달률을 이용한 전열경로

[그림 5-13] 전열경로 비교

$$Q_T = \alpha_c A_1 (\theta_{s1} - \theta_r^*) + \sum \alpha_{R1} A_1 (\theta_{s1} - \theta_{s2}) \tag{5-53}$$

$$Q_T = \alpha A_1 (\theta_{s1} - \theta_r) \tag{5-54}$$

여기서, α_c : 대류 열전달 계수

θ_{si} : 표면 온도

$$\alpha = \alpha_c + \alpha_R \tag{5-55}$$

여기서, α_{Ri} : 복사 열전달 계수

A_i : 표면적

θ_r : 실온(계산모델 상)

θ_r^* : 실제 공기 온도

위의 두 식 (5-53), 식 (5-54)에서

$$Q_r = \frac{\alpha_c}{\alpha}\,\theta_r + \left(\frac{\partial R}{\partial} - \frac{\sum \alpha_{Ri}\,A_i}{\alpha\,A_i}\right)\theta_{s1} + \sum \frac{\alpha_{Ri}\,A_i}{A_1}\,\theta_{si} \tag{5-56}$$

① 상당외기온도 θ_r^*(sol-air temperature)

$$\theta_k^* = \theta + \frac{a_k}{\alpha_o}J - \frac{\varepsilon}{\alpha_o}\varphi R \tag{5-57}$$

여기서, θ_o : 외기온($^\circ$C)

　　　　a_k : 부위 k 외표면의 일사 흡수율

　　　　J : 외표면 입사 일사량($\mathrm{kcal/m^2 \cdot h}$)

　　　　ε : 외표면 장파 흡수율

　　　　R : 수평면 야간 방사량($\mathrm{kcal/m^2 \cdot h}$)

　　　　φ : 외표면과 천공과의 형태계수(수직면 0.5, 수평면 1.0)

② 투과 일사 $I\,(\mathrm{kcal/h})$

$$I = \sum_k y_k\,A_k\,J \tag{5-58}$$

여기서, y_k : 부위 k의 일사 투과율

③ 내부 발열 $G\,(\mathrm{kcal/h})$

$$G = g\,A_f \tag{5-59}$$

여기서, g : 내부 발열 밀도($\mathrm{kcal/m^2 \cdot h}$)

④ 환기에 의한 열 $Q_v\,(\mathrm{kcal/h})$

$$Q_v = c\,\rho_a\,(\theta_o - \theta_v) \tag{5-60}$$

여기서, c : 공기의 정압비열($\mathrm{kcal/kg \cdot {}^\circ C}$)

　　　　ρ_a : 공기의 밀도($\mathrm{kg/m^3}$)

　　　　V : 환기량($\mathrm{m^3/h}$)

　　　　$V = nv$

　　　　$v =$ 건물의 체적($\mathrm{m^3}$)

　　　　$n =$ 환기 횟수(회/h)

$$Q_T + I + G + Q_V = c \tag{5-61}$$

식 (5-53), 식 (5-58), 식 (5-59), 식 (5-60)을 식 (5-61)에 대입하여 정리하면,

$$\left(\sum_k K_k A_k + c\rho_a V\right)(\theta_o - \theta_r) + \sum_k K_k A_k\left(\frac{a_k}{\alpha_o} J - \frac{\varepsilon}{\alpha_o} \varphi R\right)$$
$$+ \sum_k y_k A_k J + g A_f = 0 \tag{5-62}$$

⑤ 일사 침입률

$$y_k = \frac{a_k}{\alpha_o} K_k \tag{5-63}$$

식 (5-62)를

$$K_T\left(\theta_o - \theta_r - \xi\frac{\varepsilon}{\alpha_o}\right) + \sum_k y_\varepsilon A_k J + g A_f = 0 \tag{5-64}$$

$$K_T = \sum_k K_k A_k + c\rho_a V$$

$$\xi = \frac{\displaystyle\sum_k K_k A_k}{K_T} \ (0 \le \xi \le 1) \tag{5-65}$$

식 (5-64)를 θ_r로 정의하면,

$$\theta_r = \theta_o - \xi\frac{\varepsilon}{\alpha_o} \varphi R + \rho J + \Delta\theta \tag{5-66}$$

$$\rho = \frac{\sum y_k A_k}{K_T} \tag{5-67}$$

$$\Delta\theta = \frac{g A_f}{K_T} \tag{5-68}$$

여기서, ρ : 침입관류비
$\Delta\theta$: 내부 발열부 실온 상승효과

식 (5-66)은 외계기상요소에 대한 실온 효과를 표시함.
(θ_o, R, J, α_o, K_T - 외기온, 야간 방사량, 입사 일사량, 풍향, 풍속)

3. 상당외기온도와 외계방사량

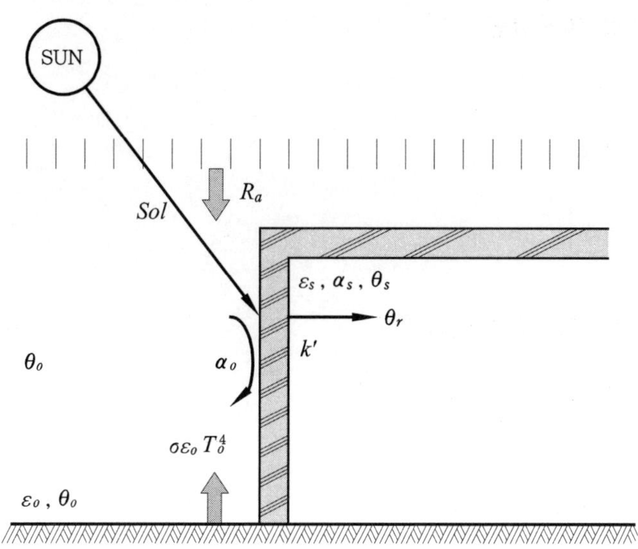

[그림 5-14] 건물 주위의 열방사 환경

여기서, θ_o : 외기온(지표면과 동일)　　　θ_s : 건물표면온도

　　　θ_r : 실온　　　　　　　　　　　　T : θ의 절대온도

　　　ε_s : 건물표면의 장파 방사율　　　α_s : 건물표면의 일사 흡수율

　　　ε_o : 지표면의 장파 방사율　　　　α_o : 외기 측의 표면총합 열전달률

　　　Sol : 입사 일사량　　　　　　　　R_a : 대기 방사량

　　　k' : 건물의 외표면과 실내의 열전달률

건물의 외벽이 단일부위로 구성되었다고 가정하면, 외벽을 통과하는 열류 q는

$$q = \alpha_c (\theta_o - \theta_s) + \alpha_s\, Sol + (1 - \varphi)\, \xi\, \varepsilon_o\, \varepsilon_s\, T_s^{\,4} \tag{5-69}$$

$$\varepsilon_o \approx 1$$

$$\xi\, \varepsilon_s (\varepsilon_o T_o^{\,4} - T_s^{\,4}) \approx \alpha_R(\theta_o - \theta_s) \tag{5-70}$$

여기서,

$$\alpha_R = \xi\, \varepsilon_s (T_o^{\,3} + T_o^{\,2} T_s + T_o T_s^{\,2} + T_s^{\,3}) \tag{5-71}$$

α_R : 복사 열전달률

$$q = \alpha_o (\theta_o - \theta_s) + a_s\, Sol - \varphi\, \varepsilon_s\, R \tag{5-72}$$

여기서,

$$\alpha_o = \alpha_R + \alpha_c$$

α_o : 외기 측 총합 열전달률

$$R = \xi\, T_o^4 - R_a \tag{5-73}$$

$$q = k'(\theta_s - \theta_r) \tag{5-74}$$

$$1/k = 1/\alpha_o + 1/k' \qquad\qquad \theta_s = \frac{q}{k'} + \theta_r$$

식 (5-74)를 식 (5-72)에 대입하면,

$$q = k\left(\theta_o + \frac{a_s}{\alpha_o} Sol - \frac{\varepsilon_s}{\alpha_o}\varphi R - \theta_r\right) \tag{5-75}$$

$$\theta^* = \theta_o + \frac{a_s}{\alpha_o} Sol - \frac{\varepsilon_s}{\alpha_o}\varphi R \tag{5-76}$$

〈경험식〉

$$R = 4.88(2.7315 + \theta_o \times 10^{-2})^4 (1 - 0.062\, c_D)$$

$$\times \left\{0.49 - 2.1\sqrt{x_o/(x_o + 622.1)}\right\} \tag{5-77}$$

여기서, x_o : g/kg [DA]

c_D : 구름량

5-6 난방부하와 냉방부하

1. 현열부하

(1) 난방부하

$$Q_{SH} = K_T(\theta_H - \theta_o) \tag{5-78}$$

(2) 냉방부하

$$Q_{SC} = K_T(\theta_o - \theta_C) \tag{5-79}$$

여기서, θ_H : 난방설계실온

θ_C : 냉방설계실온

θ_o : 외기온도

2. 잠열부하

(1) 난방 잠열부하

$$Q_{LH} = L_w\,\rho_a V\left\{x_H - \left(x_o + \frac{G_w}{\rho_a V}\right)\right\} \tag{5-80}$$

(2) 냉방 잠열부하

$$Q_{LC} = L_w\,\rho_a V\left\{\left(x_o + \frac{G_w}{\rho_a V}\right) - x_C\right\} \tag{5-81}$$

여기서, x_H, x_C : 설계습도(g/kg ·DA)

x_o : 외기습도(g/kg ·DA)

L_w : 물의 증발잠열(= 0.597 kcal/g)

G_w : 실의 수증기 발생량(g/h)

3. 기간부하와 최대부하

$$P_{SH} = K_T \int_o^{T_o} (\theta_H - \theta_r)\,dt \tag{5-82}$$

$$P_{SC} = K_T \int_o^{T_o} (\theta_r - \theta_C)\,dt \tag{5-83}$$

4. 열손실 계수와 Heating Degree Day

(1) 열손실 계수

$$Q_{SH} = K_T(\theta_H - \theta_o) \tag{5-84}$$

$(\theta_r = \theta_o$: 내부 발열이 없으면$)$

$$K_T = \sum_k K_k\,A_k + c\,\rho_a V \tag{5-85}$$

(2) i 구획과 외기 k 등에 따른 온도차 계수 $H_{i\varepsilon}$, h_i(환기)

$$Q_{SH} = K_T^* (\theta_H - \theta_o) \tag{5-86}$$

$$K_T^* = \sum_i \sum_k K_{i\varepsilon} A_{i\varepsilon} H_{i\varepsilon} + c\rho_a n \sum_i v_i h_i \quad 0 < H_{i\varepsilon} < 1 \tag{5-87}$$

$$Q = K_T^* / s \tag{5-88}$$

여기서, Q : 열손실 계수($\text{kcal/m}^2 \cdot \text{h} \cdot \text{℃}$) – 주택의 에너지 성능 판단에 채용되고 있음.

s : 바닥면적을 합한 면적(m^2)

(3) Heating Degree Day

$$q_d = K_T^* \int_o^{24} (\theta_H - \theta_o) dt \tag{5-89}$$

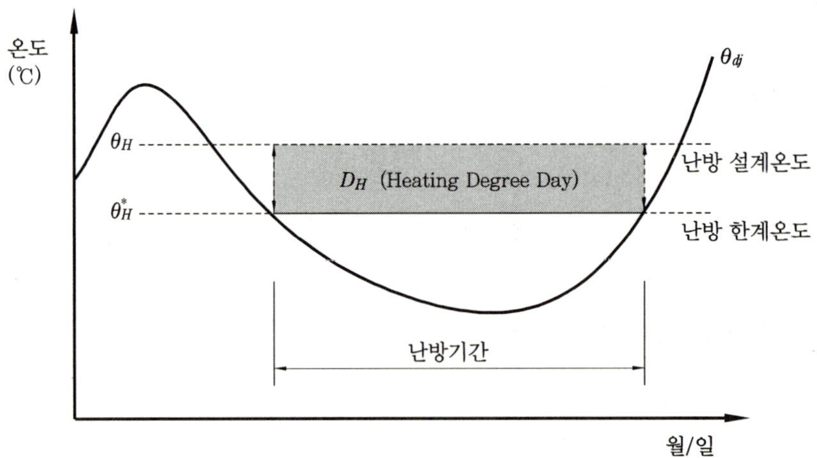

[그림 5-15]

$\theta_o \rightarrow$ 일평균 외기온 θ_{dj}라 놓으면,

$$q_{dj} \approx 24 K_T^* (\theta_H - \theta_{dj}) \tag{5-90}$$

기간 난방부하

$$P_{SH} = \sum_j q_{dj} = 24 K_T^* D_H (\theta_H - \theta_{dj}) \tag{5-91}$$

$$D_H (\theta_H, \theta_H^*) = \sum_j (\theta_H - \theta_{dj}) \tag{5-92}$$

$$\sum_j \theta_{dj} \leq \theta_H^* \rightarrow \theta_H = \theta_H^* = 18\,℃ \quad D_H(18, 18)$$

5. Calorie Day와 Enthalpy Days

(1) Enthalpy

$$i_a = c\theta \tag{5-93}$$

$$i_w = L_w + C_w\theta \tag{5-94}$$

습공기 enthalpy i

$$i = i_a + x\,i_w = (c + c_w x)\,\theta + L_w x \tag{5-95}$$

여기서, i_a : 1 kg의 건조공기가 갖고 있는 현열량

  c : 공기 정압비열(0.24 kcal/kg·℃)

  θ : 온도(℃)

  L_w : 물의 증발잠열(0.597 kcal/g)

  c_w : 수증기 정압비열(4.4×10^{-4} kcal/kg·℃)

  i_w : 1 g의 수증기가 갖고 있는 현열과 잠열량

  x : g/kg·DA

(2) CD, ED

냉방 현열부하 Q_{SC}와 냉방 잠열부하 Q_{LC}일 때 냉방 전열부하 Q_C는

$$Q_C = Q_{SC} + Q_{LC} \tag{5-96}$$

$$Q_C = K_T\left(\theta_o - \xi\frac{\varepsilon}{\alpha_o}\varphi R + \rho J + \Delta\theta - \theta_C\right) + L_w \rho_a V\left(x_o + \frac{G_w}{\rho_a V} - x_c\right) \tag{5-97}$$

여기서, 야간 복사 R항을 무시하고, $K_T = \sum_k K_k A_k + c\rho_a V$를 고려하면,

$$Q_C = \sum_k K_k A_k(\theta_o - \theta_C) + \rho_a V(i_o - i_c) + G + L_w G_w \tag{5-98}$$

단, $i_o = c\theta_o + L_w x_o \rightarrow$ 외기 enthalpy

  $i_c = c\theta_C + L_w x_c \rightarrow$ 실내공기 enthalpy(설계값)

위 식 (5-98)을 24시간 적분하여 1일 냉방부하 Q_C를 구하면,

$$Q_C = \sum_k K_k A_k \int_0^{24}(\theta_o - \theta_C)\,dt + \sum_k y_k A_k \int_0^{24} J\,dt + \rho_a V \int_0^{24}(i_o - i_c)\,dt$$

$$+ \int_0^{24} G\,dt + L_w \int_0^{24} G_w\,dt \tag{5-99}$$

$$\int_0^{24} \theta \, dt = 24\,\theta\, dj, \quad \int_0^{24} J dt = 24\, J dj, \quad \int_0^{24} i_o dt = 24\, i dj,$$

$$\int_0^{24} G dt = 24\, G d, \quad \int_0^{24} G_w dt = 24\, G_w d$$

$$q_{Cj} = 24\left\{ \sum_k K_k A_k(\theta_{dj} - \theta_C) + \sum_k y_k A_k J_{dj} + \rho_a V(i_{dj} - i_c) + G_d + G_{wd} \right\} \quad (5\text{-}100)$$

냉방기간 q_{Cj} → 전열의 기간 냉방부하 P_C

$$P_C = \sum_j q_{Cj}$$

$$= 24\left\{ (\sum_k K_k A_k) D_c(\theta_C, \theta_C^*) + (\sum_k y_k A_k)c + \rho_a VE(i_c, i_c^* + N_c(G_a + G_{wd})) \right\}$$

$$(5\text{-}101)$$

여기서, a : cooling degree day(℃·day) → $DC(\theta_C, \theta_C^*) = \sum_j (\theta_{dj} - \theta_c)$

$\quad\quad b$: calorie day(kcal·day/m^2) → $c = \sum_j J dj$

$\quad\quad c$: enthalpy day(kcal·day/m^2) → $E(i_c, i_c^*) = \sum_j (i_{dj} - i_c)$

$\quad\quad d$: 냉방일수(day) → N_c

$$\theta_{dj} \geq \theta_C^*, \text{ 통상 } i_c = i_c^* = c\theta_C + L_w x_c$$

6. Extended Degree Day & PAL

(1) Extended Degree Day법(EDD법)

$$Q_{SH} = K_T\left(\theta_H - \theta_o + \xi \frac{\varepsilon}{\alpha_o} \varphi R - \rho \, Sol - \Delta\theta \right) \quad (5\text{-}102)$$

$\sigma = 1$, $\varepsilon = 0.9$, $\alpha_o = 20$ kcal/m^2·h·℃로 가정하고, 외벽, 창, 방위 i 첨자로 표시하면, 식 (5-102)는

$$Q_{SH} = K_T(\theta_H - \theta_o + 0.045\, \varphi_i R - \rho \, Sol_i - \Delta\theta) \quad (5\text{-}103)$$

θ_o, R, J_i, $\Delta\theta$ → 일평균 θ_{dj}, R_{dj}, J_{dij}, $\Delta\theta d \,(= g_d A_f / k_T$: 매시일정$)$

$$q_{Hj} = 24k_T(\theta_H - \theta_{dj} + 0.045\, \varphi_i R_{dj} - \Delta\theta_d) \quad (5\text{-}104)$$

기간 난방부하 P_{SH}

$$P_{SH} = 24\,k_T \cdot EHD(\theta_{ref},\ \rho,\ i) \tag{5-105}$$

단,

$$EHD(\theta_{ref},\ \rho,\ i) = \sum_j (\theta_{ref} - \theta_{dj} + 0.045\,\varphi_i R_{dj} - \rho J_{dij}) \tag{5-106}$$

참조 온도

$$\theta_{ref} = \theta_H - \Delta\theta_d \tag{5-107}$$

여기서, EHD : Extended Heating Degree-Days
　　　　ρ : 침입 관류비
　　　　i : 방위

기간 냉방부하 P_{SC}

$$P_{SC} = 24\,k_T \cdot ECD(\theta_{ref},\ \rho,\ i) \tag{5-108}$$

단, $ECD(\theta_{ref},\ \rho,\ i) = \sum_j (\theta_{dj} - \theta_{ref} - 0.045\,\varphi_i R_{dj} + \rho J_{dij})$ $\tag{5-109}$

여기서, ECD : Extended Cooling Degree-Days

(2) PAL(Perimeter Annual Load)

$$PAL = \sum_{zone} (PSH + PSC) / \sum_{zone} A_f \tag{5-110}$$

$$P_{SH} = 24\,k_H k_T \cdot EHD \tag{5-111}$$

$$P_{SC} = 24\,k_H k_T \cdot ECD \tag{5-112}$$

5-7　깊이에 따른 지중 온도의 주기적 변화

(Periodic variations of ground temperature with depth)

일사량을 받는 지표면의 energy balance는 다음과 같다.

$$-K\left(\frac{\partial\theta}{\partial x}\right)_{(x=0)} = h\left[T_{atm} - \theta_{(x=0)}\right] + \alpha_o\,Sol - \varepsilon\,\Delta R \tag{5-113}$$

여기서, K : 지면의 열전도율(W/m·℃)

h : 지표면의 열전달 계수(W/m^2·℃)

T_{atm} : 주변공기의 온도(℃)

θ : 지면의 온도(℃)

α_o : 지표면의 흡수율

S : 일사의 세기(W/m^2)

ε : 지면의 장파장 복사율

ΔR : 야간의 천공 복사량(W/m^2)

$$-K\left(\frac{\partial\theta}{\partial x}\right)_{x=0} = h[T_A - \theta_{(x=0)}] \tag{5-114}$$

여기서, T_A는 다음과 같다.

$$T_A = T_{atm} + (\alpha\,Sol/h) - (\varepsilon\Delta R/h) \tag{5-115}$$

식 (5-115)를 "상당외기온도 ; sol-air temperature"라 한다.

보통 천공을 흑체로 볼 때 $\varepsilon = 1$이 되며, 지표면에서 ΔR은 63 W/m^{2}로 보는 것이 합리적이다.

1차원 열전달 방정식의 일반해는 (θ = finite, $x = \infty$) 다음과 같다.

$$\theta = A_o + \sum_{m=1}^{\infty} A_m \exp[i(m\omega t + \alpha_m x)] \tag{5-116}$$

여기서, $\alpha_m = -m^{1/2}\alpha(1-i)$, $\alpha = (\omega\rho c/2k)^{1/2}$

ω : 2π/period

ρ : 토양의 밀도(kg/m^3)

c : 토양의 비열(J/kg·℃)

x : 지중 깊이(vertical axis)

$$T_A = a_o + \sum_{m=1}^{\infty} [a_{m1}\cos(m\omega t) + a_{m2}\sin(m\omega t)]$$

$$= a_o + \sum_{m=1}^{\infty} a_m \exp[i(m\omega t - \sigma_m)] \tag{5-117}$$

$$a_m = (a_{m1}^* + a_{m2}^2)^{0.5} \tag{5-118}$$

$$\sigma_m = t_{am}^{-1}(a_{m2}/a_{m1}) \tag{5-119}$$

$T_A = f(\theta)$, θ는 midnight으로부터 계산한 시간임.

$$T_A = a_o + a_{m1}\cos\omega_1\theta + a_{m2}\sin_1\omega_1\theta + \cdots\cdots \tag{5-120}$$

$$a_o = \frac{1}{24}\int_0^{24} T_A\,d\theta \tag{5-121}$$

$$a_{m1} = \frac{1}{12}\int_0^{24} T_A\cos\omega_m\theta\,d\theta \tag{5-122}$$

$$a_{m2} = \frac{1}{12}\int_0^{24} T_A\sin\omega_m\theta\,d\theta \tag{5-123}$$

여기서, $\omega_1 = \pi/12$ radians per hr 또는 $15°/\mathrm{hr}$, $\omega_n = n\omega_1$

$$\theta = a_o + \sum_{m=1}^{\infty} B_m\exp(-m^{0.5}\alpha x)\cos(m\omega t - m^{0.5}\alpha x - \sigma_m - \beta_m) - c \tag{5-124}$$

$$B_m = a_m[(1 + m^{0.5}\mu)^2 + m\mu]^{-0.5} \tag{5-125}$$

$$\mu = K\alpha/h = (K\omega\rho c/2)^{0.5}/h \tag{5-126}$$

$$\beta_m = \tan^{-1}[m^{0.5}\mu/(1 + m^{0.5}\mu)] \tag{5-127}$$

5-8 건물의 열전달

1. 열전도, 열전달

(1) 열전도에 의한 열의 이동

$$q = -\lambda\frac{\partial\theta}{\partial n}\ [\mathrm{kcal/m^2\cdot h}] \tag{5-128}$$

여기서, q : 전열량 $[\mathrm{kcal/m^2\cdot h}]$
$\qquad$ λ : 열전도율 $[\mathrm{kcal/m\cdot h\cdot ℃}]$
$\qquad$ n : 열류 방향의 미소 길이 $[\mathrm{m}]$
$\qquad$ θ : 온도 $[℃]$

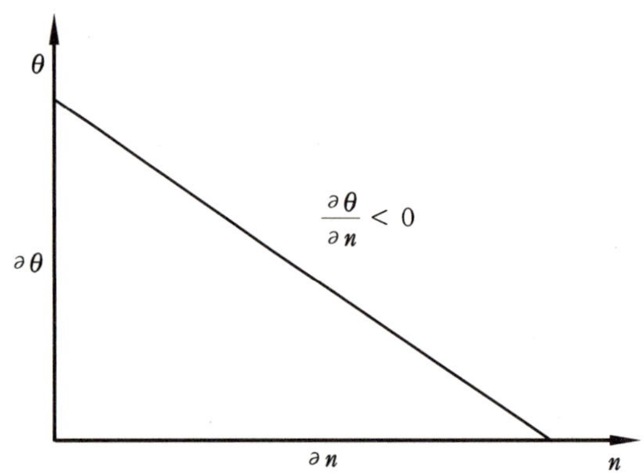

[그림 5-16] Fourier's Equation

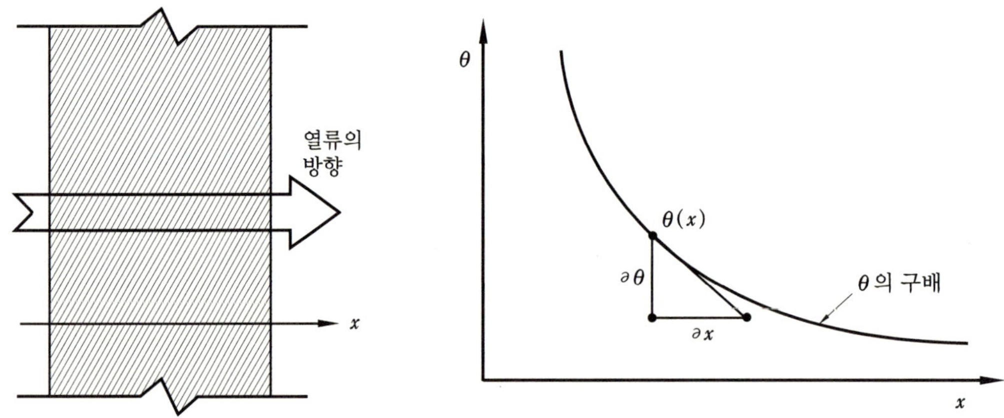

[그림 5-17] 1차원 벽체의 열류

$$q = -\lambda \frac{\partial \theta}{\partial x} = -\lambda \frac{d\theta}{dx} \fallingdotseq -\lambda \frac{\Delta \theta}{\Delta x} = \lambda \frac{\theta_1 - \theta_2}{\delta} \qquad (5\text{-}129)$$

$$\bar{q} = -\lambda S \frac{d\theta}{dx} = -\lambda S \frac{\Delta \theta}{\Delta x} \qquad (5\text{-}130)$$

여기서, S : 열류의 통과 면적 $[\text{m}^2]$, $\bar{q}$: 단위 시간당 전열량 $[\text{kcal/h}]$
　　　θ_1, θ_2 : 고온, 저온 측의 온도 $[\text{℃}]$

$$\bar{q} = -\lambda S \frac{\partial \theta}{\partial x} \ [\text{kcal/h}] \qquad (5\text{-}131)$$

$$\bar{q}' = -\lambda S \frac{\partial}{\partial x}\left(\theta + \frac{\partial \theta}{\partial x} dx\right) [\text{kcal/h}] \qquad (5\text{-}132)$$

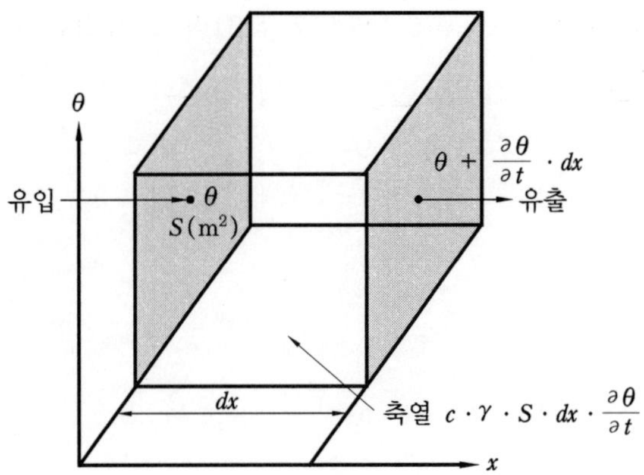

[그림 5-18] 1차원 비정상 열전도

$$\bar{q}'' = c \cdot \gamma \cdot dx \cdot S \cdot \frac{\partial \theta}{\partial t} \tag{5-133}$$

여기서, c : 벽체의 비열 $[\text{kcal/kg} \cdot ℃]$

γ : 벽체의 비중량 $[\text{kg/m}^3]$

$\partial \theta / \partial t$: dt 시간 중 벽체의 온도 상승 $[℃/\text{h}]$

$\bar{q}'' = \bar{q} - \bar{q}'$에 따라 방정식 (5-131)~(5-133)에서 다음 식이 얻어진다.

㉮ 1차원

$$\frac{\partial \theta}{\partial t} = \alpha \frac{\partial^2 \theta}{\partial x^2} \tag{5-134}$$

$$\alpha = \frac{\lambda}{c \cdot \gamma} \ [\text{m}^2/\text{h}] \tag{5-135}$$

방정식 (5-134)는 1차원 비정상 상태의 열전도방정식이며, α는 열확산율(thermal diffusivity)을 나타낸다.

㉯ 2차원

$$\frac{\partial \theta}{\partial t} = \alpha \left(\frac{\partial^2 \theta}{\partial x^2} + \frac{\partial^2 \theta}{\partial y^2} \right) \tag{5-136}$$

㉰ 3차원

$$\frac{\partial \theta}{\partial t} = \alpha \left(\frac{\partial^2 \theta}{\partial x^2} + \frac{\partial^2 \theta}{\partial y^2} + \frac{\partial^2 \theta}{\partial z^2} \right) \tag{5-137}$$

만약, 정상 상태(steady state ; $\partial\theta/\partial t = 0$)라고 가정한다면, 위의 비정상방정식들은 다음과 같다.

$$\frac{\partial^2\theta}{\partial x^2} = 0 \tag{5-138}$$

$$\left(\frac{\partial^2\theta}{\partial x^2} + \frac{\partial^2\theta}{\partial y^2}\right) = 0 \tag{5-139}$$

$$\left(\frac{\partial^2\theta}{\partial x^2} + \frac{\partial^2\theta}{\partial y^2} + \frac{\partial^2\theta}{\partial z^2}\right) = 0 \tag{5-140}$$

1차원 비정상 열전도방정식은 [그림 5-19]와 같이 차분 방정식화 되어 해석할 수 있다.

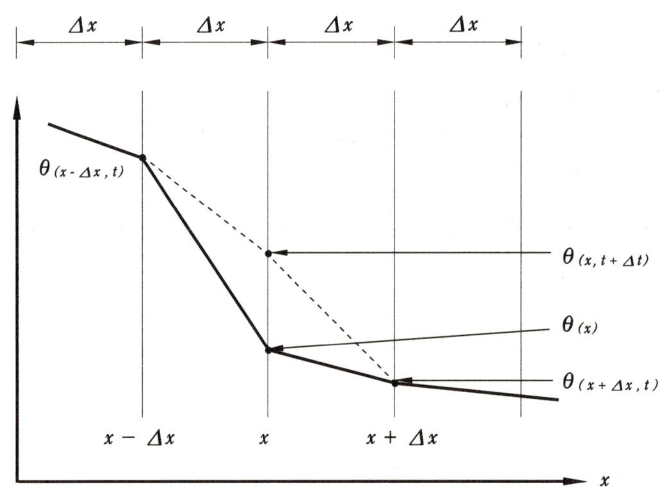

[그림 5-19] 비정상 열전도 차분 표시

벽체를 등간격 Δx로 n분할하고, 분할점의 온도를 θ, 열용량 $c \cdot \gamma \cdot \Delta x \cdot S$ [kcal/℃]가 분할점에 집중되어 있다고 가정한다. x점의 열평형을 고려하면, 시각 t에 있어서 x점의 온도는 $\theta_{x, t}$, Δt 시간 후 x점의 온도는 $\theta_{x, t+\Delta t}$가 된다.

$$c \cdot \gamma \cdot \Delta x \cdot S(\theta_{x, t+\Delta t} - \theta_{x, t})$$

$$= \lambda_S \frac{(\theta_{x-\Delta x, t} - \theta_{x, t})}{\Delta x} \Delta t - \lambda_S \frac{(\theta_{x, t} - \theta_{x+\Delta x, t})}{\Delta x} \Delta t \tag{5-141}$$

여기서, 좌변 : 열용량과 (   ) 안은 Δt 중의 x장소의 온도 상승

　　　　우변 : 첫 번째 항은 좌측에서 Δx로 Δt 중에 유입하는 열량

두 번째 항은 Δx에서 우측으로 Δt 중에 나오는 열량

$$\frac{(\theta_{x,\,t+\Delta t} - \theta_{x,\,t})}{\Delta t} = \frac{\lambda}{c\cdot\gamma}\left(\frac{\dfrac{(\theta_{x-\Delta x,\,t} - \theta_{x,\,t})}{\Delta x} - \dfrac{(\theta_{x,\,t} - \theta_{x+\Delta x,\,t})}{\Delta x}}{\Delta x}\right)$$

$$(5-142)$$

여기서, 좌변 : θ_x의 t에 대한 변화율, $\partial\theta/\partial t$로 표시

　　　　우변 : 온도 구배 $\partial\theta/\partial x$의 변화율, $\partial^2\theta/\partial x^2$로 표시

따라서, 식 (5-142)는 1차원 비정상 열전도방정식인 식 (5-134)와 같이 표시된다.

$$\frac{\partial\theta}{\partial t} = \alpha\,\frac{\partial^2\theta}{\partial x^2} \tag{5-143}$$

방정식 (5-143)을 이용하여 θ_x의 Δt 시간 후의 온도 $\theta_{x,\,t+\Delta t}$를 구하는 식을 세우면,

$$\theta_{x,\,t+\Delta t} = \theta_{x,\,t} + \frac{\alpha\cdot\Delta t}{(\Delta x)^2}\{\theta_{x-\Delta x,\,t} + \theta_{x+\Delta x,\,t} - 2\cdot\theta_{x,\,t}\} \tag{5-144}$$

여기서, Δx, Δt를 조정하여

$$P = \frac{\alpha\cdot\Delta t}{(\Delta x)^2} = 0.5 \tag{5-145}$$

가 되게 설정하면, 식 (5-144)는

$$\theta_{x,\,t+\Delta t} = 0.5\cdot\{\theta_{x-\Delta x,\,t} + \theta_{x+\Delta x,\,t}\} \tag{5-146}$$

이 된다.

끝으로, $\alpha = \dfrac{\lambda}{c\cdot\gamma}$ [m^2/h] 열확산율(thermal diffusivity)로, λ가 크면 열확산이 증가하고, 온도가 감소하게 된다. 그리고 $c\cdot\gamma$를 중량으로 하면, 즉 열용량이 크면, 열확산 억제 작용을 한다.

$c\cdot\gamma\cdot S\cdot A_x = c\cdot\gamma\cdot V$ [kg/℃]로 열용량을 나타낸다.

(2) 대류에 의한 열전달

$$q = \alpha_c\cdot(\theta_S - \theta_f) \ [\,\text{kcal/m}^2\cdot\text{h}\,] \tag{5-147}$$

여기서, α_c : 대류 열전달 계수 $[\mathrm{kcal/m^2 \cdot h \cdot ℃}]$

$\quad\quad\quad \theta_S$: 벽체 표면 온도 $[℃]$

$\quad\quad\quad \theta_f$: 공기 온도 $[℃]$

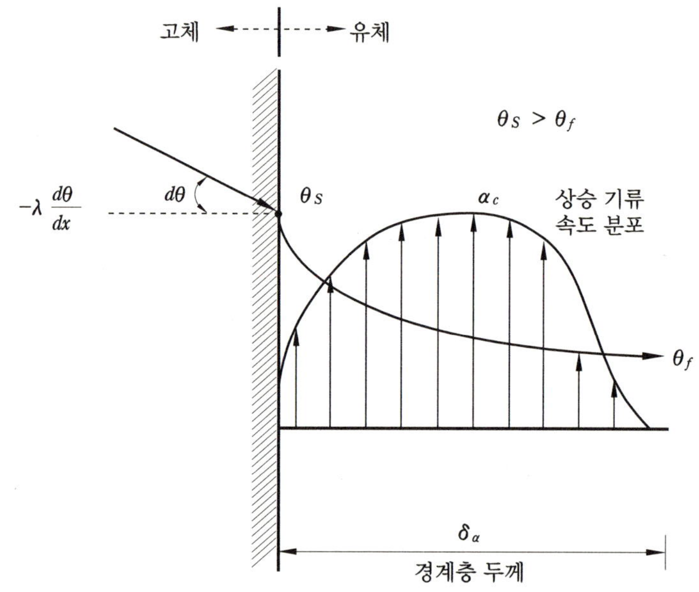

[그림 5-20] 표면 열전달의 기구

㉮ 자연 대류의 전열량 q_c

$$q_c = c\,(\theta_S - \theta_f)^{1.25} \tag{5-148}$$

$$q_c = c\,(\theta_S - \theta_f)^{0.25} \times (\theta_S - \theta_f) = \alpha_c\,(\theta_S - \theta_f) \tag{5-149}$$

$$\alpha_c = c\,(\theta_S - \theta_f)^{0.25} \tag{5-150}$$

〈표 5-3〉 자연 대류 열전달 계수 α_c

구 분	c 값	α_c		비 고
		$\Delta\theta = 5℃$	$\Delta\theta = 10℃$	
난방 시 천장면 냉·난방 시 바닥표면	2.3	3.4	4.1	자연 대류작용 大
난방 시 바닥표면 냉방 시 천장면	0.55~0.75	0.8~1.2	0.9~1.3	자연 대류작용 小
수직벽 표면	1.7	2.5	3.0	

㉯ 강제 대류 열전달 계수 $\alpha_{cv}\,[\,\mathrm{kcal/m^2 \cdot h \cdot ℃}\,]$

① 보통의 표면

$$\alpha_{cv} = 5.0 + 3.4\,v\,(v \leq 5\,\mathrm{m/s}) \tag{5-151}$$

$$\alpha_{cv} = 6.14\,v^{0.78}\,(v > 5\,\mathrm{m/s})$$

② 거친 표면

$$\alpha_{cv} = 5.3 + 3.6\,v\,(v \leq 5\,\mathrm{m/s}) \tag{5-152}$$

$$\alpha_{cv} = 6.47\,v^{0.78}\,(v > 5\,\mathrm{m/s})$$

(3) 복사에 의한 전열량

㉠ 흑체의 복사량 E_b

$$E_b = \sigma\,T^4 = C_b \left(\frac{T}{100}\right)^4 [\,\mathrm{kcal/m^2 \cdot h}\,] \tag{5-153}$$

여기서, σ : Stefan-Bolzmann 상수 $= 4.88 \times 10^{-8}\ \mathrm{kcal/m^2 \cdot h \cdot K^4}$

C_b : 흑체의 복사정수 $= 4.88\ \mathrm{kcal/m^2 \cdot h \cdot K^4}$

T : 흑체의 표면 온도 $[\,℃\,]$

㉡ 통상의 물체(회색체)의 복사량 E

$$E = \varepsilon\sigma\,T^4 = \varepsilon\,C_b \left(\frac{T}{100}\right)^4 = C \left(\frac{T}{100}\right)^4 \tag{5-154}$$

여기서, ε : 회색체의 방사율, $0 \leq \varepsilon < 1$

C : 회색체의 복사정수, $0 < C < 4.88$

방사율 ε은 각 건축재료마다 각기 다르고, 흑체는 방사율과 흡수율이 같으며, 그 값은 1.0이다.

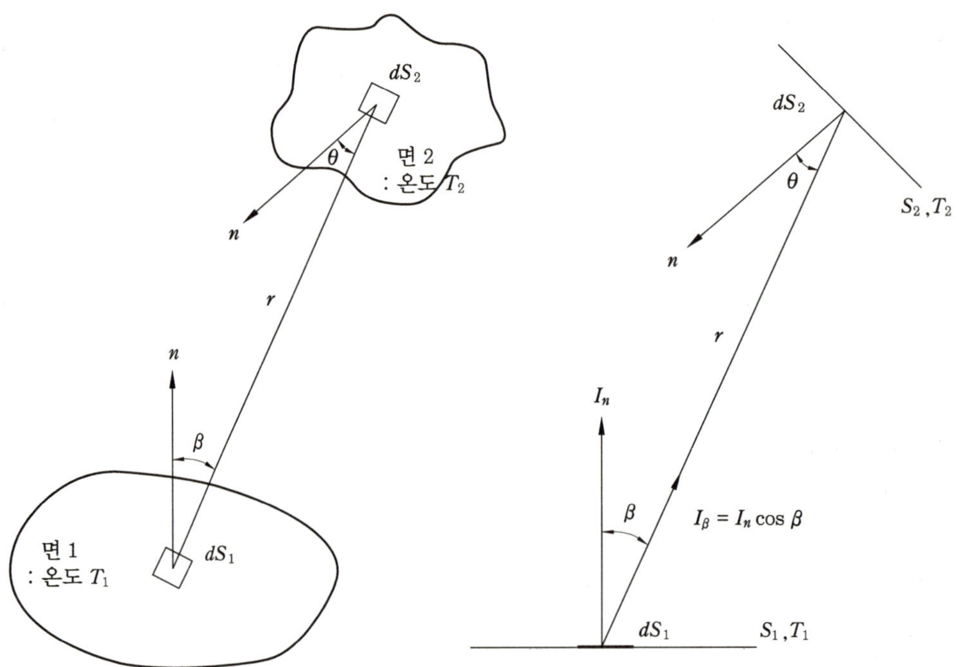

[그림 5-21] 형태 계수

㉺ 복사 강도(Intensity of Emission) I_n

$$I_n = \frac{E_b}{\pi} \ [\text{kcal/m}^2 \cdot \text{h} \cdot \text{sr}] \tag{5-155}$$

그리고 dS_1에서 β 방향으로 방출되는 에너지량은 완전 확산면으로 가정하면,

$$(I_{1,n} \cdot \cos \beta) \times dS_1 = I_{1,n} \times (\cos \beta \, dS_1) \tag{5-156}$$

좌변의 ( )는 완전 확산면이라고 가정한 경우를 나타내며, 우변의 ( )는 dS_1의 β 방향의 가상 면적이라고 가정한 식이다.

$dS_{2,n}$에 도달하는 복사 에너지량은

$$I_{1,n} \cdot dS_1 \cdot \cos \beta \cdot \frac{dS_{2,n}}{r^2} = I_{1,n} \cdot dS_1 \cdot \frac{\cos \theta}{r^2} dS_2 \tag{5-157}$$

$dS_1 \rightarrow dS_2$로 전달되는 복사 에너지량 $dq_{1 \rightarrow 2}$는

$$d\bar{q}_{1 \rightarrow 2} = \frac{E_1}{\pi} \frac{\cos \beta \cos \theta}{r^2} dS_1 \cdot dS_2 \tag{5-158}$$

$$\overline{q}_{1\rightarrow 2} = E_1\,\varepsilon_2\,dS_1\int_{S_2}\frac{\cos\beta\,\cos\theta}{\pi\,r^2}\cdot dS_2 \tag{5-159}$$

ε_2는 표면 2의 흡수율이며, $\displaystyle\int_{S_2}\frac{\cos\beta\,\cos\theta}{\pi\,r^2}\cdot dS_2 = \phi_{12}$라고 하면,

$$\overline{q}_{1\rightarrow 2} = \phi_{12}\,E_1\,\varepsilon_2\,dS_1 \tag{5-160}$$

S_2면에서 dS_1에 전달 흡수되는 복사 에너지량 $\overline{q}_{2\rightarrow 1}$은

$$\overline{q}_{2\rightarrow 1} = E_2\,\varepsilon_1\,dS_1\int_{S_1}\frac{\cos\beta\,\cos\theta}{\pi\,r^2}\cdot dS_2 = \phi_{12}\,E_2\,\varepsilon_1\,dS_1 \tag{5-161}$$

dS_1과 S_2 간의 실질 복사량(전열량) $\overline{q}_{12}$는 다음과 같다.

$$\overline{q}_{12} = \phi_{12}\,(\,E_1\,\varepsilon_1 - E_2\,\varepsilon_2\,)\,dS_1$$

$$= \phi_{12}\,\varepsilon_1\,\varepsilon_2\,\sigma\,(\,T_1^{\,4} - T_2^{\,4}\,)\,dS_1\ [\text{kcal/h}] \tag{5-162}$$

dS_1을 단위 면적($=1\,\text{m}^2$)으로 하면, 다음 식이 성립된다.

$$q_{12} = \phi_{12}\,\varepsilon_1\,\varepsilon_2\,\sigma\,(\,T_1^{\,4} - T_2^{\,4}\,)$$

$$= \phi_{12}\,\varepsilon_1\,\varepsilon_2\,C_b\left[\left(\frac{T_1}{100}\right)^4 - \left(\frac{T_2}{100}\right)^4\right][\,\text{kcal/m}^2\cdot\text{h}] \tag{5-163}$$

$$\phi_{12} = \int_{S_2}\frac{\cos\beta\,\cos\theta}{\pi\,r^2}\cdot dS_2 \tag{5-164}$$

ϕ_{12}는 형태계수(view factor)이다.

면 1에서 면 2로의 전체 복사열 교환량은 다음과 같다.

$$\overline{q}_{12} = \overline{\phi}_{12}\,\varepsilon_1\,\varepsilon_2\,\sigma\,(\,T_1^{\,4} - T_2^{\,4}\,)\,S_1$$

$$= \overline{\phi}_{12}\,\varepsilon_1\,\varepsilon_2\,C_b\left[\left(\frac{T_1}{100}\right)^4 - \left(\frac{T_2}{100}\right)^4\right]S_1\ [\text{kcal/h}] \tag{5-165}$$

단, $\displaystyle \phi_{12} = \int_{S_2}\int_{S_1}\frac{\cos\beta\,\cos\theta}{\pi\,r^2}\cdot dS_1\cdot dS_2 \tag{5-166}$

㉣ 복사 열전달 계수 α_r

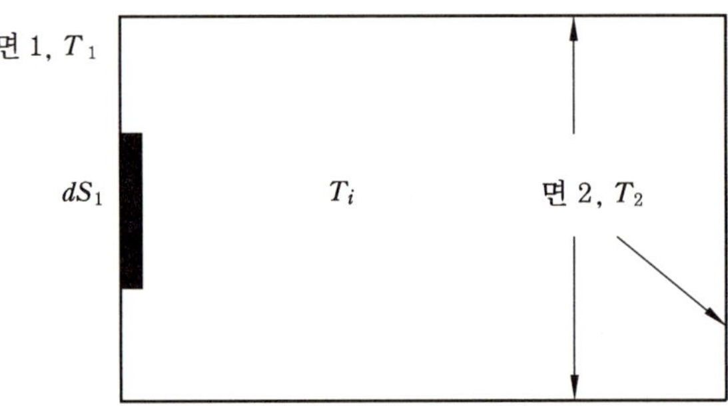

[그림 5-22] 형태계수가 1인 경우의 모델
(단, 실온은 T_i, 면 1을 제외한 나머지 벽체의 온도는 T_2이며, $\phi_{12}=1$이다.)

[그림 5-22]의 벽체 1에서 벽체 2로의 복사 교환 열량 $q_{12}(=q_r)$은 방정식 (5-162)에 의하여

$$q_r = \varepsilon_1\,\varepsilon_2\,\sigma\,(T_1^{\,4}-T_2^{\,4})\,[\,\mathrm{kcal/m^2 \cdot h}\,] \tag{5-167}$$

$$q_r = \alpha_r\,(\theta_1-\theta_i)=\alpha_r\,(T_1-T_i)\,[\,\mathrm{kcal/m^2 \cdot h}\,] \tag{5-168}$$

복사 열전달 계수 α_r은 다음과 같이 나타낸다.

$$\alpha_r = \frac{\varepsilon_1\cdot\varepsilon_2\cdot\sigma\cdot(T_1^{\,4}-T_i^{\,4})}{T_1-T_i}\,[\,\mathrm{kcal/m^2 \cdot h \cdot {}^\circ\!C}\,] \tag{5-169}$$

통상 T_2와 T_i는 크게 변화하지 않으므로, $T_i=T_2$로 하면, 식 (5-169)는

$$\alpha_r = \varepsilon_1\cdot\varepsilon_2\cdot\sigma\cdot\frac{(T_1^{\,4}-T_2^{\,4})}{T_1-T_2}$$

$$= \varepsilon_1\cdot\varepsilon_2\cdot C_b\cdot\frac{\left(\dfrac{T_1}{100}\right)^4-\left(\dfrac{T_2}{100}\right)^4}{T_1-T_2}\,[\,\mathrm{kcal/m^2 \cdot h \cdot {}^\circ\!C}\,] \tag{5-170}$$

우변의 온도가 포함된 항은 온도 계수 β라고 하며, 상온에서는 다음과 같다.

$$\beta \fallingdotseq 0.04\left(\frac{T_m}{2}\right)^3 \fallingdotseq 1\pm0.1 \tag{5-171}$$

α_r는 실내 마감 재료의 방사율이 $\varepsilon=0.9$ 정도이므로, 다음과 같은 근사값을 얻을 수 있다.

$$\alpha_r = \varepsilon_1\cdot\varepsilon_2\cdot C_b\cdot\beta \fallingdotseq 4.0\ \mathrm{kcal/m^2 \cdot h \cdot {}^\circ\!C} \tag{5-172}$$

㉮ 외기 측 복사 열전달 계수 α_{or}

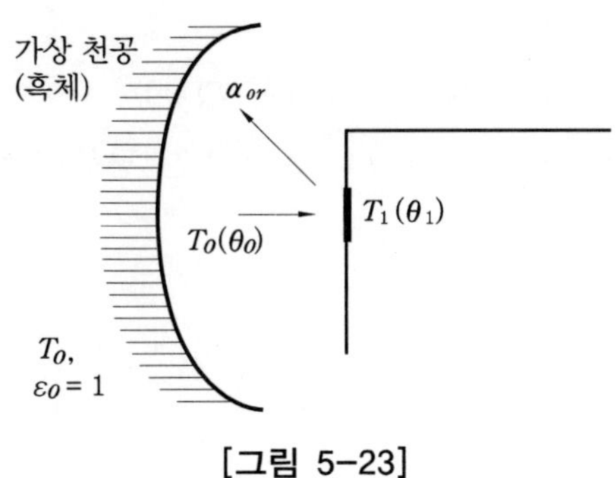

[그림 5-23]

[그림 5-23]과 같이,

$$\alpha_{or} = \varepsilon_1 \cdot \varepsilon_o \cdot C_b \cdot \beta \fallingdotseq 4.4 \ \text{kcal/m}^2 \cdot \text{h} \cdot ℃ \tag{5-173}$$

(4) 중공층의 열전달

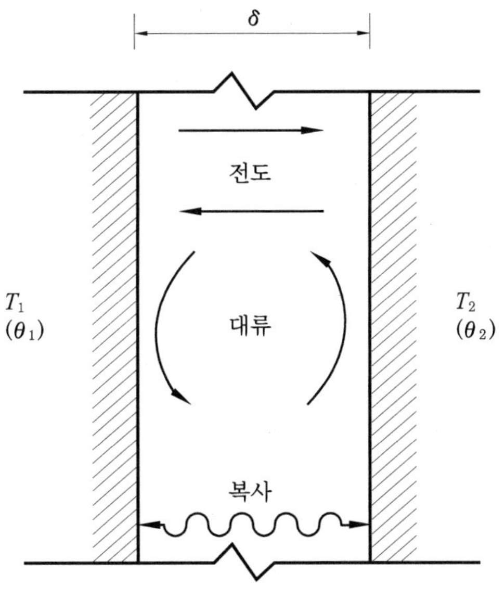

[그림 5-24] 중공층의 열전달

$$q_a = C_a(\theta_1 - \theta_2) = (C_r + C_c)(\theta_1 - \theta_2)$$

$$= \frac{1}{\gamma_a}(\theta_1 - \theta_2) \ [\text{kcal/m}^2 \cdot \text{h}] \tag{5-174}$$

여기서, C_a, C_r, C_c는 각각 공기층 총합, 열복사, 전도 대류열 컨덕턴스로 단위는 $\text{kcal/m}^2 \cdot \text{h} \cdot ℃$이며, γ_a는 $1/C_a$로 $\text{m}^2 \cdot \text{h} \cdot ℃/\text{kcal}$이다.

$$C_r = \varepsilon_{12}\, \sigma\, \frac{T_1{}^4 - T_2{}^4}{T_1 - T_2} = \varepsilon_{12}\, C_b \cdot \beta \tag{5-175}$$

$$\doteqdot 4.0\,\mathrm{kcal/m^2 \cdot h \cdot ℃}(단, \; \varepsilon_1 = \varepsilon_2 = 0.9인 \; 경우)$$

$$\doteqdot 0.5\,\mathrm{kcal/m^2 \cdot h \cdot ℃}(단, \; \varepsilon_1 = 0.9, \; \varepsilon_2 = 0.1인 \; 경우) - 한쪽이 \; 알루미늄 \; 박$$

여기서, $\varepsilon_{12} = \dfrac{1}{\dfrac{1}{\varepsilon_1} + \dfrac{1}{\varepsilon_2} - 1}$ 이다.

두께(δ)가 10~15 mm인 경우에는 $C_c = \dfrac{\lambda_a}{\delta}$, $\lambda_a \doteqdot 0.02$가 된다. 그리고 공기층 두께가 20 mm가 넘으면 γ_a는 거의 증가하지 않는다.

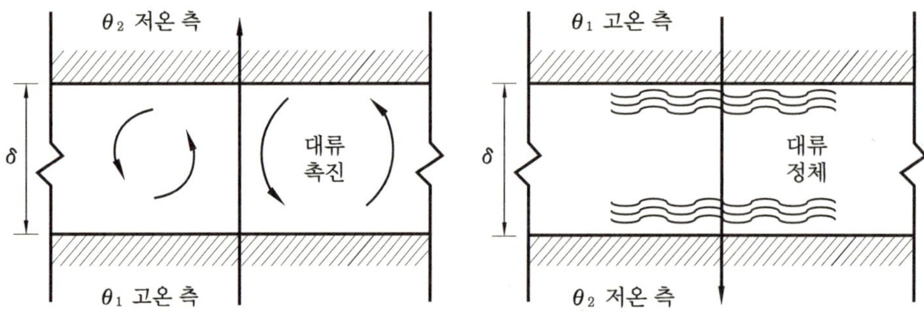

[그림 5-25] 천장 공간

[그림 5-25]의 천장면의 경우 상향 열류일 때, 대류가 활발해짐을 볼 수 있다.

(5) 총합 열전달 계수

$$q = (\alpha_c + \alpha_r)(\theta_S - \theta_a) = \alpha\,(\theta_S - \theta_a) \; [\mathrm{kcal/m^2 \cdot h}] \tag{5-176}$$

$$\alpha = \alpha_c + \alpha_r \; \mathrm{kcal/m^2 \cdot h \cdot ℃}$$

실내 측 : $\alpha_i = 8 \; \mathrm{kcal/m^2 \cdot h \cdot ℃}$

외기 측 : $\alpha_o = 20 \; \mathrm{kcal/m^2 \cdot h \cdot ℃}$

2. 정상 전열과 열관류

(1) 열관류율과 열관류 저항

(2) 표면 온도 계산

(3) 특수한 경우의 열관류율 계산

설명은 생략하였으며, 건축환경공학 서적을 참고하면 쉽게 이해할 수 있는 내용들이다.

3. 건물 외표면의 열교환

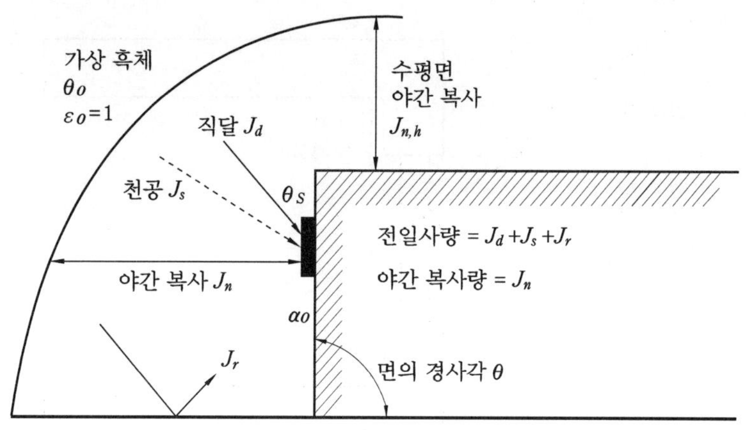

[그림 5-26] 건물 외표면의 열교환

$$q = \alpha_o \left(\theta_o - \theta_S \right) \left[\mathrm{kcal/m^2 \cdot h} \right] \tag{5-177}$$

$$q = \alpha_o \left(\theta_o - \theta_S \right) + \alpha_S \cdot J - \varepsilon \cdot J_n$$

$$= \alpha_o \left\{ \left(\theta_o + \frac{\alpha_S}{\alpha_o} J - \frac{\varepsilon \cdot J_n}{\alpha_o} \right) - \theta_S \right\}$$

$$= \alpha_o \left(SAT - \theta_S \right) \left[\mathrm{kcal/m^2 \cdot h} \right] \tag{5-178}$$

$$SAT = \theta_o + \frac{1}{\alpha_o} \left(\alpha_S \cdot J - \varepsilon \cdot J_n \right) \tag{5-179}$$

$$\theta_e = \frac{1}{\alpha_o} \left(\alpha_S \cdot J - \varepsilon \cdot J_n \right) \tag{5-180}$$

여기서, J : 면에 입사하는 일사량 $[\mathrm{kcal/m^2 \cdot h}]$

α_S : 면의 일사 흡수율(단파장)

J_n : 면의 야간 실효 복사량 $[\mathrm{kcal/m^2 \cdot h}]$

ε : 면의 장파장 흡수율(= 장파장 방사율)

θ_e : 등가온도

$$SAT : \text{Sol-Air Temperature}(= 상당외기온도)$$

$$q = K(SAT - \theta_i)\,[\text{kcal/m}^2 \cdot \text{h}] \tag{5-181}$$

4. 개구부의 열수수 (授受) (유리창)

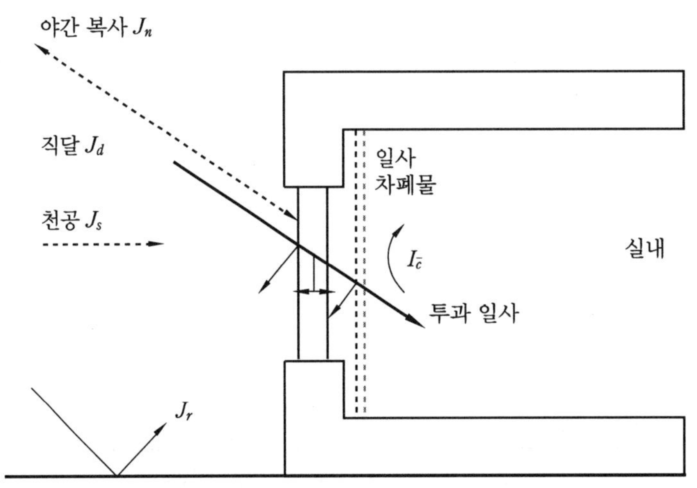

[그림 5-27] 개구부의 열수수 (授受)

일사 투과율 τ, 흡수율 α, 반사율 ρ은 열적 특성이 재료에 따라 달라지며, 태양 광선의 입사각 i에 따라서도 달라진다. 그리고 일반적으로 다음과 같은 법칙이 성립된다.

$$\alpha + \rho + \tau = 1$$

개구부의 열취득을 구체적으로 고려하면 다음과 같다.

(1) 단층 유리의 경우

직달 일사에 의한 실내 투과 일사량 $I_{\tau,\,d}$는

$$I_{\tau,\,d} = \tau_i \cdot J_d\,[\text{kcal/m}^2 \cdot \text{h}] \tag{5-182}$$

여기서, τ_i : 입사각 i일 때의 단층 유리의 투과율

천공 일사, 반사 일사에 의한 투과 일사량 $I_{\tau,\,s+r}$은

$$I_{\tau,\,s+r} = \tau_{60} \cdot (J_s + J_r)\,[\text{kcal/m}^2 \cdot \text{h}] \tag{5-183}$$

여기서, τ_{60} : 입사각 $i = 60°$일 때의 단층 유리의 투과율

따라서, 투과 일사량 I_τ는

$$I_{\bar{\tau}} = I_{\tau, d} + I_{\tau, s+r} \, [\mathrm{kcal/m^2 \cdot h}] \tag{5-184}$$

유리의 직달 일사의 흡수 열량 $I_{\alpha, d}$는

$$I_{\alpha, d} = \alpha_i \cdot J_d \, [\mathrm{kcal/m^2 \cdot h}] \tag{5-185}$$

여기서, α_i : 입사각 $i = 60°$일 때의 단층 유리의 흡수율

천공 일사와 반사 일사에 의한 흡수 열량 $I_{\alpha, s+r}$은

$$I_{\alpha, s+r} = \alpha_{60} \cdot (J_s + J_r) \, [\mathrm{kcal/m^2 \cdot h}] \tag{5-186}$$

따라서, 유리의 흡수 열량 합계 $I_{\bar{\alpha}}$는

$$I_{\bar{\alpha}} = I_{\alpha, d} + I_{\alpha, s+r} \, [\mathrm{kcal/m^2 \cdot h}] \tag{5-187}$$

여기서, $I_{\bar{\alpha}}$는 열전달로 인하여 실내와 외기 쪽으로 흐르지만 그 비율은 열전달 계수 α의 비가 된다. 즉, 외기 측 $\alpha_o/(\alpha_o + \alpha_i)$, 실내 측 $\alpha_i/(\alpha_o + \alpha_i)$의 비율로 흐른다는 것이다.

그리고 일사의 열흡수에 의한 유입 열류 $I_{\bar{c}}$는

$$I_{\bar{c}} = \frac{\alpha_i}{\alpha_i + \alpha_o} I_\alpha = \frac{\gamma_i}{\gamma_o + \gamma_i} I_\alpha = \frac{\gamma_o}{R - \gamma_1} I_\alpha \tag{5-188}$$

단, $R = 1/K = \gamma_o + \gamma_1 + \gamma_i, \ \gamma_o = 1/\alpha_o, \ \gamma_i = 1/\alpha_i \, [\mathrm{m^2 \cdot h \cdot ℃/kcal}]$

유리 온도를 θ_1으로 하면 $\dfrac{\alpha_o}{\alpha_o + \dfrac{\theta_1 - \theta_o}{\theta_1 - \theta_i} \alpha_i}$ 가 되지만 $\theta_1 - \theta_o \fallingdotseq \theta_1 - \theta_i$로 볼 수 있다.

그리고 관류 성분 $I_{\bar{k}}$는

$$I_{\bar{k}} = K(SAT - \theta_i) \, [\mathrm{kcal/m^2 \cdot h}] \tag{5-189}$$

SAT의 단파장 일사 성분은 이미 고려하였으므로, 장파장 성분만을 고려하면,

$$SAT = \theta_o - \frac{\varepsilon \cdot J_n}{\alpha_o} \, [℃] \tag{5-190}$$

그러므로 단층 유리의 총 유입 열량 I는 다음과 같다.

$$I = I_{\bar{\tau}} + I_{\bar{c}} + I_{\bar{k}} \, [\mathrm{kcal/m^2 \cdot h}] \tag{5-191}$$

5. 차양에 의한 그림자의 영향

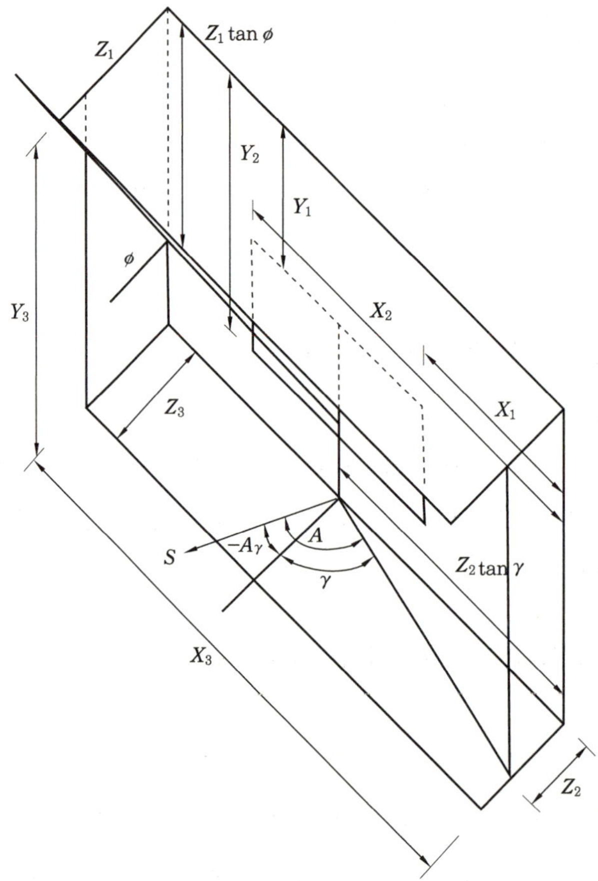

[그림 5-28] 차양 개념도

[그림 5-28]을 이용하여 음영 면적을 계산해보면 다음과 같다.

h는 태양의 고도, $\gamma = (A - A_\gamma)$ 벽면 방위각, ϕ는 프로파일각(profile angle ; 겉보기 태양고도)이라고 하면, 다음과 같은 관계가 있다.

$$\tan\phi = \frac{\tan h}{\cos \gamma} \tag{5-192}$$

유리 면적 S_g

$$S_g = (X_2 - X_1)(Y_2 - Y_1) \, [\mathrm{m}^2] \tag{5-193}$$

외벽 면적 S_w

$$S_w = X_3 \cdot Y_3 - S_g \, [\mathrm{m}^2] \tag{5-194}$$

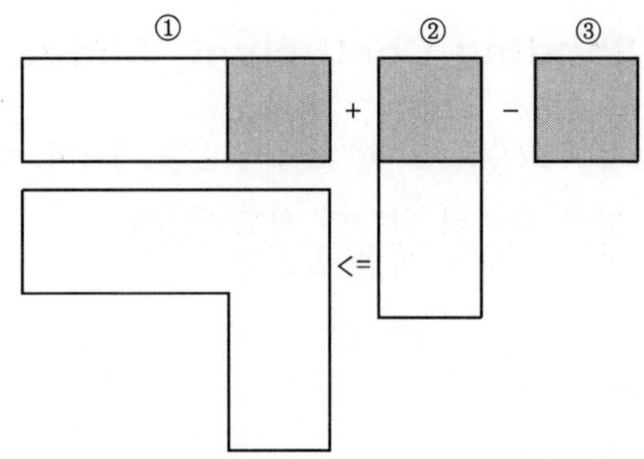

[그림 5-29] 전체 그림자 면적 계산 방법

유리의 그림자 면적 $S_{g,\,s}$를 [그림 5-29]를 이용하여 정리하면 다음과 같다.

$$S_{g,\,s} = ① \{(Z_1 \tan \phi - Y_1)(X_2 - X_1)\}$$

$$= ② \{(Z_2 \tan \gamma - X_1)(Y_2 - Y_1)\}$$

$$= ③ \{(Z_1 \tan \phi - Y_1)(Z_2 \tan \gamma - X_1)\}[\mathrm{m}_2] \tag{5-195}$$

유리면의 직달 일사 비율 F_g는

$$F_g = 1 - \frac{S_{g,\,s}}{S_g} \tag{5-196}$$

외벽면의 직달 일사 비율 F_w는

$$F_w = 1 - \frac{S_{a,\,s} - S_{g,\,s}}{S_w} \tag{5-197}$$

벽과 유리 전체의 그림자 면적 $S_{a,\,s}$는

$$S_{a,\,s} = (Z_1 \cdot \tan \phi - Y_1) \cdot X_3 + (Y_3 - Z_1 \cdot \tan \phi) \cdot Z_2 \cdot \tan \gamma \, [\mathrm{m}^2] \tag{5-198}$$

여기서, 법선면 직달 일사량을 J_{dn}, 태양 입사각을 i라고 하면,

$$J_d{}' = J_{dn} \cdot \cos i \cdot F_w \, [\mathrm{kcal/m^2 \cdot h}] \tag{5-199}$$

이다. 개구부의 경우 직달 일사량 J_d에 F_g를 곱하면

$$J_d{}' = J_d \cdot F_g \, [\mathrm{kcal/m^2 \cdot h}] \tag{5-200}$$

이 된다.

6. 일사 차폐 계수 (Shading Coefficient, Shading Factor)

일반적으로 일사 차폐 계수 SC는 $0 < SC \leq 1$의 값을 가지며, 다음과 같이 정의된다.

$$SC = \frac{\text{차폐물이 있는 유리의 일사에 의한 열유입}}{\text{유리의 일사에 의한 열유입}} \tag{5-201}$$

이론 차폐 계수 SC_T는

$$SC_T = \frac{I_{\bar{\tau},\,(o)} + I_{\bar{c},\,(o)}}{I_{\tau o,\,(o)} + I_{co,\,(o)}} \tag{5-202}$$

여기서, $I_{\tau o}$: 일사의 투과 성분 $[\mathrm{kcal/m^2 \cdot h}]$

I_{co} : 일사의 대류 성분 $[\mathrm{kcal/m^2 \cdot h}]$

$I_{\bar{\tau}}$: 차폐물이 있는 유리의 일사 투과 성분

$I_{\bar{c}}$: 차폐물이 있는 유리의 일사 대류 성분

이다.

(1) 단층 유리의 경우 : 열선 반사, 흡수 유리

$$SC_{T1} = \frac{\tau(o) + \dfrac{\gamma_o}{R_1 - \gamma_1}\alpha(o)}{\tau_o(o) + \dfrac{\gamma_o}{R_1 - \gamma_1}\alpha_o(o)} \tag{5-203}$$

(2) 복층 유리의 경우 : 각종 단층 유리 + 커튼, 복층 유리의 경우

$$SC_{T2} = \frac{\tau_{12}(o) + \dfrac{\gamma_o}{R_2 - \gamma_1}\overline{\alpha_1}(o) + \dfrac{R_2 - \gamma_i}{R_2 - \gamma_2}\overline{\alpha_2}(o)}{\tau_o(o) + \dfrac{\gamma_o}{R_1 - \gamma_1}\alpha_o(o)} \tag{5-204}$$

(3) 삼중 유리의 경우 : 복층 유리 + 커튼의 경우

$$SC_{T2} = \frac{\tau_{12}(o) + \dfrac{\gamma_o}{R_3 - \gamma_1}\overline{\alpha_1}(o) + \dfrac{\gamma_o + \gamma_1 + \gamma_{\alpha 1}}{R_3 - \gamma_2}\overline{\alpha_2}(o) + \dfrac{R_3 - \gamma_i}{R_3 - \gamma_3}\overline{\alpha_3}(o)}{\tau_o(o) + \dfrac{\gamma_o}{R_1 + \gamma_1}\alpha_o(o)} \tag{5-205}$$

일사 차폐 계수 SC를 복사 차폐 계수 SC_R 과 대류 차폐 계수 SC_C 로 분리할 수

있다.

$$SC_R = \frac{I_{\bar{\tau},\,(o)} + \dfrac{\alpha_{ir}}{\alpha_i}\,I_{\bar{c},\,(o)}}{I_{\tau o,\,(o)} + I_{co,\,(o)}} \tag{5-206}$$

$$SC_C = \frac{\dfrac{\alpha_{ic}}{\alpha_i}\,I_{\bar{c},\,(o)}}{I_{\tau o,\,(o)} + I_{co,\,(o)}} \tag{5-207}$$

그 외 실험을 통한 실측 차폐 계수를 계산하는 방법으로는 온도를 기준으로 한 개방식 실험 방법과 열량을 기준으로 한 폐쇄식 실험 방법이 있다.

5-9 정상 실온 계산법

1. Building Heat Gain, Heat Loss, Thermal Load

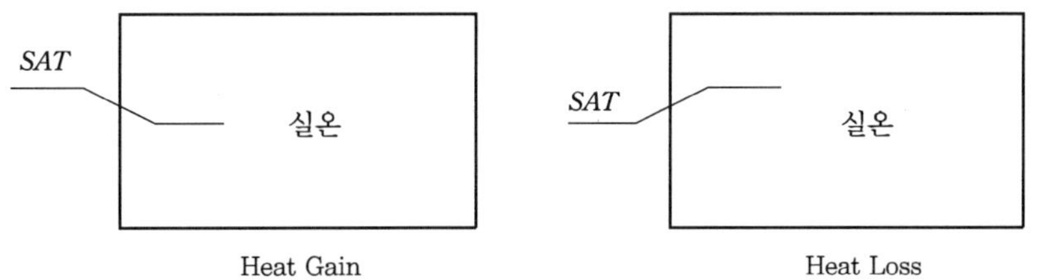

[그림 5-30] 건물의 열취득 및 열손실 개념도

냉방 시(여름철) 열취득 q_1은

$$q_1 = K(\theta_o - \theta_i)\,[\mathrm{kcal/m^2 \cdot h}] \tag{5-208}$$

일사 및 야간 복사를 고려할 경우

$$q_1 = K(SAT - \theta_i)\,[\mathrm{kcal/m^2 \cdot h}] \tag{5-209}$$

난방 시(겨울철) 열손실 q_2는

$$q_2 = K(\theta_i - \theta_o) = K(\theta_i - SAT) \tag{5-210}$$

2. Overall Heat Loss Coefficient

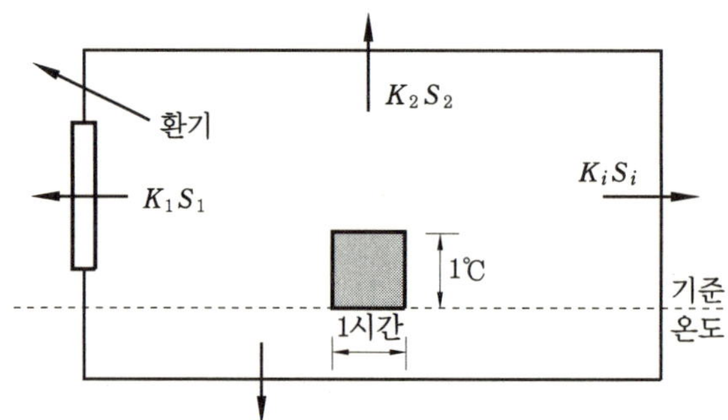

[그림 5-31] 총합 열손실 계수 개념도

$$\overline{q} = \sum_i K_i \cdot S_i \cdot (\theta_i - \theta_o) + C_p \cdot \gamma \cdot n \cdot V \cdot (\theta_i - \theta_o)$$

$$= (\sum_i K_i \cdot S_i + C_p \cdot \gamma \cdot n \cdot V) \cdot (\theta_i - \theta_o)$$

$$= \overline{KS} \cdot (\theta_i - \theta_o) \ [\text{kcal/h}] \tag{5-211}$$

$$\overline{KS} = (\sum_i K_i \cdot S_i + C_p \cdot \gamma \cdot n \cdot V) \ [\text{kcal/h} \cdot \text{℃}] \tag{5-212}$$

여기서, $\overline{KS}$ 는 총합 열손실 계수(overall heat loss coefficient)이다.

3. 정상 실온 계산법

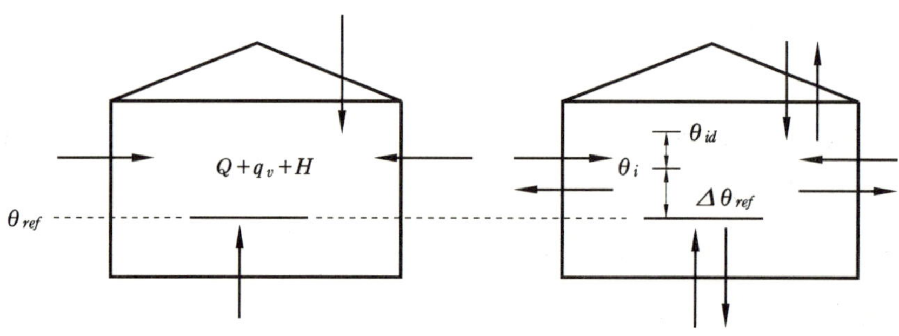

[그림 5-32] 단실 모델

[그림 5-32]와 같이 단실의 경우를 살펴보면,

$$\overline{KS}\,(\theta_i - \theta_{ref}) = \overline{KS}\,\Delta\theta_{ref} = Q + q_v + H\,[\text{kcal/h}] \tag{5-213}$$

$$\theta_i = \theta_{ref} + \frac{Q + q_v + H}{\overline{KS}}\,[\text{℃}] \tag{5-214}$$

단, 여기서 Q나 q_v는 θ_{ref} 기준의 취득 열량이며, H는 인체 등 내부 발생열을 의미한다. 한편, 실온을 자연 실온 θ_i에서 θ_{id}로 올리기 위하여 공급해야 할 열량은 다음과 같다.

$$\Delta H = \overline{KS}\,(\theta_{id} - \theta_i)\,[\text{kcal/h}] \tag{5-215}$$

4. 실온 변동률

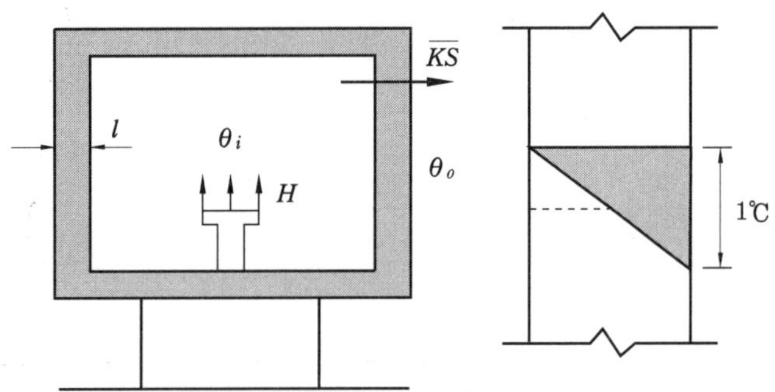

[그림 5-33] 실온 변동률 모델

실온 변동률 계산을 위해 고려되는 벽체는 실내 측이 상대적으로 크기 때문에 벽체의 열용량은 전체 벽체의 열용량의 1/2이라고 여겨도 된다.

$$\overline{KS} = \left(\sum_i K_i \cdot S_i + C_p \cdot \gamma \cdot n \cdot V\right)$$

$$C = \frac{1}{2}\,C_w \cdot \gamma_w \cdot l \cdot \sum S_i + C_p \cdot \gamma \cdot V$$

C_w는 벽체 재료의 비열 $[\text{kcal/kg} \cdot \text{℃}]$, γ_w는 비중량 $[\text{kg/m}^3]$, l은 벽두께 $[\text{m}]$, $C_p \cdot \gamma \cdot V$는 실내 공기의 열용량 $[\text{kcal/℃}]$을 의미한다.

이 실의 열평형을 고려하면,

$$C\frac{d\theta_i}{dt} + \overline{KS}\,(\theta_i - \theta_o) = H \tag{5-216}$$

$$\frac{d\theta_i}{\dfrac{H}{\overline{KS}} - (\theta_i - \theta_o)} = \frac{\overline{KS}}{C}\, dt$$

이 미분방정식을 $t = 0$, $\theta = \theta_o$의 조건으로 풀면,

$$\theta_i = \theta_o + \frac{H}{\overline{KS}}\,(1 - e^{-\delta t}) \tag{5-217}$$

여기서, $\delta = \dfrac{\overline{KS}}{C}$ [1/h] : 실온 변동률

$$\theta_i = \theta_o + \frac{H}{\overline{KS}}\,e^{-\delta t} \tag{5-218}$$

[그림 5-34]의 실온 상승 부분은 위의 식 (5-217)을 나타내는 것이며, 실온 하강 부분은 식 (5-218)을 나타내는 것이다.

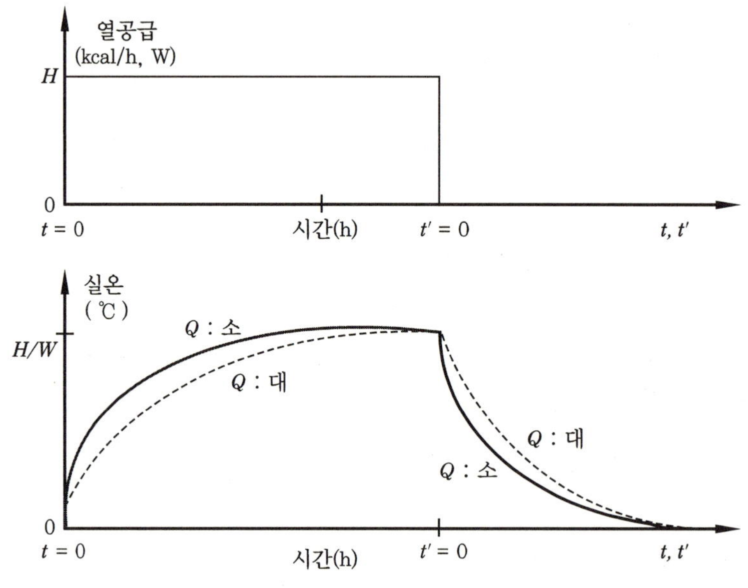

[그림 5-34] 열공급에 의한 실온 변동과 열용량

주벽만을 고려한 실온 변동률은 두께 20 cm의 벽체에 대해, 벽돌 및 ALC로는 0.04, 콘크리트로는 0.07 정도이다. 실온 변동을 작게 하기 위해서는 열손실이 적고, 열용량이 큰 주벽을 설계할 필요가 있으며, 난방을 필요로 하는 주택의 실온 변동률은 0.05~0.06이 적당하다고 한다.

5. 비정상 실온 계산법

〈표 5-4〉 비정상 전열 계산 방법 및 특징

구 분	Response Factor Method (응답 계수법)	Weighting Function Method (가중 함수법)	Relaxation Method (차분법)
① 기본 해법	R.F.(수열 표시)	W.F.(함수 표시)	시시각각 계산
② 이론적 간결성	보통	매우 간결	좋지 않다.
③ 산법(算法)	積和	적분	積和
④ 기초식의 시간 간격	보통 $\Delta t = 0.5,\ 1.0,\ 2.0$ 시간	순간값 $\delta(t)$	$\Delta t = 1/60 \sim 10/60$ 시간 정도
⑤ 외란(外亂)	샘플값을 저변으로 하는 2등변 3각파의 합성	함수 표수 (Fourier's Series)	미소시간 Δt를 저변으로 하는 구형파의 합성
⑥ 벽체 1차원, 정형 벽체, 2차원 해	해석 해 있음.	해석 해 있음.	계산 가능
⑦ 부정형 벽체, 2차원 해, 3차원 해	해석 해 없음.	해석 해 없음.	무리를 분할하면 가능
⑧ 비선형의 풀이	R.F.의 합성으로 일단 해석됨.	해석 해 없음.	계산 가능
⑨ 이해의 용이성	보통	어렵다.	초심자도 이해하기 쉽다.

5-10 트롬월 해석

앞에서 설명된 이중 외피 구조와 트롬월은 그 해석 방법에 있어 매우 유사하다. 특히, 열평형방정식의 수립은 거의 동일한 형태를 띠고 있다.

그러나 트롬월의 해석은 건축적 방법을 통한 실내 환경의 조절이라는 측면과 시스템의 효율 그리고 SSF의 계산을 행할 수 있다.

이를 검증하기 위해 TRNSYS TYPE 36을 이용한 해석을 비교 검토함으로써 수치 해석의 정확성을 확인할 수 있다.

1. 개념도

트롬월(trombe wall)은 간접 획득 방식의 일종으로 가열된 축열체의 온도를 실내 공기를 자연대류 시켜 실내의 실온 상승을 도모한다.

열용량이 높은 축열체의 time-lag를 이용하여 오후 시간의 실온을 상승시켜 실의 난방 부하를 감소시킬 수 있는 효과가 있다.

[그림 5-35]는 트롬월의 기본 개념도로 해석을 위한 단위 모델이다.

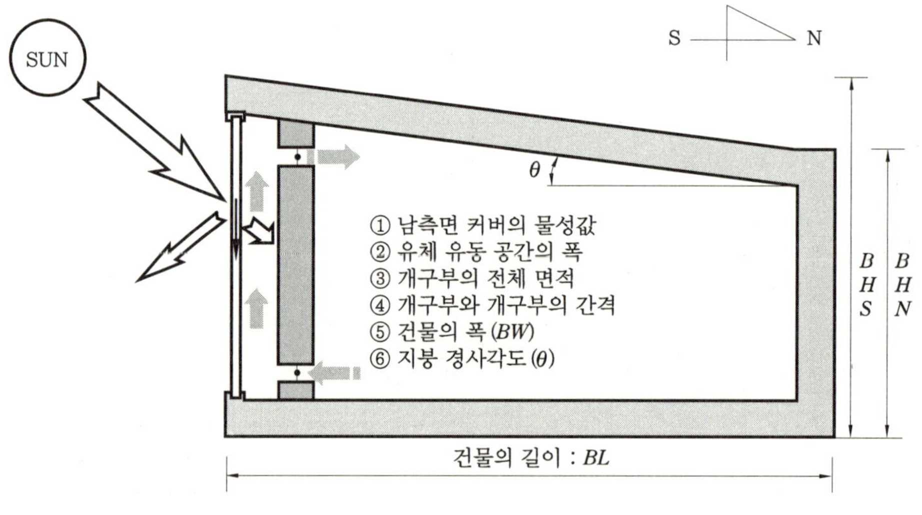

[그림 5-35] Trombe Wall의 기본 개념도

이를 트롬월이 설치된 남측면을 부분 확대하여 나타낸 것이 [그림 5-35]이며, 기본적인 열수지 모델 형태로 표현되어 있다.

[그림 5-35]에서 알 수 있듯이 유일한 에너지원은 태양 일사이며, 기본적인 열전달 메커니즘인 대류, 전도, 복사와 자연 대류로 인한 유체의 열교환으로 구성되어 있다.

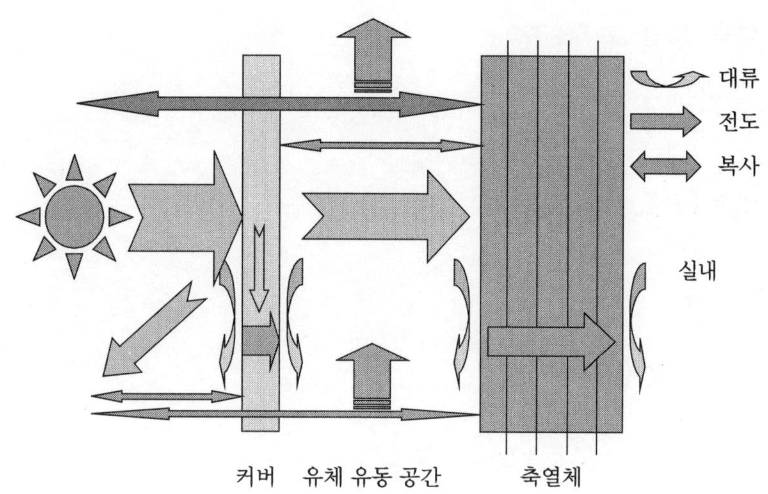

[그림 5-36] Trombe Wall의 열수지 모델

[그림 5-36]의 열수지 모델을 토대로 각 절점의 열평형방정식을 수립하고, 이를 Tailor 급수를 이용하여 이산화하고, 유한 차분의 음해법을 이용하여 수치 해석을 한다.

2. 에너지(열) 평형방정식

앞에서 해석된 이중 외피의 열수지 모델과 매우 유사하지만, 본 트롬월 해석에 있어서는 보다 상세히 구분하여 에너지 평형방정식을 세워보도록 한다.

(1) 커버 외측 (T_1)

$$\rho_c \cdot c_c \cdot e_c \frac{\partial T_1}{\partial t} = Q_{sol,\,1} + Q_1 + Q_2 + Q_3 + Q_4$$

(2) 커버 내측 (T_2)

$$\rho_c \cdot c_c \cdot e_c \frac{\partial T_1}{\partial t} = - Q_2 + Q_5 + Q_6$$

(3) 유체 유동 공간 (T_3)

$$\rho_f \cdot c_f \cdot e_f \cdot \left(\frac{\partial T_3}{\partial t} + V_f \frac{\partial T_3}{\partial Y} \right) = - Q_5 + Q_7$$

(4) 축열체 외측 표면 (T_4)

$$\rho_t \cdot c_t \cdot e_t \frac{\partial T_4}{\partial t} = Q_{sol,\,2} - Q_6 - Q_7 + Q_8 + Q_9 + Q_{10}$$

(5) 축열체 내부 (T_5)

$$\rho_t \cdot c_t \cdot e_t \frac{\partial T_5}{\partial t} = - Q_{10} + Q_{11}$$

(6) 축열체 내측 표면 (T_6)

$$\rho_t \cdot c_t \cdot e_t \frac{\partial T_6}{\partial t} = - Q_{11} + Q_{12} + Q_{13}$$

(7) 실온 결정 (T_R)

$$T_R = \frac{Q_{out} \times T_{3,\,out} + Vol \times T_R}{Q_{out} + Vol}$$

여기서, ρ_c, ρ_f, ρ_t : 외부 커버, 유체통로, 내부 skin의 각각의 밀도

c_c, c_f, c_t : 외부 커버, 유체통로, 내부 skin의 각각의 비열

e_c, e_f, e_t : 외부 커버, 유체통로, 내부 skin의 각각의 두께

3. 각 항목의 상세방정식

열평형방정식에 나타나는 변수들에 관한 상세방정식을 정리하면 다음과 같다.

(1) $Q_{sol,\,1}$: 커버의 일사 취득량

$$Q_{sol,\,1} = \alpha_c \cdot S$$

(2) $Q_{sol,\,2}$: 축열체의 일사 취득량

$$Q_{sol,\,2} = \tau_c \cdot \alpha_t \cdot S$$

(3) Q_1 : 외기와의 대류 열교환

$$Q_1 = hv_1 \times (T_1 - T_{out})$$

(4) Q_2 : 전도에 의한 열교환

$$Q_2 = hc_1 \times (T_1 - T_2)$$

(5) Q_3 : 천공과의 복사 열교환

$$Q_3 = hr_1 \times (T_1 - T_{sky})$$

(6) Q_4 : 지표면과의 복사 열교환

$$Q_4 = hr_2 \times (T_1 - T_{GND})$$

(7) Q_5 : 유체 유동 공간과의 대류 열교환

$$Q_5 = hv_2 \times (T_2 - T_3)$$

(8) Q_6 : 축열체 표면과의 복사 열교환

$$Q_6 = hr_3 \times (T_2 - T_4)$$

(9) Q_7 : 축열체 표면의 대류 열교환

$$Q_7 = hv_2 \times (T_3 - T_4)$$

(10) Q_8 : 천공과의 복사 열교환

$$Q_8 = hr_4 \times (T_4 - T_{sky})$$

(11) Q_9 : 지표면과의 복사 열교환

$$Q_9 = hr_5 \times (T_4 - T_{GND})$$

(12) Q_{10} : 축열체 내부로의 전도 열교환

$$Q_{10} = hc_2 \times (T_4 - T_5)$$

(13) Q_{11} : 축열체 표면과의 복사 열교환

$$Q_{11} = hc_3 \times (T_5 - T_6)$$

(14) Q_{12} : 축열체 내측 표면의 대류 열교환

$$Q_{12} = hv_3 \times (T_6 - T_R)$$

(15) Q_{13} : 축열체 내측 표면의 복사 열교환

$$Q_{13} = hr_6 \times (T_6 - T_{Si})$$

4. 계수의 계산

(1) 전도 열전달 계수 (hc)

㉮ 외측 커버의 전도 열전달 계수

$$hc_1 = \frac{k_c}{e_c/2}$$

㉯ 축열체의 전도 열전달 계수

$$hc_2 = hc_3 = \frac{k_t}{e_t/4}$$

여기서, k_c, k_t : 외측 커버, 축열체의 열전도율(W/m·℃)

(2) 복사 열전달 계수 (hr)

㉮ 외부 커버와 천공 사이(hr_1)

$$hr_1 = \sigma \cdot \varepsilon_c \cdot F_{c,\,sky} \cdot (T_1^2 + T_{sky}^2)(T_1 + T_{sky})$$

여기서, σ : Stefan-Boltzmann 상수

$\quad\quad\quad \varepsilon_c$: 외부 Skin의 방사율(emissivity)

$\quad\quad\quad T_{sky}$: 천공 온도(˚K)

$$T_{sky} = 0.0522\,T_{out}^{1.5}$$

여기서, T_{out} : 외기 온도(˚K)

$$F_{c,\,sky} = [1 + \cos \zeta]/2$$

여기서, ζ : 수평면에 대한 표면의 경사각도

㉯ 외부 커버와 지표면 사이(hr_2)

$$hr_2 = \sigma \cdot \varepsilon_c \cdot F_{c,\,GND} \cdot (T_1^2 + T_{GND}^2)(T_1 + T_{GND})$$

여기서, T_{GND} : 지면 온도(˚K)

$$F_{c,\,GND} = [1 - \cos(\zeta)]/2$$

㉰ 외부 커버와 축열체의 복사 열전달 계수(hr_3)

$$hr_3 = \sigma \cdot \frac{1}{1/\varepsilon_c + 1/\varepsilon_t - 1}(T_2^{\,2} + T_4^{\,2})(T_2 + T_4)$$

㉱ 축열체 표면과 천공 사이(bhr_4)

$$hr_4 = \tau_c \cdot \sigma \cdot \varepsilon_t \cdot F_{t,\,sky} \cdot (T_4^2 + T_{sky}^2)(T_4 + T_{sky})$$

$$F_{t,\,sky} = [1 + \cos(\zeta)]/2$$

㉲ 축열체 표면과 지표면 사이(hr_5)

$$hr_5 = \tau_c \cdot \sigma \cdot \varepsilon_t \cdot F_{t,\,GND} \cdot (T_4^2 + T_{GND}^2)(T_4 + T_{GND})$$

(3) 대류 열전달 계수 (hv)

㉮ 외부 커버의 표면과 외기와의 대류 열전달 계수(hv_1)

$$hv_1 = 5.67 + 3.86 \times Vel(\mathrm{W/m^2 \cdot {}^\circ K}) - \text{`macdams'}$$

여기서, Vel : 풍속(m/s)

㉯ 유체 유동 공간에서의 대류 열전달 계수(hv_2)

축열벽체의 경사가 90°이고, $TH/TL > 10$인 조건에서

$$Nu_{L90^\circ} = \max(Nu_1,\ Nu_2,\ Nu_3)(10^3 < Ra_L < 10^7)$$

$$Nu_1 = 0.0605\, Ra_L^{1/3}$$

$$Nu_2 = \left(1 + \left[\frac{0.104\, Ra^{0.293}}{L1 + (6310/Ra_L)^{7.36}}\right]^3\right)^{1/3}$$

$$Nu_3 = 0.242\left(\frac{Ra_L}{H/L}\right)^{0.272}$$

왜냐하면, $Ra_L \leq 10^3$, $Nu_{L90^\circ} \simeq 1$

$$Ra_L = \frac{g\beta\Delta TL^3}{\nu \cdot \alpha},\ P_r = \frac{\nu}{\alpha}$$

$$\therefore\ h_{v2} = N\frac{\lambda}{L}$$

㉰ 축열체 실내 측 표면과 실내 사이에서의 열전달 계수(hv_3)

$$hv_3 = 7 \sim 8\ \mathrm{kcal/m^2 \cdot h \cdot {}^\circ C}\ \text{를 사용}$$

$$1\,\mathrm{kcal/m^2 \cdot h \cdot {}^\circ C} = 1.1628\ \mathrm{W/m^2 \cdot {}^\circ K}$$

$$\therefore\ hv_3 = 8.14 \sim 9.30\ \mathrm{W/m^2 \cdot {}^\circ K}$$

5. 유체 유동 공간 내에서 온도차에 의한 유체의 속도 (V_f)

유체 유동 공간 내에서 질량 유량은 일정하고 높이에 따른 유체의 온도와 체적 질량의 변화를 선형이라고 가정하면 유체의 평균속도는 다음과 같다.

$$V_f = \sqrt{\frac{2gh}{C_f} \frac{T_3 - T_R}{T_3}}$$

$$C_f = C_1 \left(\frac{A_{gap}}{A_{vent}}\right)^2 + C_2$$

A_{gap}, A_{vent}는 각각 트롬월 내부 유체 유동 공간의 단면적 [m^2]과 공기 유입·유출구의 단면적 [m^2]을 말하며, C_1과 C_2는 무차원 상수로서 각각 8.0과 2.0이다. 그리고 g는 중력 가속도이며, h는 유체 유동 공간의 높이 [m]를 나타낸다.

6. 트롬월 해석을 위한 Thermal Network법

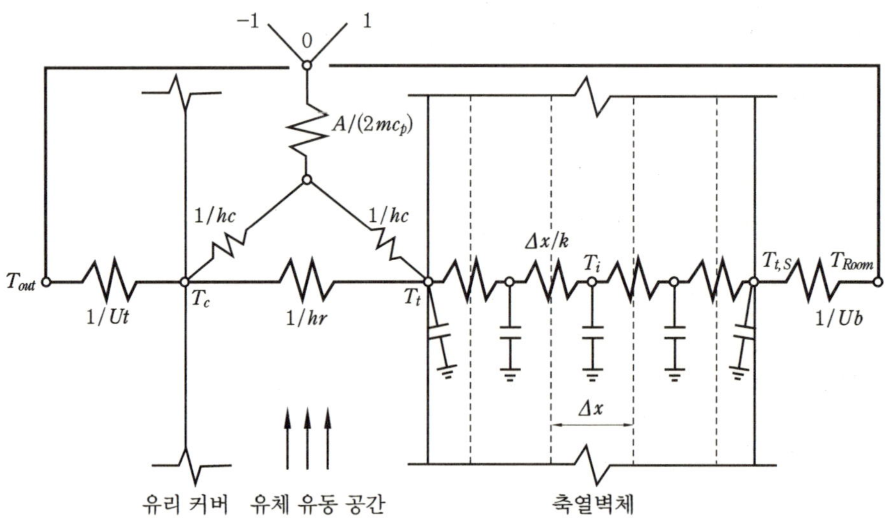

[그림 5-37]   트롬월의 Thermal Circuit Diagram

◉ 참고 문헌

1. 서승직, 『친환경을 고려한 건축설비계획』, 일진사, 2006.
2. 서승직, 『대학과정 건축환경공학』, 일진사, 2004.
3. 서승직, 『건축열환경 특론 강의 노트』, 인하대학교 대학원.
4. 대한설비공학회, 『설비공학편람』, 2001.
5. 대한건축학회편, 『건축환경계획』, 기문당, 2003.
6. 인하대학교 환경설비연구실편, 『TRNSYS를 이용한 건물 에너지 해석』, 건기원, 2004.
7. 김재수, 『공기조화설비』, 문운당, 2007.
8. 정광섭, 홍희기 공역, 『공기선도 읽는 법・사용법』, 성안당, 2001.
9. 박동진, 『건축환경공학』, 세진사, 2000.
10. 정창원, 윤인, 도진석, 문성호, 『건축환경계획』, 도서출판 서우, 2003.
11. 대한설비공학회, 『공동주택의 환기설비』, 설비저널, Vol. 35 No. 5, 2006. 05.
12. 대한설비공학회, 『다중이용시설 공기질』, 설비저널, Vol. 33 No. 6, 2005. 06.
13. 대한설비공학회, 『실내공기질과 공기청정기』, 설비저널, Vol. 33 No. 4, 2005. 04.
14. 김회률, 『건축기계설비기술사』, 예문사, 2003.
15. Kuehn, T. H., Ramsey, J. W., Threlkeld, J. L., 『Thermal Environmental Engineering 3rd Ed.』, PRENTICE HALL, 1998.
16. Solar Energy Lab., 『TRNSYS User's Manual』, Univ. of Wisconsin-Madison.

PART ② 유한 차분법

건물 에너지를 정량적으로 평가하는 방법에는 크게 TRNSYS 등과 같은 동적 열부하 해석 프로그램을 이용하여 분석하는 방법과 제1부의 제5장 건축 열환경 특론에서 간단히 언급한 시스템에 대한 열평형방정식을 수립하고, 이를 유한 차분법 등과 같은 수치 해석 기법을 통해 분석하는 방법이 있다. 따라서, TRNSYS에 관한 내용은 추후 나머지 권들에서 자세히 다루고 있으므로, 제2부에서는 수치 해석 기법 가운데 유한 차분법을 중심으로 간단히 소개하고자 한다.

그 외 수치 해석에 관한 기본적인 내용은 국내·외에 소개되어 있는 관련 서적들을 참고하여 학습하기 바란다.

1. 수치 해석 기법

1-1 수치 해석의 종류

　자연계에 존재하는 모든 물리현상을 지배하는 지배방정식은 편미분방정식 형태로 밖에 표현할 수 없고, 이들 편미분방정식을 해석적인 방법으로 풀 수 있는 것은 대부분 선형 편미분방정식이며, 초기 · 경계조건들이 매우 간단한 문제에 한정되므로 이러한 해석적인 방법으로 실제적이고 복잡한 물리현상을 다루는 공학 문제를 해결하기에는 거의 불가능에 가깝다고 할 수 있다. 그러나 1950년대 공학용 컴퓨터가 출현함에 따라 이러한 해석적 방법의 한계를 극복하기 위하여 컴퓨터를 이용하기 시작하였다.

　이렇게 컴퓨터를 이용하여 난해한 미분방정식을 푸는 방법을 수치 해석(numerical analysis) 또는 시뮬레이션(simulation) 등의 이름으로 통용되는데, 이들 방법의 대부분은 [그림 1-1]과 같은 절차를 따른다.

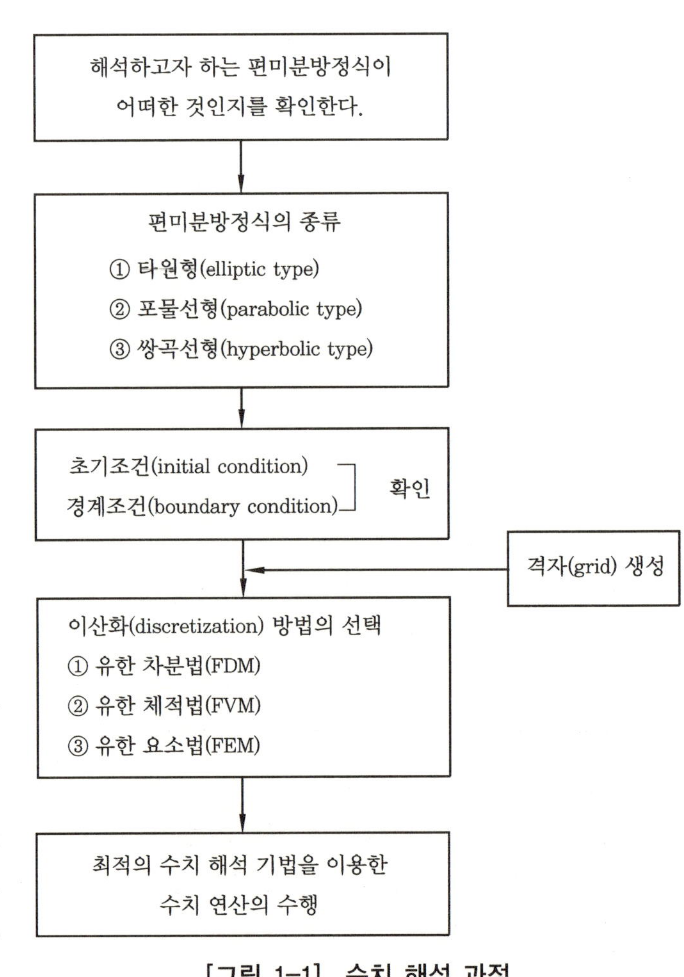

[그림 1-1] 수치 해석 과정

1-2 이산화 과정

공학의 지배방정식인 편미분방정식은 연속적인(continuous) 물리현상을 그대로 표현하고 있어 일종의 아날로그 형태의 방정식이다. 그러나 컴퓨터는 아날로그 형태를 이해할 수 없기 때문에 현재의 디지털(digital) 컴퓨터에서 이해할 수 있는 형태로 변형시키는 작업이 필요하다. 이에 해당하는 작업을 '이산화(discretization) 과정'이라고 하며, 건축 분야에서 많이 활용되는 이러한 이산화 과정에는 크게 다음의 3가지 방법이 많이 이용된다.

- FDM(Finite-Difference Method, 유한 차분법)
- FVM(Finite-Volume Method, 유한 체적법)
- FEM(Finite-Element Method, 유한 요소법)

여기서, 위의 3가지 방법 모두에게 'finite'란 단어가 붙은 의미를 이산화 과정의 설명 부분에서 유추해 볼 수 있으리라 본다.

건물 에너지 해석 및 열환경에서 가장 기본이 되는 다음의 1차원 비정상 상태의 열전도방정식에 해당하는 편미분방정식의 예를 통해 이산화를 어떻게 하는가에 대하여 설명한다.

$$\frac{\partial T}{\partial t} = \alpha \times \frac{\partial^2 T}{\partial x^2} \tag{1-1}$$

여기서, T는 온도를 의미하며 α는 열확산 계수(coefficient of thermal diffusivity)를 의미한다.

그리고 다음과 같은 과정을 통해 방정식 (1-1)의 해를 얻게 된다.
(1) 해석하고자 하는 문제의 지배방정식을 확인
(2) 방정식 (1-1)이 어떤 형태의 편미분방정식에 속하는 것인가를 확인-포물선형의 미분방정식
(3) 이것을 풀기 위해서는 초기조건과 경계조건이 동시에 주어져야 해석 해를 구할 수 있다.
　: 주어진 초기조건, 즉 초기의 온도분포로부터 출발하여 원하는 시간 후에 어떤 지정된 위치에서의 온도를 계산하는 것이 목적
(4) 계산하고자 하는 온도의 임의의 위치들을 정하는 작업인 격자 생성을 함.
　: 주어진 문제의 물리현상에 대한 선행지식(physical insight)과 수치 해석의 안정성(numerical stability) 그리고 정확도(accuracy) 등에 따라 결정됨.

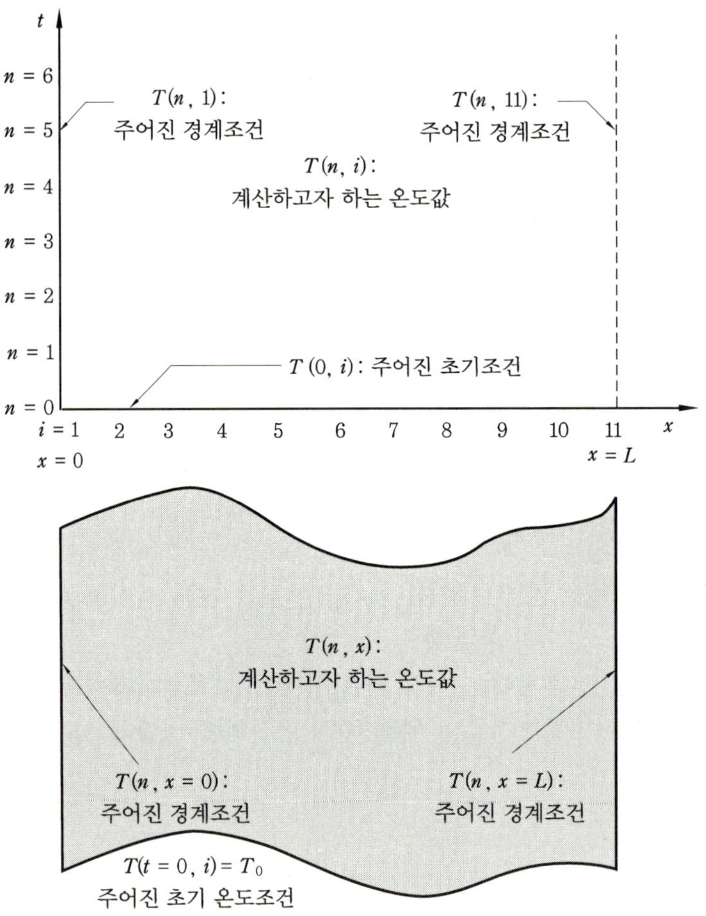

[그림 1-2]   시간-거리 영역에서 방정식 (1-1)의 해 구하기

이상의 과정을 방정식 (1-1)에 적용하면, 만약 길이가 L인 쇠토막을 같은 간격으로 10등분하여 각 위치의 온도를 매 Δt 시간 간격으로 계산하고자 한다고 가정하자.

이때 $T_i{}^n$을 x방향으로 i번째 격자선 위치에서 n시간 레벨(level)에서의 온도라고 하고, $T_i{}^{n+1}$을 그 위치에서의 Δt 후의 온도라고 하면 방정식 (1-1)의 해를 구하는 문제는 수치 해석에서 다음의 문제와 같다.

(1) 문제 : $i = 1,\ 2,\ 3,\ \cdots,\ N$에 대하여 $T_i{}^n$는 주어져 있다.

(2) $i = 1,\ 2,\ 3,\ \cdots,\ N-1$에 대하여 $T_i{}^{n+1}$을 찾는다.

(3) $i = 1$과 $i = N$에서의 경계조건의 지배를 받는다.

1-3 유한 차분법(FDM : Finite-Difference Method)

유한 차분법은 다항식(polynomial)이나 sin/cos 급수, Fourier 급수 그리고 Taylor 급수 등을 이용하여 표현될 수 있으며, 보통 Taylor 급수를 이용하여 여러 가지 미분항을 표현한다.

방정식 (1-1)의 좌변인 $\partial T/\partial t$항을 Taylor 급수를 이용하여 표현하기 위해 다음의 Taylor 급수 전개를 생각해보자.

$$(t+\Delta t,\ x) = T(t,\ x) + \Delta t\ \frac{\partial T}{\partial t}\bigg|_{(t,\ x)} + \frac{\Delta t^2}{2!}\ \frac{\partial^2 T}{\partial t^2}\bigg|_{(t,\ x)}$$

$$+ \frac{\Delta t^3}{3!}\ \frac{\partial^3 T}{\partial t^3}\bigg|_{(t,\ x)} + \cdots + \frac{\Delta t^N}{N!}\ \frac{\partial^N T}{\partial t^N}\bigg|_{(t,\ x)} + \cdots + \infty \qquad (1-2)$$

여기서, 먼저 식 (1-2)의 Taylor 급수를 자세히 살펴보자.

식 (1-2)의 우변은 모두 $(t,\ x)$에 대한 값으로써 어떤 지정된 x 위치에서의 현재 시간 t에서의 온도값인 $T(t,\ x)$를 알고 있고, 바로 $(t,\ x)$에서의 온도의 시간에 대한 1차, 2차 그리고 3차 미분값인 $\dfrac{\partial T}{\partial t}\bigg|_{(t,\ x)}, \dfrac{\partial^2 T}{\partial t^2}\bigg|_{(t,\ x)}, \dfrac{\partial^3 T}{\partial t^3}\bigg|_{(t,\ x)}$ 등을 모두 알고 있다면, 식 (1-2)의 우변을 모두 합[+]함으로써 식 (1-2)의 등식의 좌변으로부터 바로 그 x 위치에서의 Δt시간이 경과한 후의 온도인 $T(t+\Delta t,\ x)$를 계산할 수 있다는 것을 의미한다. 즉, 식 (1-2)의 우변에 있는 $(t,\ x)$에서의 여러 값들을 알면 그 위치의 $t+\Delta t$에서의 값을 정확히 예측할 수 있다는 것이다.

여기서, 주목할 사실은 식 (1-2)의 좌변과 우변이 등식으로 연결되어 있다는 것으로써 식 (1-2)의 우변에 대한 무한대 항까지의 모든 항을 만약 알고 있으면, 미래 시간에서의 온도가 근사식($\doteqdot$)이 아닌 정확(exact)한 등식($=$)으로 만족된다는 것이므로, 전혀 오차가 없이 정확하게 성립된다는 것을 의미한다.

식 (1-2)를 $\dfrac{\partial T}{\partial t}\bigg|_{(t,\ x)}$ 에 대해 정리하면,

$$\frac{\partial T}{\partial t}\bigg|_{(t,\ x)} = \frac{T(t+\Delta t,\ x) - T(t,\ x)}{\Delta t} - \frac{\Delta t}{2} \cdot \frac{\partial^2 T}{\partial t^2}\bigg|_{(t,\ x)}$$

$$- \frac{\Delta t^2}{6} \cdot \frac{\partial^3 T}{\partial t^3}\bigg|_{(t,\ x)} - \cdots - \infty \qquad (1-3)$$

비록 식 (1-2)나 식 (1-3)이 무한항까지 고려하면 정확한 등식이 성립하나 이러한 문제를 수치 해석으로 푸는데 있어서 무한항까지 고려한다는 것은 불가능하므로, 현실적으로 적당한 항까지만 계산에 포함시킴으로써 정확한 등식을 포기하고 근사화를 선택할 수 밖에 없다.

식 (1-3)의 경우 $\left.\dfrac{\partial T}{\partial t}\right|_{(t,\,x)}$ 를 구하는데 있어 우변의 몇 번째 항까지를 고려할 것인가에 따라 $\left.\dfrac{\partial T}{\partial t}\right|_{(t,\,x)}$ 계산의 정확도가 결정되겠지만 일단 여기서는 우변의 첫 번째 항만 고려하면,

$$\left.\frac{\partial T}{\partial t}\right|_{(t,\,x)} = \frac{T(t+\Delta t,\,x) - T(t,\,x)}{\Delta t} + O(\Delta t) \tag{1-4}$$

으로 근사될 수 있음을 알 수 있고, $O(\Delta t)$는 식 (1-3)에서 식 (1-4)로 근사화될 때 우변의 첫 번째 항만 취하고, 두 번째 항부터는 버릴 때 생기는 오차를 의미하는 것으로 이를 절단 오차(truncation error)라 부른다. 이때 보통 Δt는 매우 작은 값이므로 이 절단 오차는 식 (1-3) 우변의 두 번째 항에 제일 크게 영향을 받음을 알 수 있고, 이 두 번째 항의 차수(order of magnitude)가 Δt에 선형적이므로 이를 수식적으로 $O(\Delta t)$라 표시한다.

만약 시간 간격을 $\Delta t = 1$초로 하여 식 (1-4)를 이용하여 $\left.\dfrac{\partial T}{\partial t}\right|_{(t,\,x)}$ 를 근사적으로 계산하였을 때 식 (1-3)의 무한항까지 포함하는 정밀해(exact value)에 비해 절단 오차가 5%라고 가정하고, Δt를 반으로 줄여 $\Delta t = 0.5$초로 하여 $\left.\dfrac{\partial T}{\partial t}\right|_{(t,\,x)}$ 를 계산하면 이 절단 오차가 약 반으로 줄어 2.5%의 오차가 된다는 것을 의미한다.

다음으로 식 (1-1)의 우변을 차분화하기 위해 Taylor 급수를 영역 x에 대해 전개한 다음의 식 (1-5)과 식 (1-6)에 대하여 살펴보자.

$$T(t,\,x+\Delta x) = T(t,\,x) + \Delta x \left.\frac{\partial T}{\partial x}\right|_{(t,\,x)} + \frac{\Delta x^2}{2!} \left.\frac{\partial^2 T}{\partial x^2}\right|_{(t,\,x)}$$

$$+ \frac{\Delta x^3}{3!} \left.\frac{\partial^3 T}{\partial x^3}\right|_{(t,\,x)} + \cdots + \frac{\Delta x^N}{N!} \left.\frac{\partial^N T}{\partial x^N}\right|_{(t,\,x)} + \cdots + \infty \tag{1-5}$$

$$T(t,\,x-\Delta x) = T(t,\,x) - \Delta x \left.\frac{\partial T}{\partial x}\right|_{(t,\,x)} + \frac{\Delta x^2}{2!} \left.\frac{\partial^2 T}{\partial x^2}\right|_{(t,\,x)}$$

$$- \frac{\Delta x^3}{3!} \left.\frac{\partial^3 T}{\partial x^3}\right|_{(t,\,x)} + \cdots - \infty \tag{1-6}$$

식 (1-5)와 식 (1-6)을 합(+)한 후, $\left.\dfrac{\partial^2 T}{\partial x^2}\right|_{(t,\,x)}$ 에 대하여 정리하면,

$$\left.\frac{\partial^2 T}{\partial x^2}\right|_{(t,\,x)} = \frac{T(t,\,x+\Delta x) - 2\,T(t,\,x) + T(t,\,x-\Delta x)}{\Delta x^2}$$
$$-\frac{2\Delta x^2}{4!} \cdot \left.\frac{\partial^4 T}{\partial x^4}\right|_{(t,\,x)} - \cdots - \infty \tag{1-7}$$

식 (1-7) 또한 첫 번째 항만 취하여 근사시키면 다음과 같다.

$$\left.\frac{\partial^2 T}{\partial x^2}\right|_{(t,\,x)} = \frac{T(t,\,x+\Delta x) - 2\,T(t,\,x) + T(t,\,x-\Delta x)}{\Delta x^2} + O(\Delta x^2) \tag{1-8}$$

여기서, 식 (1-8)에 의한 $\left.\dfrac{\partial^2 T}{\partial x^2}\right|_{(t,\,x)}$ 의 근사화는 절단 오차가 $O(\Delta x^2)$이므로 이렇게 근사시켰을 때는 2차의 정확도를 가지게 된다는 것이며, Δx를 반으로 줄이면 절단 오차는 1/4로 줄어든다는 것을 의미한다. 식 (1-4)와 식 (1-8)을 식 (1-1)에 대입하여 정리하면,

$$\frac{T(t+\Delta t,\,x) - T(t,\,x)}{\Delta t} = \alpha\,\frac{T(t,\,x+\Delta x) - 2\,T(t,\,x) + T(t,\,x-\Delta x)}{\Delta x^2}$$
$$+ O(\Delta t,\,\Delta x^2) \tag{1-9}$$

식 (1-9)는 식 (1-10)과 같은 가정으로부터 이를 대입하면 식 (1-11)과 같은 형태가 된다.

$$T(t,\,x) = T_i^n \tag{1-10}$$

$$T(t+\Delta t,\,x) = T_i^{n+1}$$

$$T(t,\,x+\Delta x) = T_{i+1}^n$$

$$T(t,\,x-\Delta x) = T_{i-1}^n$$

$$\frac{T_i^{n+1} - T_i^n}{\Delta t} = \alpha\,\frac{T_{i+1}^n - 2\,T_i^n + T_{i-1}^n}{\Delta x^2} + O(\Delta t,\,\Delta x^2) \tag{1-11}$$

식 (1-11)을 유한 차분방정식(Finite-Difference Equation ; FDE)이라 부르며, 결국 식 (1-1)의 편미분방정식(PDE)이 궁극적으로 풀어야 하는 지배방정식이나 이 아날로그 형태의 식 (1-1)을 직접 계산하는 것이 아니라, 디지털 컴퓨터상에서 계산이 가능하게끔 식 (1-1)을 근사화한 식 (1-11)의 FDE를 계산하게 되는 것이다. 이때 식 (1-11)의 FDE 는 시간에 대해서는 1차의 정확도를 가지고 있고, 영역인 x방향에 대해서는 2차의 정확

도를 가지고 문제를 계산하게 된다는 것을 의미한다. 식 (1-11)을 T_i^{n+1} 로 정리하면,

$$T_i^{n+1} = T_i^n + \frac{\alpha \cdot \Delta t}{\Delta x^2} \cdot (T_{n+1}^n - 2 \cdot T_i^n + T_{i-1}^n)$$

$$T_i^{n+1} = T_i^n + d \cdot (T_{n+1}^n - 2 \cdot T_i^n + T_{i-1}^n) \tag{1-12}$$

여기서, $d = \dfrac{\alpha \cdot \Delta t}{\Delta x^2}$ 으로 확산수(diffusion number)라고 부른다.

최종적으로 얻어진 식 (1-12)를 이용하여 어떻게 해석해를 계산하는지, 다음 예제의 1차원 열전도 문제를 통해 설명하고자 한다.

1-4 예제-1차원 열전도 문제

[그림 1-3]과 같은 평면벽(plane wall)이 초기 온도가 100℃로 유지되고 있다가, 순간 $x = 0$인 벽면의 온도가 10℃로 변하고 $x = L$인 벽면의 온도가 50℃로 변할 때, 평면벽 내부의 비정상 상태의 온도를 계산해보자. 이때 $L = 10\,\mathrm{m}$이며, 평면벽의 재료는 탄소강으로서 $\alpha = 17.7 \times 10^{-6}\ \mathrm{m^2/s}$ 이다.

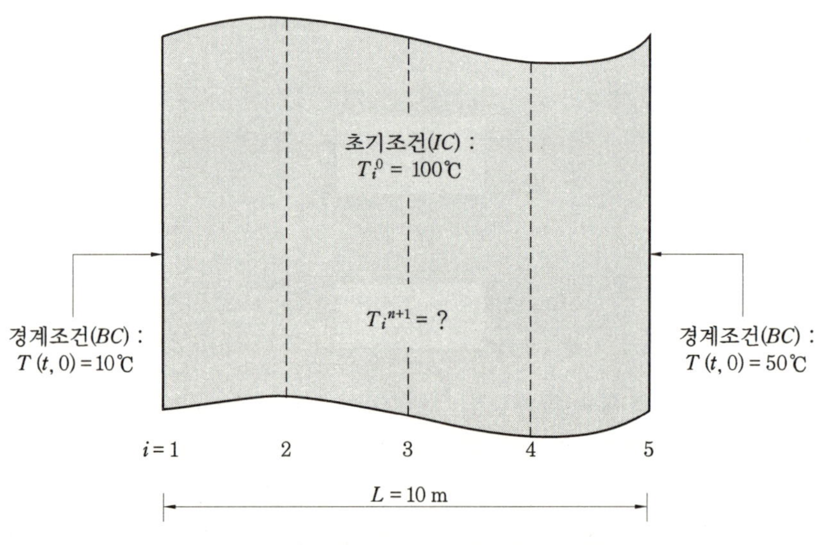

[그림 1-3] 평면벽의 1차원 열전도 문제

문제를 간단히 하기 위해 L을 4등분하고 매 10^5초마다 온도를 계산하고 싶다면,

$$\Delta x = 2.5\,\text{m},\ \Delta x = 2.5\,\text{m}$$

가 되므로 $d = \dfrac{\alpha \cdot \Delta t}{\Delta x^2} = \dfrac{17.7 \times 10^{-6} \cdot 10^5}{2.5^2} = 0.2832$이다. 이를 식 (1-12)에 대입하면,

$$T_i^{n+1} = T_i^n + 0.2832 \cdot (T_{n+1}^n - 2 \cdot T_i^n + T_{i-1}^n) \tag{E-1}$$

식 (E-1)에 $n = 0$을 대입하고 $i = 2, 3, 4$의 온도를 계산하면 다음과 같다.

이때 $i = 1$과 $i = 5$일 때의 온도는 경계조건으로 각각 10℃와 50℃로 일정하게 유지되고 있으므로 계산할 필요가 없다.

(1) $n = 0$일 때

$$i = 2 : T_2^1 = T_2^0 + 0.2832 \cdot (T_3^0 - 2 \cdot T_2^0 + T_1^0)$$
$$= 100 + 0.2832 \cdot (100 - 2 \cdot 100 + 10) = 74.51\,℃$$

여기서, $T_2{}^0$와 $T_3{}^0$는 초기조건 값인 100℃를 대입, $T_1{}^0$는 $x = 0$일 때의 경계조건 값인 10℃를 대입하였다. 같은 방법으로 나머지 격자에 대한 온도를 계산하면 다음과 같다.

$$i = 3 : T_3^1 = T_3^0 + 0.2832 \cdot (T_4^0 - 2 \cdot T_3^0 + T_2^0)$$
$$= 100 + 0.2832 \cdot (100 - 2 \cdot 100 + 100) = 100\,℃$$
$$i = 4 : T_4^1 = T_4^0 + 0.2832 \cdot (T_5^0 - 2 \cdot T_4^0 + T_3^0)$$
$$= 100 + 0.2832 \cdot (50 - 2 \cdot 100 + 100) = 85.84\,℃$$

이것으로 10^5초 후의 $i = 2, 3, 4$ 격자에서의 온도가 각각 74.51, 100, 85.84℃로 됨을 알 수 있다. 그리고 또 다시 10^5초 후의 각 온도는 $n = 1$을 대입하여 다시 계산할 수 있다.

(2) $n = 1$일 때

$$i = 2 : T_2^2 = T_2^1 + 0.2832 \cdot (T_3^1 - 2 \cdot T_2^1 + T_1^1)$$
$$= 74.51 + 0.2832 \cdot (100 - 2 \cdot 74.51 + 10) = 63.46\,℃$$
$$i = 3 : T_3^2 = T_3^1 + 0.2832 \cdot (T_4^1 - 2 \cdot T_3^1 + T_2^1)$$
$$= 100 + 0.2832 \cdot (85.84 - 2 \cdot 100 + 74.51) = 88.77\,℃$$
$$i = 4 : T_4^2 = T_4^1 + 0.2832 \cdot (T_5^1 - 2 \cdot T_4^1 + T_3^1)$$
$$= 85.84 + 0.2832 \cdot (50 - 2 \cdot 85.84 + 100) = 79.70\,℃$$

이러한 과정을 정상상태가 될 때(이전 시간에서의 온도값과의 차가 오차의 범위 안에 들어올 때)까지 반복함으로써 매 10^5초마다 비정상상태 온도를 계산해 낼 수 있다. 이렇게 초기조건으로부터 $t = 10^5$초의 온도를 계산하고, 이 온도를 이용하여 $t = 2 \times 10^5$초의 온도를 계산하고 다시 $t = 3 \times 10^5$초를 계산하고 하는 방식을 시간행진법(time marching scheme)이라고 한다. 또한, 식 (1-12)에서 볼 수 있듯이 미지수는 식 (1-12)의 좌변에만 존재하고, 우변은 모두 알고 있는 항들이므로 특별한 수식 계산이 필요 없이 우변에 기지의 값을 대입하여 단순 계산만으로 좌변의 미지수가 계산이 된다고 하여 음해법(explicit scheme)이라고 부른다. 이들에 대한 보다 자세한 설명은 수치 해석 서적을 참고하면 된다.

1-5   유한 체적법(FVM : Finite-Volume Method)

유한 체적법에서는 PDE를 미분형태로 계산하기보다는 식 (1-13)을 만족하는 해를 계산한다고 할 수 있다.

$$\iiint_{Physical\ Space} [\text{P.D.E.}]\, dV \equiv 0 \tag{1-13}$$

위의 식 (1-13)을 만족하는 해를 간혹 weak solution이라고 부르기도 한다. 식 (1-1)의 1차원 편미분방정식이 주어진 지배방정식이므로 이를 (1-13)의 PDE에 대입하면,

$$\int_{Attached\ Node\ 1} \left[\frac{\partial T}{\partial t} - \alpha \cdot \frac{\partial^2 T}{\partial x^2} \right] dx \equiv 0 \tag{1-14}$$

식 (1-13) 또는 식 (1-14)를 적분하기 위해 적분 영역인 유한 체적(finite volume 혹은 제어 체적 control volume)을 정의해야 하며, 식 (1-14)의 x방향으로의 1차원 문제에서는 보통 [그림 1-4]와 같이 정의한다.

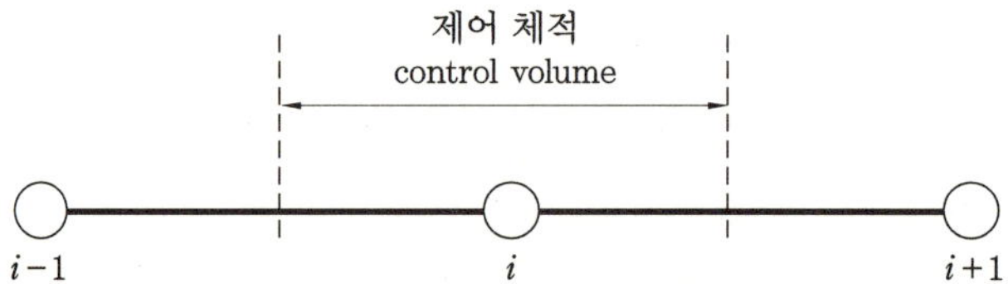

[그림 1-4] 유한 체적법의 1차원 제어 체적 정의

이렇게 정의된 제어 체적에 대해 식 (1-14)를 적용하면,

$$\int_{x_i - \Delta x/2}^{x_i + \Delta x/2} \left[\frac{\partial T}{\partial t} - \alpha \cdot \frac{\partial^2 T}{\partial x^2} \right] dx \equiv 0 \tag{1-15}$$

이 되며, 이때 i번째 절점(node)에서의 온도를 다음과 같은 제어 체적에 대한 평균값 T_i 로 정의하면 다음과 같다.

$$T_i = \frac{1}{\Delta x} \int_{x_i - \Delta x/2}^{x_i + \Delta x/2} T\, dx \tag{1-16}$$

이러한 정의를 이용하여 식 (1-15)의 첫 번째 항을 계산해보면,

$$제 1 항 : = \int_{x_i - \Delta x/2}^{x_i + \Delta x/2} \frac{\partial T}{\partial t} dx \tag{1-17}$$

여기서, 적분 구간 $x_i \pm \Delta x / 2$는 시간의 함수가 아니므로 식 (1-17)의 적분과 미분 의 순서를 다음과 같이 바꿔 쓸 수 있다.

$$제 1 항 : = \frac{d}{dt} \left[\int_{x_i - \Delta x/2}^{x_i + \Delta x/2} T\, dx \right] \tag{1-18}$$

식 (1-18)의 [ ]의 내부는 식 (1-16)의 정의에 의해 $T_i \, \Delta x$로 쓸 수 있으므로, 식 (1-18)은 다음과 같이 표현될 수 있다.

$$제 1 항 : = \Delta x \frac{dT_i}{dt} \tag{1-19}$$

식 (1-15)의 두 번째 항을 계산해보면,

$$제 2 항 : = \int_{x_i - \Delta x/2}^{x_i + \Delta x/2} \alpha \frac{\partial^2 T}{\partial x^2} dx$$

$$= \alpha \left[\frac{\partial T}{\partial x} \Big|_{x_i + \Delta x/2} - \frac{\partial T}{\partial x} \right] \tag{1-20}$$

그러므로 식 (1-19)와 식 (1-20)을 식 (1-15)에 다시 대입하여 정리하면 다음과 같다.

$$\Delta x \frac{dT_i}{dt} = \alpha \left[\frac{\partial T}{\partial x} \Big|_{x_i + \Delta x/2} - \frac{\partial T}{\partial x} \right] \tag{1-21}$$

식 (1-21)에서 볼 수 있듯이 $\frac{dT_i}{dt}$와 $\frac{\partial T}{\partial x}$의 계산이 요구되며, 이는 유한 차분법에서 사용되는 Taylor 급수 전개가 널리 사용된다. 이를 이용하여 정리하면,

$$\frac{dT_i}{dt} = \frac{T_i^{\,n+1} - T_i^{\,n}}{\Delta t} + O(\Delta t) \tag{1-22}$$

$$\frac{\partial T}{\partial x}\bigg|_{x_i + \Delta x/2} = \frac{T_{i+1}^{\,n} - T_i^{\,n}}{\Delta x} + O(\Delta t)$$

$$\frac{\partial T}{\partial x}\bigg|_{x_i - \Delta x/2} = \frac{T_i^{\,n} - T_{i-1}^{\,n}}{\Delta x} + O(\Delta t)$$

이렇게 정리된 식 (1-22)를 다시 식 (1-21)에 대입하면 최종적인 다음의 식을 얻을 수 있다.

$$\frac{T_i^{\,n+1} - T_i^{\,n}}{\Delta t} = \frac{\alpha}{\Delta x}\left[\frac{T_{i+1}^{\,n} - T_i^{\,n}}{\Delta x} - \frac{T_i^{\,n} - T_{i-1}^{\,n}}{\Delta x}\right] \tag{1-23}$$

이렇게 유한 체적법에 이용하여 얻어진 식 (1-23)은 유한 차분법에 의해 얻어진 식 (1-11)과 동일한 형태이지만, 일반적으로 항상 같은 결과식이 얻어지는 것은 아니다. 식 (1-23)의 이후 계산 과정은 유한 차분법의 계산 방법과 동일하다.

1-6 유한 요소법(FEM : Finite-Element Method)

유한 요소법은 어떤 면에서는 유한 체적법과 비슷한데, 1차원 문제에서의 제어 체적을 $x_{i-1} \leqq x \leqq x_{i+1}$로 잡고 다음의 적분이 만족하는 해를 구하는 방법이다.

$$\iiint_{\text{제어 체적}} [P.D.E.][\text{가중함수}]\, dV \equiv 0 \tag{1-24}$$

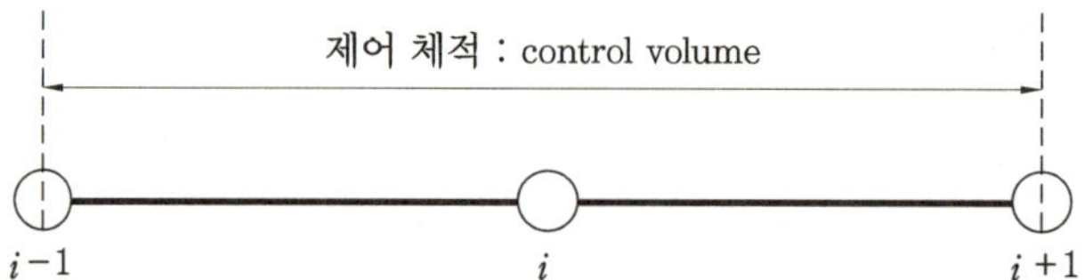

[그림 1-5] 유한 요소법의 1차원 제어 체적 정의

유한 요소법에는 가중함수(weighting function)를 어떻게 취하느냐에 따라 여러 종류로 나눠지며, 가장 널리 쓰이는 방법이 Galerkin Method라고 하는 방법이다. 이 Galerkin Method는 미지수의 근사화를 위한 Polynomial(혹은 Fourier 급수)과 같은 차수의 Polynomial(혹은 Fourier 급수)을 가중함수로 취하는 방법으로써 다음의 예와 같다.

식 (1-1)과 같이 주어진 PDE는 식 (1-24)와 같은 형식으로 바꿔 표현하면, 다음과 같이 나타날 것이다.

$$\int_{x_{i-1}}^{x_{i+1}} \left[\frac{\partial T}{\partial t} - \alpha \cdot \frac{\partial^2 T}{\partial x^2} \right] w(x)\, dx \equiv 0 \tag{1-25}$$

여기서, $w(x)$는 가중함수이며, $x_{i-1} \leq x \leq x_{i+1}$에서의 온도 분포가 다음 [그림 1-6(a)]처럼 1차 Polynomial 방정식으로 근사된다고 가정하면, 가중함수 역시 온도와 같은 order의 1차 Polynomial 방정식으로 [그림 1-6(b)]와 같이 가정할 수 있으므로, 식 (1-25)의 각 항은 다음과 같이 계산될 수 있을 것이다.

$$제1항 : = \int_{x_{i-1}}^{x_{i+1}} \frac{\partial T}{\partial t} w(x) dx$$

$$= \int_{x_{i-1}}^{x_i} \frac{\partial T}{\partial t} w(x) dx + \int_{x_i}^{x_{i+1}} \frac{\partial T}{\partial t} w(x) dx \tag{1-26}$$

식 (1-26)의 시간에 대한 미분인 $\partial/\partial t$는 x에 무관하므로 적분과 시간에 대한 미분의 순서를 다음과 같이 바꿀 수 있다.

$$제1항 : = \frac{\partial}{\partial t} \left[\int_{x_{i-1}}^{x_i} T \cdot w(x) dx + \int_{x_i}^{x_{i+1}} T \cdot w(x) dx \right] \tag{1-27}$$

식 (1-27)의 [　] 내부에 있는 두 개의 적분항을 각각 J_1과 J_2로 표시하면,

$$제1항 : = \frac{\partial}{\partial t} \left[J_1 + J_2 \right] \tag{1-28}$$

$$J_1 = \int_{x_{i-1}}^{x_i} T \cdot w(x) dx \tag{1-29}$$

$$J_2 = \int_{x_i}^{x_{i+1}} T \cdot w(x) dx \tag{1-30}$$

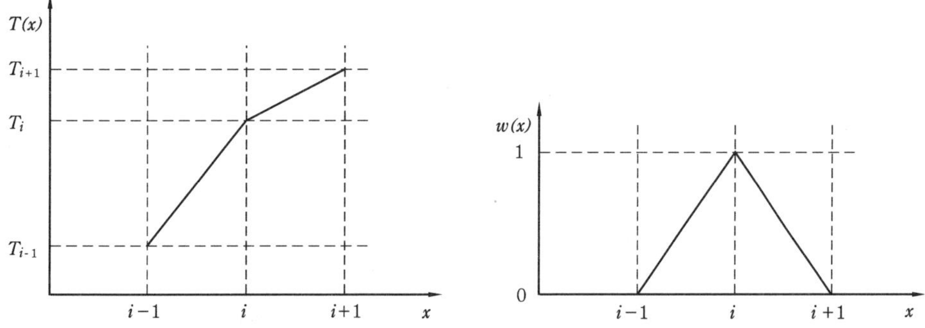

[그림 1-6(a)] 온도 분포의 1차 Polynomial로의 근사   [그림 1-6(b)] 가중함수분포

식 (1-29)의 J_1을 먼저 계산해보면 $x_{i-1} \leq x \leq x_i$ 구간에서는 온도 분포와 가중함수가 [그림 1-6]에 의해 다음의 1차 Polynomial 방정식으로 나타나므로

$$T(x) = T_{i-1} + \frac{T_i - T_{i-1}}{\Delta x} \cdot (x - x_{i-1}) \tag{1-31}$$

$$w(x) = \frac{1}{\Delta x} \cdot (x - x_{i-1}) \tag{1-32}$$

이를 식 (1-29)에 대입하여 정리하면,

$$J_1 = \int_{x_{i-1}}^{x_i} \left[T_{i-1} + \frac{T_i - T_{i-1}}{\Delta x} \cdot (x - x_{i-1}) \right] \frac{(x - x_{i-1})}{\Delta x}\, dx \tag{1-33}$$

이상과 같은 방법으로 $x_i \leq x \leq x_{i+1}$ 구간을 식 (1-31)~식 (1-33)과 유사한 식들을 이용하여 정리하면, 식 (1-30)은 다음과 같이 정리된다.

$$J_2 = \int_{x_i}^{x_{i+1}} \left[T_i + \frac{T_{i+1} - T_i}{\Delta x} \cdot (x - x_i) \right] \frac{(x - x_i)}{\Delta x}\, dx \tag{1-34}$$

식 (1-33)과 (1-34)를 식 (1-28)에 대입하면,

$$\text{제 1 항 : } = \frac{1}{6} \frac{d T_{i-1}}{dt} + \frac{2}{3} \frac{d T_i}{dt} + \frac{1}{6} \frac{d T_{i+1}}{dt} \tag{1-35}$$

여기서, 온도의 시간에 대한 미분인 dT/dt는 다음과 같이 Taylor 급수(혹은, Fourier 급수)를 이용하여 계산하면,

$$\text{제 1 항 : } = \frac{1}{6} \frac{T_{i-1}^{n+1} - T_{i-1}^n}{\Delta t} + \frac{2}{3} \frac{T_i^{n+1} - T_i^n}{\Delta t} + \frac{1}{6} \frac{T_{i+1}^{n+1} - T_{i+1}^n}{\Delta t} \tag{1-36}$$

식 (1-25)의 두 번째 적분을 제 2 항이라 하면,

$$\text{제 2 항 : } = \alpha \int_{x_{i-1}}^{x_{i+1}} \frac{\partial^2 T}{\partial x^2} w(x)\, dx \tag{1-37}$$

이를 계산하기 위해 다음의 부분적분을 이용한다.

$$\int_a^b P \frac{dQ}{dx} dx = \left[PQ \right]_a^b - \int_a^b \frac{dP}{dx} Q\, dx \tag{1-38}$$

식 (1-37)과 식 (1-38)을 비교해보면 $\dfrac{dQ}{dx} = \dfrac{\partial^2 T}{\partial x^2}$라 놓고, $P = w(x)$라 놓으면 식 (1-38)에 의해 식 (1-37)은 다음과 같이 적분될 수 있다.

$$\text{제 2 항 : } = \left[\alpha \cdot w(x) \frac{\partial T}{\partial x} \right]_{x_{i-1}}^{x_{i+1}} - \alpha \int_{x_{i-1}}^{x_{i+1}} \frac{\partial w(x)}{\partial x} \cdot \frac{\partial T}{\partial x}\, dx \tag{1-39}$$

이때 식 (1-39)의 우변의 첫째 항에 있는 $w(x)$는 $x = x_{i+1}$ 및 $x = x_{i-1}$에서 0이므로, 우변 첫째 항이 0이 되어 결국 식 (1-39)는 우변 둘째 항만 남게 된다. 그리고 이 둘째 항의 전체 적분 영역을 $x_{i-1} \leqq x \leqq x_i$와 $x_i \leqq x \leqq x_{i+1}$의 두 영역으로 나누어 계산하면,

$$\text{제 2 항 : } = -\alpha \int_{x_{i-1}}^{x_i} \frac{\partial w(x)}{\partial x} \cdot \frac{\partial T}{\partial x} dx - \alpha \int_{x_i}^{x_{i+1}} \frac{\partial w(x)}{\partial x} \cdot \frac{\partial T}{\partial x} dx$$

$$= -\alpha \left[\frac{T_1 - T_{i-1}}{\Delta x} \cdot \frac{\Delta x}{\Delta x} + \frac{T_{1+1} - T_i}{\Delta x} \cdot \frac{(-1)\Delta x}{\Delta x} \right]$$

$$= \frac{\alpha}{\Delta x} \left[T_{i+1} - 2 \cdot T_i + T_{i-1} \right] \tag{1-40}$$

식 (1-36)과 식 (1-40)을 식 (1-25)에 대입하면 최종적인 다음 식을 얻을 수 있다.

$$\frac{1}{6} \frac{T_{i-1}^{n+1} - T_{i-1}^{n}}{\Delta t} + \frac{2}{3} \frac{T_i^{n+1} - T_i^{n}}{\Delta t} + \frac{1}{6} \frac{T_{i+1}^{n+1} - T_{i+1}^{n}}{\Delta t}$$

$$= \frac{\alpha}{\Delta x} \left[T_{i+1} - 2 \cdot T_i + T_{i-1} \right] \tag{1-41}$$

이 식은 유한 차분법에 의한 결과 식 (1-11)이나 유한 체적법에 의한 결과 식 (1-23)과는 다르게 표현된 것을 알 수 있다.

1-7 격자 생성의 중요성

앞에서 설명한 것과 같이 유한 차분법(FDM : Finite-Difference Method)은 보통 Taylor 급수를 이용하여 연속적인 값을 갖는 미분항들을 이산화한 절점에서의 값들의 유한한 차(finite difference)로 근사화하여 표현하는 방법으로써 문제를 계산하기 위한 순서상, 우선 먼저 flow domain 내부에 어떤 값들을 정의하기 위한 이산화한 절점(point/node)들이 먼저 지정되어야 함을 알 수 있고, 이러한 절차를 격자 생성(grid generation)이라고 한다고 하였다. 그러므로 유한 차분법에서는 PDE의 형태로 주어지는 지배 방정식의 각 편미분항들을 어떤 절점에서의 값들의 유한한 차로 표현하기 위하여 격자 생성이 필요할 뿐만 아니라, 지배방정식의 해 역시 격자점에서의 어떤 연속적인 함수값(continuous한 아날로그 형태의 값)으로 얻어지는 것이 아니라, 어떤 지정된 값(이산화된 값 혹은 디지털화된 값)으로 얻을 수밖에 없으므로 격자 생성 절차가 매우 중요한 부분을 차지하고 있음을 알 수 있다.

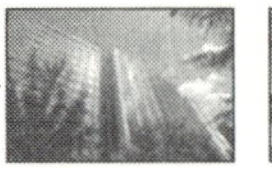

2. 유한 차분법

유한 차분법에 대한 기본적인 설명은 앞에서 설명된 내용을 통해 익히 알고 있을 것이다. 그럼 보다 상세한 유한 차분법에 대하여 살펴보자.

다음의 Taylor 급수 전개를 생각해 보자. Taylor 급수의 물리적 의미 및 공학에의 응용성에 대해서는 이미 설명되었으므로 생략한다.

임의함수 f가 독립변수 x와 y에 대한 함수라고 가정하고, 어떤 임의의 위치 $(x + i\,\Delta x,\ y + j\,\Delta y)$에서 함수 f의 값 자체와 함수 f의 x방향으로의 1차, 2차 편미분 등의 값을 이미 알고 있다면, $(x + \Delta x, y)$ 및 $(x - \Delta x,\ y)$ 위치에서의 함수 f의 값은 다음의 Taylor 급수를 이용하여 계산할 수 있다.

$$f(x + \Delta x,\ y) = f_{i,\,j} + \Delta x\,\frac{\partial f_{i,\,j}}{\partial x} + \frac{\Delta x^2}{2!}\,\frac{\partial^2 f_{i,\,j}}{\partial x^2}$$

$$+ \frac{\Delta x^3}{3!}\,\frac{\partial^3 f_{i,\,j}}{\partial x^3} + \cdots + \infty$$

$$= f_{i,\,j} + \sum_{n=1}^{\infty} \frac{\Delta x^n}{n!}\,\frac{\partial^n f_{i,\,j}}{\partial x^n} \tag{2-1}$$

$$f(x - \Delta x,\ y) = f_{i,\,j} - \Delta x\,\frac{\partial f_{i,\,j}}{\partial x} + \frac{\Delta x^2}{2!}\,\frac{\partial^2 f_{i,\,j}}{\partial x^2}$$

$$- \frac{\Delta x^3}{3!}\,\frac{\partial^3 f_{i,\,j}}{\partial x^3} + \cdots - \infty$$

$$= f_{i,\,j} + \sum_{n=1}^{\infty} \frac{(-1)^n \Delta x^n}{n!}\,\frac{\partial^n f_{i,\,j}}{\partial x^n} \tag{2-2}$$

여기서, $f_{i,\,j}$는 $f(x, y)$일 때의 값이다.

식 (2-1)을 $\partial f_{i,\,j}/\partial x$에 대하여 다시 정리하면,

$$\frac{\partial f_{i,\,j}}{\partial x} = \frac{f_{i+1,\,j} - f_{i,\,j}}{\Delta x} - \frac{\Delta x}{2!}\frac{\partial^2 f_{i,\,j}}{\partial x^2} - \frac{\Delta x^2}{3!}\frac{\partial^3 f_{i,\,j}}{\partial x^3} - \cdots - \infty \tag{2-3}$$

식 (2-3)을 계산하는 데 있어, 만약 무한대 항까지 계산이 가능하다면 식 (2-3)의 좌변과 우변의 등식이 성립하겠으나, 컴퓨터를 이용하여 계산을 해야 하므로 무한대 항까지를 컴퓨터 계산에 포함한다는 것은 불가능하다. 따라서, 식 (2-3)의 좌변을 계산하는 데 있어 우변의 몇째 항까지만 포함하고 나머지는 불가피하게 버릴 수밖에 없다. 즉, 정확한 $\partial f_{i,\,j}/\partial x$ 값을 식 (2-3)의 우변으로부터 구하기는 불가능하므로 결국 근사값 밖에 알 수 없다. 이때 근사화하는 데 있어 될 수 있는 한 식 (2-3)의 우변의 많은 항을 포함시킬수록 정확도는 향상될 수 있다. 그러나 본 설명에서는 우변의 첫 번째 항만으로 근사화하면 식 (2-3)은 다음과 같이 표현될 것이다.

$$\frac{\partial f_{i,\,j}}{\partial x} = \frac{f_{i+1,\,j} - f_{i,\,j}}{\Delta x} + O(\Delta x) \tag{2-4}$$

여기서, $O(\Delta x)$는 식 (2-3)의 두 번째 항부터 무한대 항까지를 버림으로써 발생하는 오차를 의미하며, 이를 절단 오차(truncation error)라고 앞에서 설명하였다. 이때 보통 $\Delta x \ll 1$이므로 절단 오차는 식 (2-3)의 우변 두 번째 항의 계수에 가장 많은 영향을 받을 것이므로 이를 $O(\Delta x)$로 표현하였다. 또한, $O(\Delta x)$가 의미하는 것은 Δx를 반으로 줄이면 절단 오차 또한 약 반으로 선형적으로 줄어든다는 것이다. 여기서, Δx를 반으로 줄이면 절단 오차가 정확히 반으로 줄어들지 않는 이유는 식 (2-3)의 우변에서 볼 수 있듯이 근사화를 취하면서 버린 절단 오차 중에는 두 번째 항뿐만 아니라 무한대 항까지 포함되어 있으므로 오차가 정확히 반으로 줄지 않음을 알 수 있다.

그리고 식 (2-4)와 같은 $\partial f_{i,\,j}/\partial x$의 근사화를 전진 차분(forward difference)이라 부르며 Δx에 대해 1차의 정확도(first-order accuracy)를 가지고 있다. 전진 차분이라고 부르는 이유는 $(i,\,j)$를 현재 위치라고 하면, 식 (2-4)는 현재 위치에서 $(i+1,\,j)$ 위치로 가서, 즉 Δx만큼 앞으로(forward) 가서 현재 위치의 함수 f의 값을 뺐기[−] 때문이다.

같은 방법으로 식 (2-2)를 $\partial f_{i,\,j}/\partial x$에 대하여 정리한 후, 첫 번째 항만을 취하여 근사화시키면 다음과 같이 정리된다.

$$\frac{\partial f_{i,\,j}}{\partial x} = \frac{f_{i,\,j} - f_{i-1,\,j}}{\Delta x} + O(\Delta x) \tag{2-5}$$

이것은 현재 위치 $(i,\,j)$에서 Δx만큼 뒤로(backward) 가서 근사화되었으므로 후퇴 차분(backward difference)이라고 부르며, 1차의 정확도를 가지고 있다. 식 (2-1)에서 (2-2)를 뺀 후 $\partial f_{i,\,j}/\partial x$에 대해 정리하면 다음과 같다.

$$\frac{\partial f_{i,\,j}}{\partial x} = \frac{f_{i+1,\,j} - f_{i-1,\,j}}{2\,\Delta x} + O(\Delta x^2) \tag{2-6}$$

식 (2-6)은 (i, j)를 중앙(center)에 두고 앞에서 뒤로 건너뛰면서 근사화시켰으므로 중심 차분(central difference)이라고 부르며, 2차의 정확도를 가지고 있다. 끝으로 식 (2-1)과 식 (2-2)를 서로 더한 후, $\partial f_{i,\,j}/\partial x$에 대해 정리하면 다음과 같다.

$$\frac{\partial^2 f_{i,\,j}}{\partial x^2} = \frac{f_{i+1,\,j} - 2 \cdot f_{i,j} + f_{i-1,\,j}}{\Delta x^2} + O(\Delta x^2) \tag{2-7}$$

식 (2-7) 또한 $(i,\ j)$를 중앙(center)에 두고 근사화시켰으므로 중심 차분(central difference)이라고 부르며, 2차의 정확도를 가지고 있다.

이상을 간단히 정리하면 다음과 같다.

(1) 1차의 정확도를 갖는 전진 차분(First-Order Accurate Forward Difference)

$$\frac{\partial f_{i,\,j}}{\partial x} = \frac{f_{i+1,\,j} - f_{i,\,j}}{\Delta x} \tag{2-4}$$

(2) 1차의 정확도를 갖는 후퇴 차분(First-Order Accurate Backward Difference)

$$\frac{\partial f_{i,\,j}}{\partial x} = \frac{f_{i,\,j} - f_{i-1,\,j}}{\Delta x} \tag{2-5}$$

(3) 2차의 정확도를 갖는 중심 차분 1.(Second-Order Accurate Central Difference)

$$\frac{\partial f_{i,\,j}}{\partial x} = \frac{f_{i+1,\,j} - f_{i-1,\,j}}{2\,\Delta x} \tag{2-6}$$

(4) 2차의 정확도를 갖는 중심 차분 2.(Second-Order Accurate Central Difference)

$$\frac{\partial^2 f_{i,\,j}}{\partial x^2} = \frac{f_{i+1,\,j} - 2 \cdot f_{i,\,j} + f_{i-1,\,j}}{\Delta x^2} \tag{2-7}$$

이와 같은 유한 차분법 외에도 수많은 종류의 차분법이 있을 수 있으며, 자세한 내용은 수치 해석이나 열전달 서적을 참고하기 바란다.

여기서는 먼저 식 (2-4)~식 (2-6)의 1차 미분에 대한 도식적인 설명을 하기로 한다. 식 (2-4)~식 (2-6)의 $\partial f/\partial x$는 함수 f의 x방향으로의 기울기(slope)를 의미하는 것으로 [그림 2-1]은 각 기울기를 의미한다.

$$\tan \theta_1 = \left. \frac{\partial f}{\partial x} \right|_{전진\ 차분} = Eq.(D-4) \tag{2-8}$$

$$\tan \theta_2 = \left. \frac{\partial f}{\partial x} \right|_{후퇴\ 차분} = Eq.(D-5) \tag{2-9}$$

$$\tan \theta_3 = \left. \frac{\partial f}{\partial x} \right|_{중심\ 차분} = Eq.(D-6) \tag{2-10}$$

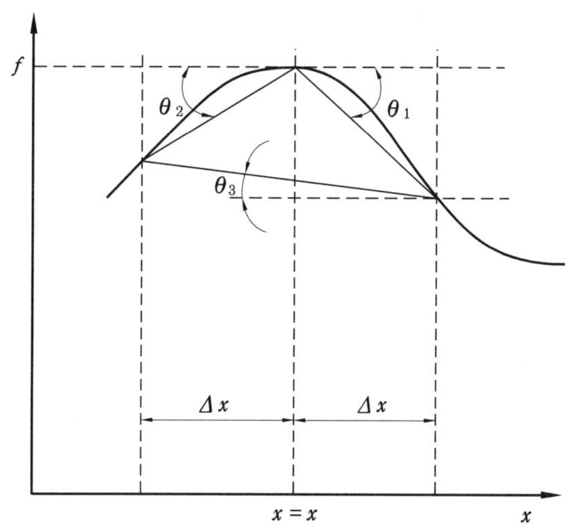

[그림 2-1] 차 편미분 차분화에 대한 의미

[그림 2-1]에서 알 수 있듯이 $\Delta x \to 0$이 됨에 따라 $x = x$위치에서의 $\partial f/\partial x$는 정확하게 만족됨을 알 수 있다. 즉, 예를 들어 식 (2-4)의 경우 $\lim\limits_{\Delta x \to 0}$을 취하면 $\partial f/\partial x$에 대한 정의를 정확히 만족한다는 것이다.

$$\frac{\partial f}{\partial x} \equiv \lim_{\Delta x \to 0} \frac{f_{i+1,j} - f_{i,j}}{\Delta x} \tag{2-11}$$

식 (2-11)의 정의에 따라 식 (2-4)의 우변에 $\lim\limits_{\Delta x \to 0}$을 취하면 식 (2-3) 우변의 두 번째 항부터인 절단 오차는 모두 0(zero)이 되어 식 (2-11)의 정의가 성립된다. 즉, Δx가 0에 가까울수록 절단 오차는 줄어들고, 결국 $\lim\limits_{\Delta x \to 0}$가 되면 절단 오차가 전혀 없는 $\partial f/\partial x$

의 정확한 값을 얻을 수 있다. 이것을 'consistency를 만족하고 있다'라고 말한다. 또한, 식 (2-11)을 이용하여 $\partial f / \partial x$를 해석적으로 구하기 위해 $\Delta x \to 0$으로 놓으면 분모와 분자가 모두 0이 되어 어떤 finite한 값이 존재하게 되고 이는 L'hospital 정리에 의해 $\partial f / \partial x$를 해석적으로 구할 수 있음을 의미한다.

그러나 컴퓨터를 이용하여 계산할 경우 분모가 영이 되면 에러(error)가 발생하므로, $\Delta x \to 0$으로 만들 수 없을 뿐만 아니라 Δx의 값이 작을수록 절단 오차는 줄어들게 되지만, Δx가 과도하게 작아져 컴퓨터 자체의 유효숫자보다 밑으로 내려가면 컴퓨터가 정확한 숫자를 인식하지 못함에 따라 오차가 다시 상승하게 된다. 이러한 컴퓨터의 유효 숫자에 의한 오차를 'round-off error'라고 부르며, 수치 해석에 의한 전체 오차는 [truncation error + round-off error]가 된다.

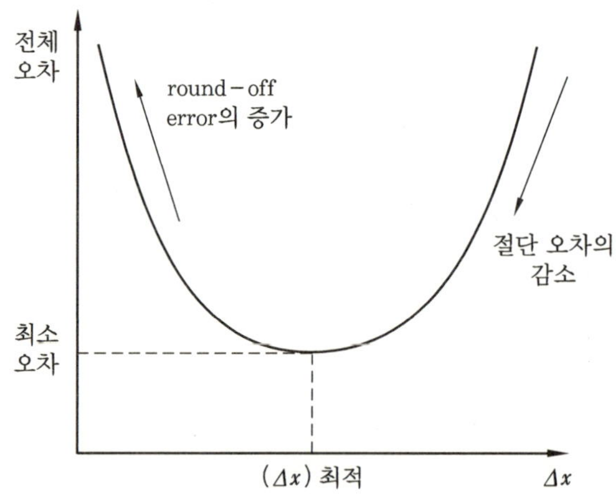

[그림 2-2] 격자 간격 감소에 따른 전체 오차 변화 추이

[그림 2-2]에서 볼 수 있듯이 전체 오차가 최소가 되는 격자 간격 $(\Delta x)_{최적}$이 존재하게 되고, 이 $(\Delta x)_{최적}$을 이용하여 수치 해석의 해를 계산하면 최소의 오차를 갖는 해를 얻을 수 있으나, $(\Delta x)_{최적}$을 계산하는 것은 단순한 몇 가지 편미분방정식을 제외하고는 실제적으로 불가능하다.

식 (2-7) 외의 2차 편미분방정식의 유한 차분법을 고려하기 위해 다음의 Taylor 급수 전개를 하면,

$$f(x + \Delta x,\ y) = f_{i,j} + \Delta x \, \frac{\partial f_{i,j}}{\partial x} + \frac{\Delta x^2}{2!} \, \frac{\partial^2 f_{i,j}}{\partial x^2}$$

$$+ \frac{\Delta x^3}{3!} \, \frac{\partial^3 f_{i,j}}{\partial x^3} + \cdots + \infty \tag{2-12}$$

$$f(x + 2\Delta x,\ y) = f_{i,\,j} + 2\Delta x\,\frac{\partial f_{i,\,j}}{\partial x} + \frac{(2\Delta x)^2}{2!}\,\frac{\partial^2 f_{i,\,j}}{\partial x^2}$$

$$+ \frac{(2\Delta x)^3}{3!}\,\frac{\partial^3 f_{i,\,j}}{\partial x^3} + \cdots + \infty \tag{2-13}$$

식 (2-12)의 양변에 2를 곱한 다음 식 (2-13)을 **빼면**, 다음의 1차 정확도의 전진 차분 (forward difference)을 얻을 수 있다.

$$\frac{\partial^2 f_{i,\,j}}{\partial x^2} = \frac{f_{i+2,\,j} - 2\cdot f_{i+1,\,j} + f_{i,\,j}}{\Delta x^2} + O(\Delta x) \tag{2-14}$$

위와 같은 방법으로 $f(x - \Delta x,\ y)$와 $f(x - 2\Delta x, y)$에 대해 Taylor 급수를 전개하고, 이를 $\partial^2 f / \partial x^2$에 대하여 정리하면, 다음의 1차 정확도의 후퇴 차분(backward difference)을 얻을 수 있다.

$$\frac{\partial^2 f}{\partial x^2} = \frac{f_{i,\,j} - 2\cdot f_{i-1,\,j} + f_{i-2,\,j}}{\Delta x^2} + O(\Delta x) \tag{2-15}$$

여기서, 보다 높은 정확도를 갖는 유한 차분법을 다음의 식 (2-3)을 통해 고려해보자.

$$\frac{\partial f_{i,\,j}}{\partial x} = \frac{f_{i+1,\,j} - f_{i,\,j}}{\Delta x} - \frac{\Delta x}{2!}\frac{\partial^2 f_{i,\,j}}{\partial x^2} - \frac{\Delta x^2}{3!}\frac{\partial^3 f_{i,\,j}}{\partial x^3} - \cdots - \infty \tag{2-3}$$

앞에서 위의 식 우변 첫째 항만으로 $\partial f / \partial x$에 대한 1차 정확도를 갖는 전진 차분을 유도하였으나, 만약 우변 둘째 항의 $\partial^2 f / \partial x^2$ 혹은 셋째 항의 $\partial^3 f / \partial x^3$에 적당한 유한 차분법에 의한 식을 대입하면, 정확도가 상승하게 될 것이다. 실제로 식 (2-14)를 식 (2-3)의 우변 둘째 항에 대입하면,

$$\frac{\partial f_{i,\,j}}{\partial x} = \frac{f_{i+1,\,j} - f_{i,\,j}}{\Delta x} - \frac{\Delta x}{2!}\frac{f_{i+2,\,j} - 2f_{i+1,j} + f_{i,\,j}}{\Delta x^2} - \frac{\Delta x^2}{3!}\frac{\partial^3 f_{i,\,j}}{\partial x^3} - \cdots$$

$$= \frac{-f_{i+2,\,j} + 4f_{i+1,\,j} - 3f_{i,\,j}}{2\Delta x} + O(\Delta x^2) \tag{2-16}$$

이렇게 함으로써 $\partial f / \partial x$에 대한 2차의 정확도를 갖는 전진 차분이 유도된다. 동일한

방법으로 $\partial f / \partial x$에 대한 차의 정확도를 갖는 후퇴 차분을 유도하면 다음과 같다.

$$\frac{\partial f_{i,j}}{\partial x} = \frac{3f_{i,j} - 4f_{i-1,j} + f_{i-2,j}}{2\Delta x} + O(\Delta x^2) \tag{2-17}$$

이상과 같은 방법들을 이용하여 정리된 유한 차분법에 관한 내용은 다음과 같다.

$$\frac{\partial f}{\partial x} : (1) = \frac{f_{i+1,j} - f_{i,j}}{\Delta x} + O(\Delta x)$$

$$(2) = \frac{f_{i,j} - f_{i-1,j}}{\Delta x} + O(\Delta x)$$

$$(3) = \frac{f_{i+1,j} - f_{i-1,j}}{2\Delta x} + O(\Delta x^2)$$

$$(4) = \frac{-f_{i+2,j} + 4f_{i+1,j} - 3f_{i,j}}{2\Delta x} + O(\Delta x^2)$$

$$(5) = \frac{3f_{i,j} - 4f_{i-1,j} + f_{i-2,j}}{2\Delta x} + O(\Delta x^2)$$

$$(6) = \frac{-f_{i+2,j} + 8f_{i+1,j} - 8f_{i-1,j} + f_{i-2,j}}{12\Delta x} + O(\Delta x^4) \tag{2-18}$$

$$\frac{\partial^2 f}{\partial x^2} : (1) = \frac{f_{i+2,j} - 2f_{i+1,j} + f_{i,j}}{\Delta x^2} + O(\Delta x)$$

$$(2) = \frac{f_{i,j} - 2f_{i-1,j} + f_{i-2,j}}{\Delta x^2} + O(\Delta x)$$

$$(3) = \frac{f_{i+1,j} - 2f_{i,j} + f_{i-1,j}}{\Delta x^2} + O(\Delta x^2)$$

$$(4) = \frac{-f_{i+3,j} + 4f_{i+2,j} - 5f_{i+1,j} + 2f_{i,j}}{\Delta x^2} + O(\Delta x^2)$$

$$(5) = \frac{2f_{i,j} - 5f_{i-1,j} + 4f_{i-2,j} - f_{i-3,j}}{\Delta x^2} + O(\Delta x^2)$$

$$(6) = \frac{-f_{i+2,j} + 16f_{i+1,j} - 30f_{i,j} + 16f_{i-1,j} - f_{i-2,j}}{12\Delta x^2} + O(\Delta x^4) \tag{2-19}$$

$$\frac{\partial^3 f}{\partial x^3} : \ (1) = \frac{f_{i+3,\,j} - 3f_{i+2,\,j} + 3f_{i+1,\,j} - f_{i,j}}{2\,\Delta x} + O(\Delta x)$$

$$(2) = \frac{f_{i,j} - 3f_{i-1,\,j} + 3f_{i-2,\,j} - f_{i-3,\,j}}{2\,\Delta x} + O(\Delta x)$$

$$(3) = \frac{f_{i+2,\,j} - 2f_{i+1,\,j} + 2f_{i-1,\,j} - f_{i-2,\,j}}{2\,\Delta x^3} + O(\Delta x^2)$$

$$(4) = \frac{-\,3f_{i+4,\,j} + 14f_{i+3,\,j} - 24f_{i+2,\,j} + 18f_{i+1,\,j} - 5f_{i,\,j}}{2\,\Delta x^3} + O(\Delta x^2)$$

$$(5) = \frac{5f_{i,\,j} - 18f_{i-1,\,j} + 24f_{i-2,\,j} - 14f_{i-3,\,j} + 3f_{i-4,\,j}}{2\,\Delta x^3} + O(\Delta x^2)$$

$$(6) = \frac{-\,f_{i+3,\,j} + 8f_{i+2,\,j} - 13f_{i+1,\,j} + 13f_{i-1,\,j} - 8f_{i-2,\,j} + f_{i-3,\,j}}{8\,\Delta x^3}$$

$$+ \ O(\Delta x^4)$$

$$(2-20)$$

(1) 1차의 정확도를 갖는 전진 차분
(2) 1차의 정확도를 갖는 후퇴 차분
(3) 2차의 정확도를 갖는 중심 차분
(4) 2차의 정확도를 갖는 전진 차분
(5) 2차의 정확도를 갖는 후퇴 차분
(6) 4차의 정확도를 갖는 중심 차분

이상의 식들에서 유도되지 않은 것들도 있으나 앞에서 설명한 방법을 통해 쉽게 유도
할 수 있을 것이다.

다음으로 y에 대한 편미분 $\partial f/\partial y,\ \partial^2 f/\partial y^2,\ \partial^3 f/\partial y^3,\ \cdots$ 등에 대한 유한 차분법에
관하여 고려해 보자. 이들은 앞에서 유도한 $\partial f/\partial x,\ \partial^2 f/\partial x^2,\ \partial^3 f/\partial x^3,\ \cdots$의 x에 대
한 Taylor 급수 전개를 y에 대한 급수 전개로 바꿔주면 된다.

그리고 결과식 역시 위에 정리된 결과를 다음의 과정을 통해 치환하면 y에 대한 편미분
$\partial f/\partial y,\ \partial^2 f/\partial y^2,\ \partial^3 f/\partial y^3,\ \cdots$ 등에 대한 유한 차분식을 얻을 수 있다. 즉, $(i+1, j)$
$\rightarrow (i, j+1)$로, $(i-1,\ j) \rightarrow (i, j-1)$로, $\Delta x \rightarrow \Delta y$로 치환하면 된다.

예를 들어, $\partial f / \partial y$을 살펴보면 다음과 같다.

$$\frac{\partial f}{\partial x} = \frac{f_{i+1,\,j} - f_{i,\,j}}{\Delta x} + O(\Delta x) \rightarrow \frac{\partial f}{\partial y} = \frac{f_{i,\,j+1} - f_{i,\,j}}{\Delta y} + O(\Delta y) \qquad (2\text{-}21)$$

이상의 내용에서 보면 4차 정확도까지 나와 있으나, 실제 보통의 문제에서는 2차의 정확도를 가지는 유한 차분법이 많이 이용되고 있다.

끝으로 $\partial^2 f / \partial x\, \partial y$ 등과 같은 혼합된(mixed/cross) 도함수들의 유한 차분법에 대하여 살펴보자.

이들 또한 Taylor 급수 전개를 이용하여 $f_{i-1,\,j-1}$, $f_{i+1,\,j-1}$, $f_{i-1,\,j+1}$, $f_{i+1,\,j+1}$에 대해 급수 전개를 하여 $\partial^2 f / \partial x\, \partial y$에 대해 계산하면 유한 차분 근사화가 가능하지만,

$$f(x+\Delta x,\ y+\Delta y) \equiv f_{i+1,\,j+1} = f_{i,\,j} + \left(\Delta x\, \frac{\partial}{\partial x} + \Delta y\, \frac{\partial}{\partial y} \right) f_{i,\,j}$$

$$+ \frac{1}{2!} \left(\Delta x\, \frac{\partial}{\partial x} + \Delta y\, \frac{\partial}{\partial y} \right)^2 f_{i,\,j} + \cdots$$

$$+ \frac{1}{n!} \left(\Delta x\, \frac{\partial}{\partial x} + \Delta y\, \frac{\partial}{\partial y} \right)^n f_{i,\,j} + \cdots \qquad (2\text{-}22)$$

보다 쉬운 다른 방법을 고려해보자.

함수 f가 구분적 연속함수(piecewise continuous function)인 경우, 다음의 관계가 성립한다.

$$\frac{\partial}{\partial x}\left(\frac{\partial f}{\partial y} \right) = \frac{\partial}{\partial y}\left(\frac{\partial f}{\partial x} \right) \qquad (2\text{-}23)$$

여기서,

$$\partial f / \partial y \equiv A \qquad (2\text{-}24)$$

라고 하고, 앞에서 설명한 방법대로 중심 차분법을 이용하여 계산을 수행하면 식 (2-23)은 다음과 같다.

$$\frac{\partial}{\partial x}\left(\frac{\partial f}{\partial y} \right) = \frac{\partial A}{\partial x} = \frac{A_{i+1,\,j} - A_{i-1,\,j}}{2\,\Delta x} + O(\Delta x^2) \qquad (2\text{-}25)$$

여기서, $\partial f / \partial y \equiv A$이므로 이 정의를 식 (2-23)에 다시 대입하여 y방향으로도 중심 차분을 수행하면 다음의 결과를 얻을 것이다.

$$\frac{\partial}{\partial x}\left(\frac{\partial f}{\partial y}\right) = \frac{A_{i+1,\,j} - A_{i-1,\,j}}{2\,\Delta x} + O(\Delta x^2)$$

$$= \frac{\dfrac{\partial f_{i+1,\,j}}{\partial y} - \dfrac{\partial f_{i-1,\,j}}{\partial y}}{2\,\Delta x}$$

$$= \frac{\dfrac{f_{i+1,\,j+1} - f_{i+1,\,j-1}}{2\,\Delta y} - \dfrac{f_{i-1,\,j+1} - f_{i-1,\,j-1}}{2\,\Delta y}}{2\,\Delta x}$$

$$= \frac{f_{i+1,\,j+1} - f_{i+1,\,j-1} - f_{i-1,\,j+1} + f_{i-1,\,j-1}}{4\,\Delta x\,\Delta y} + O(\Delta x^2,\ \Delta y^2)$$

$$(2\text{--}26)$$

식 (2-26)의 중심 차분 대신에 만약 전진 차분을 이용한다면 다음과 같이 유도된다.

$$\frac{\partial}{\partial x}\left(\frac{\partial f}{\partial y}\right) = \frac{\dfrac{\partial f_{i+1,\,j}}{\partial y} - \dfrac{\partial f_{i,\,j}}{\partial y}}{\Delta x}$$

$$= \frac{\dfrac{f_{i+1,\,j+1} - f_{i+1,\,j}}{\Delta y} - \dfrac{f_{i,\,j+1} - f_{i,\,j}}{\Delta y}}{\Delta x}$$

$$= \frac{f_{i+1,\,j+1} - f_{i+1,\,j} - f_{i,\,j+1} + f_{i,\,j}}{\Delta x\,\Delta y} + O(\Delta x,\ \Delta y) \qquad (2\text{--}27)$$

같은 방법을 이용하여 후퇴 차분을 이용하면 다음과 같이 유도된다.

$$\frac{\partial}{\partial x}\left(\frac{\partial f}{\partial y}\right) = \frac{f_{i,\,j} - f_{i,\,j-1} - f_{i-1,\,j} + f_{i-1,\,j-1}}{\Delta x\,\Delta y} + O(\Delta x,\ \Delta y) \qquad (2\text{--}28)$$

또 다른 방법으로 x방향으로는 전진 차분을, y방향으로는 중심 차분을 이용하여 혼합 도함수를 유한 차분 형태로 표현할 수 있다.

$$\frac{\partial}{\partial x}\left(\frac{\partial f}{\partial y}\right) = \frac{\dfrac{\partial f_{i+1,\,j}}{\partial y} - \dfrac{\partial f_{i,\,j}}{\partial y}}{\Delta x}$$

$$= \frac{\dfrac{f_{i+1,\,j+1} - f_{i+1,\,j-1}}{2\,\Delta y} - \dfrac{f_{i,\,j+1} - f_{i,\,j-1}}{2\,\Delta y}}{\Delta x}$$

$$= \frac{f_{i+1,\,j+1} - f_{i+1,\,j-1} - f_{i,\,j+1} + f_{i,\,j-1}}{2\,\Delta x\,\Delta y} + O(\Delta x,\ \Delta y^2) \qquad (2\text{-}29)$$

이러한 방법을 활용하면 다양한 혼합 도함수들에 대한 여러 가지 유한 차분법이 이루어질 수 있을 것이다.

2-1 불규칙적인 격자 간격

앞에서 설명된 방법들은 모두 격자 간격이 일정할 때(uniform grid spacing)의 경우였으나, 여기서는 격자 간격이 일정하지 않은 경우(non-uniform grid spacing)에 대하여 살펴보고자 한다.

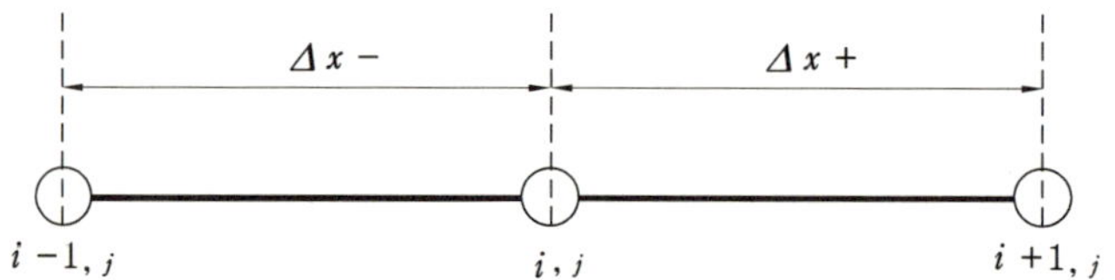

[그림 2-3] 격자 간격이 일정하지 않을 때의 격자 간 거리 정의

[그림 2-3]에서와 같이 $\Delta x + = x_{i+1,\,j} - x_{i,\,j}$, $\Delta x - = x_{i,\,j} - x_{i-1,\,j}$라 하면, $f_{i+1,\,j}$와 $f_{i-1,\,j}$를 $f_{i,\,j}$에 대하여 Taylor 급수 전개하면 다음과 같다.

$$f_{i+1,\,j} = f_{i,\,j} + \alpha \cdot (\Delta x-)\frac{\partial f}{\partial x} + \frac{(\alpha \cdot \Delta x-)^2}{2!}\frac{\partial^2 f}{\partial x^2} + \frac{(\alpha \cdot \Delta x-)^3}{3!}\frac{\partial^3 f}{\partial x^3} + \cdots$$

$$(2\text{-}30)$$

$$f_{i-1,\,j} = f_{i,\,j} - (\Delta x-)\frac{\partial f}{\partial x} + \frac{(\Delta x-)^2}{2!}\frac{\partial^2 f}{\partial x^2} - \frac{(\Delta x-)^3}{3!}\frac{\partial^3 f}{\partial x^3} + \cdots \qquad (2\text{-}31)$$

여기서, $\alpha = \dfrac{\Delta x+}{\Delta x-}$을 의미한다.

식 (2-30)의 양변에 a를 곱하고 식 (2-31)의 양변에 b를 곱하여 서로 더하면,

$$a f_{i+1,\,j} + b f_{i-1,\,j} = (a+b) f_{i,j} + (a\alpha - b)\cdot(\Delta x-)\frac{\partial f}{\partial x}$$

$$+ (a\alpha^2 + b)\frac{(\alpha\cdot\Delta x-)^2}{2!}\frac{\partial^2 f}{\partial x^2}$$

$$+ O\big([a\alpha^3 - b]\,\Delta x^2 + [a\alpha^4 + b]\,\Delta x^4\big) \tag{2-32}$$

식 (2-32)에서 $\partial f/\partial x$에 대한 유한 차분법을 계산하기 위해 식 (2-32)의 우변에서 $\partial f/\partial x$의 (   ) 내의 계수는 1이 되어야 하며 $\partial^2 f/\partial x^2$의 (   ) 내의 계수는 영(0)이 되어야 한다. 즉,

$$a\alpha - b = 1 \tag{2-33}$$

$$a\alpha^2 + b = 0$$

식 (2-33)의 연립방정식을 풀면,

$$a = \frac{1}{\alpha\,(\alpha+1)}, \quad b = -\frac{\alpha}{(\alpha+1)} \tag{2-34}$$

이다.

즉, $\partial f/\partial x$는 다음의 식으로 계산됨을 알 수 있다.

$$\frac{\partial f}{\partial x} = \frac{a\times Eq\cdot(D-30) + b\times Eq\cdot(D-31)}{\Delta x-} + O(\Delta x^2) \tag{2-35}$$

이것을 정리하여 나타내면,

$$\frac{\partial f}{\partial x} = \frac{f_{i+1,j} + (\alpha^2 - 1)\cdot f_{i,j} - \alpha^2\cdot f_{i-1,j}}{\alpha\,(\alpha+1)\cdot\Delta x-} + O(\Delta x^2) \tag{2-36}$$

이 결과식은 격자 간격이 일정하지 않을 때의 2차 정확도를 가지는 중심 차분으로써 만약 $\alpha = 1$이면, 식 (2-6)이 됨을 알 수 있다. 다음으로 $\partial^2 f/\partial x^2$에 대한 유한 차분법은

$$a\alpha - b = 0 \tag{2-37}$$

$$a\alpha^2 + b = 1$$

이 되어야 하고, 식 (2-37)의 연립방정식을 풀면,

$$a = \frac{1}{\alpha\,(\alpha+1)}, \; b = \frac{1}{(\alpha+1)} \tag{2-38}$$

이다. 다음은 앞의 방법과 동일하게 진행하면 된다.

2-2 오 차

다음의 비정상 상태의 1차원 열전도에 관한 편미분방정식을 고려하자.

$$\frac{\partial f}{\partial t} = \alpha \cdot \frac{\partial^2 f}{\partial x^2} \tag{2-39}$$

이 식의 시간에 대한 미분(time derivative)항에는 전진 차분을 그리고 공간에 대한 미분(spatial derivative)항에는 중심 차분을 적용하여 식 (2-39)를 유한 차분화시키면,

$$\frac{f_i^{\,n+1} - f_i^{\,n}}{\Delta t} = \alpha \frac{f_{i+1}^{\,n} - 2f_i^{\,n} + f_{i-1}^{\,n}}{\Delta x^2} \tag{2-40}$$

이 된다. 이러한 유한 차분법을 FTCS(Forward Time & Central Space) Scheme이라고 부르며, 이러한 방법에 의해 유도된 식 (2-40)을 유한 차분방정식(FDE : finite-difference equation)이라 부른다. 앞에서 전진 차분, 중심 차분의 절단 오차에 대하여 설명되었지만, 다시 한 번 식 (2-39)에 대한 식 (2-40)의 오차에 대해 생각해 보자.

수치 해석에서는 식 (2-39)을 직접 계산하는 것이 아니라 식 (2-40)을 계산한다는 것이고, 이때 식 (2-40)은 식 (2-39)에 비해 다음에서 설명되는 오차를 가지고 있다는 것이다. 즉, 수치 해석에서는 엄밀해(exact solution)를 구하는 것이 아니고, 얼마만큼의 오차를 가지고 있는 근사해(approximate solution)를 구하고 있다는 것이다. 이들 오차에는 절단 오차(truncation error)와 round-off error의 두 종류가 있는데, 우선 절단 오차에 대하여 살펴보자.

(1) Truncation Error

truncation error는 [PDE − FDE]를 의미하는 것으로 식 (2-39)와 식 (2-40)에 대해 적용시켜 보기 위해 식 (2-40)의 $f_i^{\,n+1}$, $f_{i+1}^{\,n}$, $f_{i-1}^{\,n}$을 $f_i^{\,n}$에 대해 Taylor 급수 전개를 하면,

$$f_i^{\,n+1} = f_i^{\,n} + \Delta t \frac{\partial f_i^{\,n}}{\partial t} + \frac{\Delta t^2}{2!} \frac{\partial^2 f_i^{\,n}}{\partial t^2} + \frac{\Delta t^3}{3!} \frac{\partial^3 f_i^{\,n}}{\partial t^3} + \cdots$$

$$f_{i+1}^{\,n} = f_i^{\,n} + \Delta t \frac{\partial f_i^{\,n}}{\partial t} + \frac{\Delta t^2}{2!} \frac{\partial^2 f_i^{\,n}}{\partial t^2} + \frac{\Delta t^3}{3!} \frac{\partial^3 f_i^{\,n}}{\partial t^3} + \cdots$$

$$f_{i-1}^{\,n} = f_i^{\,n} - \Delta t \frac{\partial f_i^{\,n}}{\partial t} + \frac{\Delta t^2}{2!} \frac{\partial^2 f_i^{\,n}}{\partial t^2} - \frac{\Delta t^3}{3!} \frac{\partial^3 f_i^{\,n}}{\partial t^3} + \cdots \tag{2-41}$$

식 (2-41)을 식 (2-40)의 각 해당 항에 대입한 후, 이를 정리하면,

$$\frac{\partial f}{\partial t} + \frac{\Delta t}{2!}\frac{\partial^2 f}{\partial t^2} + \frac{\Delta t^2}{3!}\frac{\partial^3 f}{\partial t^3} + \cdots$$

$$= \alpha \left(\frac{\partial^2 f}{\partial x^2} + \frac{2\Delta x^2}{4!}\frac{\partial^4 f}{\partial x^4} + \frac{2\Delta x^4}{6!}\frac{\partial^6 f}{\partial x^6} + \cdots \right) \tag{2-42}$$

즉,

$$\frac{\partial f}{\partial t} = \alpha\frac{\partial^2 f}{\partial x^2} + \alpha \left(\frac{2\Delta x^2}{4!}\frac{\partial^4 f}{\partial x^4} + \frac{2\Delta x^4}{6!}\frac{\partial^6 f}{\partial x^6} + \cdots \right)$$

$$- \left(\frac{\Delta t}{2!}\frac{\partial^2 f}{\partial t^2} + \frac{\Delta t^2}{3!}\frac{\partial^3 f}{\partial t^3} + \cdots \right) \tag{2-43}$$

다시 말해 FDE인 식 (2-40)은 실제 지배방정식(PDE)인 식 (2-39)에 비해 식 (2-43)의 우변의 절단 오차에 해당하는 오차 항들을 포함한 채 계산하고 있음을 의미하며, 이 오차의 차수(order)는 $O(\Delta t,\ \Delta x^2)$임을 알 수 있다.

그리고 이들의 차수는 시간에 대한 미분항에 1차의 정확도를 가지고 근사화하는 전진 차분과 공간에 대한 미분항에 2차의 정확도로 근사화하는 중심 차분의 차수와 각각 동일하다.

그리고 이때 식 (2-43)을 우리는 식 (2-40)에 대한 수정방정식(modified equation)이라고 부른다. 그리고 식 (2-43)은 Δt와 Δx가 작을수록 절단 오차값이 작아짐을 의미하고, Δt와 Δx 모두 1/2로 작아지면 시간에 대한 오차는 약 반으로 줄며 공간에 대한 오차는 1/4으로 줄어듦을 의미한다.

(2) Round-off Error

round-off error는 컴퓨터의 계산 능력에 따라 발생되는 오차로, 컴퓨터가 어떤 유한한 자릿수의 유효숫자만으로 계산함으로써 발생하는 오차를 의미한다.

그러므로 절단 오차가 수치 해석에서 채택하고 있는 기법(scheme)에 따라 변화하는 오차인데 비해, round-off error는 컴퓨터 자체가 가지는 오차로써 컴퓨터의 능력(유효숫자 몇 째 자리까지 계산할 수 있는 컴퓨터 기종인가)에 따라 변화되는 오차이다.

[그림 2-2]에서 보았듯이, 전체 오차는 Δt와 Δx 등을 작게 할수록 절단 오차가 감소하여 전체 오차가 감소하나, 이를 너무 작게 하면 round-off error에 의한 오차가 다시 증가하는 것을 볼 수 있다.

2-3 Stability

어떤 수치 해석 방법이 안정(stable)하다는 것은 truncation error, round-off error, 실수에 의한 오차 등 어떤 원인에 의한 오차이든지 간에 계산이 진행됨에 따라 이들 오차가 한 번 앞의 시간 스텝에서 계산했을 때의 오차에 비해 현재 시간 스텝에서 계산에서의 오차가 증가하지 않는다는 것을 의미하는 것으로, 엄밀하게 이야기하면 stability는 marching problem인 포물선형과 쌍곡선형의 PDE에 국한되는 이야기지만, 타원형의 PDE에도 반복 계산 레벨(iteration level)에 대해 성립이 될 수 있다.

FTCS 기법에 의한 식 (2-44)의 stability analysis에 의하면 다음의 조건이 만족되어야만 식 (2-40)은 안정하다.

$$d \equiv \frac{\alpha \, \Delta t}{\Delta x^2} \leq 1/2 \tag{2-44}$$

이 조건을 만족하지 않는 식 (2-40)은 어떤 결과를 나타내는지를 알아보기 위해 [그림 2-4]의 $L = 10\text{m}$인 1차원 평면벽(재질 : 순철)의 초기온도가 $0\,℃$, $t = 0$에서 양 벽면의 온도가 갑자기 $100\,℃$로 변하였다. 이때 중앙면 $x = L/2$에서의 온도가 시간에 따라 어떻게 변하는지를 계산하는 문제를 생각해보자. 이 문제의 지배방정식은 식 (2-39)이며, 이때 함수 f는 온도를 의미하게 된다. 식 (2-39)가 포물선형의 PDE이므로 이를 풀기위해서는 다음의 초기조건과 경계조건이 필요하다.

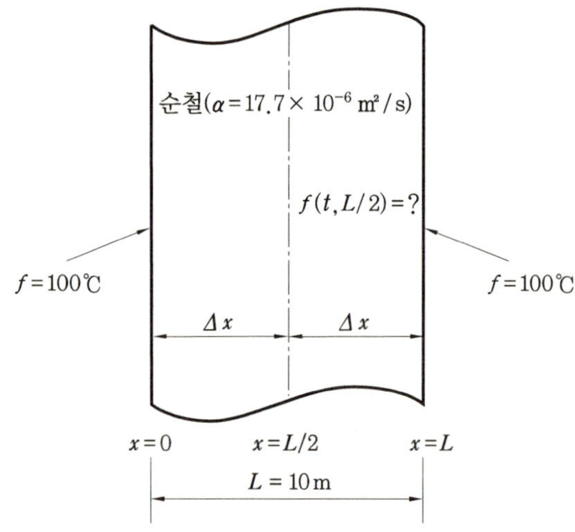

[그림 2-4] 1차원 비정상상태 열전도 문제

초기조건 : $f(0, x) = 0 \ ℃$

경계조건 : $f(t, 0) = 100℃, \ f(t, L) = 100℃$ (2-45)

계산과정을 눈으로 확인하기 위해 격자 구성은 L을 단지 2등분한다고 가정한다. 즉, $\Delta x = 5\,\mathrm{m}$이다.

FTCS 방법에 의한 식 (2-39)의 유한 차분법은 식 (2-40)과 같으며, 식 (2-40)은 다음과 같이 정리된다.

$$f_i^{\,n+1} = d \cdot (f_{i+1}^n + f_{i-1}^n) + (1 - 2d) \cdot f_i^n \tag{2-46}$$

이때 본 격자 구성에 의해 $\Delta x = 5\,\mathrm{m}$, $\alpha = 17.7 \times 10^{-6}\,\mathrm{m^2/s}$, 매 1.5×10^6초마다 계산을 한다고 가정하면, 이때의 $d = 1.062$로써 안정 조건(stability condition)인 식 (2-44)을 벗어나 있으므로 식 (2-46)은 불안정해야 할 것이다.

식 (2-46)의 $f_1^n = f_3^n = 100℃$의 경계조건을 대입하고, $f_2^{\,n=0} = 0℃$의 초기조건을 대입하여 f_2^1의 중앙에서의 온도를 계산하면 다음과 같다.

$$f_2^1 = 1.062 \cdot (f_3^0 + f_1^0) + (1 - 2 \cdot 1.062) \cdot f_2^0$$

$$= 212.4℃ \tag{2-47}$$

다음으로 f_2^2는

$$f_2^2 = 1.062 \cdot (f_3^1 + f_1^1) + (1 - 2 \cdot 1.062) \cdot f_2^1$$

$$= -26.34℃ \tag{2-48}$$

이런 수치 계산 결과들이 물리적으로 발생할 수 있는 현상인가에 대해 생각해보자. 초기에 $0℃$인 물체의 양 벽면이 $100℃$로 갑자기 변하여 이 온도로 계속 유지되고 있으면 내부 온도는 양 벽면 근처에서부터 온도가 상승하기 시작하여 궁극적으로는 정상상태의 온도인 $100℃$까지 상승하게 될 것이고, 결코 $100℃$ 이상의 온도는 될 수 없으며, 초기온도인 $0℃$ 이하로도 결코 하강할 수 없으므로 본 수치 계산에 의해 얻어진 $212.4℃$와 $-26.34℃$의 온도는 절대 물리적으로 발생될 수 있는 현상이 아님을 의미한다.

즉, 안정 조건(stability condition)을 벗어난 계산은 매우 큰 오차를 갖는 계산 결과를 제공하거나, 절대 물리적으로 발생할 수 없는 현상을 제공해 줄 수 있으므로 안정 조건(stability condition)이 얼마나 중요한가를 알 수 있다.

수치 해석을 할 경우 안정 조건(stability condition)은 반드시 만족되어야 한다. 따라서, 본 예제에서는 $\Delta x = 5\,\mathrm{m}$인 격자 구성에서 식 (2-44)를 만족하기 위한 Δt는 식 (2-44)을 이용하여 다음을 만족해야 한다.

$$\frac{\alpha \, \Delta t}{\Delta x^2} \leq 1/2 \qquad (2\text{-}49)$$

$$\Delta t \leq \frac{\Delta x^2}{2 \cdot \alpha} \leq 7.6214 \ \text{sec}$$

정리하면, Δt는 706214초 보다 작아야 물리적으로 합당한 계산 결과가 얻어지며, 이 때의 계산 결과는 당연히 매우 낮은 정확도를 갖는다는 것을 유추할 수 있을 것이다. 만약 Δt를 706214초의 반인 353107초로 하면 오차가 약 반으로 줄어들 수 있을 것이라는 것을 예측할 수 있다.

이는 FTCS 방법에 의한 식 (2-40)의 정확도는 식 (2-43)에서 보듯이 시간에 대해 $O(\Delta t)$의 차수(order)를 가지고 있기 때문이다. 이렇게 하여 Δt는 식 (2-44)를 반드시 만족함과 동시에 수치 계산 결과가 충분히 작은 오차를 가지고 있어 그 결과가 공학적으로 널리 사용될 수 있도록 Δt를 결정해야 된다.

2-4　Convergence

수렴(convergence)이란 Δt, Δx 등의 step size를 영(0)으로 가져감에 따라 FDE의 해가 꼭 같은 초기/경계조건을 이용하여 구한 PDE의 엄밀해(exact solution)에 근접해 감을 의미하는 것으로, 다음의 Lax의 등가정리에 의해 FDE가 수렴에 도달하기 위한 필요충분조건을 알 수 있다.

(1) Lax의 등가정리(Lax's Equivalence Theorem)

주어진 초기조건(Initial Condition ; I.C., 쌍곡선형 PDE) 문제에서 I.C.가 well-posed 되어 있을 때, consistency를 만족하는 FDE가 수렴되기 위한 필요충분조건은 stability 식 (2-49)을 만족하는 것이다.

이 Lax의 등가정리는 쌍곡선형의 PDE와 포물선형의 PDE도 같은 time marching 방법이므로 성립되며, 타원형의 PDE 역시 반복 계산을 수행하고 있을 때 각 반복 계산 레벨(iteration level)을 pseudo-time level로 생각할 수 있으므로 Lax의 등가정리가 그대로 성립될 수 있다.

3. 열전도 해석

제1장에서 수치 해석 전반에 걸친 내용을 살펴보았으며, 그 내용을 바탕으로 건축 환경 공학에서 많이 다루는 열전도 문제에 관한 수치 해석에 대하여 살펴보도록 한다.

3-1 비정상 1차원 열전도

앞의 제1장에서 1차원 비정상상태 열전도 문제에 대한 이산화방정식을 유도하였다. 그 내용을 요약하여 살펴보면 다음과 같다.

$$\rho c \frac{\partial T}{\partial t} = \frac{\partial}{\partial x}\left(k \frac{\partial T}{\partial x}\right) \tag{3-1}$$

$$\frac{\partial T}{\partial t} = \alpha \left(\frac{\partial^2 T}{\partial x^2}\right) \tag{3-2}$$

여기서, $\alpha = k/\rho c$이다.

식 (3-1)을 시간 t, 공간 x에 대하여 적분하면,

$$\int \rho c \frac{\partial T}{\partial t} dx = \int \frac{\partial}{\partial x}\left(k \frac{\partial T}{\partial x}\right) dx \tag{3-3}$$

$$\Delta x \rho c \frac{\partial T}{\partial t} = \left[k \frac{\partial T}{\partial x}\right]_w^e = \left(k \frac{\partial T}{\partial x}\right)_e - \left(k \frac{\partial T}{\partial x}\right)_w$$

$$= k \frac{T_{i+1} - T_i}{\Delta x} - k \frac{T_i - T_{i-1}}{\Delta x} = k \frac{T_{i+1} - 2T_i + T_{i-1}}{\Delta x} \tag{3-4}$$

여기서, 좌변의 $\Delta x \rho c$를 우변으로 이항한 다음, $\alpha \dfrac{T_{i+1} - 2T_i + T_{i-1}}{\Delta x^2} = f$ 라고 하자.

확산방정식을 이산화하는 방법은 크게 나누어 다음과 같이 3가지 방법이 있다.

1. 시간적 전진 Euler법(양해법)

이 방법을 이용하면, 식 (3-4)는 다음과 같이 표현된다.

$$\frac{\partial T}{\partial t} = f(T^n) \tag{3-5}$$

이 방정식의 해는 시간에 대하여 1차 정밀도, 공간에 대하여 2차 정밀도를 갖는다.

$$\frac{T_i^{\,n+1} - T_i^{\,n}}{\Delta t} = \alpha \, \frac{T_{i+1}^n - 2\,T_i^n + T_{i-1}^n}{\Delta x^2} \tag{3-6}$$

$$T_i^{\,n+1} = d\,T_{i+1}^n + (1 - 2d)\,T_i^n + d\,T_{i-1}^n \tag{3-7}$$

$$d = \alpha \, \frac{\Delta t}{\Delta x^2} = \frac{k}{\rho\,c} \, \frac{\Delta t}{\Delta x^2} \tag{3-8}$$

여기서, d는 확산수이며, 안정 조건은 $d \leq 1/2$이다.

확산방정식을 양해법으로 시간 전진하는 경우, 확산수는 0.5 이하가 아니면 안된다.

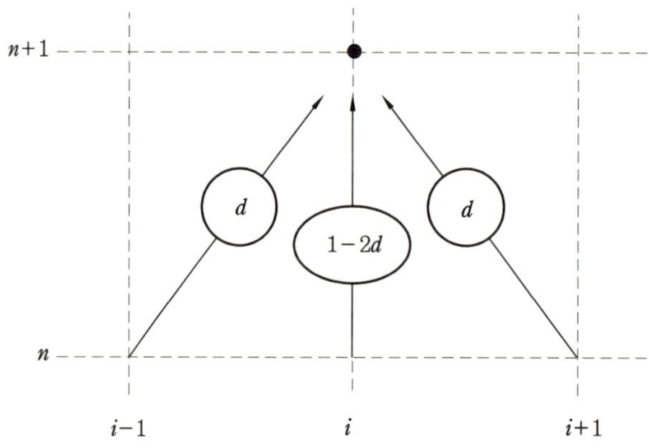

[그림 3-1] 확산 문제의 전진 Euler법

2. 시간적 후퇴 Euler법(음해법)

이 방법을 이용하면, 식 (3-5)는 다음과 같이 표현된다.

$$\frac{\partial T}{\partial t} = f(T^{n+1}) \tag{3-9}$$

이 방정식의 해는 시간에 대하여 1차 정밀도, 공간에 대하여 2차 정밀도를 갖는다.

$$\frac{T_i^{n+1} - T_i^{n}}{\Delta t} = \alpha \frac{T_{i+1}^{n+1} - 2\,T_i^{n+1} + T_{i-1}^{n+1}}{\Delta x^2} \tag{3-10}$$

$$\left(\frac{\Delta x\,\rho c}{\Delta t} + \frac{2k}{\Delta x}\right)T_i^{n+1} = \left(\frac{k}{\Delta x}\right)T_{i+1}^{n+1} + \left(\frac{k}{\Delta x}\right)T_{i-1}^{n+1} + \left(\frac{\Delta x\,\rho c}{\Delta t}\right)T_i^{n} \tag{3-11}$$

$$a_i \cdot T_i^{n+1} = b_i \cdot T_{i+1}^{n+1} + c_i \cdot T_{i-1}^{n+1} + d_i \tag{3-12}$$

여기서, 식 (3-11)의 양변에 $\dfrac{\Delta t}{c\,\rho}\dfrac{1}{\Delta x}$를 곱한 후, 식 (3-8)의 확산수를 이용하여 정리
하면,

$$(1 + 2d)\,T_i^{n+1} = d\,T_{i+1}^{n+1} + (1 - 2d)\,T_{i-1}^{n+1} + T_i^{n} \tag{3-13}$$

이 되며, 식 (3-12)와 비교하여 대응 관계를 찾을 수 있을 것이다.

음해법은 연립방정식을 푸는 것에 의해 해를 계산할 수 있으며, 일반적으로 3중 대각
행렬(TDMA)를 이용한다.

식 (3-13)의 TDMA 형식은 다음과 같다.

$$\begin{bmatrix} 1+2d & -d & & & \\ -d & 1+2d & -d & & \\ & & \cdots & & \\ & & -d & 1+2d & -d \\ & & & -d & 1+2d \end{bmatrix} \begin{bmatrix} T_1^{\,n+1} \\ T_2^{\,n+1} \\ \cdots \\ T_{N-1}^{n+1} \\ T_N^{n+1} \end{bmatrix} = \begin{bmatrix} T_1^{\,n} + d\,T_0^{\,n+1} \\ T_2^{\,n} \\ \cdots \\ T_{N-1}^{n} \\ T_N^{n} + d\,T_{N+1}^{n+1} \end{bmatrix}$$

[그림 3-2] 확산 문제의 후퇴 Euler의 TDMA

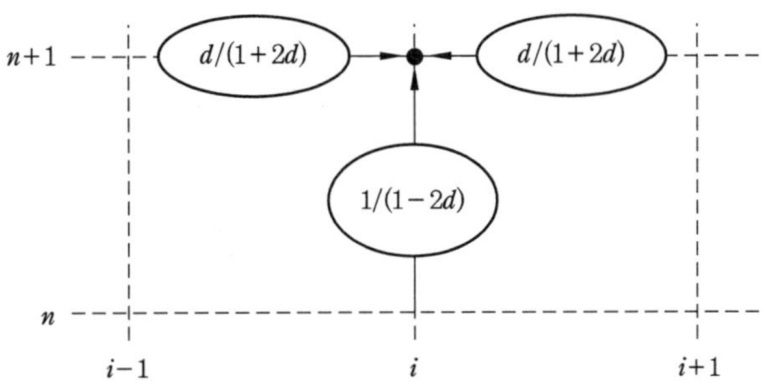

[그림 3-3] 확산 문제의 후퇴 Euler법

3. 시간적 후퇴 C-N법

이 방법을 이용하면, 식 (3-5)는 다음과 같이 표현된다.

$$\frac{\partial T}{\partial t} = \frac{1}{2} f \left(T^{n+1} + T^n \right) \tag{3-14}$$

식 (3-14)의 해는 시간, 공간 모두에 대하여 2차 정밀도를 가지며, 확산수의 제한을 받지 않는 매우 안정적인 해석 방법이다.

$$\int \Delta x \, \rho c \, \frac{\partial T}{\partial t} \, dt = \frac{1}{2} \left(f^{n+1} + f^n \right)$$

$$= \frac{k}{2} \frac{T_{i+1}^{n+1} - 2 T_i^{n+1} + T_{i-1}^{n+1}}{\Delta x} + \frac{k}{2} \frac{T_{i+1}^n - 2 T_i^n + T_{i-1}^n}{\Delta x} \tag{3-15}$$

$$\left(\frac{\Delta x \, \rho c}{\Delta t} + \frac{2k}{\Delta x} \right) T_i^{n+1} = \left(\frac{k}{2 \Delta x} \right) T_{i+1}^{n+1} + \left(\frac{k}{2 \Delta x} \right) T_{i-1}^{n+1}$$

$$+ \left(\frac{\Delta x \, \rho c}{\Delta t} \, T_i^n + \frac{k}{2} \frac{T_{i+1}^n - 2 T_i^n + T_{i-1}^n}{\Delta x} \right) \tag{3-16}$$

여기서, 식 (3-16)의 양변에 $\dfrac{\Delta t}{c \rho} \dfrac{1}{\Delta x}$를 곱한 후, 식 (3-8)의 확산수를 이용하여 정리하면,

$$(1 + d) \, T_i^{n+1} = \frac{d}{2} T_{i+1}^{n+1} + \frac{d}{2} T_{i-1}^{n+1} + T_i^n + \frac{d}{2} \left(T_{i+1}^n - 2 T_i^n + T_{i-1}^n \right) \tag{3-17}$$

이 된다.

양변에 2를 곱하고 정리하면,

$$(2 + 2d) \, T_i^{n+1} = d \, T_{i+1}^{n+1} + d \, T_{i-1}^{n+1} + 2 T_i^n + d \left(T_{i+1}^n - 2 T_i^n + T_{i-1}^n \right)$$

$$(2 + 2d) \, T_i^{n+1} = d \, T_{i+1}^{n+1} + d \, T_{i-1}^{n+1} + \left[(2 - 2d) \, T_i^n - d \, T_{i+1}^n + d \, T_{i-1}^n \right] \tag{3-18}$$

식 (3-18)은 음해법과 같이 식 (3-12)와 같은 형태로 표현할 수 있다.

$$a_i \cdot T_i^{n+1} = b_i \cdot T_{i+1}^{n+1} + c_i \cdot T_{i-1}^{n+1} + d_i \tag{3-12}$$

식 (3-12)는 TDMA 형식을 나타내는 것이므로, [그림 3-2]와 유사한 형태로 이것을 표현하면 다음과 같다.

$$\begin{bmatrix} 2+2d & -d & & & \\ -d & 2+2d & -d & & \\ & \cdots & & & \\ & & -d & 2+2d & -d \\ & & & -d & 2+2d \end{bmatrix} \begin{bmatrix} T_1^{n+1} \\ T_2^{n+1} \\ \cdots \\ T_{N-1}^{n+1} \\ T_N^{n+1} \end{bmatrix} = \begin{bmatrix} 2\,T_1^n + d(T_2^n - 2T_1^n + T_0^n) + dT_0^{n+1} \\ 2\,T_2^n + d(T_3^n - 2T_2^n + T_1^n) \\ \cdots \\ 2\,T_{N-1}^n + d(T_N^n - 2T_{N-1}^n + T_{N-2}^n) \\ 2\,T_N^n + d(T_{N+1}^n - 2T_N^n + T_{N-1}^n) + d\,T_{N+1}^{n+1} \end{bmatrix}$$

[그림 3-4] 확산 문제의 후퇴 Euler의 TDMA

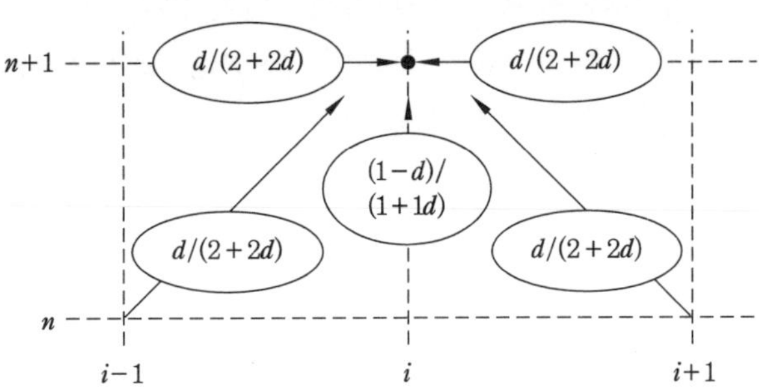

[그림 3-5] 확산 문제의 후퇴 C-N법

3-2   차분법의 종류

앞에서 3-1절에서 소개한 것과 같이 차분법은 크게 3가지 종류가 있으며, 이를 정리한 것이 〈표 3-1〉이다. 또한, 세 종류의 계산 방법에 있어서의 온도의 시간 변화의 그래프는 [그림 3-6]과 같다.

〈표 3-1〉 세 종류의 계산 방법

전진 차분 (양해법)	$\dfrac{\partial \phi}{\partial t} = f_{old}, \quad \Delta t \leq \dfrac{\Delta x^2 \rho c}{2k}$
후퇴 차분 (음해법)	$\dfrac{\partial \phi}{\partial t} = f_{new}$
Crank-Nicholson법	$\dfrac{\partial \phi}{\partial t} = \dfrac{f_{new} + f_{old}}{2}$

[그림 3-6]으로부터 전진 차분법은 시간 $t + \Delta t$을 제외하는 시간폭 Δt의 전역에서 과거의 값으로부터 미래의 값을 이끌고 있기 때문에 과거의 값 T_{P0}가 지배하고 있는 것으로 간주할 수 있다. 전진 차분법은 $t + \Delta t$의 값을 계산할 때에 미지의 값을 해법으로 쓰지 않기 때문에 식의 형식이나 계산이 비교적 단순하게 끝나지만, 해법 조건식이 있어 이것을 만족하지 않으면, 해가 물리적으로 존재하지 않을 위험성이 있다.

후퇴 차분법은 시간에 있어서 T_P가 T_{P0}부터 T_{P1}로 급격히 변화하여, 그 후 시간폭 Δt 전역에 걸쳐 T_{P1}을 유지하고 있다. 그리고 Crank–Nicholson법은 시간적으로 과거와 미래의 양쪽으로부터 영향을 받고 있기 때문에, 다른 2개의 차분법과 비교하여 해가 안정하고 있다. 또한, 전진 차분법, 후퇴 차분법, C–N법 모두는 시간폭 Δt의 값을 작게 하면 할수록 그 해가 엄밀해에 근사하게 된다.

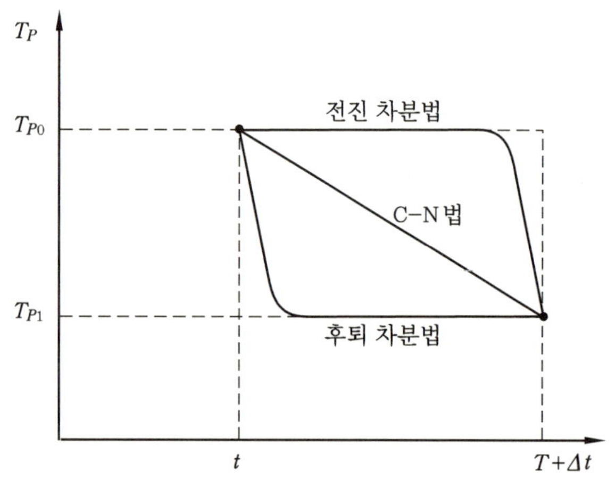

[그림 3-6] 세 종류의 계산 방법에 있어서의 온도의 시간 변화

3-3 TDMA(Tri-Diagonal Matrix Algorithm)

일차원 문제에 있어 이산화방정식은 표준 Gauss 소거법에 의해서 계산된다. 방정식이 특히 간단한 형을 하고 있기 때문에 그 소거과정은 대단히 간단한 알고리즘으로 된다. 이것은 Thomas Algorithm 또는 TDMA라고 불린다. TDMA의 명칭은 방정식군의 계수 matrix를 썼을 때, 비 zero 계수가 행렬의 세 개의 대각선상에 나란한 것으로부터 연유되었다.

이산화방정식은 $i = 0, 1, 2, \cdots, N$에 대하여 식 (3-12)와 같은 형태로 쓸 수 있다.

$$a_i \cdot T_i = b_i \cdot T_{i+1} + c_i \cdot T_{i-1} + d_i \tag{3-19}$$

식 (3-19)에서 볼 수 있듯이, 온도 T_i는 인접하는 온도 T_{i+1}과 T_{i-1}에 관계한다. 그리고 경계점에서의 방정식이 특수한 형이라고 하면,

$$c_1 = 0 \text{ 또는 } b_N = 0 \tag{3-20}$$

이 된다.

T_0와 T_{N+1}은 조금도 의미있는 역학을 갖지 못하는 상술의 제약조건에 지나지 않으며, 일반적으로 T_1과 T_2의 항으로 표시되는 것으로 된다. $i = 2$에 있어서의 방정식은 T_1, T_2, T_3 사이의 관계를 나타내고 있지만, T_1과 T_2의 항으로 표시되어 있으므로, 결국 T_2, T_3으로 표현된다.

이러한 과정은 T_N이 T_{N+1}로 나타낼 수 있을 때까지 반복된다. 그러나 T_{N+1}이 의미가 없는 존재이기 때문에 실제로는 그 단계에서 T_N이 얻어진다. 이것에 의해서 '후퇴대입'이 가능해지고, 요컨대 T_{N-1}가 T_N에 의해, T_{N_2}가 T_{N-1}에 의해 그리고 T_1이 T_2에 의해 요청된다.

예를 들면,
$i = 0$에 의해

$$a_0 T_0 = b_0 T_1 + d_0 \tag{3-21}$$

$i = 1$에 의해

$$a_1 T_1 = b_1 T_2 + c_1 T_0 + d_1 \tag{3-22}$$

여기서, 식 (3-21)과 식 (3-22)로부터 T_0를 소거하면,

$a_1 T_1 = b_1 T_2 + c_1 \left(\dfrac{b_0}{a_0} T_1 + \dfrac{d_0}{a_0} \right) + d_1$이 되며, 이를 정리하면 다음과 같다.

$$\left(a_1 - c_1 \frac{b_0}{a_0} \right) T_1 = b_1 T_2 + \left(d_1 + c_1 \frac{b_0}{a_0} \right) \tag{3-23}$$

여기서, $a_1 - c_1 \dfrac{b_0}{a_0} = p_0$, $b_1 = q_1$, $d_1 + c_1 \dfrac{b_0}{a_0} = r_1$로 놓으면,

$$p_1 T_1 = q_1 T_2 + r_1 \tag{3-24}$$

$i = 2$에 의해

$$a_2 T_2 = b_2 T_3 + c_2 \left(\frac{q_1}{p_1} T_2 + \frac{r_1}{p_1} \right) + d_2 \tag{3-25}$$

식 (3-25)에 식 (3-23)을 대입하여 T_1을 소거하면,

$$\left(a_2 - c_2 \frac{q_1}{p_1} \right) T_2 = b_2 T_3 + \left(d_2 + c_2 \frac{r_1}{p_1} \right) \tag{3-26}$$

$$p_2 T_2 = q_2 T_3 + r_2 \tag{3-27}$$

식 (3-24)와 식 (3-27)을 통해 일반화시키면 다음과 같다.

$$p_i T_i = q_i T_{i+1} + r_i \tag{3-28}$$

즉,

$$p_i = a_i - c_i \frac{q_{i-1}}{p_{i-1}} \tag{3-29}$$

$$q_i = b_i \tag{3-30}$$

$$r_i = d_i + c_i \frac{r_{i-1}}{p_{i-1}} \tag{3-31}$$

이상과 같이 계산을 하면, TDMA의 계산이 된다.

3-4 Fortran Programs

1. 양해법(Explicity Method)

양해법을 이용하여 Fortran 프로그램을 작성해보도록 한다.

벽체는 두께가 $0.12\,\text{m}$이고, 5개의 포인트로 나누어 온도를 계산하며, 외벽의 온도는 $40\,℃$, 내벽의 온도는 $10\,℃$라고 가정한다. 그리고 벽체의 재료는 물성값은 열전도율은 $1.4\,\text{W/m}\cdot℃$, 비열은 $2300\,\text{J/kg}\cdot℃$, 밀도는 $0.21\,\text{kg/m}^3$이며, 시간 간격은 $0.01\,\text{s}$로 계산하도록 한다.

[작성 프로그램의 예]

```fortran
C       Explicity Method

        DIMENSION T(0:4), TP(0:4)
        REAL ALPHA, DIFNO
        DATA DX/0.03/, CW/0.21/,RW/2300/,DT/0.01/
        DATA RL/1.4/,NMAX/100/

        OPEN (10, FILE = "EXPLICITY.DAT", STATUS = 'NEW')

C       열확산 계수의 입력
        ALPHA = RL/(CW*RW)
        DIFNO = ALPHA*DT/DX**2

        WRITE (10, 200) ALPHA, DIFNO

C       초기 온도의 입력
        DO 10 I = 0, 4
                T(I) = 40
10      CONTINUE
        T(4) = 10

        DO 20 N = 1, NMAX
                DO 30 I = 0, 4
                        TP(I) = T(I)
30              CONTINUE

                DO 40 I = 1, 3
                        T(I) = TP(I)+DIFNO*(TP(I+1)-2*TP(I)+TP(I-1))
40              CONTINUE

        IF (N.LE.5) THEN
                GOTO 50
                ELSE IF (MOD(N,10).EQ.0) THEN
                                GOTO 50
                        ELSE
                                GOTO 20
        ENDIF

50      WRITE (10, 100) N, 'STEP', T

20      CONTINUE

100     FORMAT(I4, A4, 5F14.6)
200     FORMAT(4X, '열확산수 =', F10.8, 4X, 'D =', F10.8)

        END
```

이상의 Fortran 프로그램의 계산 결과는 다음과 같으며, 그래프로 나타낸 것이 [그림 3-7]이다.

```
     열확산수 = 0.00289855     D = 0.03220612
  1 STEP    40.000000    40.000000    40.000000    39.033817    10.000000
  2 STEP    40.000000    40.000000    39.968884    38.129868    10.000000
  3 STEP    40.000000    39.998997    39.910660    37.283142    10.000000
  4 STEP    40.000000    39.996185    39.828884    36.489079    10.000000
  5 STEP    40.000000    39.990921    39.726711    35.743530    10.000000
 10 STEP    40.000000    39.914257    38.997368    32.622162    10.000000
 20 STEP    40.000000    39.480999    37.068642    28.441784    10.000000
 30 STEP    40.000000    38.779621    35.131260    25.814913    10.000000
 40 STEP    40.000000    37.974510    33.422806    24.020367    10.000000
 50 STEP    40.000000    37.177933    31.977249    22.715351    10.000000
 60 STEP    40.000000    36.447361    30.771963    21.723522    10.000000
 70 STEP    40.000000    35.804939    29.772449    20.946848    10.000000
 80 STEP    40.000000    35.253654    28.945261    20.326572    10.000000
 90 STEP    40.000000    34.787407    28.261208    19.824877    10.000000
100 STEP    40.000000    34.396549    27.695686    19.415802    10.000000
```

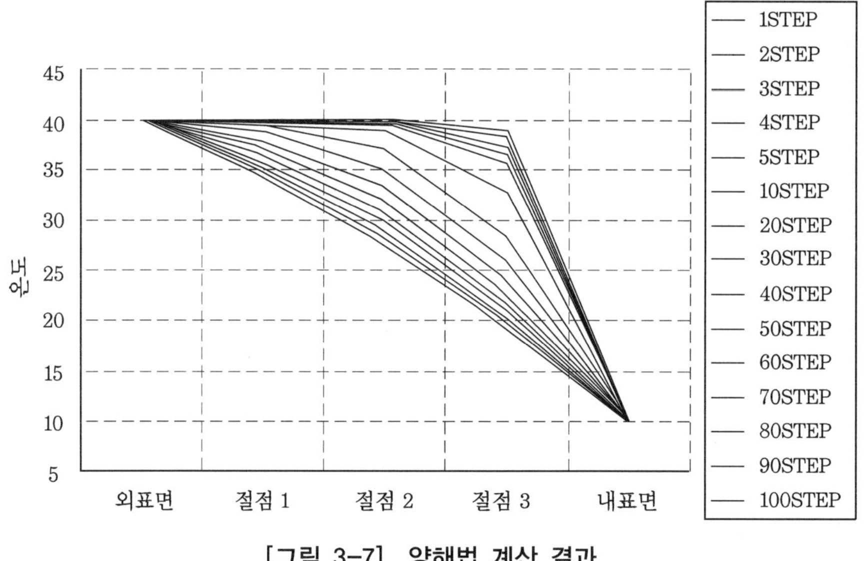

[그림 3-7] 양해법 계산 결과

2. 음해법(Implicity Method)

음해법을 이용하여 3-1절과 동일한 문제에 대하여 Fortran 프로그램을 작성해보도록 한다.

```fortran
C       Implicity Method

        DIMENSION T(5), A(5), B(5), C(5), D(5)
        DIMENSION P(5), Q(5), R(5)
C       REAL DIFNO
        DATA DX/0.03/, CW/0.21/, RW/2300.0/, DT/0.1/
        DATA RL/1.4/

        OPEN (10, FILE = "IMPLICITY.DAT", STATUS = 'OLD')

C       열확산 계수의 입력
        DIFNO = (RL*DT)/(CW*RW*(DX**2))

C       초기 온도의 입력
        DO 5 I = 1, 4
                T(I)=40
5       CONTINUE
        T(5) = 10

        DO 20 K = 1,100

                DO 30 I = 2, 4
                        A(I) = 1+2*DIFNO
                        B(I) = DIFNO
                        C(I) = DIFNO
                        D(I) = T(I)
30              CONTINUE

                D(2) = D(2)+C(2)*T(1)
                C(2) = 0.0
                D(4) = D(4)+B(4)*T(5)
                B(4) = 0.0

                P(2) = A(2)
                Q(2) = B(2)
                R(2) = D(2)

                DO 40 I = 3, 4
                        P(I) = A(I)-C(I)*Q(I-1)/P(I-1)
                        Q(I) = B(I)
                        R(I) = D(I)+C(I)*R(I-1)/P(I-1)
40              CONTINUE

                T(4) = R(4)/P(4)

                DO 50 I = 3, 2, -1
                        T(I) = (Q(I)/P(I))*T(I+1)+R(I)/P(I)
50              CONTINUE

                IF (K.LE.15 .OR. MOD(K,10).EQ.0) THEN
                        GOTO 60
                ELSE
                        GOTO 20
                ENDIF

60      WRITE (10, 100) K, T

20      CONTINUE

100     FORMAT(I8, 5F14.6)

        END
```

이상의 Fortran 프로그램의 계산 결과는 다음과 같으며, 그래프로 나타낸 것이 [그림 3-8]이다. [그림 3-7]과 비교할 때, 훨씬 빨리 정상상태에 도달함을 알 수 있다.

1	40.000000	39.755768	38.753174	33.879173	10.000000
2	40.000000	39.285419	37.110394	29.834520	10.000000
3	40.000000	38.673210	35.445507	27.048326	10.000000
4	40.000000	38.000095	33.910152	25.052933	10.000000
5	40.000000	37.325100	32.554325	23.573690	10.000000
6	40.000000	36.685127	31.383127	22.444551	10.000000
7	40.000000	36.100018	30.383265	21.561920	10.000000
8	40.000000	35.578007	29.535162	20.858948	10.000000
9	40.000000	35.120094	28.818363	20.290970	10.000000
10	40.000000	34.723148	28.213760	19.827076	10.000000
11	40.000000	34.381931	27.704370	19.445141	10.000000
12	40.000000	34.090378	27.275471	19.128822	10.000000
13	40.000000	33.842335	26.914476	18.865715	10.000000
14	40.000000	33.631962	26.610695	18.646179	10.000000
15	40.000000	33.453938	26.355091	18.462582	10.000000
20	40.000000	32.903465	25.571089	17.904181	10.000000
30	40.000000	32.571728	25.101435	17.571726	10.000000
40	40.000000	32.512749	25.018028	17.512745	10.000000
50	40.000000	32.502274	25.003216	17.502272	10.000000
60	40.000000	32.500412	25.000584	17.500412	10.000000
70	40.000000	32.500084	25.000118	17.500082	10.000000
80	40.000000	32.500027	25.000036	17.500023	10.000000
90	40.000000	32.500019	25.000023	17.500015	10.000000
100	40.000000	32.500019	25.000023	17.500015	10.000000

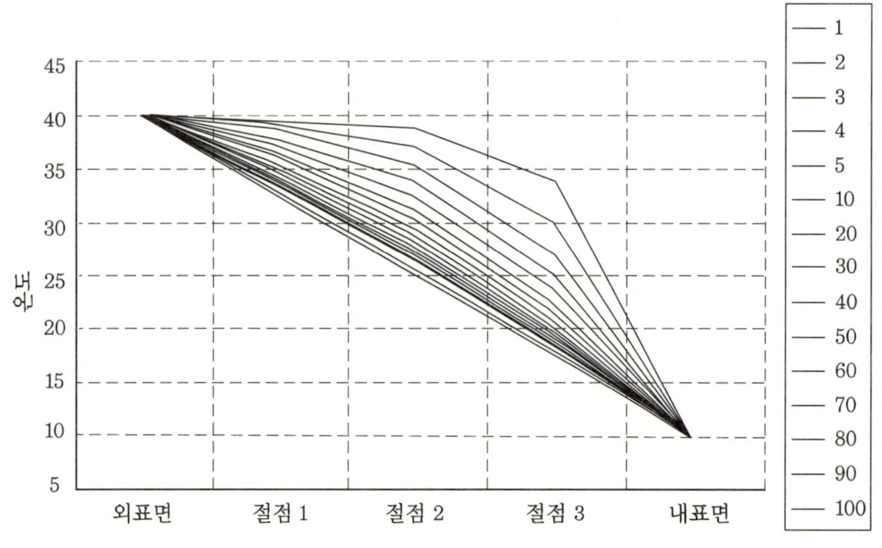

[그림 3-8] 음해법 해석 결과

3. C-N법(Crank-Nicholson Method)

C-N법을 이용하여 Fortran 프로그램을 작성해보도록 한다.

벽체는 두께가 0.12 m 이고, 5개의 포인트로 나누어 온도를 계산하며, 외벽의 온도는 0℃, 내벽의 온도는 1℃라고 가정한다. 그리고 벽체의 재료는 물성값은 열전도율은 1.4 W/m · ℃, 비열은 2300 J/kg · ℃, 밀도는 0.21 kg/m³이며, 시간 간격은 0.01 s로 계산하도록 한다.

```fortran
C       Crank-Nicholson Method

        DIMENSION T(5), A(5), B(5), C(5), D(5)
        DIMENSION P(5), Q(5), R(5)
        DATA DX/0.03/, CW/0.21/, RW/2300.0/, DT/0.1/
        DATA RL/1.4/

        OPEN (10, FILE = "1-N.DAT", STATUS = 'old')

C       초기 온도의 입력
        DO 10 I = 1, 4
             T(I) = 0
10      CONTINUE
        T(5) = 1

        DO 20 K = 1, 100

             DO 30 I = 2, 4
                     A(I) = (CW*RW*DX/DT)+(RL/DX)
                     B(I) = RL/(2*DX)
                     C(I) = RL/(2*DX)
                     D(I) = (CW*RW*DX/DT)*T(I)+(0.5*RL*(T(I+1)-2*T(I)+T(I-1))/DX)
30           CONTINUE

             C(2) = 0.0
             D(4) = D(4)+B(4)*T(5)
             B(4) = 0.0

             P(2) = A(2)
             Q(2) = B(2)
             R(2) = D(2)

             DO 40 I = 3, 4
                     P(I) = A(I)-C(I)*Q(I-1)/P(I-1)
                     Q(I) = B(I)
                     R(I) = D(I)+C(I)*R(I-1)/P(I-1)
```

```
40             CONTINUE

               T(4) = R(4)/P(4)
               DO 50 I = 3, 2, -1
                      T(I) = (Q(I)/P(I))*T(I+1)+(R(I)/P(I))
50             CONTINUE

               IF (K.LE.15 .OR. MOD(K,10).EQ.0) THEN
                      GOTO 60
               ELSE
                      GOTO 20
               ENDIF

60      WRITE (10, 100) K, T

20      CONTINUE

100     FORMAT(I8, 5F14.6)

        END
```

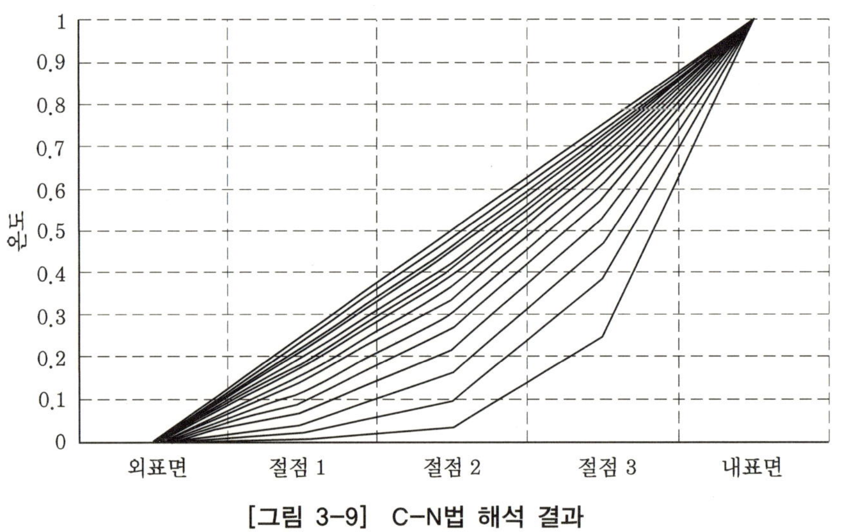

[그림 3-9] C-N법 해석 결과

이상으로 차분법의 세 종류에 대한 프로그램을 작성해 보았다. 음해법을 이용한 프로그램은 모두 TDMA 해석 방법을 사용하여 계산한 것으로 참고하면 된다. 또한, 제 2 장에서 소개한 내용을 살펴보면 보다 쉽게 프로그램을 이해할 수 있을 것이다.

◉ 참고 문헌

1. 김찬중,『길잡이 수치 해석 제 2 판』, 문운당, 2006.
2. 김철, 김태국, 신동신, 이승배,『공학도를 위한 수치 해석』, McGRAW-Hill Korea, 1999.
3. 최원기,『건축환경의 수치 해석 강의노트』, 인하대학교 대학원.
4. 이재헌 역,『열전달 및 유체유동 수치 해법』, 태훈출판사, 2002.
5. 홍준균,『컴퓨터 수치 해석』, 문운당, 1996.
6. 인하대학교 환경설비연구실편,『TRNSYS를 이용한 건물 에너지 해석』, 건기원, 2004.
7. 왕창종,『구조적 Fortran 프로그래밍』, 정익사, 1998.

③ 기상 데이터

기상 데이터는 건물의 열적 부하를 계산하는 데 있어 반드시 필요한 중요한 요소 중 하나이다. 이러한 기상 데이터로 가장 많이 이용되는 것들 중에는 외기온도, 상대습도, 수평면 전일사량, 풍향, 풍속 등이 있으며, 특히 일사량은 건물의 내부 및 외부 환경에 영향을 미치는 중요한 열원이다. 일사량은 건물 디자인과 열환경 분석에 있어서 실질적으로 얼마나 정확한 분석이 이루어지는지 결정할 수 있는 매우 중요한 기상 데이터 중 하나이다. 또한, 일사량은 잘 이용되면, 건물 외부환경의 질을 개선하고, 건물의 에너지 소비를 줄일 수 있는 자연 에너지의 중요한 근원이다. 이에 따라 태양으로부터의 일사량 계산은 많은 연구가 진행되어 왔으며, 현재에도 꾸준히 진행 중에 있다. 그리고 이에 관한 정확한 지식의 습득은 반드시 필요한 것이 된다. 그리고 트랜시스에서는 Type 16 Solar Radiation Processor를 통해 다양한 요소들에 대한 일사량 값을 계산할 수 있도록 한다.

외기온도(건구온도와 습구온도)와 상대습도 그리고 풍속 및 풍향 등도 중요한 기상 자료 요소들이다. 특히, 건물의 열적 부하 계산에 있어서 건구온도와 상대습도는 중요한 요소이므로 이 값들을 통해 나머지 절대습도, 습구온도, 이슬점(노점)온도, 엔탈피값들을 습공기 선도를 이용하여 계산할 수 있다. 그리고 트랜시스에서는 Type 33 Psychrometry를 통해서 나머지 요소들을 계산할 수 있도록 한다. 또한, 습공기 계산 부분의 예제를 통해 주어진 조건에 따라 열적 물성값들을 계산하는 방법에 관하여 소개하고 있다.

풍속과 풍향은 외표면의 열전달 계수를 결정하는 데 있어 큰 영향을 미치는 것으로 기상 데이터를 정리하는 데 있어서 꼭 갖추어야 한다. 그리고 COMIS 프로그램을 사용할 경우 중요한 요소로 작용한다.

그 외 천공온도 및 지중온도 등도 추정식을 통해 계산하여 이용할 수 있고, 천공온도의 경우는 Type 69 Sky Temperature를 통해 건물과의 영향을 분석할 수 있으며, 지중온도는 Type 77 Ground Temperature를 이용해 지중 깊이에 따른 온도 프로파일을 얻을 수 있다.

끝으로 표준 기상 데이터에 관한 내용을 중심으로 정리되어 있으며, 특히 TMY2의 작성 기법에 대하여 상세히 기술하고 있으므로 이에 관한 제반 지식을 습득할 수 있을 것이다.

1. 일사(Solar Radiation ; 日射)

태양으로부터의 복사(방사라고도 함), 즉 일사는 대기 속을 투과하는 과정에서 대기의 흡수 또는 대기 속의 미립자의 산란을 받은 후에 지상에 도달한다. 대기 속을 투과하여 직접 지표에 도달하는 일사를 직달 일사(direct radiation : 直達 日射)라고 한다. 일사는 대기 속의 수증기, 탄산가스 등에 의해 그 일부가 흡수된다. 특히 대기 속의 수증기에 의한 흡수가 큰데, 수증기량은 기상 상태에 따라 변동하므로 일사의 흡수도 그 영향을 받게 된다.

일사의 흡수에 의해 대기층은 열을 얻어 그 복사도 증대하며, 이중 비교적 짧은 파장의 것이 공기 분자나 대기 속의 미진에 의해 산란된다. 산란된 부분은 천공 전체로부터의 복사가 되어 지상에 도달한다. 이것을 천공 복사라고 한다.

대기는 일사의 흡수에 의해 또는 지표로부터 열을 받아 그 자체의 온도에 의해 정해지는 복사를 한다. 이 복사를 대기 복사(반복사 또는 역반사)라고 한다. 전술한 바와 같이 대기 속의 수증기량에 따라 대기 복사는 변동한다. 지표, 지상의 건물들은 이상과 같은 복사에 의해 갠 날씨인 경우에는 직달 일사, 천공 복사, 대기 복사의 합계의 복사를 받는다. 또, 태양이 구름에 가려져 있는 경우에는 천공 복사와 대기 복사의 합계 복사를 받게 된다. 지표에 일사를 받아 열을 얻고 그 자체의 온도에 의해 정해지는 복사를 한다. 이것을 지면 복사라고 한다.

야간에는 지표가 받는 것은 대기 복사만이고, 이것은 지면 복사보다 작으므로 지표는 냉각된다. 이 지면 복사와 대기 복사의 차를 유효 복사 또는 야간 복사라고 한다.

1-1 태양 (Sun ; 太陽)

지구에서 가장 가까운 항성으로, 표면의 모양을 관측할 수 있는 유일한 것이다. 또한, 태양은 주요 에너지 공급원으로, 인류가 이용하는 에너지의 대부분은 태양에 의존한다. 수력·풍력도 모두 태양에서 유래하고, 나무·석유·석탄도 태양열을 저장한 것이며, 오직 조석력(潮汐力)·화산·온천·원자력 등이 직접 태양열에 의존하지 않는 에너지

자원일 뿐이다.

태양은 지구에서 평균거리 1억 4950만 km에 있으나, 지구가 근일점(近日點)을 지나는 1월 초에는 이보다 250만 km(평균거리의 1.7%)가 가까워지고 원일점(遠日點)을 지나는 7월 초에는 마찬가지로 250만 km 더 멀어진다.

태양의 지름은 약 139만 km로 지구의 지름의 109배, 따라서 부피는 지구의 130만 배, 질량은 약 2×10^{33} g로 지구의 33만 배, 평균밀도는 지구의 1 cm^3당 5.52 g에 대해서 약 1/4인 1.41 g이다. 이처럼 태양의 밀도가 지구보다 작은 까닭은, 태양이 지구처럼 고체의 껍질을 가진 것이 아니라, 전체가 거대한 고온의 기체의 덩어리이기 때문이다. 태양의 기체를 이루는 원소는 그 스펙트럼(태양 스펙트럼)으로부터, 대부분이 수소(H), 다음이 헬륨(He)이고, 이 밖에 극히 적은 양의 나트륨(Na), 마그네슘(Mg), 철(Fe) 등 지구상에서 알려진 원소 약 70종이 기체 상태로 존재하는 것이 확인되었다. 육안으로 보아 둥글고 빛나는 부분을 광구(光球)라고 하는데, 이는 물론 기하학적인 면이 아니고, 표면에서 깊이 약 300 km까지의 층으로 그 온도는 약 6000℃이다. 이보다 더 깊은 곳으로부터 나오는 빛은 도중에 있는 물질에 흡수되어 밖으로 나오지 못한다. 따라서, 태양의 내부는 직접 관측할 수 없고, 표면의 상태로부터 이론적으로 추정한다.

현재 태양의 중심부는 온도 1500만℃, 압력은 약 30억 atm인 초고온·초고압의 기체로 이루어졌고, 가장 많이 있는 수소의 원자핵(양성자)이 충돌해서 열핵융합반응(熱核融合反應)을 일으켜, 양성자 4개가 헬륨의 원자핵(α입자)으로 뭉치고, 이때 질량의 0.7%가 소실하여 에너지로 바뀌는 원리로, 태양이 매초 방출하는 방대한 에너지를 생산하고 있는 것으로 생각된다.

온도는 광구의 아래쪽에서 상층으로 가면서 내려갔다가 채층(彩層)에 들어가면 다시 오르기 시작한다. 채층은 광구 밖으로 이어지는 극히 얇은, 두께 약 1만 km의 층으로, 개기 일식에서 광구가 달에 가려질 때 붉은 색으로 빛나는 데서 그 이름이 유래한다. 또, 바깥쪽에는 역시 개기 일식 때 태양의 반지름 또는 그 2배 정도까지 희게 빛나는 코로나(corona)가 있다. 온도는 100만℃나 되는 고온이지만, 극히 희박하기 때문에 가장 밝은 아래 부분에서도 광구의 밝기의 100만분의 1 정도로 매우 약하다.

1-2 태양 상수 (G_{SC})

태양 상수는 태양으로부터 태양과 지구가 평균 거리에 있을 때 대기권 밖의 법선면에 도달하는 단위 면적(1 m^2)에 대해 단위 시간(1 hour)당 태양 복사에너지의 조사율로 정의되고, 이 값에 대한 다양한 연구가 아래와 같이 진행되었으며, Thekaekara와 Dru-mond 제시하여 NASA와 ASTM에서 1971년 채택한 $1353 \ W/m^2(1.97 \ cal/cm^2 \cdot min)$를 많이 사용하고 있으며, 이 값은 태양 자체의 복사량에 따라 ±2% 정도 변화하며 태양과 지구와의 거리에 따라 ±3.5% 정도 변화한다. 그러나 본 교재에서는 WRC에서 채택하고 있는 $1367 \ W/m^2 \pm 1\%$ 값을 표준으로 한다.

(1) C. G. Abbot : $1322 \ W/m^2$

(2) Johnson : $1395 \ W/m^2$(1954년)

(3) NASA & ASTM : $1353 \ W/m^2$(1971년 채택)

(4) Frohlich : $1373 \ W/m^2$(1978년)

(5) Willson et al. : $1368 \ W/m^2$(1982년)

(6) WRC(World Radiation Center) : $1367 \ W/m^2 \pm 1\%$

1-3 대기권 밖 일사량의 스펙트럼 분포

: Spectral Distribution of Extraterrestrial Radiation

태양 상수는 공기가 없는(대기권 밖) 곳에서의 파장에 따른 태양 복사에너지의 분포를 이해하는 데 유용하다.

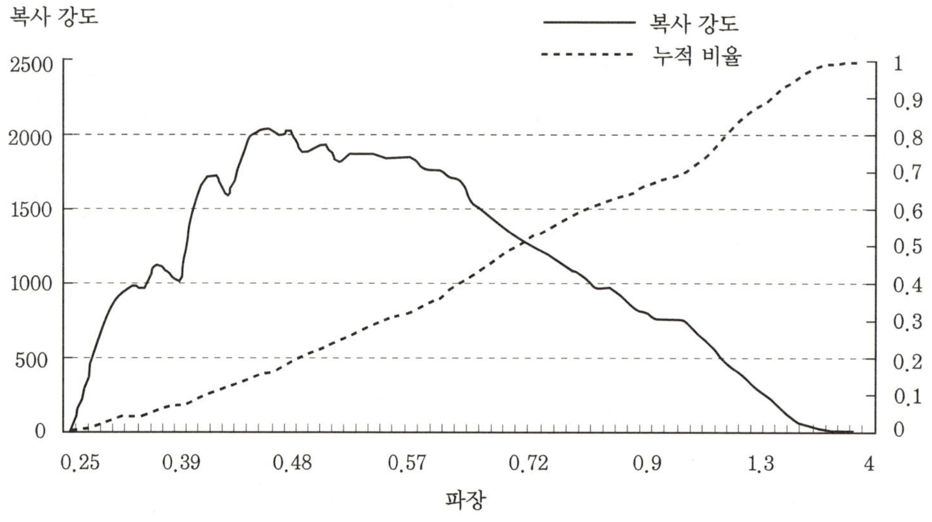

[그림 1-1] 파장에 따른 복사 강도 및 누적 비율

[그림 1-1]은 태양과 지구가 평균거리에 있을 때의 WRC 표준 파장별 조사(irradiance) 곡선을 나타낸다. 그리고 〈표 1-2〉는 [그림 1-1]을 파장에 따른 조사값을 정리한 것으로, $G_{SC,\lambda}$는 파장이 λ일 때의 태양 상수를 나타내며, $f_{0-\lambda}$는 전체 조사량에 대한 파장이 0인 곳에서 λ까지의 누적 조사량의 비를 나타낸다.

〈표 1-1〉 파장에 따른 평균 태양 조사량과 누적 비율

λ [μm]	$G_{SC,\lambda}$ [W/m²·μm]	$f_{0-\lambda}$	λ [μm]	$G_{SC,\lambda}$ [W/m²·μm]	$f_{0-\lambda}$	λ [μm]	$G_{SC,\lambda}$ [W/m²·μm]	$f_{0-\lambda}$
0.250	13.8	0.002	0.520	1820.9	0.243	0.880	965.7	0.621
0.275	224.5	0.005	0.530	1873.4	0.257	0.900	911.9	0.635
0.300	542.3	0.012	0.540	1873.3	0.271	0.920	846.8	0.648
0.325	778.4	0.023	0.550	1875.0	0.284	0.940	803.8	0.660
0.340	912.0	0.033	0.560	1841.1	0.298	0.960	768.5	0.671
0.350	983.0	0.040	0.570	1843.2	0.311	0.980	763.5	0.683
0.360	967.0	0.047	0.580	1844.6	0.325	1.000	756.5	0.694
0.370	1130.8	0.056	0.590	1782.2	0.338	1.050	668.6	0.720
0.380	1070.3	0.065	0.600	1765.4	0.351	1.100	591.1	0.743
0.390	1029.5	0.071	0.620	1716.4	0.377	1.200	505.6	0.783
0.400	1476.9	0.079	0.640	1693.6	0.401	1.300	429.5	0.817
0.410	1698.0	0.092	0.660	1545.7	0.424	1.400	354.7	0.846
0.420	1726.2	0.104	0.680	1492.7	0.447	1.500	296.6	0.870
0.430	1591.1	0.117	0.700	1416.6	0.468	1.600	241.7	0.890
0.440	1837.6	0.129	0.720	1351.3	0.488	1.800	169.0	0.921
0.450	1995.2	0.143	0.740	1292.4	0.507	2.000	100.7	0.941
0.460	2042.6	0.158	0.760	1236.1	0.526	2.500	49.5	0.968
0.470	1996.0	0.173	0.780	1188.7	0.544	3.000	25.5	0.981
0.480	2028.8	0.187	0.800	1133.3	0.561	3.500	14.3	0.988
0.490	1892.4	0.201	0.820	1089.0	0.577	4.000	7.8	0.992
0.500	1918.3	0.216	0.840	1035.2	0.593	5.000	2.7	0.996
0.510	1926.1	0.230	0.860	967.1	0.607	8.000	0.8	0.999

〈표 1-2〉 누적 일사량 비율에 따른 파장

$f_{0-\lambda}$	λ	$f_{0-\lambda}$	λ
0.05	0.364	0.55	0.787
0.10	0.417	0.60	0.849
0.15	0.455	0.65	0.923
0.20	0.489	0.70	1.010
0.25	0.525	0.75	1.114
0.30	0.562	0.80	1.245
0.35	0.599	0.85	1.413
0.40	0.639	0.90	1.658
0.45	0.683	0.95	2.118
0.50	0.731	1.00	∞

1-4 대기권 밖 일사량의 변화

: **Variation of Extraterrestrial Radiation**

대기권 밖 일사량 변화의 2가지 주요 원인은 다음과 같다.

– 태양에서 방사되는 복사량의 변화(흑점의 활동 등)
– 규칙적인 변화성을 나타내거나 결론에 도달하지 못하는 측정 방법

태양과 지구 사이의 거리 변화는 약 3%의 범위 내에서 대기권 밖 일사량의 변화를 가져온다. 연중 시간에 따른 대기권 밖 일사량은 식 (1-1)에 의해 계산될 수 있다.

$$G_{on} = G_{SC}\left(1 + 0.033 \times \cos\frac{360\,n}{365}\right) \tag{1-1}$$

여기서, G_{on}은 통상일(n)[9]의 대기권 밖의 법선면에서 측정되는 일사량 값을 나타낸다.

---

9) 통상일 : 이 값은 1월 1일은 1로 하고, 평년일 경우 12월 31일이 365가 되는 일(day)수의 누적 값이다.

〈표 1-3〉은 월/일에 따른 통상일 값을 정리하여 도표화시킨 것이다. 그리고 [그림 1-2]는 이 값에 따른 대기권 밖 일사량 값을 그림으로 나타낸 것이다.

〈표 1-3〉 평년의 통상일 n의 월/일에 따른 값

일 \ 월	1월	2월	3월	4월	5월	6월	7월	8월	9월	10월	11월	12월
1일	1	32	60	91	121	152	182	213	244	274	305	335
2일	2	33	61	92	122	153	183	214	245	275	306	336
3일	3	34	62	93	123	154	184	215	246	276	307	337
4일	4	35	63	94	124	155	185	216	247	277	308	338
5일	5	36	64	95	125	156	186	217	248	278	309	339
6일	6	37	65	96	126	157	187	218	249	279	310	340
7일	7	38	66	97	127	158	188	219	250	280	311	341
8일	8	39	67	98	128	159	189	220	251	281	312	342
9일	9	40	68	99	129	160	190	221	252	282	313	343
10일	10	41	69	100	130	161	191	222	253	283	314	344
11일	11	42	70	101	131	162	192	223	254	284	315	345
12일	12	43	71	102	132	163	193	224	255	285	316	346
13일	13	44	72	103	133	164	194	225	256	286	317	347
14일	14	45	73	104	134	165	195	226	257	287	318	348
15일	15	46	74	105	135	166	196	227	258	288	319	349
16일	16	47	75	106	136	167	197	228	259	289	320	350
17일	17	48	76	107	137	168	198	229	260	290	321	351
18일	18	49	77	108	138	169	199	230	261	291	322	352
19일	19	50	78	109	139	170	200	231	262	292	323	353
20일	20	51	79	110	140	171	201	232	263	293	324	354
21일	21	52	80	111	141	172	202	233	264	294	325	355
22일	22	53	81	112	142	173	203	234	265	295	326	356
23일	23	54	82	113	143	174	204	235	266	296	327	357
24일	24	55	83	114	144	175	205	236	267	297	328	358
25일	25	56	84	115	145	176	206	237	268	298	329	359
26일	26	57	85	116	146	177	207	238	269	299	330	360
27일	27	58	86	117	147	178	208	239	270	300	331	361
28일	28	59	87	118	148	179	209	240	271	301	332	362
29일	29		88	119	149	180	210	241	272	302	333	363
30일	30	−	89	120	150	181	211	242	273	303	334	364
31일	31		90	−	151	−	212	243	−	304	−	365

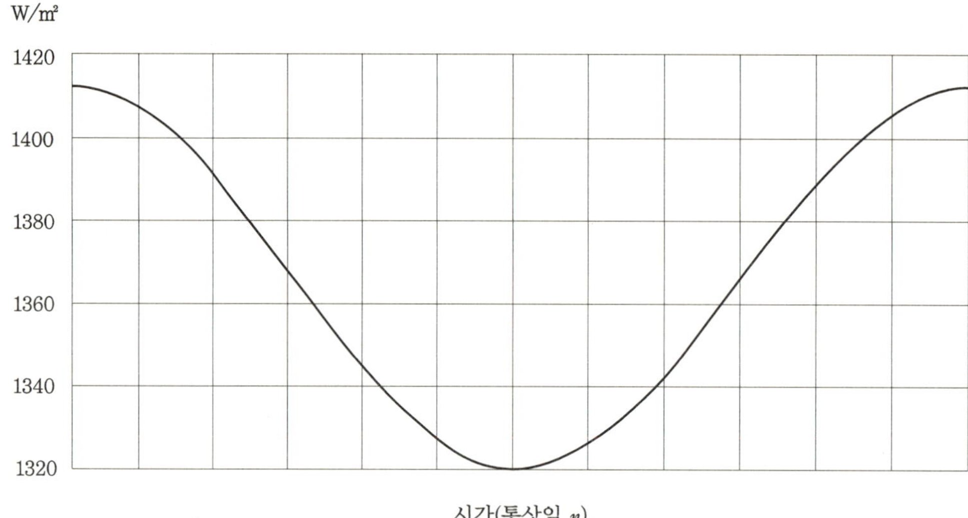

[그림 1-2] 통상일에 따른 대기권 밖의 일사량 분포

식 (1-1)을 이용하여 일수에 따른 대기권 밖 법선면 일사량 값을 직접 계산하여 그려보기 바란다. 이 값은 지표면에서의 이론적인 일사량 계산의 기초 자료로 활용되기 때문이다.

1-5 기본 정의 : Definitions

다음의 몇 가지 정의들은 태양 복사에너지를 이해하고, 이론적인 일사량 값을 계산하는데 있어 필요한 내용들을 정리한 것이다.

(1) Air Mass(대기 노정)

대기 노정은 대기권 밖에 도달한 일사량이 대기를 투과하여 지표면까지 통과한 거리를 나타낸다. 따라서, 해수면에서 태양이 천정(zenith)에 있을 때(수직인 면에 있을 때) $m = 1$, 태양의 고도가 30°일 때 $m = 2$가 된다.

따라서, 대기 노정 m은 $m = 1/\sin h = 1/\cos \theta_z$이며, 여기서, h는 태양의 고도이며, θ_z는 천공각(zenith angle)이다.

(2) Beam(Direct) Radiation

대기로 인한 산란이 없이 태양으로부터 직접 받게 되는 일사이다. 즉, 일반적인 사물의 그림자를 만드는 일사이다.

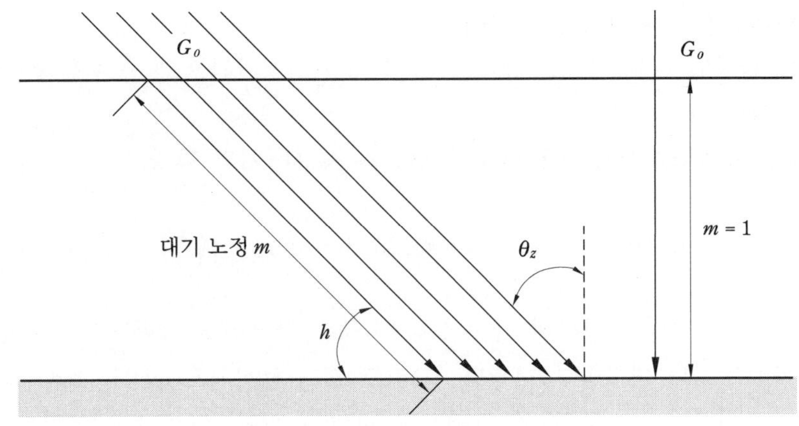

[그림 1-3] 대기 노정(Air Mass)

(3) Diffuse Radiation

대기에 의한 산란으로 일사의 방향이 변화되어 받게 되는 일사이다.

(4) Total Solar Radiation

전일사는 일반적으로 직달 일사와 확산 일사의 합과 같다.

(5) Irradiance : W/m^2

표면의 단위 면적에 대하여 입사되는 복사에너지의 양이다. 기호 G를 사용하며, 직달, 확산 등에 따라 하첨자 $dir,\ dif$ 등을 사용한다.

(6) Irradiation or Radiant Exposure : J/m^2

지정된 시간, 즉 대개 하루 또는 한 시간 동안 단위 표면에 조사되는 입사에너지의 양이다. 특히, Insolation은 태양에너지에 대한 조사 강도를 나타내는 용어이다.

기호 H는 하루 동안의 조사 강도이며, I는 한 시간 동안의 조사 강도를 나타낸다. 그리고 하첨자 o는 대기권 밖을 나타내며, $T,\ n$은 경사면과 법선면을 나타낸다.

(7) Radiosity or Radiant Exitance : W/m^2

방사, 반사, 투과의 복합적인 메커니즘에 의해 단위 면적에 대하여 방출되는 복사에너지의 양으로, 일반적으로 Irradiance의 반대 개념이다.

(8) Emissive Power or Radiant Self-Exitance : W/m^2

단지 방사에 의해 단위 면적의 표면을 통해 방출되는 복사에너지의 양이다.

(9) Solar Time

천공을 가로지르는 태양의 각운동에 기초한 시간으로, 관찰자의 자오선을 가로지르는 태양의 시간을 나타내는 것이다.

태양이 남중할 때의 시간을 12시로 하여 15°를 1시간각으로 하여 동쪽은 −, 서쪽
은 +를 한다.

진 태양시와 표준시와의 관계를 살펴보면 식 (1-2)와 같다.

$$진\ 태양시(solar\ time)\ -\ 표준시(standard\ time) = 4(L_{st} - L_{loc}) + E \qquad (1-2)$$

여기서, L_{st}는 그 지역의 시간의 기준이 되는 표준 자오선을 나타내며, L_{loc}는 계산하
고자 하는 해당 지역의 경도를 나타낸다. 그리고 E는 균시차로 식 (1-3)과 식 (1-4)에
의해 계산되며, 이렇게 얻어진 값을 그래프로 나타낸 것이 [그림 1-4]이다.

$$E = 229.2 \times (0.000075 + 0.001868 \cos B - 0.032077 \sin B$$
$$- 0.014615 \cos 2B - 0.04089 \sin 2B) \qquad (1-3)$$

$$B = (n - 1)\frac{360}{365} \qquad (1-4)$$

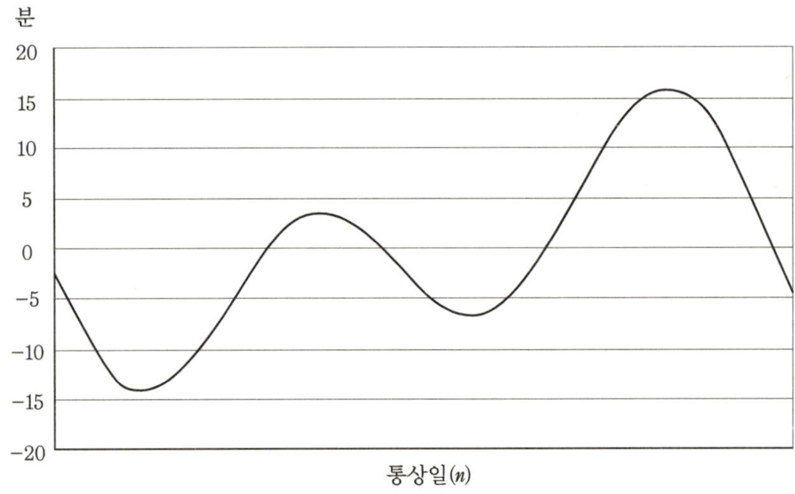

[그림 1-4] 통상일에 따른 균시차 분포

1-6 직달 일사의 방향 : Direction of Beam Radiation

경사면과 특정 태양 위치에 관한 상관관계는 [그림 1-5]와 같다. 즉, 시간에 따른 태
양의 위치는 시시각각 변화(즉, 태양 방위각, 태양 위도각, 천공각 등)하게 되며, 이것은

모두 시간에 대한 함수로써 표현될 수 있다. 그에 앞서 각 용어에 관한 정의에 대하여
살펴보자.

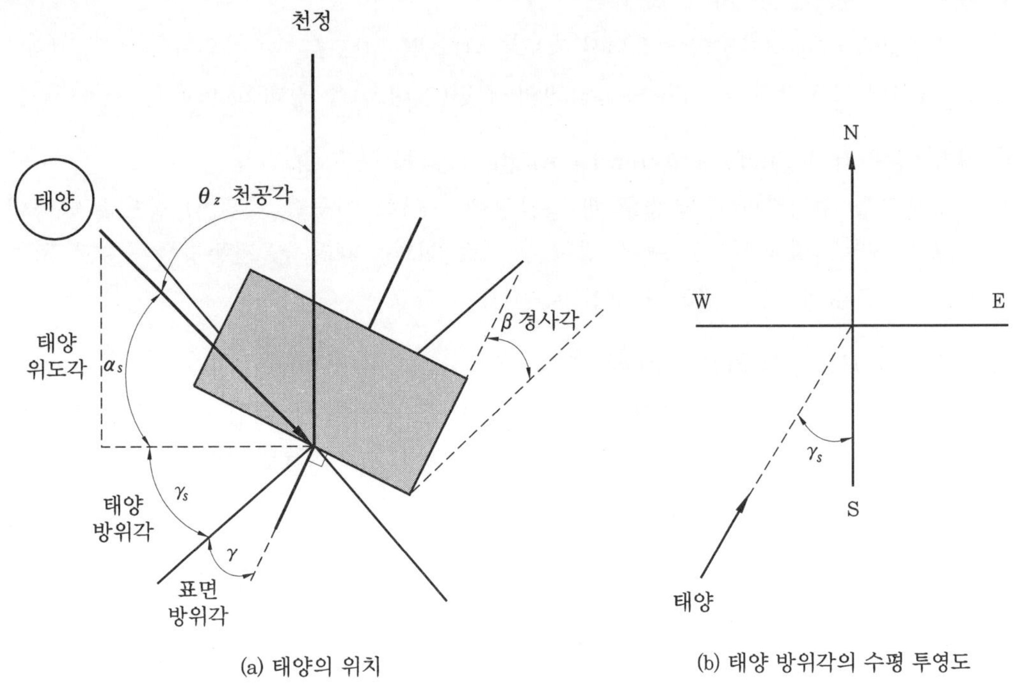

[그림 1-5] 경사면에 따른 태양 위치에 관한 기하학

(1) 위도 : Latitude ; 緯度 ; ϕ

적도를 기준으로 한 각위치(angular position)로 북반구는 +, 남반구는 −이다.
경도(經度)와 함께 지구상에 있는 지점의 위치를 나타내기 위하여 만든 좌표이기도
하며, 같은 위도를 나타내는 선을 위선(緯線)이라고 하고, 북반구에서는 북위(北
緯), 남반구에서는 남위(南緯)라고 한다. 또, 적도를 위도 0°로 하고 남북으로 각각
90°까지 있는데, 북극점은 북위 90°, 남극점은 남위 90°에 해당한다.

(2) 적위 : Declination ; 赤緯 ; δ

적도에서 태양이 남중할 때, 수평면에 대한 태양의 각위치, 즉 춘·추분은 0, 하
지는 23.45°, 동지는 −23.45°이다. 그리고 이 적위 δ는 1969년 Cooper가 만든 방
정식 (1-5)로 계산할 수 있다.

$$\delta = 23.45 \times \sin\left(360 \times \frac{284 + n}{365}\right) \tag{1-5}$$

여기서, ( ) 안의 값은 radian값으로 환산하여 계산하면, 보다 쉽게 값을 얻을 수

있다.

(3) 경사각 : Slope Angle ; 傾斜角 ; β

　수평면에 대한 경사면의 기울어진 정도를 나타내는 각도로, 이 값은 $0° \leqq \beta \leqq 180°$ 을 가지며, 90°보다 큰 경우는 그 면이 지면(아래쪽)을 향하고 있음을 나타낸다.

(4) 표면 방위각 ; Surface Azimuth Angle ; 表面 方位角 ; γ

　경사면을 수평면에 투영했을 때 정남향에 대하여 어긋난(치우친) 정도를 나타낸 각으로, 서쪽 방향은 +, 동쪽 방향은 -로 한다. 따라서, 정동향은 $-90°$ 또는 270°이고, 정서향은 $+90°$의 값을 갖는다.

(5) 시간각 : Hour Angle ; 時間角 ; ω

　태양이 그 지역의 자오선에 남중했을 때를 기준으로 한 태양 위치에 대한 각도로, 오전은 -, 오후는 +값을 가지며, 1시간당 $15°$의 각도를 갖는다.

(6) 입사각 : Angle of Incident ; 入射角 ; θ

　표면에 입사하는 직달 일사와 그 표면의 법선 방향 사이의 각도이다.

(7) 천공각 : Zenith Angle ; 天空角 ; θ_z

　수직 방향과 태양의 고도와의 사이 각도로 수평면에 대한 직달 일사의 경사각도를 나타낸다.

(8) 태양 고도각 : Solar Altitude Angle ; 太陽 高度角 ; α_s

　수평면과 태양의 고도와의 사이 각도이며, 천공각과 합하면 $90°$가 된다.

(9) 태양 방위각 : Solar Azimuth Angle ; 太陽 方位角 ; γ_s

　어떤 시간에 대한 태양의 위치에서 수평면에 투영했을 때, 정남향과의 각도로 [그림 1-5]의 (b)와 같다. 이 값은 방위각과 마찬가지로 서쪽은 +, 동쪽은 -값을 갖게 된다.

$$\cos \theta = \sin \delta \cdot \sin \phi \cdot \cos \beta - \sin \delta \cdot \cos \phi \cdot \sin \beta \cdot \cos \gamma$$
$$+ \cos \delta \cdot \cos \phi \cdot \cos \beta \cdot \cos \omega + \cos \delta \cdot \sin \phi \cdot \sin \beta \cdot \cos \gamma \cdot \cos \omega$$
$$+ \cos \delta \cdot \sin \beta \cdot \sin \gamma \cdot \sin \omega \tag{1-6}$$

$$\cos \theta = \cos \theta_z \cdot \cos \beta + \sin \theta_z \cdot \sin \beta \cdot \cos (\gamma_s - \gamma) \tag{1-6a}$$

예 제

북위 43°에 위치한 45°의 기울기와 정남을 기준으로 서쪽으로 15°를 향하는 표면이 있다. 이 표면에 2월 13일 오전 10시 30분에 입사하는 직달 일사의 입사 각도를 계산하여라.

∥풀 이∥ 주어진 조건에 의해, 계산에 필요한 각 요소들에 대한 값을 정리하면, 다음과 같다.

통상일 n은 (31+13) = 44일이며, 적위는

$$\delta = 23.45 \times \sin\left(360 \times \frac{284 + n}{365}\right)$$에 의해 계산하면,

$\delta = -14°$이며, 시간각 $\omega = -22.5°(15+7.5\ ;\ 1시간\ =15°)$이다.

그리고 표면 방위각은 $\gamma = 15°$, 경사각 $\beta = 45°$, 위도 $\phi = 43°$이다.

$$\cos \theta = \sin \delta \cdot \sin \phi \cdot \cos \beta - \sin \delta \cdot \cos \phi \cdot \sin \beta \cdot \cos \gamma$$
$$+ \cos \delta \cdot \cos \phi \cdot \cos \beta \cdot \cos \omega + \cos \delta \cdot \sin \phi \cdot \sin \beta \cdot \cos \gamma \cdot \cos \omega$$
$$+ \cos \delta \cdot \sin \beta \cdot \sin \gamma \cdot \sin \omega$$
$$= - \ 0.117 \ + \ 0.121 \ + \ 0.464 \ + \ 0.481 \ - \ 0.068 = 0.871$$

따라서, $\theta = 35°$이다.

수직면의 경우, 즉 $\beta = 90°$이므로, 위의 방정식은 (1-7)과 같이 된다.

$$\cos \theta = -\sin \delta \cdot \cos \phi \cdot \cos \gamma + \cos \delta \cdot \sin \phi \cdot \cos \gamma \cdot \cos \omega$$
$$+ \cos \delta \cdot \sin \gamma \cdot \sin \omega \tag{1-7}$$

수평면의 경우, 즉 $\beta = 0°$이면, 태양의 천공각이 입사각이 되며, 다음과 같다.

$$\cos \theta_z = \cos \phi \cdot \cos \delta \cdot \cos \omega + \sin \phi \cdot \sin \delta \tag{1-8}$$

태양 방위각 γ_s는 $-180°$에서 $180°$까지의 값을 가질 수 있다. 위도 23.45°에서 66.45° 사이의 북반구와 남반구의 경우, 낮시간이 12시간보다 작은 경우 γ_s는 $-90°$에서 90°까지의 값이 될 것이며, 낮시간이 12시간보다 큰 경우 일출, 일몰시간에 γ_s는 90°보다 크거나 $-90°$보다 작은 값을 갖게 될 것이다. 적도 근방의 북반구의 경우 $\delta - \phi$값이 0보다 크면 γ_s는 어떠한 값도 가질 수 있으며, 남반구의 경우 $\delta - \phi$값이 0보다 작으

면 γ_s 는 어떠한 값도 가질 수 있다. 즉, 위도가 $10°$, 적위 $20°$인 날의 정오의 γ_s 는 $180°$이다.

이러한 γ_s 를 계산하기 위하여, 태양이 사분의(四分儀 ; quadrant)[10]하는 것을 알아야 한다. 이것은 시간각 ω와 태양이 정동/서(due east/west)일 때의 시간각 ω_{ew}의 관계에 의해 계산될 수 있다.

1983년 Braun과 Mitchell은 사분의 중 첫 번째나 네 번째에서의 가상의 태양 방위각 $\gamma_s{}'$의 개념을 사용하여 편리하게 γ_s의 일반적인 방정식을 썼다.

$$\gamma_s = C_1 \cdot C_2 \cdot \gamma_s{}' + C_3 \times \left(\frac{1 - C_1 \times C_2}{2}\right) \times 18 \tag{1-9a}$$

$$\sin \gamma_s{}' = \frac{\sin \omega \times \cos \delta}{\sin \theta_z} \tag{1-9b}$$

$$\tan \gamma_s{}' = \frac{\sin \omega}{\sin \phi \cdot \cos \omega - \cos \phi \cdot \tan \delta} \tag{1-9c}$$

$$\cos \omega_{ew} = \tan \delta / \tan \phi \tag{1-9d}$$

$$C_1 = \begin{pmatrix} 1 & if |\omega| \leq \omega_{ew} \\ -1 & otherwise \end{pmatrix} \tag{1-9e}$$

$$C_2 = \begin{pmatrix} 1 & if \phi \cdot (\phi - \delta) \geq 0 \\ -1 & otherwise \end{pmatrix} \tag{1-9f}$$

$$C_3 = \begin{pmatrix} 1 & if \omega > 0 \\ -1 & otherwise \end{pmatrix} \tag{1-9g}$$

만약 $|\tan \delta / \tan \phi|$이 1보다 크면, 태양은 관찰자의 정동향이나 정서향에 절대로 위치할 수 없다. 이러한 경우, $C_3 = 1$로 놓는다. 이것이 $\phi = 0$을 피하기 위한 최선책이다.

정북이나 정남으로 경사진 표면의 입사각에 대한 관계는 [그림 1-6]에서와 같다. 이러한 관계를 요약하여 나타내면, 식 (1-10)과 같다.

---

10) 상한의(象限儀)라고도 한다. $0 \sim 90°$까지 눈금이 있는 4분원의 금속환(金屬環)이 있고, 그 중심을 벽에 받치게 되어 있다. 눈금의 영(0)점은 중심에서 밑으로 내린 실끝에 매달린 추로 맞추고, 중심을 축으로 하여 연직면(鉛直面) 안에서 움직이는 통으로 별을 보았다. 통의 위치를 가리키는 눈금이 별의 천정거리를 나타낸다. T. 브라헤는 사분의를 사용하여 화성을 정밀하게 관측한 것으로 유명하다.

$$\cos \theta = \cos (\phi - \beta) \cdot \cos \delta \cdot \cos \omega + \sin (\phi - \beta) \cdot \sin \delta \tag{1-10}$$

태양이 남중한 특별한 경우에 있어서는

$$\theta_{noon} = |\phi - \delta - \beta| \tag{1-11a}$$

이며, 남반구의 경우,

$$\theta_{noon} = |-\phi + \delta - \beta| \tag{1-11b}$$

이다. 여기서, $\beta = 0$이면, 즉 입사각이 천정각과 같으면, 북반구의 경우,

$$\theta_{noon} = |\phi - \delta| \tag{1-12a}$$

이며, 남반구의 경우,

$$\theta_{noon} = |-\phi + \delta| \tag{1-12b}$$

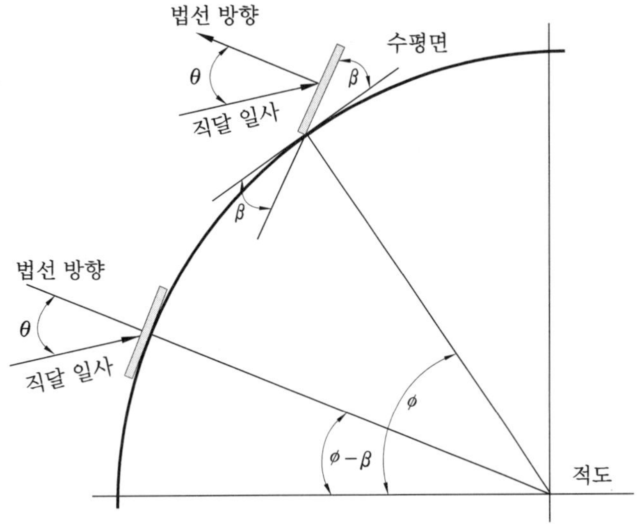

[그림 1-6] 북반구에서 남측 경사면의 위도, 경사각, 입사각의 관계

식 (1-8)로부터 일몰 시간각(sunset hour angle, ω_s)을 계산할 수 있으며, 이때 $\theta_z = 90°$이다. 따라서,

$$\cos \omega_s = - \frac{\sin\phi \cdot \sin\delta}{\cos\phi \cdot \cos\delta} = - \tan \phi \cdot \tan \delta \tag{1-13}$$

또한, 식 (1-13)으로부터 일조 시간의 수(number of daylight hours)는 다음과 같이 주어진다.

$$N = \frac{2}{15} \cos^{-1}(- \tan \phi \cdot \tan \delta) \tag{1-14}$$

또 다른 중요한 각도로 표면 방위각 γ를 갖는 수조면 R에서의 직달 일사의 profile angle이 있다. 이것은 표면에 직각을 이루는 수직면에서의 태양 고도각의 투영(projection)이며 겉보기 태양 고도라고 불리기도 한다.

[그림 1-7]은 임의의 평면 R에서의 태양 고도각(α_s, $\angle$ BAC)과 profile angle(α_p, $\angle$ DEF)을 나타내고 있다. 여기서, 태양이 표면 R에 수직인 평면 위에 있으면 태양 고도각(α_s, $\angle$ BAC)과 profile angle(α_p, $\angle$ DEF)은 같게 된다. 예를 들면, 표면 방위각이 0° 또는 180°인 경우, 태양이 남중하는 정오에 이러하다. 이 profile angle은 차양에 따른 음영을 계산할 때 매우 유용하다. 그리고 식 (1-15)로부터 계산될 수 있다.

$$\tan \alpha_p = \frac{\tan \alpha_s}{\cos(\gamma_s - \gamma)} \tag{1-15}$$

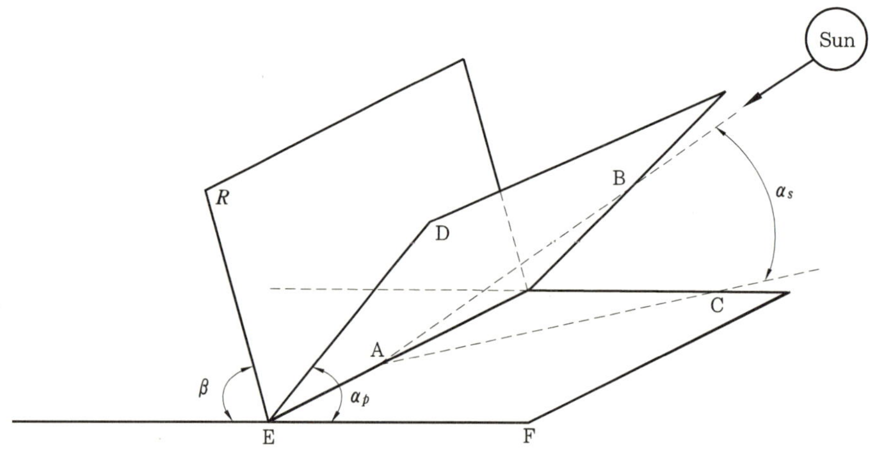

[그림 1-7] 표면 R에 대한 태양 고도각 (α_s)과 profile angle (α_p)의 관계

[이론적인 시간 단위의 일사량 계산 프로그램]

```
C      *********************************************************
C      *      Calculation of Solar Transmission Ratio in Balcony      *
C      ****         Created by Won-Ki, Choi. Inha Univ.        ****
C      ********************  2003. 04. 16   ********************
C
C      *********************************************************
       include "para.inc"
       Open(500, file = "horrad.dat", status = "new")
       Open(600, file = "solargeo.dat", status = "new")
       Pi = 3.14159265
       Rd = Pi / 180
```

```fortran
C         위치 정보
          L = 37.28
          P = 0.7
          rho = 0.20
          Lon = 128.28
          Ls = 135

alp = 0
          alpha = alp * Rd

          the = 90
          theta = the * Rd

          do 300 day = 1, 365

C         일수에 따른 적위 및 균시차 계산
          n = day
          B = 360 * ( n - 81 ) / 365 * Rd
          del = 23.45 * Rd * sin (B)
          delta = del /Rd
          E = 0.1645 * sin(2 * B) - 0.1255 * cos(B) - 0.025 * sin(B)

          do 200 hou = 1, 24

                  minu = 0
                  T = 0.2618 * (hou + minu / 60 - 12)

                  sinL = sin(L*Rd)
                  cosL = cos(L*Rd)
                  sinS = sin(del)
                  cosS = cos(del)
                  sinT = sin(T)
                  cosT = cos(T)
                  sinH = sinL * sinS + cosL * cosS * cosT
                  cosH = sqrt(1 - sinH * sinH)
                  sinA = cosS * sinT / cosH
                  cosA = (sinH * sinL - sinS)/(cosH * cosL)

                  sinTH = sin(theta)
                  cosTH = cos(theta)
                  sinAL = sin(alpha)
                  cosAL = cos(alpha)

cosAAL = cosA * cosAL * sinA * sinAL
                  sinHD = sinH * cosTH + cosH * sinTH * cosAAL
                  cosHD = sqrt(1 - sinHD * sinHD)
                  cosAD = (cosTH * sinHD - sinH)/(sinTH * cosHD)

                  call Radiation
                  call Radtilt
          Write (500, 1000) n, hou, delta, cosH, cosA, JTN, JTD, JTR
          Write (600, 1000) n, hou, delta, cosHD, cosAD, JTN, JTD, JTR
200       continue
300       continue

1000      format(3x, i3,5x, i3, 3x, f7.2, 3x, f5.2, 3x, f6.2, 3x, f6.2, 3x, f6.2, 3x, f6.2)
          end
```

```
C          일사량 계산 부분
           subroutine Radiation
           real P
           P = 0.7
           JO = 1367 * (1 + 0.033 * cos(0.01698 * n))
           if (sinH .LT. 0) then
                   JN = 0
                   JD = 0
                   goto 10
                   else
                   Pcosec = P ** ( 1 / sinH)
                   JN = JO * Pcosec
                   JD = 0.5 * JO * sinH * (1 - Pcosec)/(1 - 1.4 * log(P))
           end if

10         return
           end

           subroutine Radtilt
                   JTN = JN * sinHD
           if (sinHD .LT. 0) then
                   JTN = 0
                   JTD = 0
                   JTR = 0
                   goto 20
           else
                   JTD = (1 + cosTH) * JD / 2
                   JTR = rho * (1 - cosTH)*(JN * sinH + JD)/2
           end if
20                 JTT = JTN + JTD + JTR
           return
           end
```

1-7 표면 추적 각도 : Angle for Tracking Surface

태양 입사각을 최소화하여 표면으로 입사되는 일사량을 최대화하기 위해 계획된 방법으로 태양의 위치에 따라 경사각이 이동하면서 추적하는 것이다. 이러한 방법을 이용하기 위해서는 입사각과 표면 방위각을 알아야 한다.

먼저 하루를 주기로 동서축으로 수평으로 회전하는 면에 대하여, 매일 정오에 태양 광선이 표면에 수직으로 입사하는 방법에 대해서는

$$\cos \theta = \sin^2 \delta + \cos^2 \delta \cdot \cos \omega \qquad (1\text{-}16a)$$

이 표면의 경사도는 매일 조정되어 다음과 같다.

$$\beta = |\phi - \delta| \tag{1-16b}$$

하루 동안의 표면 방위각은 $0°\sim180°$ 사이에서 위도와 적위에 따라 변한다.

$$(\phi - \delta) > 0, \quad \gamma = 0° \tag{1-16c}$$

$$(\phi - \delta) < 0, \quad \gamma = 180°$$

다음으로 입사각을 최소화하기 위해 연속적으로 조정하는 동서축을 중심으로 수평으로 회전하는 평면에 대해서는

$$\cos \theta = (1 - \cos^2 \delta \cdot \sin^2 \omega)^{1/2} \tag{1-17a}$$

이 표면의 경사도는 매일 조정되어 다음과 같다.

$$\tan \beta = \tan \theta_z \cdot |\cos \gamma_s| \tag{1-17b}$$

태양 방위각의 $\pm 90°$이면 표면 방위각은 $0°\sim180°$ 사이에서 변한다. 또한, 남 · 북반구 어디에서나

$$|\gamma_s| < 90°, \quad \gamma = 0° \tag{1-17c}$$

$$|\gamma_s| > 90°, \quad \gamma = 180°$$

입사각을 최소화하기 위해 연속적으로 조정되는 남북축을 중심으로 수평으로 회전하는 평면에 대해서는

$$\cos \theta = (\cos^2 \theta_z + \cos^2 \delta \cdot \sin^2 \omega)^{1/2} \tag{1-18a}$$

이때 표면의 경사는 다음과 같다.

$$\tan \beta = \tan \theta_z \cdot |\cos (\gamma - \gamma_s)| \tag{1-18b}$$

표면 방위각은 태양 방위각의 신호에 따라 $\pm 90°$가 될 것이다.

$$\gamma_s > 0°, \quad \gamma = 90° \tag{1-18c}$$

$$\gamma_s < 0°, \quad \gamma = -90°$$

세 번째로 일정한 경사를 가지고 수직축을 회전하는 평면에서는 표면 방위각과 태양 위도각이 같아질 때, 입사각이 최소가 된다.

식 (1-6a)로부터, 입사각은

$$\cos \theta = \cos \theta_z \cdot \cos \beta + \sin \theta_z \cdot \sin \beta \tag{1-19a}$$

이며, 경사가 일정하게 고정된다면,

$$\beta = \text{일정(상수)} \tag{1-19b}$$

표면 방위각은

$$\gamma = \gamma_s \tag{1-19c}$$

이다.

다음으로 입사각 θ를 최소화하기 위해 계속적으로 조정이 이루어지는 지구의 회전축과 평행한 남북축을 도는 평면에 대해서는

$$\cos \theta = \cos \delta \tag{1-20a}$$

경사는 계속해서 변하게 되므로,

$$\tan \beta = \tan \phi / \cos \gamma \tag{1-20b}$$

표면 방위각은

$$\gamma = \tan^{-1} (\sin \theta_z \cdot \sin \gamma_s / \cos \theta' \cdot \sin \phi) + 180 \cdot C_1 \cdot C_2 \tag{1-20c}$$

여기서,

$$\cos \theta' = \cos \theta_z \cdot \cos \phi + \sin \theta_z \cdot \sin \phi \tag{1-20d}$$

$$[\tan^{-1} (\sin \theta_z \cdot \sin \gamma_s / \cos \theta' \cdot \sin \phi)] + \gamma_s = 0 \text{이면}, \quad C_1 = 0$$

그렇지 않은 경우는

$$C_1 = 1 \tag{1-20e}$$

이다. 만약

$$\gamma_s \geqq 0 \text{이면}, \quad C_2 = 1$$

$$\gamma_s < 0 \text{이면}, \quad C_2 = -1 \tag{1-20f}$$

이다.

끝으로 입사각을 최소화하기 위해 두 개의 축(동서축과 남북축, 즉 태양 방위각에 따른 추적과 태양 고도에 따른 추적) 주변을 계속해서 이동하는 평면에 대해서는

$$\cos \theta = 1 \tag{1-21a}$$

$$\beta = \alpha \tag{1-21b}$$

$$\gamma = \gamma_s \tag{1-21c}$$

의 관계가 있다.

1-8 수평면과 경사면의 일사 강도 비율

수평면과 경사면의 일사 강도 비율인 기하학적 계수 R_b는 방정식 (1-22)를 사용하여 정확히 계산할 수 있다. [그림 1-8]은 다음과 같다.

$$R_b = G_{bt} / G_b = G_{bn} \cdot \cos \theta / G_{bn} \cdot \cos \theta_z = \cos \theta / \cos \theta_z \tag{1-22}$$

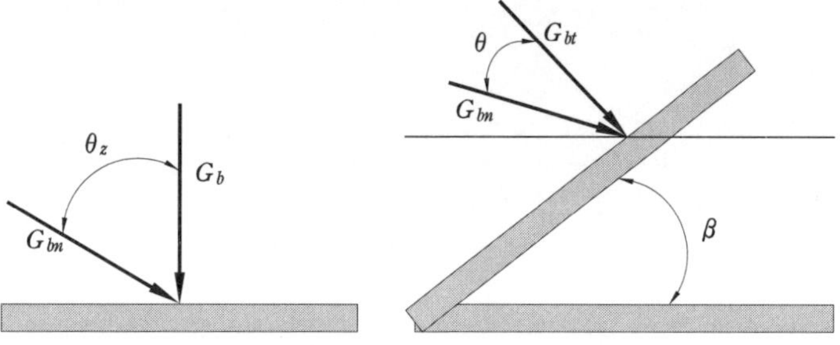

[그림 1-8] 수평면과 경사면에 있어서의 직달 일사량

그리고 $\cos \theta$와 $\cos \theta_z$는 모두 방정식 (1-6)으로부터 결정된다.

경사를 갖는 표면에 있어서 최적의 방위각은 일반적으로 북반구에서는 0°이다(남반구에서는 180°). 이것은 $\gamma = 0$을 의미한다.

이 경우, 방정식 (1-8)과 방정식 (1-10)은 각각 $\cos \theta_z$와 $\cos \theta$를 결정하는 데 사용될 수 있다. 즉, 북반구의 $\gamma = 0°$일 경우, R_b는

$$R_b = G_{bt} / G_b = G_{bn} \cdot \cos \theta / G_{bn} \cdot \cos \theta_z = \cos \theta / \cos \theta_z$$

$$= \frac{\cos (\phi - \beta) \cdot \cos \delta \cdot \cos \omega + \sin (\phi - \beta) \cdot \sin \delta}{\cos \phi \cdot \cos \delta \cdot \cos \omega + \sin \phi \cdot \sin \delta} \tag{1-23a}$$

남반구의 경우, $\gamma = 180°$이므로,

$$R_b = G_{bt} / G_b = G_{bn} \cdot \cos \theta / G_{bn} \cdot \cos \theta_z = \cos \theta / \cos \theta_z$$

$$= \frac{\cos (\phi + \beta) \cdot \cos \delta \cdot \cos \omega + \sin (\phi + \beta) \cdot \sin \delta}{\cos \phi \cdot \cos \delta \cdot \cos \omega + \sin \phi \cdot \sin \delta} \tag{1-23b}$$

특별한 경우로, 태양이 남중할 때 정남을 향해 경사진 표면에서의 기하학적 계수 $R_{b, noon}$은 북반구의 경우 다음과 같다.

$$R_b = \frac{\cos|\phi - \delta - \beta|}{\cos|\phi - \delta|} \tag{1-24}$$

남반구의 경우는

$$R_b = \frac{\cos|-\phi + \delta - \beta|}{\cos|-\phi + \delta|} \tag{1-25}$$

이다.

1-9 수평면의 대기권 밖 일사량

어느 때고 대기권 밖의 수평면에 입사되는 일사량은 방정식 (1-1)을 R_b로 나눈 값으로써 수직 입사 일사량이 된다.

$$G_o = G_{SC}\left(1 + 0.033 \times \cos\frac{360\,n}{365}\right)\cos\theta_z \tag{1-26}$$

식 (1-26)은 식 (1-8)과 결합하여, 일출과 일몰 사이의 어떠한 시간에서 수평면에 입사되는 일사량 G_o를 나타내면,

$$G_o = G_{SC}\left(1 + 0.033 \times \cos\frac{360\,n}{365}\right)\times(\cos\phi\cdot\cos\delta\cdot\cos\omega + \sin\phi\cdot\sin\delta) \tag{1-27}$$

그리고 종종 대기권 밖 수평면의 일일 누적 일사량 H_o값이 필요한 경우가 있다. 이것은 방정식 (1-27)을 일출 시간에서 일몰 시간까지 적분함으로써 얻을 수 있다.

만약 태양상수 G_{SC}가 $[\mathrm{W/m^2}]$의 단위를 갖는다면, H_o는 $[\mathrm{J/m^2}]$의 단위를 갖으며 다음과 같다.

$$H_o = \frac{24 \times 3600 \times G_{SC}}{\pi}\left(1 + 0.033 \times \cos\frac{360\,n}{365}\right)$$

$$\times\left(\cos\phi\cdot\cos\delta\cdot\sin\omega_s + \frac{\pi\cdot\omega_s}{180}\sin\phi\cdot\sin\delta\right) \tag{1-28}$$

여기서, ω_s는 일몰 시간각이며, 방정식 (1-13)으로부터 계산된다.

연습문제

북위 43°의 4월 15일의 H_o는 얼마인가?

풀 이 통상일 또는 일수는 $n = 105$이며, 적위는 $9.4°$이며, $\phi = 43°$이다.

따라서, $\cos \omega_s = -\tan 43° \cdot \tan 9.4 = 98.9°$이다.

따라서, 방정식 (1-28)과 태양상수 $G_{SC} = 1367 \, \text{W/m}^2$을 이용하면,

$$H_o = \frac{24 \times 3600 \times 1367}{\pi} \left(1 + 0.033 \times \cos \frac{360 \cdot 105}{365}\right)$$

$$\times \left(\cos 43 \cdot \cos 9.4 \cdot \sin 98.9 + \frac{\pi \cdot 98.9}{180} \sin 43 \cdot \sin 9.4\right)$$

으로부터, $H_o = 33.8 \, \text{MJ/m}^2$이다.

다음으로 중요한 값이 특정 시간 사이에서의 일사량 값으로, 방정식 (1-27)을 시간각으로 적분하여 얻을 수 있다.

$$I_o = \frac{12 \times 3600}{\pi} \times G_{SC} \left(1 + 0.033 \times \cos \frac{360 n}{365}\right)$$

$$\times \left(\cos \phi \cdot \cos \delta \cdot (\sin \omega_2 - \sin \omega_1) + \frac{\pi \cdot (\omega_2 - \omega_1)}{180} \sin \phi \cdot \sin \delta\right) \quad (1-29)$$

연습문제

북위 43°의 4월 15일의 10시에서 11시 사이의 일사량 I_o은 얼마인가?

풀 이 앞의 연습문제에서와 같이 일수 $n = 105$이며, 적위는 $9.4°$ 이며, $\phi = 43°$이다.

따라서, $\cos \omega_s = -\tan 43° \cdot \tan 9.4 = 98.9°$이다. 그리고 시간각 $\omega_1 = -30°$이고, $\omega_2 = -15°$이다.

따라서, 방정식 (1-29)와 태양 상수 $G_{SC} = 1367 \, \text{W/m}^2$을 이용하면,

$$I_o = \frac{12 \times 3600}{\pi} \times 1367 \left(1 + 0.033 \times \cos \frac{360 \cdot 105}{365}\right)$$

$$\times \left(\begin{array}{l} \cos 43 \cdot \cos 9.3 \cdot [\sin(-15) - \sin(-30)] \\ + \dfrac{\pi \cdot [-15 - (-30)]}{180} \sin 43 \cdot \sin 9.3 \end{array}\right)$$

으로부터, $I_o = 3.79 \, \text{MJ/m}^2$이다.

2. 일조 데이터 및 모델들
(Insolation Data and Models)

2-1 일사의 구성요소 : Components of Solar Radiation

명확한 전문용어(terminology)는 다양한 유형의 Solar Radiation을 구분하는 데 반드시 필요하다. 복사 강도(radiative power, $[\text{W/m}^2, \text{Btu}/(\text{h}\cdot\text{ft}^2)]$)는 irradiance로 I로 표시한다. 특정 시간 간격, 즉 1시간이나 1일 동안의 복사에너지(radiative energy, $[\text{J/m}^2, \text{Btu}/(\text{h}\cdot\text{ft}^2)]$)는 irradiation으로 H로 표시한다.

태양으로부터의 직달 일사(direct radiation or beam radiation)는 하첨자 dir로 표시하며, 확산 또는 산란 일사(diffuse radiation)는 하첨자 dif로 표시한다. 그리고 표면에 입사되는 직달 일사와 확산 일사의 합인 전일사량(global radiation or total radiation)은 하첨자 glo로 표시하며, 단지 표면의 한 면에 대해서만 나타낸다.

그 외 일사를 받는 표면(수조면)에 대한 표시로 수평면인 경우 hor을, 수직면인 경우 ver 등으로 나타낸다.

복사에너지 자료들은 상당히 많은 장소에서 수집된다. 이러한 자료들의 질(quality)과 유형은 광범위하다. 장기간 자료 수집은 비용이 많이 들고, 무엇보다도 이용자들은 수평면 전일사량 값보다는 다른 어떠한 값들이나 일일(daily) 자료보다는 시간(hourly) 자료들을 원하는 경우가 많다. 대부분의 기상청(weather station)에서는 일사량을 측정하는 것이 아니라 단지 운량(cloud cover)이나 일조 시간(hours of sunshine)과 같은 간접적인 평가만을 제공하기도 한다. 이러한 정보들은 일사량이 측정되는 기상청 간에 서로 보간(interpolation)을 해야 함에도 불구하고 유용한 것이다.

측정 데이터와 필요한 데이터 간의 오차를 최소화하기 위해, 다양한 상관식들과 모델들이 개발되었다. 예를 들어, 단지 수평면 전일사량($I_{glo,\ hor}$)값만이 주어진다면, 다음의 방정식 (2-1)을 이용하여 확산 일사량을 계산할 수 있다(Erbs et al. 1982).

$$\frac{I_{dif}}{I_{glo}} = \begin{cases} 1.0 - 0.09\,K_T & 0 \leq K_T \leq 0.22 \\ 0.9511 - 0.1604\,K_T + 4.388\,K_T{}^2 \\ \quad - 16.638\,K_T{}^3 + 12.336\,K_T{}^4 & 0.22 \leq K_T \leq 0.80 \\ 0.165 & 0.80 \leq K_T \end{cases} \tag{2-1}$$

여기서,

$$K_T = \frac{I_{glo}}{I_0 \cos \theta_s} \tag{2-2}$$

로 매 시간에 따른 쾌청 지수(clearness index)라고 불리며, 천공각이 θ_s 일 때, 대기권 밖의 복사 강도와 지표면에서의 복사 강도와의 비로 나타낸다.

2-2 경사면의 일사량 : Radiation on the Tilted Surfaces

경사면의 일사량은 3개의 성분, 즉 직달 일사, 산란 일사 그리고 지면으로부터의 반사 일사를 포함한다. 직달 일사 성분은 법선면 직달 일사(I_{dir})와 표면의 경사각의 cosine 값의 곱이다. 천공과 지면으로부터의 확산 일사 성분을 계산하기 위해서는 먼저 angular distribution에 대한 고려가 있어야 한다. 가장 간단한 가정(hypothesis)으로 등방성(isotropy)이 있다. 보다 정확한 비등방성(anisotropy) 모델이 개발(e. g. Hay. 1979)되었으나, 건물의 경우 등방성 모델만으로 충분한 정확성을 얻을 수 있다.

음영이 생기지 않는 평평한 표면이 θ_p의 각도로 기울어져 있다면, 천공 및 지면과의 형태계수(shape factor) 각각 식 (2-3)과 식 (2-4)와 같다.

$$F_{sky} = \frac{1 + \cos \theta_p}{2} \tag{2-3}$$

$$F_{grd} = \frac{1 - \cos \theta_p}{2} \tag{2-4}$$

그러므로, 경사면의 전일사량은

$$I_{glo,\,p} = I_{dir} \cos \theta_i + I_{dif} \cdot F_{sky} + I_{glo,\,hor} \cdot \rho_g \cdot F_{grd} \tag{2-5}$$

여기서, 수평면 전일사량 $I_{glo,\,hor}$은

$$I_{glo,\,hor} = I_{dir} \cdot \cos\theta_s + I_{dif} \tag{2-6}$$

이며, ρ_g는 지표면 반사율로 일반적인 표면은 0.2, 눈으로 덮힌 경우 0.7로 가정하며, 〈표 2-1〉[11]에 일반적인 표면들의 반사율값을 정리하여 나타내었다.

〈표 2-1〉 일반적인 표면들의 반사율

표　　　　　　면	반 사 율
Natural Surfaces(no vegetation)	
snow(fresh)	0.75
soils(clay, loam, etc.)	0.14
water(relatively large incidence angles)	0.07
Artificial Surfaces	
bituminous and gravel roof	0.13
blacktop, old	0.10
building surfaces, dark(red brick, dark paints, etc.)	0.27
building surfaces, light(light brick, light paints, etc.)	0.60
concrete, new	0.35
concrctc, old	0.25
crushed rock surface	0.20
earth roads	0.04
Vegetation	
coniferous forest(winter)	0.07
leaves, dead	0.30
forests in autumn, ripe field crops, plants	0.26
grass, dry	0.20
grass, green	0.26

그리고 반사율은 표면의 상태(조건)에 따라 매우 많은 영향을 받으며, 표면의 기울기에 따라서도 그 값이 조금씩 변화한다.

중요한 수직면에 경우, $\theta_p = 90°$이므로, 방정식 (2-5)는 다음과 같이 단순한 형태가 된다.

---

11) Based on Hunn and Calafell, 1977, and Threlkeld, 1970.

$$I_{glo,ver} = I_{dir} \cos \theta_i + 0.5 \cdot I_{dif} + 0.5 \cdot I_{glo,hor} \cdot \rho_g \tag{2-7}$$

엄밀히 말하면 이러한 방정식들은 수조면 앞의 토양이 그림자가 지지 않는 경우에만 정확한 것이다. 그러나 오전의 서측 표면과 같이 부분적으로 그림자가 지는 경우 매우 복잡한 계산이 필요하기 때문에, 노력에 비해 정확도 면에서 큰 차이를 갖지 않으므로 위의 방정식들만으로 충분한 계산의 정확도를 얻는 것이 가능하다.

2-3 Clear Sky Radiation

맑은 날 일사량은 단순 모델로 상당히 높은 정확도를 갖는데, 이는 맑은 대기의 투과율이 위치나 시간에 대하여 크게 변화하지 않기 때문이다. ASHRAE(1989)에서 사용된 모델은 Threlkeld와 Jordan(1958)에 의해 40년이 넘게 연구된 자료에 기초한다. 그리고 1976년 Hottel은 모델을 조금 더 복잡하지만, 보다 광범위한 자료와 수학적으로 계산할 수 있는 이점을 갖는, 유연성 있고 정확한 모델을 개발하였다.

이 모델은 ASHRAE 모델에서는 찾을 수 없는 중요한 특징인, 고도(altitude)에 따른 영향을 포함하며, 2개의 가시(可視) 지표(visibility index) 사이의 값을 선택할 수 있도록 한다.

〈표 2-2〉 Clear Day Model의 매개변수들

(a) 2개의 가시 지표에 따른 매개변수 a_0, a_1, k는 해발고도 A의 함수이다.

	23 km visibility	5 km visibility
a_0	$\gamma_0 [0.4237 - 0.00821 \times (6.0 - A)^2]$	$\gamma_0 [0.2538 - 0.0063 \times (6.0 - A)^2]$
a_1	$\gamma_1 [0.5055 - 0.00595 \times (6.5 - A)^2]$	$\gamma_1 [0.7678 - 0.0010 \times (6.5 - A)^2]$
k	$\gamma_k [0.2711 - 0.01858 \times (2.5 - A)^2]$	$\gamma_k [0.2490 - 0.0810 \times (2.5 - A)^2]$

(b) Correction factors γ_0, γ_1, γ_2

	γ_0 visibility			
climate type	23 km	5 km	γ_1	γ_2
tropical	0.95	0.92	0.98	1.02
mid-latitude summer	0.97	0.96	0.99	1.02
subarctic summer	0.99	0.98	0.99	1.01
mid-latitude winter	1.03	1.04	1.01	1.00

Hottel에 따르면, 수직으로 입사되는 직달 일사 성분 I_{dir} 은 다음과 같이 계산할 수 있다.

$$I_{dir} = G_{on} \cdot \left[a_o + a_1 \cdot \exp\left(- \frac{k}{\cos \theta_s} \right) \right] \tag{2-8}$$

이 모델은 대기를 3종류의 기체가 중첩된 것으로 취급한다. 첫 번째 항은 black & clear 기체를 표현하는 항이고, 두 번째 항은 gray 기체이다. 매개변수들은 대기의 상태에 의존하며, 〈표 2-2(b)〉[12])에 정리되어 있다.

확산 일사량의 경우 맑은 날, 수평면의 확산 일사 성분 I_{dif} 은 1960년의 Liu와 Jordan의 상관식으로부터 계산할 수 있다.

$$I_{dif} = (0.271 \cdot G_{on} - 0.2939 \cdot I_{dir}) \cdot (\cos \theta_s) \tag{2-9}$$

2-4　Long-Term Average Insolation

본 절에서는 대기권 밖의 일사량과 지표면에서의 일사량의 비율인 하루 동안의 쾌청지수(clearness index) K_T 로 다양한 값들을 계산하는 방법을 설명한다.

$$K_T = \frac{H_{glo,\,hor}}{H_O} \tag{2-10}$$

여기서, $H_{glo,\,hor}$ 는 하루 동안의 지표면에서의 전일사량이며, H_O 는 같은 표면의 하루 동안의 대기권 밖에서의 전일사량이다.

쾌청지수의 정의로부터, 지표면 일사량의 변화에 대한 2개의 독립 인자들을 분리할 수 있다. 즉, 지구 자전에 따른 대기와 위치 관계가 그것이다. 몹시 흐린 날의 경우, K_T 는 0.05에서 0.1까지 낮아지는 반면, 매우 맑은 날에는 0.7에서 0.75 근처이다. 월 평균 $\overline{K_T}$ 는 보통 0.3에서 0.75까지의 범위를 갖고, 이 값은 광범위하게 이용된다.

먼저 일일 평균 확산 일사량을 계산하기 위한 첫 번째 단계로써,

$$\frac{\overline{H_{dif}}}{H_{glo,\,dif}} = 0.775 + 0.347 \frac{(\omega_{ss} - 90°)\,\pi}{180°}$$

$$- \left[0.505 + 0.261 \frac{(\omega_{ss} - 90°)\,\pi}{180°} \right] \cos \frac{360°\,(\overline{K_T} - 0.9)}{\pi} \tag{2-11}$$

---

12) Based on Hottel, 1976.

두 번째 단계로써, 특정 시간에서의 일사량을 일일 일사량으로 바꾸기 위해 다음 식을
이용한다.

$$\overline{I_{glo,\,hor}} = \gamma_{glo} \cdot (\,\omega_{ss},\ \omega\,)\,\overline{H_{glo,\,hor}} \tag{2-12}$$

그리고,

$$\overline{I_{dif}} = \gamma_{dif} \cdot (\,\omega_{ss},\ \omega\,)\,\overline{H_{dif,\,hor}} \tag{2-13}$$

여기서, ω_{ss}와 ω는 일몰 시간각과 하루 중 특정 시간에서의 시간각을 각각 나타낸다.
그리고

$$\gamma_{dif}\,(\,\omega_{ss},\ \omega\,) = \frac{\pi}{\tau_{day}} \cdot \frac{\cos\omega - \cos\omega_{ss}}{\sin\omega_{ss} - \dfrac{\pi \cdot \omega_{ss}}{180°}\cos\omega_{ss}} \tag{2-14}$$

$$\gamma_{glo}\,(\,\omega_{ss},\ \omega\,) = (\,a + b\cos\omega\,)\,\gamma_{dif}\,(\,\omega_{ss},\ \omega\,) \tag{2-15}$$

이다. 그리고 $\tau_{day} = 24\,h = 86400\,s$이고,

$$a = 0.4090 + 0.5016\sin(\omega_{ss} - 60°) \tag{2-16}$$

$$b = 0.6609 + 0.4767\sin(\omega_{ss} - 60°) \tag{2-17}$$

이다.

따라서, 법선면 직달 일사량은 다음과 같다.

$$\overline{I_{dir}} = \frac{\overline{I_{glo,\,hor}} - \overline{I_{dif}}}{\cos\theta_s} \tag{2-18}$$

등방성이라는 가정으로부터 확산 일사 성분은, 특정 시간에서의 표면이 받는 평균 일
사량을 계산할 수 있으므로, 일출과 일몰 시간동안 적분하여 일일 평균 일사량값을 얻을
수 있다.

비록 계산이 상당히 복잡하지만, 일일 누적 일사량값은 1989년 Potter et al.에 의해
밝혀진 것과 같이, 단순한 상관식으로 표현될 수 있다. 이는 1980년 SERI 자료들을 이
용하여, 30°~45° 사이 위도에 위치한 기본 방위(동, 서, 남, 북)에 위치한 수직면에 대
한 월 누적 일사량값 $\overline{H_{glo,\,vert}}$ 을 계산하였다. 그리고 $\overline{H_{glo,\,vert}}$ 과 $\overline{K_T}$ 사이의 관계가 단
순 선형 모델로 표현될 수 있다는 것을 발견하였다.

$$\overline{H_{glo,\,vert}} = a\,\overline{K_T} + b \tag{2-19}$$

여기서, 계수 a, b 는 〈표 2-3〉과 같은 위도와 시간 그리고 표면의 방위에 의존한다.
이 방정식의 정확도는 매우 우수하며, 평균 오차는 1% 미만이다.

〈표 2-3〉 방정식 $\overline{H_{glo,\,vert}} = a\,\overline{K_T} + b$의 매개변수 값

	North				East / West				South			
					January							
$\lambda =$	30°	35°	40°	45°	30°	35°	40°	45°	30°	35°	40°	45°
$a =$	326	217	209	210	1288	1171	1066	927	2783	2925	2861	2651
$b =$	113	122	86	49	−66	−63	−63	−52	−283	−352	−327	−258
					April / October							
$\lambda =$	30°	35°	40°	45°	30°	35°	40°	45°	30°	35°	40°	45°
$a =$	459	425	430	448	1849	1872	1891	1904	1310	1544	1784	2018
$b =$	298	304	285	260	−31	−49	−67	−84	137	85	17	−51
					July							
$\lambda =$	30°	35°	40°	45°	30°	35°	40°	45°	30°	35°	40°	45°
$a =$	848	817	830	854	1917	2010	2082	2189	599	897	1136	1430
$b =$	251	269	268	266	3	−24	−40	−77	367	291	243	164

2-5 상당외기온도 : Sol-Air Temperature

건물의 외측 표면에 흡수되는 일사의 영향을 해석하기 위해 편리하게 이용되는 상당
외기온도에 관하여 살펴본다.

만약 외부 환경이 복사와 대류에 따른 외기온도 T_o에 의해 특징지울 수 있다면, 외부
환경으로부터 벽체 표면으로의 단위 면적당 열류(heat flow)는 다음과 같다.

$$q = h_o (T_o - T_s) \tag{2-20}$$

여기서, h_o : 외표면의 대류 및 복사에 따른 열전달 계수

T_s : 벽체 표면의 온도

만약, 표면에 흡수되는 복사 열유속(radiative flux) αI가 추가된다면, 방정식 (2-20)은

$$q_{t\,ot} = h_o (T_o - T_s) + \alpha I \tag{2-21}$$

부하 계산을 단순화하기 위해, 방정식 (2-21)과 같이 열유속과 온도를 모두 지정하는
것보다는 방정식 (2-21)과 같은 형태의 방정식으로 작업하는 것이 좋다. 이렇게 하기

위해 외기온도 T_o를 등가온도(equivalent temperature)로 대체함으로써, 방정식 (2-21)은 방정식 (2-20)과 같은 형태로 바꿀 수 있다. 즉, 방정식 (2-21)의 우변을 등가온도 $T_o + \dfrac{\alpha I}{h_o}$ 을 이용하여 나타내면, 방정식 (2-20)과 같은 형태로 바뀌게 된다.

태양 열유속(solar flux)과 적외선 열교환(infrared exchange) 모두 이 방법으로 처리할 수 있다. 특히 천공의 복사온도(radiation temperature of the sky)가 외기온도보다 낮을 때 더욱 그러하다. 소위 상당외기온도(sol-air temperature)라고 하는 것에는 이 두 영향이 모두 포함되어 있으며, 다음과 같이 정의된다.

$$T_{sol} = T_o + \frac{\alpha I}{h_o} - \frac{\Delta q_{ir}}{h_o} \tag{2-22}$$

여기서,

h_o : 외표면의 대류 및 복사에 따른 열전달 계수 $[\mathrm{W/m^2 \cdot {}^{\circ}K}]$

I : 표면에 입사되는 전일사량 $[\mathrm{W/m^2}]$

Δq_{ir} : 만약 천공온도가 외기온도와 서로 다른 경우, 외부 환경과 표면 사이의 적외선 복사 열전달에 대한 보정 $[\mathrm{W/m^2}]$

실제로, $\Delta q_{ir} / h_o$ 의 변화는 수직면의 경우 $0\,℃$에서 수평면(특히 지붕)의 경우 $3.9\,℃(≒7°F)$까지 변한다고 가정한다. 상당외기온도 항을 이용하여, 방정식 (2-21)을 정리하면,

$$q_{tot} = h_o (T_{os} - T_s) \tag{2-23}$$

설계 조건을 위한 외기온도는 상당외기온도를 이용하여 나타낼 수 있다. 이것은 외벽면의 일사에 대한 영향이 자동적으로 포함되기 때문에 편리하다.

3. 야간 복사량의 추정

대기 복사량 R_{SKY}는 대기에서 지표로 향한 장파장 복사량이며, Brunt의 식과 Philipps의 식을 조합시켜서 외기 건구온도와 지표면온도를 같다고 가정하여 식 (3-1)과 같이 계산한다.

$$R_{SKY} = \left\{ \left(1 - 0.62 \frac{CC}{10} \right) B_r + 0.62 \frac{CC}{10} \right\} \sigma \left(T_{out} + 273.15 \right)^4 \tag{3-1}$$

여기서, CC는 운량(雲量)이고, B_r은 사출률(射出率)이라고 하며,

$$B_r = 0.51 + 0.076 \sqrt{P_W} \tag{3-2}$$

P_W는 수증기 분압이며, 단위는 mmHg이다. 그리고 만약 P_W의 단위가 kPa이면, 식 (3-2)는 $B_r = 0.51 + 0.209 \sqrt{P_W}$ 와 같이 된다.

대기 복사량은 수백 W/m^2가 되지만, 건물의 외표면으로부터의 복사에 의한 방열이 있기 때문에 건물 표면에서의 장파장 복사의 열수지는 일반적으로 열손실($-$)이 된다. 지표면으로부터의 복사량 R_{GRD}와 대기 복사량과의 차를 야간 복사량(RN)이라 한다.

$$RN = R_{GRD} - R_{SKY} \tag{3-3a}$$

지표면을 흑체라 가정하고, 지표면온도를 외기온도와 같다고 가정한다면,

$$RN = \sigma \left(T_{out} + 273.15 \right)^4 - R_{SKY}$$

$$= \left(1 - 0.62 \frac{CC}{10} \right) \cdot \left(1 - B_r \right) \cdot \sigma \cdot \left(T_{out} + 273.15 \right)^4 \tag{3-3b}$$

이 된다. 식 (3-1)의 { }는 1 이하이므로 야간 복사는 지표면에서 보아 방열임을 알 수 있다. 야간 복사는 건물의 표면에서의 열수지를 생각하는 경우에도 이용할 수 있다. 즉, 간편화하기 위해 일사를 무시하고, 건물 외표면에 있어서 열취득 q는 표면온도 T_S를 이용하여, 식 (3-4)과 같이 나타낼 수 있다.

$$q = \alpha_c \cdot \left(T_{out} - T_S \right) - \varepsilon \cdot \left\{ \sigma \cdot \left(T_S + 273.15 \right)^4 - F_s \cdot R_{SKY} - \left(1 - F_s \right) R_{GRD} \right\}$$

$$= \alpha_o \cdot \left(T_{out} - T_S \right) - \varepsilon \cdot F_S \cdot RN \tag{3-4}$$

이와 유사한 개념으로 TRNSYS에는 Type 69 Effective Sky Temperature 컴포넌트가 있으며, TRNSYS Components의 Physical Phenomena에 자세히 소개되어 있다.

4. 지중온도의 추정법

지하실 혹은 지면에 접한 바닥에서 열손실이나 열취득을 생각하는 경우에는 지중온도가 필요하다. 지중온도는 지역 외에 흙의 종류나 건물의 유무에 따라서도 서로 다르지만, 반무한 고체의 주기적 열전도의 해를 이용함으로써 실용적인 자료를 추정할 수 있다.

보통 지표면으로부터 50~60 cm 보다 깊게 되면 지온의 일변동은 없는 것으로 생각해도 좋으므로 지중온도 자료에 대해서는 연간 변동만을 고려한다.

지표면온도의 연간 변동을 cos 곡선으로 가정하여, 불이층(不易層)[13] 온도를 T_{GRD}, 지표면온도의 연교차를 ΔT_{GRS}라 하면 통상일 n에 있어서의 깊이 $Z(\mathrm{m})$에서의 지중온도 T_{GRZ}는

$$T_{GRZ} = T_{GRD} + \frac{1}{2}\Delta T_{GRS} \cdot A_Z \cdot \cos\left(\frac{2 \cdot \pi \cdot (n - n_{mx} - B_Z)}{365}\right) \tag{4-1}$$

로 나타난다. n_{mz}는 지표면온도의 연간 최고값이 생기는 날의 통상일이다. 그리고 A_Z, B_Z는 각각 깊이 Z로 했을 때의 진폭 감소율과 Time-Lag이며, 다음 식으로 계산한다.

$$A_Z = e^{-CZ} \tag{4-2}$$

$$B_Z = CZ \frac{365}{2 \cdot \pi} \tag{4-3}$$

여기서, $C = \sqrt{\dfrac{\pi}{\alpha \cdot \tau}}$, α는 흙의 열확산율$[\mathrm{m^2/h}]$이며, τ는 주기이고 이 경우는 1년이다.

즉, $\tau = 365\,\mathrm{day} = 8760\,\mathrm{h} = 31.536 \times 10^6\,\mathrm{s}$ 이다.

Watanabe에 의하면 지중 불이층은 지하 10 m 전후의 장소에 있으므로 10 m인 점을

---

13) 일년 내내 지중온도가 변화하지 않는(일정한) 깊이 이하의 층(層)

불이층 깊이로 하고, ΔT_{GRS}의 0.5%인 연변화를 허용하여 흙의 열확산율을 역산하면, $\alpha = 0.0013\ \mathrm{m^2/h} = 0.36 \times 10^{-6}\ \mathrm{m^2/s}$가 된다. 그러므로

$$C = \sqrt{\dfrac{\pi}{0.36 \times 10^{-6} \times 31.536 \times 10^{6}}} = 0.526 \text{이 된다. 그러므로 이 값을 이용하여,}$$

식 (4-1)과 식 (4-2)를 다시 나타내면,

$$A_Z = e^{-0.526\,Z} \tag{4-4}$$

$$B_Z = 0.526\,Z\,\frac{365}{2\cdot\pi} = 30.556\,Z \tag{4-5}$$

식 (4-1)의 계산에서는 T_{GRD}, ΔT_{GRS}가 필요하지만, 일반적으로 지표면 및 지중온도 관측값은 얻을 수 없는 경우가 많다.

그렇지만 불이층 온도 대신에 연평균 기온, 지표면온도의 연교차 대신에 기온의 연교차를 이용하더라도 실용상 문제가 없는 것으로 여겨지고 있다.

앞에서 천공온도와 같이 지중온도를 계산하는 컴포넌트 또한 TRNSYS에 포함되며, 천공온도 다음에 자세히 소개되어 있다.

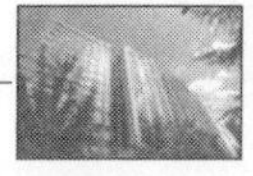

5. 상용 프로그램의 기상 데이터

모든 건물 시뮬레이션 프로그램들은 건물 모델들이 위치한 지역의 기상 조건을 나타내는 몇 가지 방법들을 채택하고 있다. 예를 들어, Radiance(Ward 1996)는 실내와 유리창을 통한 일사의 분포를 계산하기 위한 천공 상태와 조도(illuminance)값을 필요로 한다. 미국이나 영국에서 가장 널리 사용되는 에너지 시뮬레이션 프로그램 세 가지는 ESP-r, BLAST 그리고 DOE-2이며, 이 프로그램들 또한 건물의 응답을 모의실험 하기 위해 기상 조건들을 사용한다.

그러나 시뮬레이션 능력의 엄청난 진보가 있은 지 30년이 지난 지금도 단순한 시간에 따른 온도, 습도, 풍속. 풍향, 대기압, 일사량, 운량 등의 일련의 데이터를 이용하고 있다. 이러한 데이터는 국립 기상대나 지방의 기상청으로부터 수집되어 얻어진 '전형적' 데이터들이다.

이러한 전형적 데이터들의 예에는 미국이나 캐나다의 TMY2(NREL 1995)와 WYEC2(ASHRAE 1997), 유럽의 TRY(CEC 1985)가 있다. TMY2와 WYEC2는 미국에서 TMY, WYEC 그리고 TRY와 같은 이전의 형식보다는 일사량과 조도를 더 포함하고 있다. 1998년에 Crawley는 장기간의 기후 패턴에 보다 적합하도록 TMY2와 TRY 데이터 조합을 선택하여 사용하는 방법들을 증명하였다.

일사나 일조 데이터는 시뮬레이션 프로그램들에서 그 필요성이 증대되고 있다. Daylight 인자(factor)를 측정하려고 시도해 본 사용자들이라면, 부분적으로 구름낀 상태에서의 조도의 영향에 친숙하게 되었을 것이다.

경량의 건물 구조의 팽창과 수축 또한 일사에 상당한 영향을 끼친다. 단일 측면을 통한 환기(single-sided ventilation)는 풍압의 영향에 의존하게 되며, 많은 도시들의 보행자들은 방향이 바뀌고(change direction) 갑자기 불어오는 바람의 편안한 느낌에 익숙해져 있다. 설계(design) 문제점들이 그러한 결과들과 관련되어 증가되는 추세이다.

건물 에너지 관리 시스템(Building Energy Management System : BEMS)의 사용 증가에 따라 미래의 제어 전략(control strategy)들에 대한 예측 도구로써 사용될 수 있는 시뮬레이션은, 매우 정밀한(high frequency) 정보를 제공해 줄 수 있다. 특히, 진보된 주광에 대한 제어는 실제 조건하에서 실험되는 가능한 지배 기간(control regimes)을 보장하기 위한 sub-hourly 조도 자료를 요구한다.

1997년에 Janak은 5분과 1시간 간격에 따른 조도의 차에 관한 자료에서 40%에 이르는 예상 변화들이 있을 수 있다는 것을 관찰하였다.

더 나아가, 실험과 시뮬레이션에 기초한 작업의 혼용은 temporal database facility를 통한 이러한 자료들을 가속화시키고 측정할 수 있었다. 양질의 dataset [14]이 수적으로 증가함에 따라, 전세계적으로 보급되기 위해서는 일정한 형식에 맞추어 그러한 정보들을 요약, 정리할 필요성 또한 증가되었다. 시뮬레이션 단체들은 1시간보다 짧은 간격의 분석으로 모델화되는 경계조건들을 갖는 매우 정밀한 거동 예측의 불확실성 또한 고려해야만 하며, 개업자(practitioner)의 요구사항과 질적 보장(quality assurance)에 대한 결과 또한 고려해야만 한다. 왜냐하면, 겨울철 기상 데이터에는 상세한 판단이 포함되어야만 하는 3~4가지 공식적인 유형이 있다는 것을 모르는 사용자에게는, 자료에 대한 설명의 부족이나 각각의 가정에 따라 정리된 일련의 자료들은 소용없는 것이 될 수 있기 때문이다.

5-1 소스 기상 자료 형식

건물 시뮬레이션 프로그램을 위한 소스 기상 자료는 historic data와 typical weather data 두 종류가 있다. historic data는 바로 'real(실제)'값으로 일반적으로 주어진 기간 동안에 측정된 자료들이다. typical years는 대용 연도(ersatz year)로써, 특정한 통계 측정을 이용한 특정 지역의 장기간의 자료들로 이루어졌다. typical 자료들은 측정된 실제값이 될 수도 있으나, 연속적인 연도의 자료는 될 수 없다. 이 자료들은 다수의 연도로부터의 대표 월(month)들의 값이 될 수는 있다.

5-2 Data Set과 Data Format

간단히 요약하면 data set은 data format으로 일련의 자료들이 정리된 파일이다. 예를 들면, TMY2 data set는 TMY2 data format로 작성된 기상 자료인 것이다. 따라서, data format은 단지 자료 파일의 개개의 자료들의 확인해 주는 것이다. 어떠한 기상 자

---

14) 데이터 처리상 한 단위로 취급하는 일련의 기록

료들도 TMY2 형식으로 작성될 수 있으나, 반드시 TMY2 data set과 똑같은 절차로 이용하기 위해 선택되지는 않는다.

〈표 5-1〉은 상용 프로그램에서 이용되는 기상 데이터 형식을 비교한 것이다. 〈표 5-1〉에서 볼 수 있듯이 DOE-2.1E, BLAST, ESP-r의 기상 데이터 및 EnergyPlus에서 새로이 제시한 포맷인 E/E를 항목별로 비교한 것이다. DOE-2.1E 프로그램의 경우 TRY, TMY, TMY2, WYEC 및 WYEC2 등 거의 대부분의 기상 데이터 포맷을 수용할 수 있다. 유럽에서 개발된 ESP-r의 경우 TRY 형식에 유사하지만 일사량 데이터를 포함하고 있다. 새로운 포맷인 E/E는 기본적으로 TMY2 데이터를 가독성이 좋게 ASCII 파일 형태로 변환시키고, 일부 부가적인 정보를 보강한 정도로 이해하면 된다.

〈표 5-1〉 상용 프로그램에서 이용되는 기상 데이터 형식 비교

No.	데이터 항목	DOE-2	BLAST	ESP-r	E/E
1	위치(도시명, 위도, 경도, 고도, 시차)	○	○	○	○
2	자료 출처(data source)				○
3	주석(commentary)			○	○
4	design conditions				○
5	typical/extreme periods			○	○
6	자료 기간(data periods)				○
7	holiday/daylight savings		○		○
8	solar angles/equation of time hours		○		
9	degree days		○		○
10	year	○	○	○	○
11	month	○	○	○	○
22	day	○	○	○	○
33	hour	○	○	○	○
44	minute				○
55	data source and uncertainty flags				○
66	건구온도(dry bulb temperature)	○	○	○	○
77	습구온도(wet bulb temperature)	○	○		
88	이슬점온도(dew point temperature)	○			○
99	대기압(atmospheric station pressure)	○	○		○
20	습도비(humidity ratio)	○	○		

21	상대습도(relative humidity)			○	○
22	엔탈피(enthalpy)	○			
23	밀도(density)	○			
24	풍속(wind speed)	○	○	○	○
25	풍향(wind direction)	○	○	○	○
26	적외선 천공온도 (infrared sky temperature)		○		○
27	solar radiation −전일사량, 직달 일사량, 확산 일사량	○	○	○	○
28	illuminance(global, normal, diffuse)				○
29	운량(sky cover, cloud amount)	○			○
30	가시성(visibility)				○
31	천장높이(ceiling height)				○
32	clearness(monthly)	○			
33	지중온도(ground temperature, monthly)	○			○
34	present weather observation and codes − rain and snow		○		○
35	precipitable water				○
36	aerosol optical depth				○
37	강설량(snow depth)				○
38	days since last snowfall				○

(주) E/E : EnergyPlus & ESP−r
○표 : 고려되는 항목을 나타냄.

6. 표준 기상 데이터

6-1 표준 TMY Data

1952년부터 1975년까지의 SOLMET/ERSATZ의 데이터를 기초로 하여, 미국의 344개 지역의 TMY 데이터는 트랜시스 프로그램에서 쉽게 이용될 수 있도록 Solar Energy Lab.에 의해 수정되었다.

본래의 TMY 파일들은 1시간 간격의 1년치 기상 자료를 포함한 ASCII 텍스트 파일이었다. 그러나 기존에 보고된 문제점들을 수정하고 본래의 파일로부터 가장 널리 사용되는 정보를 포함하는 트랜시스의 TMY 파일은 Solar Energy Lab.에 의해 이용 가능하도록 되었다. 이러한 파일들은 본래의 TMY 파일보다 용량 크기가 훨씬 작아졌다.

TMY 데이터는 26개 지역에 대한 측정된 온도와 일사량의 30년 값으로부터 유도되었다. 나머지 208 지역은 상호 관련된 모델을 이용하여 실제 데이터 지역의 인근에서 측정된 기상 자료들에 기초하여 생성된 USNOAA에 의해 제공되었다.

USNOAA에 의해 제공된 각 TMY 파일은 대략 24개의 다른 기상변수들을 포함한다. 불행하게도 각 TMY 파일은 대략 1 MB의 크기를 가지며, 약간의 수정을 필요로 한다.

이러한 파일들을 트랜시스 사용자들이 보다 쉽게 접근할 수 있도록 하기 위하여, 위스콘신 대학교의 Solar Energy Lab.에서는 TRNSYS TMY로 불리는 업그레이드된 TMY 데이터베이스를 개발하였다. 수정된 TMY 파일들은 본래 파일들의 단지 한 부분의 크기이며, 알려진 문제점들이 수정되었으며, 본래 파일들로부터 가장 많이 사용되는 자료들을 포함한다. 더욱이 이러한 수정된 파일들은 트랜시스에서 쉽게 접근할 수 있는 형식이다.

TMY 데이터의 주목할만한 특징은 법선면 직달 일사량과 수평면 전일사량 값이 모두 존재한다는 것이다. 법선면 직달 일사량 데이터는 DOE(Department of Energy) 산하 Aerospace Corporation에 의해 개발된 알고리즘들을 이용하여 수정된 수평면 전일사량

값으로부터 생성되었다.

이러한 알고리즘들은 Aerospace Corp. Report No. ATR-78(7592)-1에 문서화되어 있다.

트랜시스 Type 16 Radiation Processor의 모드 7을 사용하면, 입력값으로 수평면 전 일사량 값과 법선면 직달 일사량 값을 이용할 수 있다.

이것은 사용자에게 Type 16의 모든 1, 2, 3을 통해 생성되는 것보다 전일사량에서 직 달 일사 성분과 확산 일사 성분을 분리하는 Aerospace Corp. Algorithm을 사용할 수 있도록 제공한다.

또한, 사용자는 표준시보다는 태양시의 증가에 따라 데이터가 기록되었으며, 첫 번째 기록은 0이 아닌 1시간인 점을 주목해야 한다.

트랜시스의 Radiation Processor Parameters와 Simulation Card는 이 점을 주의해 서 설정되어야 한다.

1. 수정된 트랜시스 TMY 데이터 영역들(Fields)

〈표 6-1〉 수정된 트랜시스의 TMY 파일의 field 설명

TMY field number	TMY file에서의 행번호	field description
1	2~3	month of the year
2	5~7	hour of the month
3	10~13	direct normal solar radiation(integrated over pervious hour) kJ/m^2
4	15~18	global solar radiation on horizontal(integrated over previous hour) kJ/m^2 [1]
5	20~23	dry bulb temperature(degrees *10, C)
-	25~30	humidity ratio(kg·H_2O/kg air)*10^4
6	32~33	wind velocity(m/s)
7	35~36	wind direction(degrees *10)[2]

(주) 1) 이것은 수평면 직달 일사량이 아니다.
  2) 풍향은 정북 0, 정동 9, 정남 18 등으로 표현되었다.

2. 이용 가능한 비표준 데이터 Fields

〈표 6-2〉 트랜시스 TMY 파일에 나타나지 않는 이용 가능한 비표준 데이터

TMY field number	field description
002	weather station number(WBAN)
003	solar time(month, day, hour, minute)
004	local standard time(hour, minute)
101	extraterrestrial radiation(kJ/m^2)
102	direct radiation(kJ/m^2)
103	diffuse radiation(kJ/m^2)
104	net radiation(kJ/m^2)
105	global radiation on a tilted surface(kJ/m^2)
106	global radiation on a horizontal surface-observed data(kJ/m^2)
107	global radiation on a horizontal surface-engineering corrected
108	global radiation on a horizontal surface-standard year corrected
109, 110	additional radiation measurements
111	minutes of sunshine
202	ceiling height(dam)
203	sky condition indicator
204	visibility(hm) (filled with 9's two hours out of three in most locations)
205	weather indicator
206	atmospheric(station) pressure * 100, (kPa) (5)
207	dry bulb temperature, (C) (2)
—	dew point temperature, (C) (2)
208	wind speed * 10(m/s)
210	snow cover indicator, 0-no snow, 1-snow
209	total cloud cover fraction, tenths (filled with 9's two hours out of three in most locations)

6-2 표준 TMY2 데이터

이 파일은 1961년부터 1990년까지 NSRDB(National Solar Radiation Data Base)로부터 도출된 Typical Meteorological Year(TMY) 데이터 세트에 대한 자료 파일들을 포함한다.

이들은 보다 최근의 정확한 데이터에 기초하고 있기 때문에, 에너지 시스템들의 경제성 분석과 보다 정확한 시뮬레이션 작동을 가능하게 할 것이며, 이러한 TMY2 데이터 세트는 1952년부터 1975년까지의 SOLMET/ERSATZ data base로부터 도출된 초기의 TMY 데이터 세트를 대신하여 사용되도록 추천된다.

기존의 TMY와 새로운 TMY를 구분하기 위해, 새로운 TMY 데이터 세트는 TMY2로 표시된다. TMY와 TMY2는 시간, 형식, 요소 그리고 단위의 차이로 인하여 서로 교환되어 사용될 수 없다. 만약 이들을 교정하지 않는다면, TMY 데이터로 설계된 컴퓨터 프로그램들은 TMY2 데이터를 이용하여 작업할 수 없다.

TMY2는 1년 동안의 기상 요소들과 일사량의 시간값들의 데이터 모음이다. TMY2의 계획된(의도된) 용도는 태양에너지 변환 시스템과 다른 시스템 유형들 구성 그리고 위치에서의 거동 비교를 편리하게 하기 위한 건물 시스템들의 컴퓨터 시뮬레이션을 위한 것이다.

TMY2는 최악의 조건들보다는 전형적인 조건들을 표현하기 때문에, 특정 지역에서 발생하는 최악의 조건에서의 시스템 설계에는 적합하지 않다.

TMY2 데이터 모음과 매뉴얼은 U.S. Department of Energy's Office of Solar Energy Conversion에 의해 감시되고 자금 지원을 Resource Assessment Program 산하의 National Renewable Energy Laboratory's(NREL's) Analytic Studies Division에 의해 제공된다.

6-1절에서는 TMY2와 이것이 어떻게 개발되었는지에 관한 내용에 관하여 설명한다. 6-2절에서는 TMY2 파일의 항목들을 자세히 설명하고, 6-3절에서는 TMY2와 30년 데이터 모음과 비교 분석한다.

6-4절에서는 TMY2 개발을 위해 사용된 절차에 관한 설명을 포함하고 있으며, 6-5절에서는 현재의 기상 요소들의 핵심어를 제공한다. 그리고 6-6절에서는 단위 환산을 위한 표를 제공하고 있다.

1. 개 요

(1) TMY(Typical Meteorological Year)-A Description

TMY는 1년 기간 동안의 일사량과 기상 요소들의 시간값의 데이터 모음이다. 이 것은 개별 연도로부터 선택된 달(month)들로 구성되며, 하나의 완전한 1년 기간을 형성하기 위해 서로 연결된다. TMY의 본래 용도는 건물 시스템과 태양에너지 변환 시스템들의 컴퓨터 시뮬레이션을 위한 것이다. 이러한 선택 기준 때문에 TMY는 바 람에너지 변환 시스템의 시뮬레이션에는 적합하지 않다.

TMY는 하나 또는 그 이상의 지역에서의 시스템 유형과 구성의 거동 비교를 위한 일사량과 다른 기상 요소들의 시간 데이터의 표준을 제공한다.

TMY는 1년 또는 심지어 5년 후의 조건들의 꼭 필요한 훌륭한 지침서는 아닐 수 있다. 오히려 TMY는 30년과 같이 아주 긴 기간에 걸친 전형화될 수 있는 조건들을 나타낸다. TMY는 극단의 조건들보다는 전형적인 값들을 나타내기 때문에, 이 값들 은 특정 지역에서 발생하는 최악의 조건이 직면하는 시스템들과 그들의 구성요소들 의 설계에는 적합하지 않다.

(2) NSRDB-Source of Data for the TMY2s

TMY2는 NREL에 의해 1994년 3월에 완성된 NSRDB V.1.1로부터 도출되었다. NSRDB는 1961년부터 1990년까지 30년 동안의 239개 지역에 대한 일사량과 기상 자료들을 측정하거나 모델링한 시간값들을 포함한다.

NSRDB의 전반에 걸친 설명과 어떻게 생성되었는지는 사용자 매뉴얼인 [NSRDB-Vol. 1 1992]와 최종 기술 보고서인 [NSRDB-Vol. 2 1995]에서 제공된다. 본래의 NSRDB 버전 1.0은 1992년 8월에 완성되었다. 버전 1.1은 약 10% 지역에 영향을 주었 던 버전 1.0의 오류 2가지 유형을 수정하였다.

NSRDB의 관측소들은 2가지 유형이 있다. 첫 번째는 [그림 6-1]에서 " * " 표가 있는 관측소들이고, 두 번째는 " · "가 있는 관측소들이다. 56개의 첫 번째 관측소 는 30년 기간의 일부(1년~27년까지)동안 일사량을 측정하였고, 두 번째 관측소인 나머지 183개 관측소는 측정된 일사량 값이 없기 때문에 운량(cloud cover)과 같은 기상 자료들로부터 유동된 일사량 자료를 모델화하여 사용한다. 이 두 유형의 관측 소 모두 1961년부터 1990년까지의 기상 자료들을 수집한 National Weather Ser-vice Stations이다.

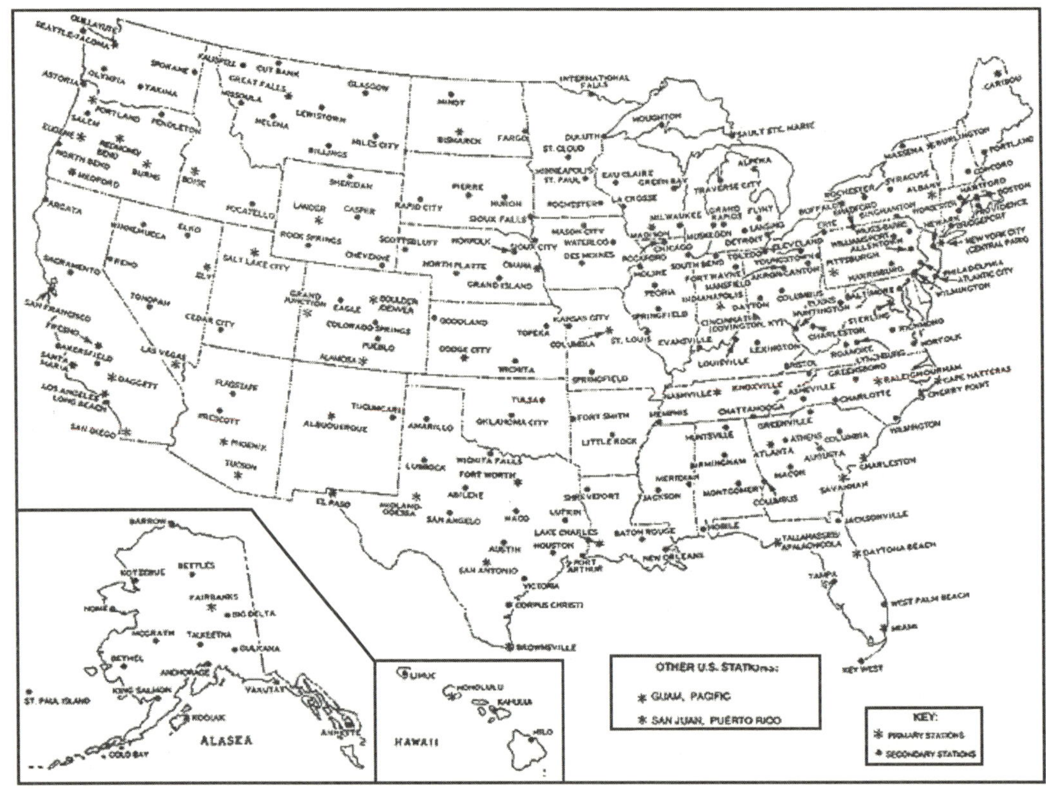

[그림 6-1] Map showing the 239 stations in the National Solar Radiation Data Base, whose data were used to derive the TMY2s

　기존의 1952년부터 1975년까지의 SOLMET/ERSATZ 데이터베이스를 계승하여, NSRDB는 최근의 기후 변화를 설명하고, 다음의 몇 가지 이유로 인한 일사량의 보다 정확한 값을 제공한다.
 − 평가된 값들의 보다 개선된 모델
 − 법선면 직달 일사량의 보다 정확한 자료
 − 향상된 기기 보정 방법
 − 데이터의 질적 향상을 위한 엄격한 절차

　TMY와 TMY2의 비교는 TMY2 개발의 동기를 제공하였다. 연간 기준으로 NSRDB와 SOLMET/ERSATZ 관측소의 40%~최고 18%의 오차에서 평균 약 5% 이상 수평면 전일사량 값이 일치하지 않고 있다. 법선면 직달 일사량의 경우, 최고 33%~평균 5% 이상의 불일치를 나타낸다. 이 두 데이터 사이의 불일치는 월간 데이터의 경우에는 훨씬 더 크다.

운량 자료의 분석은 이 두 기간 동안에 거의 변화가 없음을 가리킨다. 결과적으로 NSRDB와 SOLMET/ERSATZ 데이터의 불일치의 대부분은 일사량 모델들의 차이와 기기 보정의 재구성에 따른 차이에서 기인한다.

이들로부터 도출한 데이터베이스의 차이로 인하여 기존의 TMY와 새로운 TMY2는 값의 차이를 보이게 된다. 몇몇 관측소의 경우, 이 차이는 무시될 수 있으나 또 다른 관측소들에서는 매우 큰 차이를 보이고 있다.

(3) 방법론 (Methodology)

일사량과 기상 요소들의 상대적인 중요성을 설명하는 데 가중된 기준에서 약간의 변화를 제외하고는, TMY2는 Sandia National Laboratories에 의해 개발된 본래의 TMY 자료와 유사한 절차를 사용하여 생성되었다.

Freeman(1979), Siurna, D'Andrea & Hollands(1984) 그리고 Menicucci & Fernandez(1988)의 연구들은 이러한 절차가 합리적인 결과들을 제공한다는 것을 증명하였다. 또한, Sandia의 절차는 캐나다의 TMY 개발을 위해 Siurna, D'Andrea & Hollands(1984)에 의해 채택되었다.

Sandia의 방법은 기록된 기간으로부터 다른 연도의 각각의 월별 자료를 선택하는 경험적인 접근법이다. 예를 들면, 30년 자료들을 포함하는 NSRDB의 경우, 30년 동안의 모든 1월 달 자료들이 검토되었으며, TMY에 포함되도록 선택되는 것은 가장 전형적이라 판단된 하나의 자료이다. 나머지 월별 자료들 또한 이와 유사한 방법으로 처리되었으며, 최종 1년 12개월의 기상 자료가 재구성되었다.

각 관측소의 12개의 선택된 전형적인 월별 데이터는 5개의 요소들(수평면 전일사량, 법선면 직달 일사량, 건구온도, 노점온도, 풍속)을 사용하여 결정된 통계값으로부터 선택되었다. 이러한 요소들은 태양에너지 변환 시스템과 건물 시스템들의 시뮬레이션에 있어 가장 중요하게 고려된다.

TMY2의 다른 요소들의 경우, 선택된 월별 자료는 전형적인 값일 수도 그렇지 않을 수도 있다. 일사량과 매우 관련이 깊은 운량은 아마도 상당히 전형적인 자료일 것이다. 적설량과 같은 다른 요소들은 선택에 이용된 요소들과는 관련이 없다. 결과적으로 그들의 값들은 전형적이지 않다는 것이다. 비록 풍속이 전형적인 월별 선택에 사용되었더라도, 다른 가중된 요소들에 비하여 상대적으로 낮은 가중값으로 인하여 풍속은 바람에너지 변환 시스템의 시뮬레이션을 위해서는 충분한 일반성을 갖지 못한다.

6-2절에 TMY2 개발을 위해 사용된 절차에 관하여 보다 상세히 기술되어 있다.

(4) TMY2 관측소 분류 (TMY2 Station Classification)

TMY2 관측소 분류는 전형화된 기상학적 년(year)을 형성하기 위한 전형적인 달 (month)들을 선택하기 위해 각 관측소의 이용 가능한 측정된 기상 자료들의 방대한 양을 포함한다. 가능한 30년 후보 월별 자료 가운데, A등급 관측소들은 최소 15개의 후보 월별 자료들을 가지며, 생략된 자료들의 2개 이상의 연속적인 시간값들이 없는 경우, 전형화된 월별 자료에서 선택된다.

최소 15개의 후부 월별 자료를 달성하기 위하여 B등급 관측소의 경우, 47시간까지의 기간 동안 채워진 자료들이 요구된다. 몇몇 요소들은 전형화된 기상학적 월별 자료의 선택을 필요치 않는 경우, 데이터는 TMY2 데이터 파일에 포함되지 않는다. 수평 가시성, 천정 높이 그리고 현재의 날씨와 같은 요소들은 A등급 관측소의 2개까지의 연속적인 시간 데이터와 B등급 관측소의 47시간까지의 데이터가 생략될 수 있다.

적설량과 Colorado주의 Colorado Spring 동안의 강설 지속 일수를 제외하고는 47시간 이상 생략되는 자료들은 없다.

(5) 데이터 요소들 (Data Elements)

〈표 6-3〉 TMY2 data elements and their degree of completeness

element	data completeness	
	class A	class B
extraterrestrial horizontal radiation	1	1
extraterrestrial direct normal radiation	1	1
global horizontal radiation	1	1
direct normal radiation	1	1
diffuse horizontal radiation	1	1
global horizontal illuminance	1	1
direct normal illuminance	1	1
diffuse horizontal illuminance	1	1
zenith luminance	1	1
total sky cover	1	1
opaque sky cover	1	1
dry bulb temperature	1	1
dew point temperature	1	1
relative humidity	1	1

atmospheric pressure	1	1
wind direction	1	1
wind speed	1	1
horizontal visibillity	2	2, 3, 4
ceiling height	2	2, 3, 4
present weather	2	2, 3, 4
precipitable water	1	1
broadband aerosol optical depth	1	1
snow depth	1	5
days since last snowfall	1	5

Notes :
1. serially complete, no missing data.
2. data may be present only every third hour.
3. nighttime data may be missing.
4. data may be missing for up to 47 hours.
5. serially complete, except for Colorado Springs, CO.

〈표 6-3〉은 TMY2 테이터 파일에 포함되는 데이터 요소들을 보여준다. 이 값들은 건물 에너지 해석을 지원하기 위해 추가된 조도와 조도 요소들을 제외하고는 30년 동안의 NSRDB와 꼭같은 요소들이다. 〈표 6-3〉은 사용자에게 생략된 자료들의 가능성을 경고하기 위해 관측소 분류와 요소들에 의한 정보를 포함한다. 각 요소들의 정의와 그들의 단위는 6-2절의 〈표 6-4〉에 제공된다.

2. 데이터 및 형식

각 관측소의 경우 TMY2 파일은 일사량, 조도 그리고 기상 자료들의 1시간 값의 1년 치를 포함한다. 파일들은 각 관측소의 전형화된 기상 년도를 형성하기 위해 연결된 1961년부터 1990년까지의 일반 달력의 월별 데이터로 구성된다.

파일의 각 시간 기록은 일사량, 조도 그리고 기상 요소들을 포함한다. 데이터 값이 측정되었거나 모델화되었거나 또는 생략되었는지를 나타내는 각 데이터 값에는 2개의 문자와 불확실한 꼬리표가 부착되며, 이것은 데이터값의 불확실성의 평가를 위해 제공되는 것이다.

사용자는 TMY2 데이터 파일들의 형식이 NSRDB와 본래의 TMY 데이터 파일에서 사용하는 형식과 다르다는 점에 주의해야 한다.

(1) File Convention

convention으로 명명된 파일은 파일 확장자로써 "TM2" 문자를 갖고, 파일 접두 사로써 WBAN 번호를 앞에 사용한다. 예를 들어 [13876.TM2]는 Alabama주의 Birmingham에 대한 TMY2 파일 이름이다. TMY2 파일들은 컴퓨터에서 읽을 수 있는 ASCII 문자들을 포함하고, 1.26 MB의 파일 크기를 갖는다.

(2) File Header

〈표 6-4〉 Header elements in the TMY2 format(for first record of each file)

field position	element	definition
002~006	WABAN number	Station's weather bureau army navy number.
008~029	city	City where the station is located(maximum of 22 characters).
031~032	state	State where the station is located(abbreviated to two letters).
034~036	time zone	Time zone is the number of hours by which the local standard time is ahead of or behind universal time. For example, mountain standard time is designated−7 because it is 7 hours behind universal time.
038~044 038 040~041 043~044	latitude	Latitude of the station. N = north of equator degrees minutes
046~053 046 048~050 052~053	longitude	Longitude of the station. W = west, E = east degrees minutes
056~059	elevation	Elevation of station in meters above sea level.

FORTRAN sample format ;
(1X, A5, 1X, A22, 1X, A2, 1X 13, 1X, AI, IX, I2, 1X, AI, IX, I3, 1X, I2, 2X, I4)
C sample format ;
(%s %s %s %d %s %d %d %s %d %d %d)

각 파일의 첫 번째 기록은 관측소를 설명하는 File Header이다. 파일 머리말은 WBAN 번호, 도시, 주, 표준 시간대, 위도, 경도, 고도를 포함한다. 각 영역의 위치 와 이러한 머리말 요소들의 정의는 머리말을 읽기 위한 포트란 형식과 C 언어 형식 의 예에 따른 〈표 6-4〉에 주어져 있다.

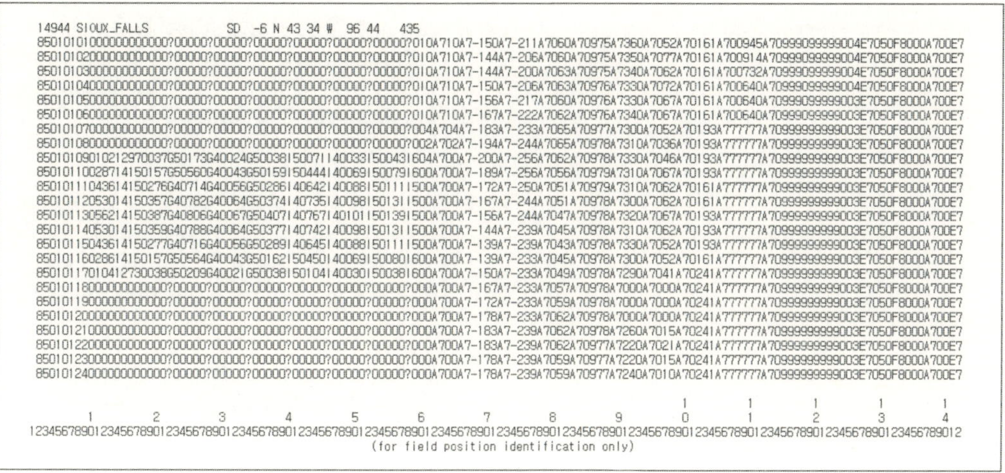

```
14944 SIOUX_FALLS        SD  -6 N 43 34 W  96 44   435
850101010000000000000?00000?00000?00000?00000?00000?010A710A7-150A7-211A7060A70975A7360A7052A70161A700945A70999099999004E7050F8000A700E7
850101020000000000000?00000?00000?00000?00000?00000?010A710A7-144A7-206A7060A70975A7350A7077A70161A700914A70999099999004E7050F8000A700E7
850101030000000000000?00000?00000?00000?00000?00000?010A710A7-144A7-200A7063A70975A7340A7062A70161A700732A70999099999004E7050F8000A700E7
850101040000000000000?00000?00000?00000?00000?00000?010A710A7-150A7-206A7063A70976A7330A7072A70161A700640A70999099999004E7050F8000A700E7
850101050000000000000?00000?00000?00000?00000?00000?010A710A7-156A7-217A7060A70976A7330A7067A70161A700640A70999099999003E7050F8000A700E7
850101060000000000000?00000?00000?00000?00000?00000?010A710A7-167A7-222A7062A70976A7340A7067A70161A700640A70999099999003E7050F8000A700E7
850101070000000000000?00000?00000?00000?00000?00000?004A704A7-183A7-233A7065A70977A7300A7052A70193A777777A70999999999003E7050F8000A700E7
850101080000000000000?00000?00000?00000?00000?00000?002A702A7-194A7-244A7065A70978A7310A7036A70193A777777A70999999999003E7050F8000A700E7
8501010901021297003760173G40024G500381500711400331500431604A700A7-200A7-256A7062A70978A7330A7046A70193A777777A70999999999003E7050F8000A700E7
8501011002871415015765056064004436501591504441400691500791600A700A7-189A7-256A7056A70979A7310A7067A70193A777777A70999999999003E7050F8000A700E7
850101110436141502766407146400566502861406421400881501111500A700A7-172A7-250A7051A70979A7310A7062A70161A777777A70999999999003E7050F8000A700E7
850101120530141503576407826400646503741407351400981501311500A700A7-167A7-244A7051A70978A7300A7062A70161A777777A70999999999003E7050F8000A700E7
850101130562141503876408066400676504071407671401011501391500A700A7-156A7-244A7047A70978A7320A7067A70193A777777A70999999999003E7050F8000A700E7
850101140530141503596407886400646503771407421400981501311500A700A7-144A7-239A7045A70978A7310A7062A70193A777777A70999999999003E7050F8000A700E7
850101150436141502776407166400566502891406451400881501111500A700A7-139A7-239A7043A70978A7330A7052A70193A777777A70999999999003E7050F8000A700E7
850101160286141501576505646400436501621504501400691500801600A700A7-139A7-233A7045A70976A7300A7052A70161A777777A70999999999003E7050F8000A700E7
850101170104127300386502096400216500381501041400301500381600A700A7-150A7-233A7049A70978A7290A7041A70241A777777A70999999999003E7050F8000A700E7
850101180000000000000?00000?00000?00000?00000?00000?000A700A7-167A7-233A7057A70976A7000A7000A70241A777777A70999999999003E7050F8000A700E7
850101190000000000000?00000?00000?00000?00000?00000?000A700A7-172A7-233A7059A70978A7000A7000A70241A777777A70999999999003E7050F8000A700E7
850101200000000000000?00000?00000?00000?00000?00000?000A700A7-178A7-233A7062A70978A7000A7000A70241A777777A70999999999003E7050F8000A700E7
850101210000000000000?00000?00000?00000?00000?00000?000A700A7-183A7-239A7062A70978A7260A7015A70241A777777A70999999999003E7050F8000A700E7
850101220000000000000?00000?00000?00000?00000?00000?000A700A7-183A7-239A7062A70977A7220A7021A70241A777777A70999999999003E7050F8000A700E7
850101230000000000000?00000?00000?00000?00000?00000?000A700A7-178A7-239A7059A70977A7220A7015A70241A777777A70999999999003E7050F8000A700E7
850101240000000000000?00000?00000?00000?00000?00000?000A700A7-178A7-239A7059A70977A7240A7010A70241A777777A70999999999003E7050F8000A700E7

         1         2         3         4         5         6         7         8         9         1         1         1         1         1
                                                                                                     0         1         2         3         4
1234567890123456789012345678901234567890123456789012345678901234567890123456789012345678901234567890123456789012345678901234567890123456789012
                              (for field position identification only)
```

[그림 6-2] Sample file header and data in the TMY2 format for January 1

[그림 6-2]는 header 파일과 1월 1일에 대한 자료에 대한 예를 보여준다.

(3) Hourly Records

파일 header 다음으로, 8760(24×365) 시간 데이터 기록들은 그들의 출처와 불확실성 꼬리표들을 갖는 일사량, 조도 그리고 기상 자료들의 1년 동안의 값을 제공한다. 〈표 6-5〉는 각 영역의 위치와 정의 그리고 시간 기록들을 읽을 수 있도록 포트란 및 C 언어 형식을 제공한다.

각 시간 기록은 영역 위치 2-3에 전형화된 월별 자료가 선택된 연도가, 영역 위치 4-9에는 월, 일, 시간 정보가 뒤따른다. 기입되는 시간들은 그 지역의 표준시이다 (SOLMET/ERSATZ 데이터를 기초로 하는 이전의 TMY 파일들은 태양시를 사용함).

일사량과 조도 요소들의 경우, 데이터값들은 시간이 가리키는 이전의 60분 동안 받은 에너지를 나타낸다. 몇 가지를 제외한 기상 요소들의 경우, 그 시간이 가리키는 관측 또는 측정값들로 구성된다. 기상 요소들 중 몇몇은 시간 단위가 아닌 하루 단위로 측정 또는 관측된 자료들로 구성된다. 결론적으로 광대역의 aerosol optical depth, 적설량 그리고 강설 지속 시간에 대한 데이터 값들이 이에 해당한다.

〈표 6-5〉 Data elements in the TMY2 format(for all except the first record)

field position	element	values	definition
002~009	local standard time		
002~003	year	61~90	year, 1961~1990
004~005	month	1~12	month
006~007	day	1~31	day of month
008~009	hour	1~24	hour of day in local standard time.

010~013	extraterrestrial horizontal radiation	0~1415	Amount of solar radiation in Wh/m² received on a horizontal surface at the top of the atmosphere during the 60 minutes preceding the hour indicated.
014~017	extraterrestrial direct normal radiation	0~1415	Amount of solar radiation in Wh/m² received on a surface normal to the sun at the top of the atmosphere during the 60 minutes preceding the hour indicated.
018~023 018~021 022 023	global horizontal radiation data value flag for data source flag for data uncertainty	 0~1200 A~H, ? 0~9	Total amount of direct and diffuse solar radiation in Wh/m²received on a horizontal surface during the 60 minutes preceding the hour indicated.
024~029 024~027 028 029	direct normal radiation data value flag for data source flag for data uncertainty	 0~1100 A~H, ? 0~9	Amount of solar radiation in Wh/m² received within a 5.7* field of view centered on the sun during the 60 minutes preceding the hour indicated.
030~035 030~033 034 035	diffuse horizontal radiation data value flag for data source flag for data uncertainty	 0~700 A~H, ? 0~9	Amount of solar radiation in Wh/m² received from the sky(excluding the solar disk) on a horizontal surface during the 60 minutes preceding the hour indicated.
036~041 036~039 040 041	global horiz, illuminance data value flag for data source flag for data uncertainty	 0~1300 I ? 0~9	Average total amount of direct and diffuse illuminance in hundreds of lux received on a horizontal surface during the 60 minutes preceding the hour indicated. 0 to 1300 = 0 to 130000 lux
042~047 042~045 046 047	direct normal illuminance data value flag for data source flag for data uncertainty	 0~1100 I, ? 0~9	Average amount of direct normal illuminance in hundreds of lux received within a 5.7° field of view centered on the sun during the 60 minutes preceding the hour indicated. 0 to 1100 = 0 to 110000 lux
048~053 048~051 052 053	diffuse horiz, illuminance data value flag for data source flag for data uncertainty	 0~800 I, ? 0~9	Average amount of illuminance in hundreds of lux received from the sky(excluding the solar disk) on a horizontal surface during the 60 minutes preceding the hour indicated. 0 to 800 = 0 to 80000 lux

054~059	zenith luminance		Average amount of luminance at the sky's zenith in tens of Cd/m^2 during the 60 minutes preceding the hour indicated. 0 to 7000 = 0 to 70000 Cd/m^2
054~057	data value	0~7000	
058	flag for data source	I, ?	
059	flag for data uncertainty	0~9	
060~063	total sky cover		Amount of sky dome in tenths convered by clouds or obscuring phenomena at the hour indicated.
060~061	data value	0~10	
062	flag for data source	A~F	
063	flag for data uncertainty	0~9	
064~067	opaque sky cover		Amount of sky dome in tenths covered by clouds or obscuring phenomena that prevent observing the sky or higher cloud layers at the hour indicated.
064~065	data value	0~10	
066	flag for data source	A~F	
067	flag for data uncertainty	0~9	
068~073	dry bulb temperature		Dry bulb temperature in tenths of ℃ at the hour indicated. −500 to 500 = −50.0 to 50.0℃
068~071	data value	−500 to 500	
072	flag for data source	A~F	
073	flag for data uncertainty	0~9	
074~079	dew point temperature		Dew point temperature in tenths of ℃ at the hour indicated. −600 to 300 = −60.0 to 30.0℃
074~077	data value	−600 to 300	
078	flag for data source	A~F	
079	flag for data uncertainty	0~9	
080~084	relative humidity		Relative humidity in percent at the hour indicated.
080~082	data value	0~100	
083	flag for data source	A~F	
084	flag for data uncertainty	0~9	
085~090	atmospheric pressure		Atmospheric pressure at station in millibars at the hour indicated.
085~088	data value	700~1100	
089	flag for data source	A~F	
090	flag for data uncertainty	0~9	
091~095	wind direction		Wind direction in degrees at the hour indicated.(N = 0 or 360, E = 90, S = 180, W = 270). For calm winds, wind direction equals zero.
091~093	data value	0~360	
094	flag for data source	A~F	
095	flag for data uncertainty	0~9	
096~100	wind speed		Wind speed in tenths of meters per second at the hour indicated. 0 to 400 = 0 to 40.0 m/s
096~098	data value	0~400	
099	flag for data source	A~F	
100	flag for data uncertainty	0~9	
101~106	visibility		Horizontal visibility in tenths of kilometers at the hour indicated. 7777 = unlimited visibility 0 to 1609 = 0.0 to 160.9 km 9999 = missing data
101~104	data value	0~1609	
105	flag for data source	A~F, ?	
106	flag for data uncertainty	0~9	

107~113	ceiling height		Ceiling height in meters at the hour indicated.
107~111	data value	0~30450	
112	flag for data source	A~F, ?	77777 = unlimited ceiling height
113	flag for data uncertainty	0~9	88888 = cirroform 99999 = missing data
114~123	present weather	See Appendix B	Present weather conditions denoted by a 10-digit number. See Appendix B for key to present weather elements.
124~128	precipitable water		Precipitable water in millimeters at the hour indicated
124~126	data value	0~100	
127	flag for data source	A~F	
128	flag for data uncertainty	0~9	
129~133	aerosol optical depth		Broadband aerosol optical depth(broadband turbidity) in thousandths on the day indicated.
129~131	data value	0~240	
132	flag for data source	A~F	
133	flag for data uncertainty	0~9	0 to 240 = 0.0 to 0.240
134~138	snow depth		Snow depth in centimeters on the day indicated.
134~136	data value	0~150	
137	flag for data source	A~F, ?	999 = missing data
138	flag for data uncertainty	0~9	
139~142	days since last snowfall		Number of days since last snowfall.
139~140	data value	0~88	88 = 88 or greater days
141	flag for data source	A~F, ?	99 = missing data
142	flag for data uncertainty	0~9	

FORTRAN sample format :

(IX, 412, 214, 7(14, AI, I1), 2(I2, AI, II), 2(I4, AI, II), I(I3, AI, II), I(I4, AI, II), 2(I3, AI, I1),
    I(I4, AI, II), I(I5, AI, II), IOII, 3(I3, AI, II), I(I2, AI, II)

C sample format :

(%2d %2d %2d %2d %4d %4d %4d %1s %1d %4d %1s %1d %4d %1s %1d %4d %1s %1d %4d %1s %1d
    %4d %1s %1d %4d %1s %1d %2d %1s %1d2d %1s %1d %4d %1s %1d %4d %1s %1d %3d %1s %1d
    %4d %1s %1d %3d %1s %1d %3d %1s %1d %4d %1s %1d %51d %1s %1d %1d %1d %1d %1d %1d %1d
    %1d %1d %1d %1d %3d %1s %1d %3d %1s %1d %3d %1s %1d %2d %1s %1d)

note : for ceiling height data, integer variable should accept data values as large as 99999.

(4) Missing Data

몇몇 관측소와 시간 그리고 기상 요소들의 데이터가 생략되었다. 이러한 생략된 자료들의 원인들에는 기기의 문제, 몇몇 관측소의 야간 작동 정지 그리고 매 3시간마다 자료를 디지털화 한 1965년부터 1981년까지 NOAA의 비용 절감 노력 등과 같은 일들 때문이다.

비록 NSRDB와 TMY2 데이터 모음들이 그들의 불연속성으로 인하여 가능한 한 생략된 자료들을 채우는 방법을 사용하였지만, 몇 가지 요소들은 다른 자료들이나 보간(interpolation)에 그들 자신의 값들을 가져온 것은 아니다.

결론적으로 TMY2 데이터 파일들의 데이터는 앞에서 설명된 것과 같이 A등급 관측소의 2개까지의 연속된 시간과 B등급 관측소의 47시간 동안의 현재 날씨와 천정 높이, 수평 가시성에 대해서는 생략될 수 있다.

콜로라도주의 Colorado Springs의 강설량과 강설 지속 기간 또한 생략될 수 있다. 그러나 콜로라도주의 Colorado Springs의 강설량과 강설 지속 기간을 제외한 어떠한 데이터도 47시간 이상 생략될 수는 없다.

〈표 6-5〉에 나타난 것과 같이, 생략된 데이터 값들은 숫자 9들과 적절한 출처와 불확실성 꼬리표에 의해 표현된다.

(5) Source and Uncertainty Flags

대기권 밖 수평면과 직달 일사량을 제외하고, 데이터 값 다음에 바로 2개 영역의 위치들은 출처와 불확실성 꼬리표를 제공한다.

대기권 밖의 수평면과 직달 일사량에 대한 출처와 불확실성 꼬리표는 정확한 값을 제공하기 위해 고려된 방정식을 이용하여 계산되기 때문에 제공하지 않는다. 대부분의 나머지 부분들의 경우, TMY2 데이터 파일의 출처와 불확실성 꼬리표는 TMY2 파일들이 도출된 NSRDB와 꼭 같은 방법으로 표시된다. 그러나 NSRDB에 생략된 자료들에 존재하는 차이는 TMY2 자료 모음 개발에서는 채워진다.

Uncertainty values apply to the data with respect to when the data were measured, and not as to how "typical" a particular hour is for a future month and day.

채워진 자료들과 출처의 지정 그리고 불확실성 꼬리표에 대한 보다 자세한 정보는 표준 기상데이터 참고문헌을 참고하기 바란다.

〈표 6-6〉~〈표 6-9〉는 일사량, 조도 그리고 기상 요소들의 출처와 불확실성 꼬리표를 정의한다.

〈표 6-6〉 일사량과 조도의 출처 꼬리표

flag	definition
A	Post−1976 measured solar radiation data as received from NCDC or other sources.
B	Same as "A" except the global horizontal data underwent a calibration correction.
C	Pre−1976 measured global horizontal data(direct and diffuse were not measured before 1976), adjusted from solar to local time, usually with a calibration correction.
D	Data derived from the other two elements of solar radiation using the relationship, global = diffuse + direct × cosine(zenith)
E	Modeled solar radiation data using inputs of *observed* sky cover(cloud amount) and aerosol optical depths derived from direct normal data collected at the same location.
F	Modeled solar radiation data using *interpolated* sky cover and aerosol optical depths derived from direct normal data collected at the same location.
G	Modeled solar radiation data using *observed* sky cover and aerosol optical depths estimated from geographical relationships.
H	Modeled solar radiation data using *interpolated* sky cover and estimated aerosol optical depths.
I	Modeled illuminance or luminance data derived from measured or modeled solar radiation data.
?	Source does not fit any of the above categories. Used for nighttime values and missing data.

〈표 6-7〉 일사량과 조도의 불확실성 꼬리표

flag	uncertainty range (%)
1	not used
2	2~4
3	4~6
4	6~9
5	9~13
6	13~18
7	18~25
8	25~35
9	35~50
0	not applicable

〈표 6-8〉 기상 요소들의 출처 꼬리표

flag	definition
A	Data as received from NCDC, converted to SI units.
B	Linearly interpolated.
C	Non-linearly interpolated to fill data gaps from 6 to 47 hours in length.
D	Not used.
E	Modeled or estimated, except : precipitable water, calculated from radiosonde data ; dew point temperature calculated from dry bulb temperature and relative humidity ; and relative humidity calculated from dry bulb temperature and dew point temperature.
F	Precipitable water, calculated from surface vapor pressure ; aerosol optical depth, estimated from geographic correlation.
?	Source does not fit any of the above. Used mostly for missing data.

〈표 6-9〉 기상 요소들의 불확실성 꼬리표

flag	definition
1~6	Not used.
7	Uncertainty consistent with NWS practices and the instrument or observation used to obtain the data.
8	Greater uncertainty than 7 because values were interpolated or estimated.
9	Greater uncertainty than 8 or unknown.
0	Not definable.

3. 장시간 데이터 모음과의 비교

동일한 관측소에 대한 TMY2 데이터와 장시간 데이터 모음 사이의 차이를 보기 위하여 두 자료 모음을 비교하였다.

수평면 전일사량과 법선면 직달 일사량, 남측면 일사량 그리고 냉방 및 난방 도일(degree days)에 대한 월간 및 연간 자료들에 관하여 비교되었다.

이러한 비교들은 장시간 조건들에 관하여 매우 뛰어난 일반적인 고찰을 제공하고, TMY2는 태양에너지 변환 시스템들과 건물 시스템들을 위한 건구온도와 태양에너지에 대하여 잘 표현되고 있다.

연간 자료에 있어 TMY2는 30년 데이터 모음과 거의 일치하며, 월간 자료 비교에 있어서는 연간 자료 비교에 비해 다소 떨어지는 성향을 보인다.

(1) 일사량 비교(Solar Radiation Comparisons)

TMY2 자료 모음에 대한 월간 및 연간 일사량은 TMY2 데이터 모음을 도출한 NSRDB의 30년(1961년부터 1990년) 월평균 및 연평균 자료들과 비교하였다.

이러한 비교들은 수평면 전일사량, 법선면 직달 일사량 그리고 남측을 향하는 면의 수평면에서 위도까지의 고정된 경사면에 대하여 행해졌다.

이러한 비교들의 결과는 [그림 6-3]~[그림 6-8]에 나타나 있다.

모든 관측소에 대한 TMY2 값들은 NSRDB의 30년 평균값 각각에 대하여 그래프로 표시되었다.

자료들의 분포와 그림들의 상단에 통계 정보에 의해 표시된 것과 같이, 월간 자료보다 연간 자료들이 훨씬 잘 일치한다. 이것은 월간 자료의 값들이 합해져 연간 자료 값이 될 때의 월간값들의 차이 중 일부가 취소된 결과이다(This is a consequence of cancellation of some of the monthly differences when the monthly values are summed for the annual value). 표시된 통계 정보는 TMY2 값과 30년 평균값 사이의 평균 차와 이 차에 따른 표준 편차이다.

〈표 6-10〉은 TMY2와 NSRDB 값들 사이의 차에 대한 표준 편차의 2배로써 결정된 95% 신뢰성 구간을 TMY2 월간 및 연간 일사량 자료에 제공한다. 신뢰성 구간의 단위는 $kWh/m^2/day$로 주어진다.

TMY2와 NSRDB 30년 값들 사이의 차는 시간에 대하여 95% 신뢰성 구간 안에 있어야 한다.

〈표 6-10〉 월/연평균 일사량값의 95% 신뢰 구간

요 소	신뢰 구간 (기준 온도 18.3℃)	
	월간	연간
수평면 전일사량	0.20	0.06
법선면 직달 일사량	0.50	0.16
위도 경사면 일사량	0.29	0.09

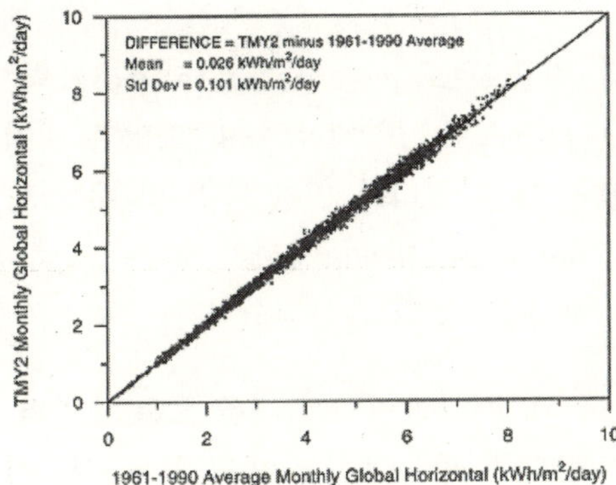

[그림 6-3] TMY2와 NSRDB를 이용하여
계산된 수평면 전일사량의
월평균값들의 비교

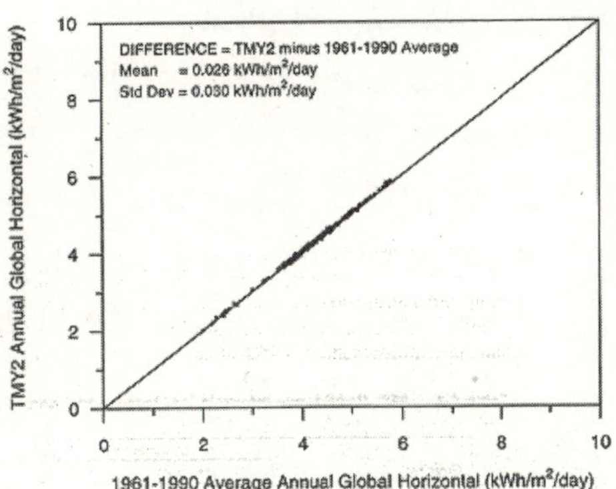

[그림 6-4] TMY2와 NSRDB를 이용하여
계산된 수평면 전일사량의
연평균값들의 비교

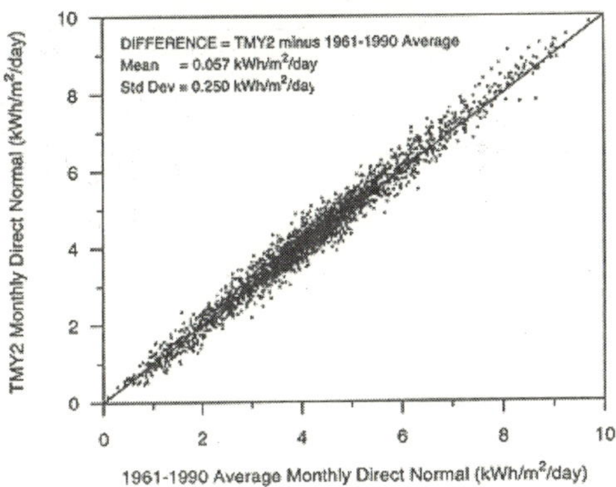

[그림 6-5] TMY2와 NSRDB를 이용하여
계산된 법선면 직달 일사량의
월평균값들의 비교

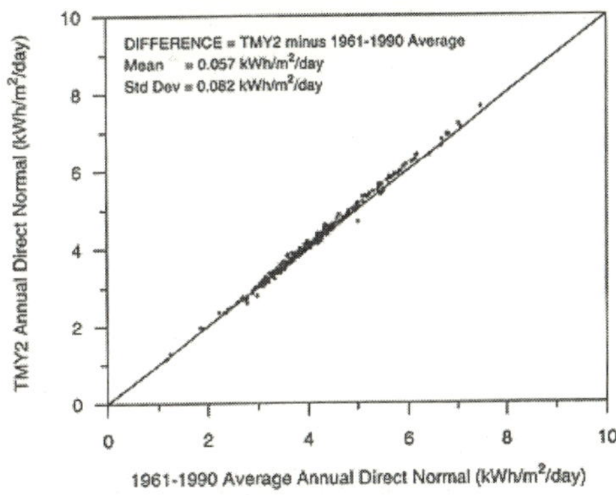

[그림 6-6] TMY2와 NSRDB를 이용하여
계산된 법선면 직달 일사량의
연평균값들의 비교

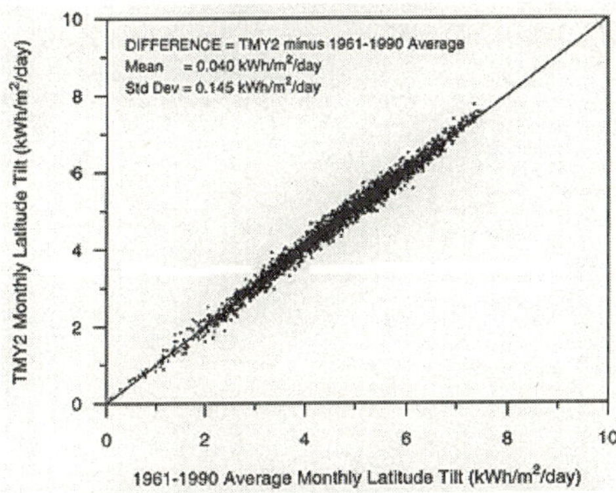

[그림 6-7] TMY2와 NSRDB를 이용하여
계산된 위도 경사면의 일사량값의
월평균값들의 비교

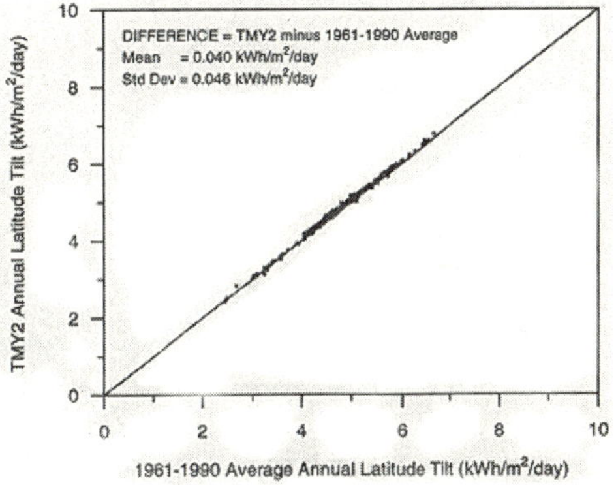

[그림 6-8] TMY2와 NSRDB를 이용하여
계산된 위도 경사면의 일사량값의
연평균값들의 비교

(2) 냉/난방 도일의 비교

　도일(degree days)은 일일 평균 기온과 기준 온도(base temperature)와의 차(差)이다. 만약 일일 평균값이 기준 온도보다 작으면, 이 차는 난방 도일로 지정되고, 그 반대의 경우는 냉방 도일로 지정된다. 월간 그리고 연간 난방 및 냉방 도일은 NCDC의 "1961~1990 monthly station normals all elements."로부터 같은 관측소에 대한 값과 TMY2 데이터 모음과의 비교를 통해 계산되었다.

　이 자료 테이프는 미국과 그 인접지역의 4775개의 관측소에 대한 표준 도일과 온도를 포함한다. 표준값들은 30년 동안의 NCDC에 의해 계산된 평균값들이다. 이러한 비교 결과들은 [그림 6-9]~[그림 6-12]를 통해 볼 수 있다. 모든 관측소에 대한 TMY2 값들은 NCDC 데이터 테이프의 그들 각각의 30년 평균값에 대하여 그래프화 되었다.

　일사량에 대하여 본 것처럼, 월간값보다 연간값들이 보다 잘 일치한다. 〈표 6-11〉은 TMY2의 월간 및 연간 냉/난방 도일에 대하여 TMY2와 NCDC 값들 사이의 차의 표준 편차의 2배로 결정되는 95% 신뢰 구간을 보여준다. 신뢰 구간의 단위는 degree days로 주어지며, TMY2와 NCDC 30년 값 사이의 차는 신뢰 구간 95% 범위 내에 있어야 한다.

〈표 6-11〉 월간 및 연간 도일의 95% 신뢰 구간

매개변수	신뢰 구간 (기준 온도 18.3℃)	
	월간	연간
난방 도일	45.6	182
냉방 도일	28.2	98

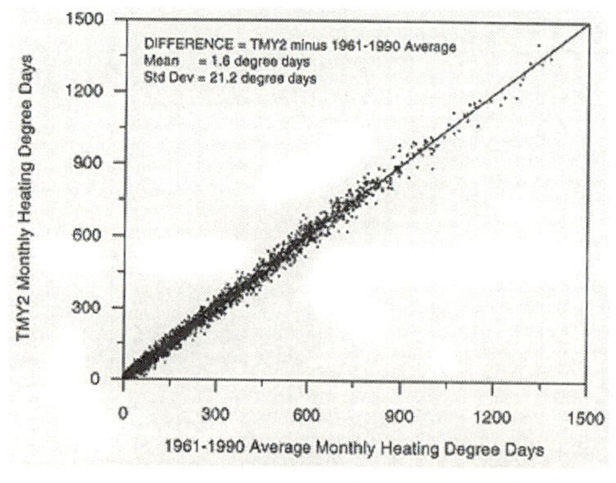

[그림 6-9] NCDC와 TMY2 자료의
월간 난방 도일 비교

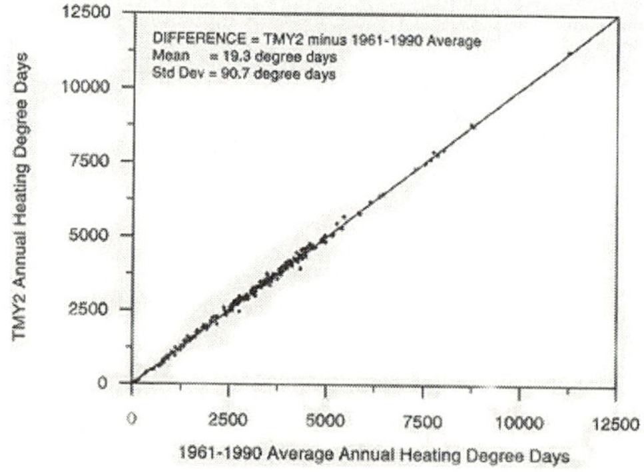

[그림 6-10] NCDC와 TMY2 자료의
연간 난방 도일 비교

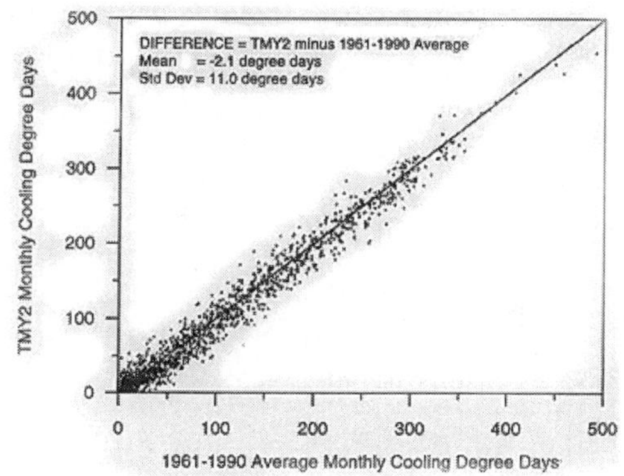
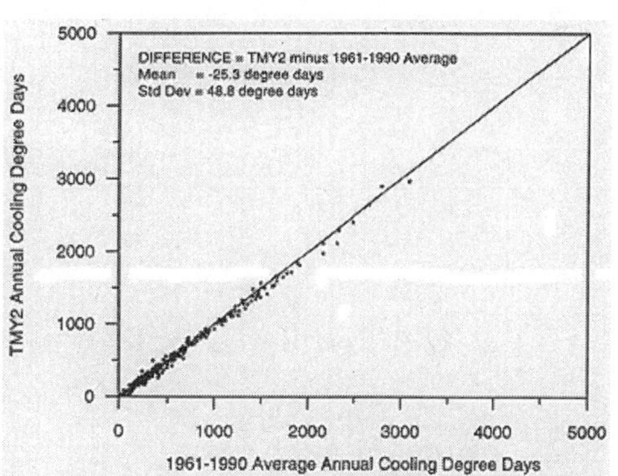

[그림 6-11] NCDC와 TMY2 자료의
월간 냉방 도일 비교

[그림 6-12] NCDC와 TMY2 자료의
연간 냉방 도일 비교

4. TMY2 개발을 위한 절차

TMY2는 SOLMET/ERSATZ의 1952년부터 1975년까지의 자료로부터 본래의 TMY 파일을 생성하기 위해 Sandia National Lab.에 의해 개발된 절차에 기초하여 생성되었다. Sandia method에 의한 수정들은 지표들의 가중값을 보다 더 최적화하고, 측정된 일사량 자료들을 갖는 달들에 우선 선택권을 부여하고, 생략된 자료들을 설명하기 위해 만들어졌다. 이 장은 Sandia method를 요약함으로써 시작되고, 다음으로 TMY2 데이터 모음을 생성하는 데 사용되는 Sandia method로부터의 이탈을 설명한다.

(1) Sandia Method

Sandia method는 기록된 기간의 서로 다른 연도로부터 개별 월(month)들을 선택하는 경험적 접근법이다. 예를 들면, 30년 데이터를 포함하는 NSRDB의 경우, 30개의 1월 데이터 모두가 검사되고, 가장 전형적인 것으로 판단된 하나의 데이터가 TMY에 포함되도록 선택된다.

나머지 다른 달들도 이와 같은 방법으로 처리되며, 12개의 선택된 전형적인 달들이 완전한 1년을 형성하기 위해 재구성된다. TMY 파일의 인접한 달들이 서로 다른 연도로부터 선택될 수 있기 때문에, 특정 달의 접촉 데이터들의 불연속성은 각 측면(2월, 3월이 서로 다른 연도의 자료들로 선택된 경우, 2월 28일과 3월 1일)에서 6시간의 데이터를 이용하여 매끄럽게 처리된다.

Sandia method는 최대, 최소 그리고 평균 건구온도와 노점온도(6개) ; 최대 그리고 평균 풍속(2개) ; 수평면 전일사량(1개)으로 구성되는 9개의 일일 지표들에 기초하여 전형적인 달을 선택한다. 하나의 달의 최종 선택은 월 평균과 중간값 그리고 기상 패턴의 지속성에 대한 고려를 포함한다.

그 순서는 일련의 단계들로 고려된다.

[1단계]

각 월별 데이터의 경우, 30년 데이터와 가장 근접하는 일일 지표들에 대한 CDFs (Cumulative Distribution Functions)를 갖는 5개의 후보 달들이 CDFs로 선택된다.

CDF는 개별 지표들의 지정된 값과 같거나 작은 값들의 비율을 제공한다. 후보 달들의 CDFs는 각각의 지표에 대하여 다음의 Finkelstein-Schafer(FS) 통계표를 사용하여 30년 CDFs와 비교된다.

$$FS = (1/n) \sum_{i=1}^{n} \delta_i \tag{6-1}$$

여기서, δ_i : X_i에서 30년 CDF와 후보 달의 CDF와의 차이에 대한 절대값

n : 하나의 달에서 읽는 일(day)의 수

즉, 1965년 3월에 3, 8, 11, 30일의 자료를 읽으면 $n = 4$가 된다.

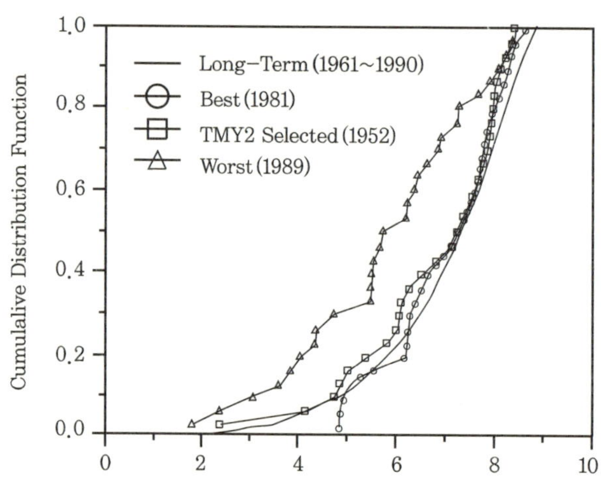

[그림 6-13] Colorado주 Boulder의 6월 수평면 전일사량값의 CDF 비교

FS 통계표의 사용으로 30년 CDF와 비교하면, 1981년 6월의 CDF가 최상이고, 1989년 6월의 CDF가 최악의 조건이다.

비록 30년 CDF에 의해 최상의 달로 1981년 6월이 선택되었다 할지라도, TMY2에 선택된 것은 1962년 6월이다.

이것은 다음 단계의 절차에서 설명되는 추가 선택 단계의 중요성에 기인한다. 지표들의 몇몇은 다른 것들에 비해 훨씬 중요하게 판단된다. FS 통계표의 가중 합(Weighted Sum ; WS)이 가장 낮은 WS를 갖는 5개의 후보 달들을 선택하는 데 사용된다.

$$WS = \sum w_i \cdot FS_i \tag{6-2}$$

여기서, w_i : 지표의 가중값

$\quad\quad\quad FS_i$: 지표의 FS 통계표

[2단계]

5개의 후보 달들은 30년 평균과 중간값과의 밀접성에 의해 순위가 매겨진다.

[3단계]

일일 수평면 전일사량과 평균 건구온도의 지속성은 빈도수(주파수)를 결정함으로써 평가되고, 고정된 100분위수의 상하 길이가 측정된다.

평균 일일 건구온도의 경우는 주파수와 100분위수의 67 이상의 길이와 33 이하의 길이를 측정하여 결정된다.

자료들의 지속성은 5개의 후보 달들 중 TMY로 사용될 달을 선택하는 데 사용된다. 2단계에서 최고점을 받은 후보 달이 지속성 기준과 서로 일치할 경우, TMY에 사용된다.

지속성 기준은 가장 긴 지속성 갖는 달, 최적의 지속성을 갖는 달 그리고 지속성이 없는 달들은 제외된다.

[4단계]

12개의 선택된 달들은 완전한 하나의 해(year)가 되기 위해 재구성되며, 'curve-fitting' 기법을 이용하여 각 달들의 불연속적인 자료들을 매끄럽게 처리한다.

(2) Weighting and Indece Modifications

각 지표의 가중값은 전형적인 달들을 선택하는 역할을 한다. 이상적으로 각 지표에 대한 FS 통계표는 모든 다른 달들보다 나은 하나의 달이 선택된다.

사실 이것은 특정 달들은 어떤 지표들의 관점에서는 전형적이고 다른 지표들의

<표 6-12> Weightings for FS statistics

index	Sandia method	NSRDB TMY2
max dry bulb temp	1/24	1/20
min dry bulb temp	1/24	1/20
mean dry bulb temp	2/24	2/20
max dew point temp	1/24	1/20
min dew point temp	1/24	1/20
mean dew point temp	2/24	2/20
max wind velocity	2/24	1/20
mean wind velocity	2/24	1/20
global radiation	12/24	5/20
direct radiation	not used	5/20

관점에서는 그렇지 않기 때문에 쉽지만은 않다. FS 통계표의 가중값에 의해 상대적인 중요성과 지표들의 민감도가 고려된다. Sandia 가중값과 TMY2에서 사용되는 가중값을 비교한 것이 <표 6-12>이다.

TMY2의 경우 법선면 직달 일사량에 대한 지표가 추가되었다. 이것은 TMY2의 연간 법선면 직달 일사량과 30년 연평균값 사이의 비교에 의해 약 2만큼 개선된다. 수평면 전일사량이 태양 지표(solar index)로만 사용될 때, 20개 관측소의 TMY 연간 직달 일사량값은 30년 평균값의 4% 범위 내에 있다. 수평면 전일사량과 직달 일사량 지표를 동시에 사용하면 그 차는 수평면 전일사량 비교에 따른 불리한 영향없이 약 2%이다.

건구온도와 노점온도에 대한 가중값은 건구온도와 노점온도를 더 강조하고 태양에너지 변화 시스템과 건물 시스템의 경우 덜 중요한 풍속을 덜 강조할 경우 약간의 변화가 생긴다. TMY 가중값의 어떠한 것도 바람에너지 변환 시스템에 적합하지 않다.

태양과 다른 요소들 사이의 상대적인 가중값은 특별히 민감한 것은 발견되지 않는다. 지표(indicator)로써, 연간 냉/난방 도일(기준온도 18.3℃)은 TMY2와 20개 관측소의 30년 값과 비교되었다. 선택된 일사량 가중값의 50%의 경우, TMY2의 경우 연간 난방 도일은 30년 평균의 5% 이내였다.

극단의 경우처럼, 일사량 가중값을 0으로 감소시키면 그 차는 2.5% 이내로 줄어든다. 냉방 도일의 경우에 있어서는 TMY2 연 평균값과 30년 평균값 사이의 차이는 일사량 가중값이 0%, 50% 모두에 있어 9% 이내이다.

법선면 직달 일사량 지표를 추가한 결과에 있어서는, 3단계의 지속성 검토는 주파수와 법선면 직달 일사량의 일일 값의 경우, 100분위의 33% 아래의 지속 기간을 결정하기 위해 수정된다. 그리고 다른 지속성 지표들과 함께, 이 정보는 지속성 기준을 만족시키는 달을 선택하는 데 사용된다.

(3) El Chichon Years

1982년 3월 멕시코의 El Chichon의 화산 폭발은 대기에 거대한 양의 에어로졸(aerosols)을 분출시켰다. 이 에어로졸은 북부로 퍼져나갔고 지구를 둘러쌓다. 이 현상은 1982년 3월에서 에어로졸의 영향이 감소된 1984년 12월까지 미국에 도달하는 일사량을 눈에 띄게 감소시켰다. 결론적으로 이러한 달들은 전형적인 값으로 고려될 수 없기 때문에 TMY2 절차의 어디에도 사용되지 않았다.

(4) Leap Years

TMY2 파일들은 2월 29일의 데이터를 포함하지 않는다. 결론적으로 2월 29일의 데이터는 2월의 후보 달의 CDFs를 결정하기 위해 윤년의 2월 달들은 사용되지 않는다. 그러나 이용 가능한 자료들의 활용을 최대화하기 위하여 2월 29일의 자료들은 30년 CDFs를 결정하는 데는 포함된다.

(5) Preference for Months with Measured Solar Radiation Data

관측소의 경우, NSRDB는 일사량의 측정값과 계산값을 모두 포함할 수 있다. 계산된 자료들과 관련되어 발생하는 불확실성 때문에, 후보 달들의 선택에서의 우선권은 측정된 수평면 전일사량이나 법선면 직달 일사량 값을 포함하는 달들에 주어진다. 이것은 만약 2순위로 랭크된 달이 일사량의 측정값을 갖고 1순위인 달이 그렇지 않다면 1순위와 2순위로 랭크된 후보 달들의 순위를 바꿈으로써, 2단계와 3단계 사이에서 달성된다.

(6) Month Interface Smoothing

curve-fitting 기법들은 TMY2를 형성하는 서로 다른 년도로부터 재구성된 달들에 의해 발생하는 자료의 불연속성을 제거하기 위해 사용된다. 이러한 기법들은 건구온도, 노점온도, 풍속, 풍향, 대기압 그리고 precipitable water의 접촉면 양측의 6시간 자료에 대하여 적용된다. 각 달들의 접촉면 한쪽의 6시간 자료에 대한 상대습도는(ASHRAE Fundamentals 1993) 습공기 선도의 상관 관계와 건구온도와 노점온도의 수정된 값들을 이용하여 계산된다.

(7) Allowance for Missing Data

NSRDB는 생략된 일사량 자료들 대신에, 몇몇 관측소와 달들에 대한 기상 자료들이 생략된다. 결론적으로 TMY2를 생성할 때, 생략된 기상 자료들을 설명하기 위해 채택되는 절차들이 있다. 이러한 절차들을 통해 TMY2 관측소들은 A와 B인 2개의 등급으로 분류되었다.

[A등급 관측소]

여기에는 216개의 관측소들이 있다. 이러한 관측소들의 경우 생략된 자료들은 다음의 방식으로 설명된다.

① 1단계의 30년 CDFs는 단지 측정값만을 사용하여 결정되거나, 측정값이나 관측값으로 부터 계산된 자료들을 사용하여 결정된다.

② 생략된 자료들이 없거나 2시간 이상 간격으로 채워진 자료들의 경우 후보 달들로 적합하다. 이것은 NOAA에 의해 매 3시간마다 디지털화 된 1965년부터 1981년까지 자료들로 조정된다. 지표들로 사용된 요소들의 경우, 2시간 동안 생략된 자료들은 보간 및 계산값으로 대체된다.

[B등급 관측소]

B등급의 23개의 관측소로부터 도출된 NSRDB 자료들은 대체로 A등급의 관측소에서 도출된 NSRDB 자료들보다 더 많은 생략된 자료들을 갖는다. 이러한 상황은 전형적인 대표 달로 선택된 자료들로부터 후보 달들이 충분히 가질 수 있도록 생략된 자료들을 채울 것을 요구한다. B등급 관측소의 생략된 자료들은 기기 문제와 관측소의 야간 작동 정지 등과 같은 결과로부터 발생된다.

B등급 관측소들의 경우 30년 CDFs를 결정하기 위해 사용되는 47시간까지의 기간에 대한 채워진 데이터를 허용되도록 그 기준이 완화된다.

(8) Data-Filling Methods

TMY2 데이터 모음들은 NSRDB의 개발 동안 채워지지 않는 약간의 생략된 자료들이 채워질 것을 요구한다.

NSRDB는 일사량 요소들에 관하여 완성되었다. 적어도 주간의 이 생략된 자료들의 채울 것이 요구된 NSRDB는 담천공과 청천공, 건구온도, 상대습도, 대기압과 같은 일사량을 계산하는 데 사용되는 요소들이다.

다른 기상 요소들의 경우, 자료들은 NSRDB에서 채워지지 않는다. 결론적으로 TMY2 개발을 위해 야간의 건구온도, 노점온도 그리고 풍속에 대한 생략된 자료들은 전형화 된 달들의 선택을 완료하기 위해 채워질 것을 요구한다. 수평면 전일사량과 법선면 직달 일사량과 함께 이러한 요소들은 전형적인 달들의 적절한 선택을 결정하기 위한 통계표를 생성하는 데 사용된다.

　TMY2의 유용성의 극대화를 위해, 수평 가시성, 천정 높이 그리고 현재의 날씨 등을 제외한 다른 생략된 기상 자료들 또한 채워져야 한다.

　수평 가시성, 천정 높이 그리고 현재의 날씨 요소들의 불연속성은 다른 자료들이나 보간 자체로 쉽게 빌려올 수 없다.

[중　략]

TMY2 데이터 채움 절차들은 다음과 같다.

㉮ total & opaque sky cover 그리고 대기압은 어떠한 야간의 생략된 기간에 걸쳐 선형 보간된다.

㉯ 야간의 건구온도는 선형 보간되며, 채워진 값들은 일출과 일몰 시간에서 온도가 보다 급격히 변화하는 비선형성을 보존하기 위해 조정된다. 이러한 조정들은 보간 간격의 끝점과 조화를 이루는 대략적인 스케일화 되고, 각각의 월별로 결정된 평균 주간 윤곽에 그 근간을 둔다.

㉰ 생략된 주간의 노점온도는 습공기 선도표의 상관관계와 건구온도나 상대습도의 측정되거나 NSRDB에 의해 채워진 값들을 이용하여 채워진다. 만약 건구온도와 상대습도가 측정되거나 NSRDB에 의해 채워진 값들을 이용할 수 있다면 같은 절차를 통해 야간의 노점온도가 채워진다.

㉱ 반면에, 생략된 야간의 노점온도는 야간의 생략된 건구온도를 채우는 방법을 통해 채워진다. 선형 보관과 각 월별 평균 주간 윤곽에 의해 결정되어 채워져 조정된다.

㉲ 생략된 야간의 상대습도는 건구온도와 노점온도 그리고 습공기 선도표를 이용하여 채워진다. 건구온도는 측정되거나 NSRDB에 의해 채워졌거나, TMY2에 의해 채워진 것이 사용된다.

㉳ 최대 47시간까지의 생략된 풍속 데이터는 야간의 생략된 건구온도를 채우는 데 사용된 절차에 의해 채워진다. 선형 보관과 각 월별 평균 주간 윤곽에 의해 결정되어 채워져 조정된다.

㉴ 최대 47시간까지의 생략된 풍향과 Precipitable water는 선형 보간에 의해 채워진다. 바람이 없는 경우 풍향은 0(북풍)으로 설정한다.

㉵ TMY2의 광대역의 에어로졸 가시 거리(optical depth)값들은 NSRDB의 개발 기간동안에 유도된 계절 함수(seasonal function)들에 의해 제공하는 주간 값들이다. 이 계절 함수들은 1년 주기의 SIN 함수이며, 여름철에 최대값을 갖는다.

㉶ Colorado Springs와 저위도인 Guam과 Puerto Rico를 제외하고 적설량과 강설 지속 시간은 NSRDB로부터 자료들을 이용한다.

(9) Quality Control

데이터는 타당성을 보장받기 위한 과정으로 계속해서 검토된다. NCDC는 노점온도가 건구온도를 초과할 경우, NSRDB의 버전 1.1에서 약간의 잘못된 노점온도 자료들을 판단하는 정보를 제공해준다. TMY2를 생성하기 위한 NSRDB 데이터를 처리하는 동안, 노점온도는 건구온도를 초과하지 않도록 체크된다. 만약 노점온도가 건구온도를 초과하지 않는다면, 노점온도는 상대습도와 건구온도를 이용하여 계산되며, 그렇지 않을 경우 노점온도를 생략이 고려된다.

또한, NCDC는 1970년부터 1974년에 대한 잘못된 total sky cover data를 갖는 세 개의 관측소(Chattanooga, Tennessee ; Huntsville, Alabama ; 그리고 Louis-ville, Kentucky)를 지적했다. 운량(cloud cover) 자료들은 3시간 값이 없는 경우에 10으로 설정되었다. 결론적으로 이 관측소들과 시간에서의 계산된 일사량 값은 잘못되었다는 것이다. TMY2의 경우 이러한 관측소에 시간에서의 데이터는 제외되었다.

후 처리(post-processing)는 몇몇의 선택된 달들에 있어 명백한 오류를 가졌다고 밝혀진 일사량 값들을 검토한다. 결론적으로 이러한 관측소들은 변질된 자료들을 제외시킨 후 재처리된다. 잘못된 일사량 데이터로 인하여 재처리 과정 동안에 제외된 달들을 갖는 관측소들은 다음과 같다. : Boulder, Colorado(2/88, 3/85, 5/85, and 10/85) ; Lake Charles, Louisiana(2/80) ; Caribou, Maine(4/78, 7/85, and 7/72) ; Great Falls, Montana(10/89) ; Omaha, Nebraska(5/85, 5/89, and 11/81) ; Ely, Nevada(6/89 and 9/88) ; Guam, Pacific Islands(1/88, 9/79, and 9/88) ; El Paso, Texas(12/88) ; Midland, Texas(5/80 and 12/79) ; Salt Lake City, Utah(5/88, 8/80, and 10/89) ; Lander, Wyoming(3/88 and 8/80).

(10) 조도 데이터의 계산 (Calculation of Illuminance Data)

건물의 에너지 해석과 조명 해석에 도움을 주는 전 수평면 조도, 법선면 직달 조도, 수평면 확산 조도와 천공 조도는 TMY2 데이터 모음에 추가된다. 이러한 요소들은 1990년 Perez et al.에 의해 개발된 Luminous 모델을 사용하여 계산되었다. 모델의 입력값들은 수평면 전일사량, 법선면 직달 일사량, 수평면 확산 일사량 그리고 노점온도이다. luminous efficacy(lm/W)는 대기의 청명도(sky clearness), sky brightness, 천공각(zenith angle)의 함수로써 결정된다.

(11) Assignment of Source and Uncertainty Flags

대기권 밖 수평면 전일사량과 직달 일사량을 제외하고, 각 데이터값은 출처와 불확실성 꼬리표가 할당된다. 출처 꼬리표는 데이터가 측정값인지, 계산값인지, 생략된 값인지를 나타내며, 불확실성 꼬리표는 데이터의 불확실성 평가에 사용된다. 대기권 밖 수평면 전일사량과 직달 일사량은 정확한 값을 제공한다고 간주되는 방정식들을 사용하여 계산되는 요소들이므로 출처와 불확실성 꼬리표를 제공하지 않는다.

일반적으로 TMY2 데이터 파일들의 출처와 불확실성 꼬리표는 TMY2 파일들을 유도해 낸 NSRDB와 같다.

5. Key to Present Weather Elements

본 절에서는 TMY2 형식에 포함된 현재의 기상 요소들의 핵심어를 제공한다. TMY2는 현재의 기상을 위해 10진수를 사용한다. 반면에 기존의 TMY는 8진수를 사용하였다. 또한, TMY2의 기상 발생 값들은 TMY와 다른 의미를 갖는다. 예를 들어, TMY2에서 "none"이 가리키는 것은 9로써 사용되는 반면에 TMY에서 "none"이 가리키는 것은 0으로써 사용된다.

6. Unit Conversion Factors

〈표 6-13〉은 SI 단위와 다른 단위계와의 단위 환산 인자들을 나타낸다.

〈표 6-13〉 단위 환산 인자

to convert from	into	multiply by
degrees Centigrade	degrees Fahrenheit	℃ × 1.8 + 32
degree days(base 18.3℃)	degrees days(base 65°F)	1.8
degrees(angle)	radians	0.017453
lux	foot-candles	0.0929
meters per second	miles per hour	2.237
meters per second	kilometers per hour	3.6
meters per second	knots	1.944
meters	inches	39.37
meters	feet	3.281
meters	yards	1.094
meters	miles(statute)	0.0006214

millibars	pascals	100.0
millibars	atmospheres	0.0009869
millibars	pounds per square inch	0.0145
watt-hours per square meter	joules per square meter	3600.0
watt-hours per square meter	Btu's per square foot	0.3170
watt-hours per square meter	Langleys	0.08604
watt-hours per square meter	calories per square centimeter	0.08604

◉ 참고 문헌

1. ASHRAE, ASHRAE Handbook: Fundamentals. Atlanta, GA: American Society of Heating, Refrigerating and Air-Conditioning Engineers, Inc., 1997.

2. Finkelstein, J.M. ; Schafer, R.E. 『Improved Goodness-of-Fit Tests』. Biometrika, 58(3), pp. 641-645, 1971.

3. Hall, I.; Prairie, R.; Anderson, H. ; Boes, E., 1978. Generation of Typical Meteorological Years for 26 SOLMET Stations. SAND78-1601. 4. Albuquerque, NM: Sandia National Laboratories. NSRDB - Vol. 1, 1992.

4. User's Manual - National Solar Radiation Data Base, 1961-1990. Version 1.0.

5. 대한설비공학회, 『표준 기상 데이터』, 설비저널 Vol. 32 No. 8, pp. 6-45, 2003.08.

6. John A. Duffie, William A. Beckmann, 『Solar Engineering of Thermal Processes 2nd Ed.』, John Wiley & Sons, Inc., 1991.

TRNSYS 16 사용자 가이드북

건축 열환경 이론 및 분석 기초

2009년 1월 20일 인쇄
2009년 1월 25일 발행

저   자 : 서승직·최원기
펴낸이 : 이정일

펴낸곳 : 도서출판 **일진사**
　　　　 www.iljinsa.com
140-896 서울시 용산구 효창동 5-104
전화 : 704-1616 / 팩스 : 715-3536
등록 : 1979.4.2, 제3-40호

값 30,000 원

ISBN : 978-89-429-1070-0